Sciences et société

DU MÊME AUTEUR

Les Mystères de la mémoire de l'eau, La Découverte, Paris, 1990.
La Guerre du tabac, Fayard, Paris, 1998.

Michel de Pracontal

L'imposture scientifique en dix leçons

Édition du troisième millénaire

ÉDITIONS LA DÉCOUVERTE
9 *bis*, rue Abel-Hovelacque
PARIS XIIIe
2001

Avertissement

Contrairement aux apparences, ce livre obéit à une progression logique rigoureuse. Les pages doivent être tournées de droite à gauche, et lues ligne par ligne de gauche à droite (pour les éditions en hébreu et en arabe, c'est l'inverse). Il est recommandé de les lire en commençant par le haut, mais chacun ses goûts. Les dix leçons peuvent être abordées dans n'importe quel ordre, y compris l'ordre public. L'auteur décline toute responsabilité en ce qui concerne les valeurs morales qui n'auraient pas été déposées à la caisse.

Catalogage Électre-Bibliographie

PRACONTAL, Michel de
L'imposture scientifique en dix leçons. – Paris : La Découverte, 2001. – (Sciences et société)
ISBN 2-7071-3293-4

Rameau :	imposteurs et impostures fraude scientifique parasciences
Dewey :	306.52 : Anthropologie sociale et culturelle. Sociologie de la science et de la technique. 509 : Histoire et géographie des sciences
Public concerné :	Public motivé

À Hélène, Nicolas et Théodore
À Jonathan

Quelques définitions

BALIVERNE : propos futile et creux (*Petit Robert*).

CHAMP : espace ouvert et plat (*Petit Robert*). S'emploie en général flanqué d'un adjectif ou d'un substantif : champ vital, champ morphogénétique, champ de conscience, champ moteur, champ électrostatique, champ opératoire, champ du possible (champ du départ est impropre, champ hémorroïdal peu usité). Principaux synonymes : onde, bioplasma, aura, chréode, énergie, vibration, presse-purée.

IMPOSTURE SCIENTIFIQUE : 1) tromperie qui consiste à faire passer pour scientifique un discours, une théorie, une thèse, une expérience, une donnée, une observation, un fait, etc., qui ne l'est pas ; 2) contenu de cette tromperie. « L'imposture scientifique est à la science véritable ce que Canada dry est à l'alcool » (Gaston Bachelard).

PIPEAU : flûte champêtre (*Petit Robert*). « Comme il faisait une chaleur de trente-trois degrés, le champ de conscience de Pécuchet était bercé par le son du pipeau » (Gustave Flaubert).

Introduction

Le présent ouvrage est une nouvelle version, actualisée et enrichie, de L'imposture scientifique en dix leçons *paru chez le même éditeur en 1986. Destiné à tout lecteur curieux, scientifique ou non, ce manuel de base se voudrait un* vade-mecum *du pipeau et de la baliverne. À l'imposteur novice, il fournira tous les trucs nécessaires pour débuter. Le charlatan confirmé y découvrira des techniques sophistiquées qui lui permettront de se perfectionner. Il apprendra aussi à analyser les méthodes qu'il utilise parfois sans s'en rendre compte. Trop d'imposteurs exercent leur activité comme Monsieur Jourdain faisait de la prose. On rencontre même des imposteurs sincères qui croient vraiment ce qu'ils racontent. Ils trouveront ici les fondements conceptuels d'une réflexion sur leur propre pratique. Ils apprendront également à démasquer les impostures des autres. Un imposteur averti en vaut deux.*

Une question se pose immédiatement : ce livre est-il immoral ? Il y a du pour et du contre. En diffusant les recettes de l'imposture scientifique, on contribue à son développement. Mais on le contrecarre aussi. Un public informé se laissera abuser moins facilement. Le résultat final est difficile à prévoir. J'ajouterai que l'imposture scientifique, malgré la connotation péjorative du premier terme, présente de nombreux avantages. Notamment :

1) l'imposture scientifique coûte beaucoup moins cher que la vraie science. Avez-vous les moyens de vous offrir une navette spatiale ? Avec un rouleau de fil de fer, il est possible de se confectionner une élégante coiffure pyramidale qui décuple l'intelligence et permet de voyager, certes intérieurement, mais sans frais et sans les risques encourus par les engins de la NASA (je ne parle même pas des fusées russes, à éviter en toutes circonstances) ;

2) l'imposture scientifique résout la crise énergétique : songez à l'essence que peut faire économiser un moteur à mouvement perpétuel (le fait qu'il n'y ait jamais eu de véritable crise énergétique ne change rien à l'affaire) ;

3) l'imposture scientifique résout le problème du chômage. La cause directe de ce fléau réside dans le développement des ordinateurs, des robots et des automatismes, qui travaillent plus vite et mieux que l'homme, et suppriment donc des emplois. Les machines merveilleuses que construisent les imposteurs ne peuvent pas remplacer l'homme, car elles ne marchent pas ;

4) d'une manière générale, l'imposture résout les Grands Problèmes de l'Humanité. Elle guérit le cancer en deux coups de cuiller à tisane, le sida par imposition des mains, prédit notre avenir et même notre passé, nous indique les numéros gagnants du Loto, nous éclaire sur le Secret de la Vie.

Malgré tous ces arguments, je crains que les intégristes de la Raison Positive ne soient pas convaincus. Pour ces irréductibles, l'idéal serait de tordre le cou, au moins verbalement, à tous les imposteurs de la Terre. On ne peut que les approuver lorsqu'ils stigmatisent les impostures, heureusement minoritaires, qui peuvent nuire à autrui. Par exemple, lorsqu'un scientifique indélicat s'approprie les travaux d'un autre, il lui cause un préjudice incontestable. Plus grave, lorsqu'un biologiste en mal de publicité, Peter Duesberg (voir leçon 6), soutient contre toute évidence que la cause du sida n'est pas le VIH, il sème la confusion de manière dangereuse. Il incite des personnes crédules à sous-estimer les mesures de prévention appropriées et les traitements les plus efficaces pour lutter contre cette maladie virale. Il s'agit à l'évidence d'une imposture potentiellement nocive.

De tels cas sont rares. La grande majorité des impostures sont inoffensives ou ne causent que des nuisances mineures. Dès lors, est-il judicieux de les combattre sur le mode de l'affrontement brutal ? L'expérience montre que l'on n'aboutit ainsi, le plus souvent, qu'à renforcer les convictions des imposteurs et de leurs supporters. Il y a quelques années, j'ai été invité à un numéro de l'émission « Droit de réponse » de Michel Polac consacré au paranormal. Avec mon collègue Jean-Michel Bader, nous étions censés jouer les « sceptiques » sur un plateau composé en majorité de gens acquis à l'existence de forces mystérieuses et de pouvoirs spéciaux. En vedette, l'inénarrable Uri Geller, personnage qui s'était rendu célèbre en affirmant qu'il pouvait tordre des petites cuillers ou agir sur des montres par la seule puissance de sa pensée. Ces effets pouvaient être obtenus de manière tout à fait naturelle grâce à des trucs connus de tout bon illusionniste, ce qu'avait démontré le prestidigitateur Gérard Majax. On peut ajouter que, en plusieurs occasions, Uri Geller avait été surpris en train de recourir à la force du poignet plutôt qu'à celle de l'esprit.

Tout cela n'empêcha nullement Michel Polac de présenter Uri Geller comme un homme doté de capacités exceptionnelles, illustrées au long de l'émission par une série de numéros semblables à ceux qu'avait démontés Gérard Majax. Le clou du spectacle fut le moment où Geller plia en deux une canne de golf en passant doucement le doigt le long du métal. Les deux malheureux « sceptiques » tentèrent d'expliquer que de tels prodiges pouvaient s'expliquer sans invoquer de cause paranormale. En vain : un discours ne pouvait avoir l'impact spectaculaire d'un tour de passe-passe bien exécuté. Si Geller avait relevé un défi indiscutable, si par exemple il s'était engagé à plier la Tour Eiffel en deux à 23 h 15 précises, il aurait mis tout le monde d'accord, dans un sens ou dans l'autre. Mais il se plaçait dans des situations qui ne risquaient guère de mettre ses pouvoirs en péril, et même si c'était le cas, il lui était facile de prétexter la « mauvaise forme » pour justifier un échec – comme il l'avait fait lorsqu'on l'avait pris en flagrant délit de tricherie.

Bref, la discussion tourna rapidement à la partie de catch verbal et à l'avantage de Geller. Du moins jusqu'au moment où, tel le chevalier blanc, Majax fit irruption sur le plateau, muni d'une canne de golf identique à celle de Geller, dont il montra le fonctionnement devant la caméra : une charnière permettait de la plier par un processus mécanique qui n'avait rien de mystérieux. Majax exhiba ensuite la facture de la canne truquée ainsi qu'un document prouvant que Geller s'était équipé chez le même fournisseur – un spécialiste d'articles pour prestidigitateurs. On pensera qu'après cette mise au point la cause était entendue. Voire. L'émission s'acheva dans l'habituel brouhaha qui caractérisait « Droit de réponse », et Michel Polac eut le mot de la fin : « Pourtant, ma cuiller, il me l'avait vraiment *tordue ! »*

Cette anecdote est typique des situations bloquées auxquelles aboutissent en général les affrontements entre les imposteurs et leurs détracteurs. La plupart des imposteurs, sincères ou non, s'abritent derrière un rempart de convictions contre lequel les meilleurs arguments viennent se fracasser. Les attaques de leurs adversaires ne font que les conforter dans leurs certitudes. Les scientifiques n'échappent pas à ces réactions, en dépit du cliché tenace selon lequel ils seraient de véritables saints laïcs, vivantes incarnations de la Rigueur et de l'Impartialité. Il n'y a aucune raison pour que les savants planent au-dessus des passions qui animent le commun des mortels, même si beaucoup de gens aimeraient qu'il en soit ainsi.

Devant de tels blocages, il n'est pas certain que la riposte la plus judicieuse soit l'attitude rigide, « puritaine », du militant rationaliste ou du croisé de la vérité scientifique. C'est dans les sociétés puritaines que la pornographie exerce la plus forte fascination. Un « puritanisme de la science » ne peut que renforcer le phénomène de l'imposture. Il semble plus astucieux de s'inspirer de stratégies paradoxales comme la « prescription du symptôme » décrite par le psychologue Paul Watzlawick, chef de file de la célèbre école de Palo Alto. Dans son livre Le Langage du changement [1], *Watzlawick cite l'exemple d'une patiente qui participe à une thérapie de groupe, et dont le symptôme consiste en une incapacité à dire non. Le thérapeute lui prescrit son symptôme, en lui demandant de nier quelque chose à l'adresse de chaque membre du groupe. Réaction violente : « Non ! Il m'est impossible de dire "non" aux gens. » La prescription du symptôme conduit ainsi la patiente à se rendre compte qu'elle est parfaitement capable de refuser. Ce genre de procédé paradoxal réussit parfois mieux que toute autre méthode.*

Bien sûr, il ne suffirait pas d'encourager l'imposture scientifique pour la voir disparaître de notre univers culturel. On ne se débarrasse pas d'un phénomène aussi constant et aussi répandu par le simple recours à une technique de communication, si ingénieuse soit-elle. Le plus intéressant, d'ailleurs, n'est pas tant de combattre les imposteurs que de comprendre les raisons de leur succès. Il est tentant d'invoquer le manque de culture scientifique. Lors d'un sondage réalisé en France en 1982 [2], *on a posé la question : « Le Soleil tourne-t-il autour de la Terre ? » Plus d'un tiers des sondés ont répondu oui. Ignorance crasse ? Lorsque l'on détaille les résultats de l'enquête, on s'aperçoit que bon nombre des « pré-coperniciens » ont fait des études secondaires ou supérieures. Parmi ces derniers, plus de la moitié ont reçu une formation scientifique ou technique. Le niveau scientifique des imposteurs varie de l'autodidacte complet au chercheur de renommée internationale. Plus d'un prix Nobel s'est laissé charmer par la musique du pipeau.*

---

1. Paul WATZLAWICK, *Le Langage du changement*, Seuil, Paris, 1980.

2. Sondage IFOP réalisé avec le concours du CNRS, d'après une étude de Jean-Noël Kapferer et B. Dubois. On en trouvera un compte rendu dans un article de Michel ROUZÉ, « Les mythes ont la vie dure », *Science et Vie*, n° 776, mai 1982.

L'absence de corrélation entre le niveau de culture scientifique et le scepticisme vis-à-vis des puissances de l'au-delà est confirmée par les travaux des sociologues Daniel Boy et Guy Michelat. Depuis 1982, ces deux chercheurs analysent les attitudes des Français à l'égard des « parasciences ». Commentant les résultats d'un sondage réalisé par la Sofres en janvier 1993, ils écrivent[3] *: « Les résultats obtenus aujourd'hui indiquent l'ampleur remarquable du phénomène de croyance dans les parasciences [...] : plus de la moitié de la population interrogée croit à la "transmission de pensée" ou aux guérisons par magnétiseurs ; 46 % à l'explication des caractères par les signes astrologiques et 19 % à la sorcellerie. Enfin, entre un tiers et un quart des Français estiment possible la divination, que ce soit par l'astrologie, les lignes de la main ou la voyance. Ajoutons qu'une comparaison avec une enquête réalisée il y a cinq ans indique une certaine progression du pourcentage des personnes qui déclarent croire aux phénomènes paranormaux. »*

Les croyances varient fortement selon le sexe, l'âge, et les groupes socioprofessionnels : les femmes croient plus au paranormal que les hommes, et les jeunes plus que leurs aînés ; les étudiants et les cadres supérieurs sont très portés sur le paranormal, les petits commerçants et les artisans sur l'astrologie. Le point crucial réside dans le constat que la science et la technique n'ont pas fait reculer les croyances irrationnelles, et semblent même les favoriser : « Si on admet que le développement des connaissances scientifiques et la diffusion du savoir provoqueraient le déclin des croyances à l'irrationnel, on s'attendrait à ce qu'il y ait incompatibilité entre science et croyance aux parasciences, poursuivent Daniel Boy et Guy Michelat. Or, on constate qu'il n'en est rien. Bien au contraire, plus on s'intéresse à la science, plus on croit au paranormal et à l'astrologie. On s'intéresse tellement à la science que l'on voudrait en voir les limites repoussées. Pour ces "croyants", les parasciences représentent alors ce qui se situe au-delà de la "science officielle", et ce qui est considéré actuellement comme parascience deviendra certainement science demain. Ainsi, près de la moitié des Français estiment que la science admettra un jour la réalité de la transmission de pensée, de l'influence des astres sur le caractère et des OVNI. »

On peut ajouter que les États-Unis, pays où la culture scientifique et technique est plus développée que chez nous, sont aussi l'Eldorado des imposteurs et des charlatans de tout poil. Remarquons également que le cinéma et la télévision présentent un nombre

3. Voir *La Pensée scientifique et les parasciences*, Actes du colloque de La Villette du 24-25 février 1993, Albin Michel, Paris, 1993.

croissant d'œuvres de fiction qui mélangent allégrement l'imaginaire de la science à celui de l'au-delà, des forces obscures ou de la magie. Les succès de la série X-Files *et de films comme* Le Projet Blair Witch, Sixième Sens, Le Cinquième Élément *ou* Ghostbusters *ne sont que quelques illustrations d'une tendance massive qui démontre, à coups d'effets spéciaux, l'absence de conflit, surtout chez les jeunes spectateurs, entre univers « high tech » et surnaturel. Bref, le manque de connaissances apparaît comme un aspect secondaire du phénomène. L'esprit critique n'est pas proportionnel à la quantité de savoir accumulée. Les mécanismes d'adhésion à l'imposture mettent en jeu notre rapport à la vérité et à l'erreur, à l'authentique et au simulacre, notre manière de départager le réel du fantasme, la raison de la folie. À leur manière, les imposteurs nous en disent long sur nos modes de pensée, nos croyances, nos présupposés, notre vision du monde.*

Il y a là un écheveau passionnant à démêler, un thème de recherche d'une immense richesse. Pour ma part, je n'ai fait que tirer quelques fils. Les lecteurs de la première version retrouveront, en plus de la plupart des exemples qui figuraient dans l'édition 1986, bon nombre d'histoires nouvelles qui se sont déroulées depuis, comme celles de la fusion froide, de la mémoire de l'eau ou du « gène gay ». Par souci de ne pas trop augmenter le volume de l'ouvrage, j'ai supprimé certains récits trop datés et j'en ai abrégé d'autres. J'ai aussi réactualisé les affaires qui ont connu d'importants développements, comme la polémique sur le virus du sida.

Il existe une difficulté à « revisiter » une thématique que l'on avait explorée, quinze ans plus tôt, d'un œil encore candide. Comment échapper à l'impression de se répéter, de ressasser ? Comment rester fidèle à l'esprit d'un texte écrit de longue date, alors qu'inévitablement l'on ne perçoit plus les choses tout à fait de la même façon ? À ma surprise, cet obstacle s'est aplani dès que je me suis replongé dans le sujet, principalement parce que je me suis rendu compte que ce thème n'avait rien perdu de son actualité, bien au contraire. « Loin de se présenter comme un phénomène marginal, l'imposture scientifique tend aujourd'hui à devenir la norme intellectuelle, et c'est la démarche scientifique qui apparaît comme une pratique déviante », écrivais-je sur la quatrième de couverture du premier livre. À l'époque, cette formule me semblait un peu provocatrice, peut-être exagérée. Non seulement je ne la renie pas, mais elle me semble plus exacte que jamais. Et cela, pour deux raisons principales : d'une part, comme on l'a vu, l'adhésion aux pseudo- et parasciences ne cesse de se renforcer dans le public, notamment le public jeune et instruit ; d'autre part, le nombre d'affaires de fraudes scientifiques, de « mauvaise conduite » des chercheurs et de fausses découvertes est en hausse, tendance liée à la médiatisation croissante de la recherche et à la concurrence exacerbée entre scientifiques.

La conjonction de ces deux mouvements, dans une culture surmédiatisée, qui accorde une grande crédibilité à la science ou à ce qui passe pour scientifique, tout en étant régie par la dictature du marché et de l'audimat, rend de plus en plus difficile la tâche de départager le vrai du faux. Quand l'impact du message finit par l'emporter sur son contenu, le réel s'affaiblit. Il faut être particulièrement têtu, ou inconscient, pour persister à soutenir que le charbon est noir et que deux et deux font quatre !

Une critique qui m'a été adressée lors de la première publication portait sur ma définition de l'imposture scientifique : rassembler dans une même rubrique les discours pseudo-scientifiques de charlatans, les élucubrations d'autodidactes et les fraudes de scientifiques professionnels, n'est-ce pas créer une catégorie fourre-tout sur laquelle on peut dire tout et rien ? À la réflexion, je ne le pense pas. Cette catégorie en apparence très hétérogène est constituée de deux grands « filons », les croyances magiques ou « néo-magiques » et les différentes formes de tricherie. Or, ces deux filons sont plus proches qu'il n'y paraît. Celui qui croit aux forces surnaturelles compte sur elles pour plier la réalité à ses désirs, tandis que le fraudeur recourt à une falsification ou à une transgression pour obtenir le même résultat.

Qu'y a-t-il de commun entre les conseils médicaux de Rika Zaraï affirmant que « la cellulite fond devant le citron », les créationnistes soutenant que le récit de la Genèse est une manière aussi pertinente que la théorie de Darwin d'expliquer l'apparition des êtres vivants, et la manœuvre de Robert Gallo s'appropriant la découverte du virus du sida en « oubliant » qu'il a utilisé la souche isolée à l'Institut Pasteur ? Dans ces trois cas se manifeste une forme de mépris du réel, ou plutôt des conditions dans lesquelles nous pouvons l'appréhender. Rendre objective une partie de la réalité, construire un ensemble de faits cohérents en essayant d'introduire le moins de distorsion possible, c'est la difficile ascèse du scientifique. Rika Zaraï, les créationnistes et Robert Gallo n'hésitent pas à tordre le réel quand il ne les arrange pas. Cette tendance à gauchir le droit fil des choses constitue, à mon sens, le cœur du phénomène étudié dans ce livre.

Les hommes de science ne sont pas mieux armés que n'importe qui contre la tentation de prendre leurs désirs pour la réalité. La bonne science est un exercice difficile, surtout pour les scientifiques ! Mais la complexité de la recherche contemporaine est telle que l'on ne peut espérer faire de la science sans être scientifique. Il n'y a pas de Monsieur Jourdain des mathématiques, de la chimie ou de la biologie. Il ne s'agit en aucun cas d'en conclure que les savants soient les seuls détenteurs de la vérité : cette croyance assez répandue, parfois alimentée par les scientifiques, est la première des impostures. Elle revient à faire de la science une nouvelle Église, dont les prêtres seraient les chercheurs. L'accusation a été portée par le philosophe des sciences Paul Feyerabend, qui déclare tout de go que la science est « la plus récente, la plus dogmatique et la plus agressive des institutions religieuses[4] *». Sans nier les rigidités et les contraintes induites par les institutions scientifiques, ce jugement paraît excessif. Quelle religion dogmatique accepte de soumettre ses dogmes à l'épreuve des faits ?*

Toute la valeur de la démarche scientifique tient dans la recherche d'une vérité précaire, partielle, fragmentaire, mais qui se formule en termes objectifs et partageables. Et qui peut à tout moment être remise en question par un élément nouveau. Que certains scientifiques trahissent l'idéal d'objectivité et d'impartialité ne justifie pas le rejet global de la démarche. À l'inverse, critiquer l'imposture n'implique pas une inféodation à la Science avec un grand S – laquelle n'est qu'une abstraction sans rapport avec la pluralité des disciplines et des approches scientifiques. En revanche, cette critique constitue à mes yeux un préalable utile, sinon nécessaire, à toute critique plus approfondie de la démarche scientifique elle-même. Ou si l'on préfère, ce n'est pas parce que les scientifiques font des erreurs que l'on est fondé à raconter n'importe quoi. Comme le dit le prestidigitateur américain James Randi, qui pratique comme Gérard Majax la démystification des performances surnaturelles : « Je veux bien avoir l'esprit ouvert, mais pas au point d'avoir un trou dans la tête. »

Pour conclure, je voudrais souligner que j'ai fait, avant tout, œuvre de journaliste, ce qui m'impose une certaine modestie. Je ne prétends ni à l'exhaustivité, ni à une parfaite objectivité, deux qualités qui dans mon métier relèvent de l'illusion et du vœu pieux. En revanche, je me suis efforcé d'exposer honnêtement et subjectivement ce qui me semblait important, sans trop chercher à séparer le bon grain de l'ivraie. Comme le dit Miss Marple, la vieille dame

---

4. Paul FEYERABEND, *Contre la méthode. Esquisse d'une théorie anarchiste de la connaissance*, traduit de l'anglais par Baudouin Jurdant et Agnès Schlumberger, Seuil, Paris, 1979.

sagace des romans d'Agatha Christie : « Les gens ne sont ni bons ni mauvais, ils sont simplement rusés. »

REMERCIEMENTS

Ce livre rassemble des éléments recueillis tout au long de mon parcours de journaliste scientifique, commencé en 1978. Il a été nourri de mes échanges avec le monde de la recherche scientifique ainsi qu'avec mes collègues journalistes, mes amis et mon entourage – sous forme d'interviews, de conversations, de discussions à bâtons rompus, d'influences plus ou moins explicables, voire de transmissions de pensée. Il m'est impossible de citer exhaustivement ceux qui ont contribué, parfois à leur insu, à cette longue enquête. Au risque de faire preuve d'ingratitude envers ceux que j'oublie, je voudrais remercier particulièrement Stella Baruk, Marcel Blanc, Henri Broch, Anne-Marie Casteret, Gérard Chauvel, Jean-Jacques Chiquelin, Michel Duyme, Marcel Froissart, Walter Gehring, Patrick Greussay, Jean Guenot, Jean Jacques, Thierry Juteau, Axel Kahn, Marcel-Francis Kahn, Claude Kordon, François Landon, André Langaney, Natalie Levisalles, Anne Lévy, Jean-Marc Lévy-Leblond, Gérard Majax, Douglas Morrison, Jean-Claude Pecker, Philippe Roqueplo, Lionel Rotenberg, Pierre Sonigo, Pierre-André Taguieff, Hervé This, Suzanne Tyc-Dumont, Harald Wertz.

Je remercie également mon éditeur, François Gèze, qui a su, par son enthousiasme communicatif, ses conseils éclairés et ses pressions psychologiques modérées, me convaincre de terminer ce livre dans un délai (presque) raisonnable.

Je dois à Josette d'avoir pu écrire la première mouture de ce livre. Je suis aussi redevable à mes anciens camarades de Science et Vie *et de* L'Événement du jeudi, *avec qui j'ai appris les bases de mon métier. Depuis 1990, ma présence au* Nouvel Observateur *m'a offert l'inappréciable privilège de mener un travail d'investigation sur des sujets scientifiques à forte implication sociale, comme l'affaire du sang contaminé. Ce travail a profondément modifié ma perception de l'information scientifique et influencé le contenu du livre.*

Enfin, je dois 22 francs au marchand de journaux du coin de la rue, qui m'a aimablement cédé un magazine féminin dont je tairai le nom afin que je puisse vérifier que mon horoscope était favorable à la parution de cet ouvrage au début de l'année 2001.

Leçon 1

Les Vraies Questions, tu poseras

Message n° 1 :
Messieurs les Savants, pouvez-vous expliquer L'ORIGINE DE LA MATIÈRE ET DE L'ÉNERGIE ?

NOUS OUI.

Message n° 2 :
Messieurs les Savants, pouvez-vous expliquer L'ORIGINE DE LA GRAVITATION ?

NOUS OUI.

Message n° 3 :
Messieurs les Savants, pouvez-vous expliquer L'ORIGINE DE LA PENSÉE ?

NOUS OUI.

Message n° 4 :
LA THÉORIE DU « BIG BANG » est une impossibilité car l'ÉNERGIE ORIGINELLE est à la fois *ATTRACTIVE* et *RÉPULSIVE*, ce qui interdit la surgravitation.

Vous savez comment vérifier cette information.

Message n° 5 :
Messieurs les Théologiens, DIEU n'est pas le créateur de l'Univers mais il en est *LE BUT*.

Nous pouvons le prouver, depuis la découverte de l'origine de l'esprit.

Message n° 6 :

- La conscience est immortelle
  (son origine le démontre)
- Elle engendre des corps éphémères
  (nous savons pourquoi)
- Elle a besoin de ces corps pour atteindre le BUT que son origine suppose.

LA RÉINCARNATION EST DONC UNE CERTITUDE SCIENTIFIQUE.

Vous savez comment vérifier cette information.

Message n° 7 :

LA NAISSANCE D'UNE NOUVELLE SCIENCE (l'égologie, science de l'esprit) EST UN GRAND ÉVÉNEMENT.

VOUS ÊTES UN GRAND JOURNALISTE
RENCONTREZ-NOUS.

La cause ne peut être observée

Ces messages reproduisent une correspondance adressée en 1985 à *L'Événement du jeudi*, où j'exerçais alors l'improbable fonction de chroniqueur scientifique. Le suspense dura une semaine. Chaque matin, une feuille polycopiée atterrissait sur mon bureau. En tant que représentant autodésigné du Savoir, je me sentais directement concerné par ces interpellations lapidaires. Même promu au rang de Grand Journaliste, je devais avouer une profonde perplexité. Elle ne fit que s'aggraver lorsque je connus l'origine des messages : ils émanaient de Léon Raoul Hatem et son fils Frank, qui se présentaient comme deux chercheurs français et proposaient au curieux de se procurer un livre intitulé *Quand la réincarnation devient une certitude scientifique* [1].

Personne n'a envie de mourir idiot, surtout s'il risque de se réincarner en topinambour. J'entrepris donc la lecture de l'étonnant ouvrage. Il s'ouvrait sur un raisonnement d'une logique implacable : « Il est évident que les lois de la Physique ne sont pas applicables avant que l'univers physique n'existe. La science classique est totalement centrée sur la matière, sur ce qui est observable. C'est à partir de l'univers tel qu'il est, qu'elle a déduit des règles. Elle ne saurait expliquer la cause de ces règles, CAR LA CAUSE NE PEUT ÊTRE OBSERVÉE. »

1. Frank HATEM, *Quand la réincarnation devient une certitude scientifique*, Ganymède, Neuilly-sur-Marne, 1985.

Même sans lettres capitales, l'esprit le plus cartésien n'y trouvait rien à redire. Mais ces robustes prémisses entraînaient des conclusions déconcertantes. La mort, la matière, Dieu lui-même n'étaient que de vulgaires superstitions dont il convenait de guérir l'humanité. La gravitation newtonienne résultait de la « dégravitation » (« phénomène de libération magnétique qui se produit entre les pôles en éloignement tournant sur eux-mêmes à proximité l'un de l'autre »). Une « énergie dualiste unique, responsable à la fois de la rotation de la Terre et du bonheur amoureux de ses habitants », engendrait tous les phénomènes de l'univers.

Cette énergie n'était autre que le néant. « En effet, deux valeurs opposées, quelles qu'elles soient, cela fait toujours zéro. » Si bien que le néant était à la fois l'origine et le but de l'existence. En d'autres termes, partir de zéro ne menait pas à grand-chose. Mais par quel chemin ?

Qu'y avait-il avant le Big Bang ?

Partir de zéro est le plus sûr moyen d'aboutir à une Vraie Question. Attention : ne pas confondre « bonne question » et « Vraie Question ». À la une de *France-Soir* du 11 octobre 1979, on lisait : « La reine d'Angleterre se lave les cheveux une fois par semaine. Est-ce suffisant ? » Exemple typique de bonne question. Dans la vie de tous les jours, nous en rencontrons à chaque instant. Le gouvernement est-il nul ? Quelle est cette douleur en fougère autour du plexus ? Une cuiller à café placée dans le goulot d'une bouteille de champagne ouverte permet-elle de conserver le pétillant ? Etc.

Les bonnes questions relèvent du domaine pratique, du quotidien. Elles sont fort utiles, mais ce sont quand même de petites questions. Presque toujours, il y a une réponse. Quand vous ne savez pas, consultez, dans l'ordre : votre conjoint, votre banquier, votre garagiste, votre patron, la concierge, l'*Encyclopædia Universalis*, votre médecin, un prêtre (ou un pasteur, un rabbin, un imam), Rika Zaraï.

Les Vraies Questions ont une tout autre portée. Elles concernent le sens de la vie. Elles nous dépouillent de nos fragiles certitudes, de nos mesquines convictions, et nous confrontent au vertige de notre insondable ignorance. Quelle est l'origine de la matière et de l'énergie ? Grand, petit ou de taille moyenne, le journaliste n'en sait rien. Il se tourne vers l'homme de science et lui répercute la question. Monsieur le savant, pouvez-vous m'expliquer d'où vient l'univers ?

Oui et non, répond le savant, qui aime les réponses de Normand. L'astrophysique nous apprend que le monde est issu d'une formidable explosion originelle, le « Big Bang ». Instant zéro : toute la matière de l'univers est concentrée en un « œuf cosmique » d'une densité et d'une température colossales. Une minuscule fraction de seconde plus tard, l'œuf explose, donnant naissance à une gigantesque soupe de particules et de radiations. Galaxie, étoiles et planètes sont les grumeaux de cette soupe, refroidie pendant quinze milliards d'années.

Si l'on accepte l'œuf cosmique, la « singularité initiale », il est possible d'expliquer *grosso modo* le déroulement des quinze milliards d'années qui suivent. Ce n'est pas parfait, il reste des points obscurs, mais on peut les élucider à l'aide de théories très sophistiquées comme celle des « supercordes [2] ». Seulement voilà : d'où vient l'œuf ? Sûrement pas d'une poule. Question sans objet, dit le savant. Le temps lui-même commence avec le Big Bang. Il n'y a pas à se demander ce qu'il y avait avant, car il n'y a pas d'avant. Vous trouvez cette réponse expéditive ? Elle l'est. D'ailleurs, certains astrophysiciens proposent des variantes. Pour les uns, la soupe cosmique passe par une série infinie de cycles expansion-contraction-explosion. D'autres se représentent l'univers comme la partie émergée d'un iceberg perdu dans l'océan de l'éternité.

Aucune de ces solutions n'est satisfaisante. Elles ne font que reculer le problème. Si la soupe cosmique a toujours existé, qu'est-ce qui a causé son existence ? Si le monde est un iceberg, qu'est-ce qui l'empêche de fondre ? D'une manière ou d'une autre, la question de ce qu'il y avait avant le Big Bang reste un obstacle sur la voie de la connaissance. Comme le remarque l'astrophysicien Hubert Reeves : « Ce n'est pas une question à laquelle la science peut répondre, mais vous voyez en même temps que c'est une question qu'elle suscite [3]. » Décevant. À quoi bon remonter des milliards d'années en arrière, si c'est pour buter sur la première difficulté sérieuse ?

Qu'est-ce que la Grande Pyramide a de si grand ?

L'exemple du Big Bang confirme ce que l'on pressentait : dès qu'il s'agit de Vraies Questions, la science est à côté de la plaque. Pour tout dire, elle ne répond même pas aux bonnes questions. Essayez de trouver un scientifique capable de vous expliquer pourquoi les actrices américaines montrent toujours les dents quand elles

2. Pour un exposé sur les supercordes, voir Brian GREENE, *L'Univers élégant*, Robert Laffont, Paris, 1999.

3. Hubert REEVES, *in Sciences et Symboles*, Albin Michel/France-Culture, Paris, 1986.

sourient, comme si elles s'apprêtaient à vous mordre le bas du dos (hypothèse optimiste). Bien sûr, les savants ont mieux à faire que de s'occuper de nos petits problèmes. Personne ne conteste la valeur de la relativité, de la physique quantique et du génie génétique. Mais ces superbes constructions ont peu à voir avec les préoccupations du bipède ordinaire.

On ne peut que souscrire au diagnostic irrévérencieux de l'écrivain américain John Sladek : « Le problème de la science contemporaine, c'est qu'elle fournit les réponses à toutes les mauvaises questions. Personne ne demande si le laser est oui ou non un faisceau d'énergie cohérente opérant dans les limites du spectre lumineux. Personne ne veut se faire préciser le champ de l'ontogenèse, ni savoir si E égale *vraiment* mc^2. Il est grand temps que les scientifiques sortent de leurs labos d'ivoire, cessent de jouer avec les microprocesseurs ou l'analyse transactionnelle et s'attaquent à quelques-uns des vrais mystères de notre époque [4]. »

Sévère, mais juste. Dans le même texte – une nouvelle de science-fiction intitulée « Sept grands mystères inexpliqués » –, Sladek s'interroge sur la Grande Pyramide – qu'a-t-elle donc de si grand ? –, sur les prédictions de Nostradamus et sur l'authenticité du suaire de Naples – identique à celui de Turin mais disponible en trois coloris. Aucune de ces énigmes n'a reçu la moindre ébauche de solution scientifique.

Dans son *Histoire naturelle du surnaturel* [5], best-seller des années soixante-dix que l'on peut rapprocher du *Matin des magiciens* de Pauwels et Bergier, Lyall Watson relate d'intéressantes expériences. Watson construit une maquette en carton reproduisant exactement les proportions de la Grande Pyramide. Il place une lame de rasoir émoussée sous la maquette, de telle manière que les tranchants soient orientés face à l'est et à l'ouest. Sans autre intervention, la lame redevient affilée au bout de quelques heures. « Jusqu'ici, mon record avec les lames Wilkinson Sword est de quatre mois d'usage quotidien continu », note Watson qui estime que « les fabricants ne vont pas du tout aimer ça ».

Ce phénomène est un défi à toutes les lois connues et inconnues de la physique. L'auteur suppose que la pyramide « édifie » un champ magnétique, du fait que sa forme ressemble beaucoup à celle d'un cristal de magnétite. Séduisant, mais contestable : une poule en chocolat a la forme d'une vraie poule, et pourtant elle ne pond pas d'œufs.

---

4. John SLADEK, « Sept grands mystères inexpliqués », *Science-fiction*, n° 2, juin 1984.
5. Lyall WATSON, *Histoire naturelle du surnaturel*, Albin Michel, Paris, 1974.

D'autres prodiges se manifestent dans la « supernature » de Lyall Watson : « J'ai constaté que la vitesse de déshydratation des matières organiques dépend beaucoup de la substance en cause et des conditions météorologiques, écrit notre auteur. À cela, on se serait attendu ; cependant, j'ai tenté de garder les mêmes objets – œufs, rumsteak, souris crevées – à la fois dans une pyramide et dans une boîte à chaussures ordinaire ; or ceux de la pyramide se conservèrent tout à fait bien tandis que ceux de la boîte à chaussures ne tardèrent pas à sentir et il fallut les jeter. Cela m'oblige à conclure qu'une réplique de la pyramide de Cheops n'est pas une disposition fortuite de papier, mais possède effectivement des propriétés particulières. »

Il est sans doute inutile de chercher à convaincre Lyall Watson du contraire. Je vous propose plutôt de suivre son conseil et d'essayer vous-même (voir exercices 2 et 3 à la fin de cette leçon). Pour ma part, j'ai tenté d'améliorer mes performances d'écrivain en plaçant sur ma tête une coiffure pyramidale. À ma déception, mon style ne s'en est pas trouvé plus affûté. L'expérience a sans doute été perturbée par l'hilarité de mon entourage, peu ouvert à la nouveauté.

Arrêtons-nous un instant sur ce que Sladek considère comme l'Énigme numéro 1 : les petits hommes verts existent-ils ? Depuis 1954, plus de 1 000 atterrissages d'extraterrestres ont été signalés en France et 7 % de nos compatriotes auraient vu des OVNI. Le pire n'est pas toujours sûr, mais Sladek se déclare convaincu que « des civilisations extraterrestres s'efforcent d'entrer en contact avec la Terre, probablement pour emprunter de l'argent ».

Que disent les scientifiques ? L'astronome américain Frank Drake a réalisé en 1959 la première tentative expérimentale pour détecter des signaux radio extraterrestres d'origine artificielle. Il utilisa un récepteur adapté pour recevoir les ondes radio des deux étoiles les moins éloignées qui ressemblaient le plus à notre Soleil. À sa grande surprise, la seconde étoile donna « un résultat si spectaculaire que Drake refusa d'y croire », d'après l'astronome Jean Heidmann [6]. « Il découvrit ensuite, après vérifications, que les signaux qu'il avait captés provenaient des avions U2, avions stratosphériques d'observation militaire dont les essais étaient secrets à l'époque, [devenus] célèbres depuis la mésaventure de l'un d'eux au-dessus de l'Oural, raconte Heidmann. Ces avions volaient à une altitude de 20 000 mètres. » Depuis cette première tentative, tous les essais pour détecter les signaux d'une éventuelle civilisation venue d'ailleurs ont échoué, malgré le lancement, sous l'impulsion de chercheurs

6. Jean Heidmann, *La Vie dans l'univers*, Hachette, Paris, 1990.

américains, du programme international SETI (*Search for Extraterrestrial Intelligence*).

Rien ne garantit, bien sûr, que le désir premier des extraterrestres, s'ils existent, est d'entrer en communication avec nous. Les chercheurs du projet SETI classent les hypothétiques civilisations extraterrestres en types I, II et III, selon leur degré de développement, le type I étant déjà largement plus évolué que l'humanité. Les civilisations de type II sont censées disposer d'une technologie qui les rend indestructibles, car elles peuvent parer à tout désastre écologique ou astronomique. Comme elles sont indestructibles, elles doivent logiquement être les plus répandues. On s'attend aussi à ce qu'elles produisent des milliards de signaux électromagnétiques. « Ironiquement, toutefois, notre galaxie pourrait grouiller de civilisations qui ont échappé à la détection par nos radiotélescopes – peut-être parce qu'au lieu de diffuser sur une fréquence, ce qui est terriblement inefficace, elles auront opté pour la méthode beaucoup plus efficiente de brouiller leurs messages sur l'ensemble de la bande radio pour les déchiffrer ensuite au pôle de réception [7] », écrit Michio Kaku, professeur de physique théorique au City College de New York. « S'il nous arrivait de percevoir des messages ainsi brouillés, nous n'y entendrions que charabia, non discernable du bruit. »

Combien d'*aliens* inconnus nous font ainsi la nique ? En 1961, Frank Drake a calculé que $N = E \times f_p \times f_B \times f_M \times f_d \times f_l \times f_C \times t_C$. N représente le nombre de civilisations extraterrestres dans la galaxie, E le nombre d'étoiles qui naissent chaque année, t_C la durée moyenne d'une civilisation. Les différents f correspondent aux probabilités qu'une étoile donnée ait au moins une planète, que celle-ci ait la bonne masse et soit à la bonne distance, et ainsi de suite. La formule de Drake permet d'affirmer que, sans compter la Terre, il y a exactement entre zéro et dix milliards de planètes abritant une vie intelligente. Merci pour la précision ! Plus récemment, en s'appuyant sur les connaissances accumulées depuis quarante ans, Drake s'est avancé davantage, estimant qu'il y avait « environ 10 000 civilisations dans notre galaxie [8] », tout en reconnaissant qu'une évaluation sérieuse est très difficile. En fait, chacun des paramètres de la formule de Drake contient une telle incertitude que remplacer N par un nombre précis semble assez arbitraire. Quant au problème de savoir si la Terre elle-même abrite une vie intelligente, il reste entier.

7. Michio KAKU, *Visions*, Albin Michel, Paris, 1999.
8. Interview dans *VSD*, hors série « Ovnis, nouvelles évidences », printemps 2000.

Tout cela paraît assez frustrant. Le lecteur pensera peut-être que j'ai choisi exprès les questions les plus difficiles, rien que pour embêter les scientifiques. C'est tout à fait faux. Simplement, la science ne propose que des réponses qu'il est possible de tester dans le monde réel. Heureusement, pour cultiver les fleurs de l'impossible, il nous reste les infinies ressources de l'imposture scientifique.

Les cinq sens de l'imposteur

Comme la chance, une Vraie Question se saisit aux cheveux. Pour la poser comme pour y répondre, point de méthode ni de recette infaillible. Souplesse, réceptivité, *feeling* sont de règle. L'imposteur débutant devra libérer son esprit pataud de la gangue cartésienne. Il s'attachera à éveiller certaines facultés oubliées qui amplifient et dépassent les cinq sens habituels.

Le sens du rapprochement fulgurant.

Prenez deux énigmes, apparemment sans rapport : la disparition des dinosaures et les pierres gravées de la ville d'Ica, au Pérou. Considérées séparément, elles sont également insolubles. Un rapprochement fulgurant permet non seulement de les résoudre toutes les deux, mais de faire surgir une vraie question. En effet :

1) Les pierres d'Ica sont vieilles, très vieilles, certainement antérieures à l'apparition de l'homme. Leurs dessins mystérieux ont été gravés par des Êtres d'Autres Mondes, afin de nous instruire, misérables vermisseaux que nous sommes.

2) Sur l'une des pierres, on remarque très clairement des cosmonautes extraterrestres pratiquant une intervention chirurgicale destinée à diminuer la taille des dinosaures. « Une intervention indispensable pour concilier la vie de l'homme et la suprématie titanesque des énormes bêtes très voraces et menaçantes », précise un tract signé d'un certain Eugenio Siragusa, qui se définit lui-même comme un « ami de l'homme ».

3) Par conséquent, *les dinosaures n'ont pas disparu, ils sont seulement devenus tout petits*. Sans la bienveillance des Jardiniers du Cosmos, ils seraient restés énormes et nous auraient bouffés tout crus.

On peut ergoter sur le point de savoir si les gravures d'Ica sont *vraiment* si vieilles que ça. D'après le physicien Henri Broch, elles seraient l'œuvre d'« anciens élèves de l'École des beaux-arts de

Lima[9] », dont la construction est nettement postérieure au Crétacé. Ce détail ne doit pas nous détourner de la Vraie Question : sommes-nous prêts à recevoir le message de l'Intelligence Suprême ?

Le sens des Causes Cachées.

Pourquoi avons-nous peur des tremblements de terre ? Sûrement pas parce que l'immeuble d'en face risque de nous tomber sur la figure. Les lapins aussi ont la trouille, bien qu'ils habitent rarement dans des gratte-ciel.

Sans aucun doute, cette panique irraisonnée est due à une Cause Cachée. La découvrir n'est pas aussi difficile qu'on pourrait le croire, car il n'existe que trois Causes Cachées : l'électricité, le magnétisme et les basses fréquences. Réfléchissons : une secousse sismique produit des infrasons, autrement dit des ondes acoustiques qui ont une fréquence trop basse pour être perçues comme des sons. Si les Japonais utilisent depuis la nuit des temps des poissons rouges comme système d'alarme antisismique, c'est justement parce que les poissons détectent les infrasons. Quand ils commencent à s'agiter frénétiquement dans leur bocal, on peut être sûr que la secousse ne va pas tarder.

Les infrasons sont notre suspect numéro 1 comme Cause Cachée de la peur des tremblements de terre. Les basses fréquences ont une mystérieuse action psycho-physiologique. À l'appui de cette thèse, Lyall Watson cite le cas de l'ingénieur marseillais Gavraud, qui était pris de violentes nausées chaque fois qu'il s'installait à son bureau. Gavraud, raconte Watson, s'aperçut que la pièce vibrait en résonance avec une installation de conditionnement d'air située de l'autre côté de la rue, au rythme de sept cycles par seconde. Afin de tirer la chose au clair, l'ingénieur aurait construit un sifflet à roulettes de deux mètres de long, actionné à l'air comprimé. Toujours selon Watson, le technicien qui fit le premier essai tomba mort sur-le-champ. « L'autopsie révéla que tous ses organes internes avaient été broyés en une gelée amorphe par les vibrations », écrit notre auteur.

Je n'ai pu trouver de confirmation de ce récit mais, si l'on en croit l'*Encyclopædia Universalis*, « un bruit de très haute intensité (160 dB soit 1 W/cm^2, 170 dB soit 10 W/cm^2) et davantage encore un ultrason proche mettent en œuvre une quantité d'énergie suffisante pour provoquer l'échauffement corporel et la mort rapide de

9. Henri BROCH, *Le Paranormal*, Seuil, Paris, 1985.

l'animal exposé ». On remarquera qu'il n'est pas question de basses fréquences, puisque le danger vient surtout des ultrasons, donc des hautes fréquences. Logique : l'énergie de la vibration est d'autant plus grande que la fréquence est élevée. D'ailleurs, les habitués des boîtes de nuit ou des concerts rock savent bien que ce sont les hautes fréquences qui sont les plus agressives à l'oreille. Les infrasons peuvent provoquer des sensations bizarres de vibration, mais ils ne rendent pas sourd. Il serait bien étonnant qu'ils puissent transformer les viscères en gelée. En revanche, le bon sens suggère que si les lapins perçoivent les basses fréquences émises lors d'une secousse sismique, ils doivent se rendre compte qu'il se passe quelque chose d'anormal, ce qui est une cause suffisante de panique.

Mais la supernature se gausse du bon sens comme des lois de l'acoustique : « Le fait que les fréquences (des ondes sismiques) coïncident avec celles qui agitent et rendent malade expliquerait la frayeur sauvage, irraisonnée, qui accompagne un tremblement de terre », conclut Watson, qui confond l'effet et la cause avec une aisance… confondante !

Le sens des indices subtils.

La science est incapable de trancher la question des civilisations extraterrestres. Tout au plus nous indique-t-elle une forte présomption en faveur de leur existence, ce qui ne nous avance guère. Mais la science est-elle capable de discerner les indices les plus subtils ? On peut en douter. Bien sûr, un indice subtil ne se voit pas comme le nez au milieu de la figure – ou, puisqu'il s'agit d'envahisseurs, comme un doigt plus court à une main. Pour le déceler, il faut de l'astuce, de la finesse, du flair. Qualités qui caractérisent les meilleurs ufologues – de l'anglais UFO, *unidentified flying object*, équivalent d'OVNI. L'un d'eux, J.-Ch. Fumoux – tel est son nom –, a réussi, grâce à un indice subtil, à découvrir la preuve irréfutable qui nous manquait : l'isocélie.

De quoi s'agit-il ? L'idée ingénieuse de Fumoux consiste à pointer sur une carte les lieux où ont été signalés des atterrissages de soucoupes volantes. Notre homme a répertorié 76 points d'atterrissages survenus entre le 26 septembre et le 18 octobre 1954. Suivons son raisonnement : les extraterrestres sont intelligents ; ils ne se posent pas n'importe où ; donc leurs points d'atterrissage tracent sur la carte des figures particulières. Lesquelles ? Des triangles isocèles, expression transparente et irréfragable d'un esprit élevé.

Fumoux commence par relier les 76 points dans l'ordre chronologique, en supposant qu'il s'agit des points successifs d'un plan de vol. Problème : cette manière de procéder ne donne pas de triangles isocèles. Faut-il abandonner l'hypothèse ? Pas du tout. Cela signifie simplement que les rusés visiteurs ont cherché à dissimuler leurs plans de vol. « Il ne restait plus qu'à déjouer leur stratagème en cherchant tous les triangles isocèles réalisables avec une combinaison de trois points d'atterrissage, sans se soucier de leur ordre dans le temps », explique Michel Rouzé dans un article de *Science et Vie* [10].

Sitôt dit, sitôt fait. Un calcul à la main, confirmé par une étude sur ordinateur, aboutit au résultat crucial : Fumoux obtient 1 877 triangles isocèles. Une répartition de points aléatoires n'en aurait donné, en moyenne, que 1 625,5. L'écart de 251,5 n'a pas une chance sur mille d'être dû au seul hasard. Cet écart constitue donc l'indice subtil que la science orthodoxe n'a pas su découvrir. E.T. existe, Fumoux l'a dessiné !

Si l'on en croit Michel Rouzé, la preuve par l'isocélie ne serait pas si solide que ça. L'excès de triangles isocèles peut s'expliquer par une erreur de calcul. Cela ne change rien à mon opinion sur l'isocélie : même si ce n'est pas vrai, c'est bien trouvé.

Le sens de l'imprécision.

Philippe Taquet, professeur de paléontologie au Muséum national d'histoire naturelle, a recensé plus de quatre-vingts explications de la fin des dinosaures [11]. Hormis l'ingestion immodérée de bœuf anglais, tout a été envisagé : inadaptation crasse ; action de la température d'incubation des œufs sur le *sex ratio*, entraînant un excès de mâles ou de femelles ; amincissement ou épaississement des coquilles d'œufs de dinosaures ne permettant pas aux embryons de parvenir à l'éclosion ; épidémies ; déplacement de l'axe de rotation de la Terre ; réchauffement de la planète ayant fait périr de soif les pauvres bêtes ; glaciation ; pluie de poussières volcaniques ; chute d'un astéroïde ; explosion d'une supernova ; inversion du champ magnétique ; crises d'hémorroïdes ; etc.

Bien sûr, nous connaissons aujourd'hui la vraie explication, celle de la pierre d'Ica. Mais réfléchissez : sans le mystère des dinosaures, nous n'aurions pas cherché à déchiffrer la pierre, et nous n'aurions pas découvert le mystère de l'Intelligence Suprême.

Le mystère des dinosaures est donc, en soi, une donnée essentielle. Or, il réside principalement dans l'imprécision de sa formulation. Le cliché veut que les grosses bêtes, après avoir dominé le

10. Michel Rouzé, « Les OVNI sont-ils pilotés par des extraterrestres ? », *Science et Vie*, n° 770, novembre 1981.

11. Voir Philippe Taquet, *L'Empreinte des dinosaures*, Odile Jacob, Paris, 1994.

monde pendant 155 millions d'années, aient disparu du jour au lendemain à la fin du Crétacé, il y a 65 millions d'années. Catastrophe zoologique difficilement explicable. En y regardant de près, il y a peu de chances que les choses se soient passées ainsi que le décrivent les innombrables théories dinosauriennes. D'abord, les dinosaures n'ont pas disparu tout seuls : d'autres groupes terrestres ou marins se sont éteints à la même époque, comme les inocérames et les rudistes ; et d'autres, à l'inverse, ont survécu. Comme le souligne Philippe Taquet, une théorie scientifique précise devrait expliquer à la fois la disparition de tous les groupes qui se sont éteints et la survie de ceux qui se sont maintenus, plutôt que de se focaliser sur les seuls dinosaures.

Ensuite, la prétendue catastrophe dinosaurienne n'a rien d'unique : il y a eu des extinctions massives tout au long de l'histoire de la vie. La plus grande de tous les temps a eu lieu à la fin du Permien, il y a 250 millions d'années ; elle a détruit 75 % des amphibiens et 80 % des reptiles, alors que seulement 30 % de la faune a disparu à la fin du Crétacé.

« Au lieu de nous demander pourquoi l'Empire romain disparut, nous ferions mieux de nous étonner qu'il ait si longtemps subsisté », écrit l'historien anglais Edward Gibbon, cité par Philippe Taquet, qui poursuit : « Les dinosaures comme les Romains ont eu une longévité remarquable : pendant cent cinquante-cinq millions d'années se sont succédé sur notre planète des centaines d'espèces ; plus de deux cent soixante genres de dinosaures ont été décrits à ce jour, dont une centaine depuis 1969, et mes collègues Dodson et Dawson estiment que mille deux cents genres au moins ont dû peupler la Terre de la fin du Trias à la fin du Crétacé. »

Les dinosaures formaient un groupe aussi varié, sinon davantage, que les mammifères d'aujourd'hui. Si le diplodocus mesurait trente mètres du bout du nez à l'extrémité de la queue, si le brachiosaurus pesait jusqu'à cent tonnes, certains spécimens ne dépassaient pas la taille d'un dindon. Il y avait des herbivores qui mangeaient des fougères et des carnivores qui mangeaient les herbivores. Une idée toute faite, et ancienne, veut que les dinosaures aient été stupides parce que leur cerveau était trop petit par rapport à leur corps ; ainsi, le diplodocus aurait été capable de se faire dévorer la moitié de la queue par un prédateur avant de se rendre compte du problème... Les travaux des paléontologistes au cours des trente dernières années ont fait justice de ce cliché, comme le démontre Stephen Jay Gould : « Sans vouloir présenter les dinosaures comme des modèles d'intelligence, [je soutiens] qu'après tout ils n'avaient pas un cerveau aussi petit qu'on l'a prétendu, écrit-il dans *Le Pouce du panda* [12]. Ils possédaient un cerveau de taille normale pour des reptiles de leur dimension. » Sans doute y avait-il des dinosaures plus malins que d'autres, mais ce n'étaient sûrement pas tous des abrutis. Contrairement à une autre idée reçue, les dinosaures n'étaient peut-être pas des reptiles au sens où nous l'entendons habituellement. De bons arguments plaident en faveur de dinosaures à sang chaud, comme les vaches et les poulets. La question n'est pas réglée mais, dans l'hypothèse de dinosaures « homéothermes », nos prédécesseurs sur la planète auraient des descendants actuels : les oiseaux, dont les plus anciens pourraient être issus du petit cœlurosaure !

Bref, l'ordre des dinosaures comptait une multitude d'espèces qui ont pu connaître des destins très divers. Au bout du compte, la « catastrophe dinosaurienne » relève plus de la mythologie que de l'histoire zoologique, même si le mythe contient une part de réalité : les dinosaures se sont bel et bien éteints, ce qui a permis aux mammifères de « prendre le pouvoir » et a ouvert la voie à l'apparition de notre espèce. Seul le sens de l'imprécision permet de les mettre tous dans le même sac et de voir dans leur fin collective « un hermétique arcane que les nuées de la Nature au mutisme de sphinx voilent d'un suaire opaque », comme l'écrit Sladek à propos d'autre chose. Je suis prêt à parier que les dinosaures ont disparu de manière somme toute banale, victimes de la compétition darwinienne entre espèces et des accidents écologiques de la fin du Crétacé. Mais si telle était la vérité, qui aurait envie d'y croire ?

Le sens de l'immodestie.

Sans doute le plus important des cinq. Comment oser s'attaquer à des questions aussi considérables que l'origine de la matière et de la pensée, si l'on doute de son propre génie ? Un bon imposteur balaie d'un revers de main les mesquines barrières de la science traditionnelle, embrasse l'univers entiers d'un coup d'œil. Il n'hésite pas à se saisir de problèmes vieux comme l'humanité comme s'il était le premier à les avoir posés. Rien ne l'arrête, car il sait, au fond de lui-même, qu'il peut faire mieux que Newton, Einstein et Darwin réunis.

« Pratiquons toujours cette ascèse mentale si difficile qui consiste à regarder l'univers en faisant abstraction de tout ce qu'on a dit sur lui », écrit Rémy Chauvin dans sa *Biologie de l'esprit* [13]. Chauvin, qui n'a rien d'un ignare, réussit très bien à se débarrasser de son

---

12. Stephen Jay GOULD, *Le Pouce du panda*, Grasset, Paris, 1982 ; voir aussi, du même auteur, *La Foire aux dinosaures*, Seuil, Paris, 1993.

13. Rémy CHAUVIN, *La Biologie de l'esprit*, Le Rocher, Monaco, 1985.

savoir. Quelque 220 pages d'une « hésitante méditation » – selon ses propres termes – lui suffisent pour jeter aux orties le darwinisme, grâce à des considérations variées sur le langage des singes, le cerveau des dauphins, la parapsychologie et la communication entre plantes.

Quant à Frank Hatem, le jeûne intellectuel n'a pas dû lui coûter trop d'efforts, si l'on en juge par l'aisance avec laquelle il pratique le non-savoir méthodique : « Conscience et amour sont indissociables. Ce sont les deux aspects contraires de l'énergie magnétique (Yin et Yang) qui suffisent à expliquer tous les phénomènes physiques. En particulier, ils contiennent en eux-mêmes la cause de l'espace et du temps, et de la gravitation qui engendrera la constitution de particules atomiques et d'astres. »

Que de telles phrases soient des enchaînements de mots dépourvus de toute signification scientifique ne saurait perturber un imposteur de talent. Les bureaux des chroniqueurs scientifiques sont encombrés de lettres et de dossiers contenant l'exposé de théories jaillies tout armées du cerveau de leurs concepteurs, et destinées à supplanter dans le quart d'heure la relativité, la physique quantique ou l'évolution.

Dans *Le Nouvel Esprit scientifique*, Gaston Bachelard envisage ainsi les rapports entre métaphysique et science : « Pourquoi partir toujours de la confrontation entre la Nature vague et l'Esprit fruste et confondre sans discussion la pédagogie de l'initiation avec la psychologie de la culture ? Par quelle audace, sortant du moi, va-t-on recréer le Monde en une heure [14] ? »

Élémentaire, mon cher Gaston : par l'audace de celui qui part de zéro. La science est incapable de recréer le monde en une heure, parce qu'elle ne se fait pas en une heure. Comment le savant pusillanime oserait-il faire face à cette question que l'imposteur se pose à tout instant : pourquoi le monde entier ne reconnaît-il pas mon génie ?

Pourquoi la science ne répond-elle pas aux vraies questions ?

Récapitulons. Les scientifiques n'utilisent, au mieux, que deux des cinq sens de l'imposteur. Lorsque Louis de Broglie avança que, si les ondes lumineuses avaient un aspect corpusculaire, les particules de matière devaient avoir un aspect ondulatoire, c'était un rapprochement. Peut-être pas fulgurant, mais au moins intéressant.

14. Gaston BACHELARD, *Le Nouvel Esprit scientifique*, PUF, Paris, 1934.

On peut aussi accorder aux scientifiques un certain sens des Causes Cachées, quoiqu'ils s'en servent mal. Ils jonglent avec un tas de Causes Cachées comme l'interaction faible, la gravitation ou les trous noirs, au lieu de s'en tenir au bon vieux magnétisme et aux bonnes vieilles basses fréquences. Cela ne fait que rendre les choses confuses. Mais enfin, on peut admettre qu'un scientifique sait à quoi ressemble une Cause Cachée.

Pour les autres sens, c'est la Bérézina. Les indices subtils ? Les scientifiques s'en méfient comme de la peste – du moins dans les rares cas où ils les détectent. Ils prétendent que les coïncidences numériques sont dues au hasard, et peuvent même masquer la réalité d'un phénomène. Vous ne trouverez aucun scientifique sérieux assez éclairé pour reconnaître que les proportions de la Grande Pyramide ne sont pas fortuites. L'imprécision ? Mieux vaut l'oublier. Le physicien Jean-Marc Lévy-Leblond compare la précision des concepts scientifiques à la finesse d'un scalpel. Dans sa discipline, on n'effectue jamais une mesure sans évaluer son degré d'imprécision grâce à des calculs d'erreur – ce qui ruine toute possibilité d'exploiter cette imprécision de manière plus constructive.

Un contre-exemple a failli se produire en 1986, lorsqu'un physicien américain, Ephraïm Fischbach, a entrepris de mettre en évidence une « cinquième force » dans la nature, en plus des quatre déjà connues (la gravitation, l'électromagnétisme, et les interactions fortes et faibles qui agissent sur les particules élémentaires). Le projet de Fischbach était de prouver que, contrairement à l'un des principes fondamentaux de la physique, la masse inerte n'est pas rigoureusement égale à la masse pesante – la différence étant l'effet de l'hypothétique cinquième force. Au cas où l'importance de la chose vous échapperait, c'est l'équivalence entre les deux masses qui permet d'affirmer, par exemple, qu'un kilo de plumes pèse autant qu'un kilo de plomb. En termes plus précis, la masse inerte mesure la résistance qu'un corps oppose à sa mise en mouvement, tandis que la masse pesante exprime l'intensité de l'attraction gravitationnelle qui s'exerce sur lui. Lorsque vous traînez une valise à roulettes dans le hall d'un aéroport, vous devez vaincre sa masse inerte. Lorsque vous la placez sur la balance et qu'on vous réclame une surtaxe de 670 francs, votre adversaire est la masse pesante.

L'équivalence entre les deux masses est une des notions les mieux établies de la physique de Galilée et Newton. Elle explique que, dans le vide, la vitesse d'un corps en chute libre ne dépend que de la hauteur de chute. Selon la légende, Galilée aurait été le premier à vérifier que des objets jetés du haut de la tour de Pise tombaient à la même vitesse (malheureusement, les expériences auraient été interrompues par la chute d'un foie de veau sur la mitre d'un évêque, cause véritable des démêlés du savant italien avec l'Église). D'après une autre version, Galilée se serait contenté de faire rouler des boules sur un plan incliné. Quoi qu'il en soit, l'expérience appropriée aurait dû consister à observer la chute libre de corps lâchés dans le vide. En l'absence du frottement de l'air, une plume et une bille de plomb lâchées du haut de la tour de Pise arriveraient au sol exactement au même instant. Spectaculaire, mais difficile à réaliser. En 1888, le baron Lorand Eötvös, physicien hongrois, trouva une autre solution : il construisit un pendule de torsion qui permettait de comparer les deux masses. Depuis, ses expériences ont été considérées comme la preuve décisive de l'égalité de la masse inerte et de la masse pesante, qui est à la base de la théorie de la relativité générale d'Einstein [15].

Nullement impressionné par ce glorieux passé historique, Ephraïm Fischbach était fermement décidé à remettre en question le fameux principe d'équivalence. Début 1986, il publia, dans la très sérieuse *Physical Review Letters*, un article où il dépiautait les mesures d'Eötvös et parvenait à une conclusion opposée à celle du baron hongrois. Ce dernier avait observé de petites déviations, mais il les avait considérées comme non significatives. Fischbach, au contraire, crut y déceler l'indice subtil que la gravitation n'était pas celle que l'on croyait. L'affaire en serait peut-être restée là, si le *New York Times* n'avait pas repris à la une l'article de Fischbach. Propulsé sur la scène médiatique, le physicien américain connut une rapide (encore qu'éphémère) notoriété, et fit des émules. Dans les deux ans qui suivirent la publication de Fischbach, une nuée de physiciens se passionnèrent pour la mesure fine de la gravitation.

En février 1988, j'ai rencontré Fischbach et la plupart des chercheurs qui travaillaient sur la cinquième force, lors des « Rencontres de Moriond », un colloque annuel qui réunit des physiciens dans une station alpine où, pendant quelques jours, ils échangent les idées les plus hétérodoxes entre deux descentes à ski. À l'époque, on recensait une vingtaine d'expériences déjà réalisées ou en cours de réalisation, toutes destinées à déceler la cinquième force. Ces manips qui rivalisaient d'ingéniosité consistaient, par exemple, à faire tomber sur une distance de 20 cm des masses d'uranium ou de cuivre dans deux « chambres de jet » identiques où régnait un vide poussé ; ou à étudier les mouvements d'une sphère de cuivre creuse posée à la surface d'un baquet d'eau installé sur une falaise ; ou encore, à

15. Voir Albert Einstein, *La Relativité*, Gauthier-Villars, Paris, 1956, réédité dans la « Petite Bibliothèque Payot ».

effectuer des mesures avec des pendules de torsion analogues à celui d'Eötvös, mais beaucoup plus précis.

L'engouement pour la cinquième force relevait-il d'un effet de mode ? Pas seulement. Une grande partie des scientifiques qui effectuaient ces manips venaient de la physique des particules, où les expériences impliquent couramment des dizaines, voire des centaines de chercheurs, pour un résultat qui n'apparaît pas avant des années. Un domaine plutôt austère, au moins pour le physicien amoureux de l'expérimentation, qui prend son plaisir à observer les phénomènes en action. Aux « Rencontres de Moriond », il fallait voir ces physiciens poursuivre jusque tard dans la nuit d'interminables discussions sur les mérites comparés de tel ou tel dispositif, comme des enfants émerveillés par un nouveau jouet ! Et Fischbach, le meneur de jeu, animer le débat avec passion, servi par un débit verbal digne d'un commentateur de football américain !

Le point intéressant, dans la perspective qui nous intéresse ici, c'est que l'existence de la cinquième force tenait essentiellement à la précision des mesures. Si Fischbach et ses collègues avaient mis en évidence de petites déviations par rapport aux prévisions théoriques, et s'ils avaient pu prouver que ces déviations ne s'expliquaient pas par la marge d'erreur inhérente à toute mesure, ils auraient décroché le cocotier – peut-être même le prix Nobel. Las, comme dit le proverbe, ce n'est pas Nobel tous les jours... Après quelques années d'activité intense, les physiciens ont bien dû se résigner à admettre, au moins jusqu'à nouvel ordre, qu'il n'y a pas de cinquième force. Dommage ! Ils ont laissé passer là une occasion unique d'utiliser le sens de l'imprécision.

Parlons un peu du sens le plus important, celui de l'immodestie. Le scientifique de base en manque dramatiquement. Encore une fois, la science est incapable de faire table rase, de tout reprendre à zéro (pas étonnant d'ailleurs : rien que pour inventer le zéro, il a fallu des milliers d'années !). La théorie du Big Bang, pour reprendre cet exemple, représente l'aboutissement provisoire d'une histoire vieille de quatre millénaires au moins. Et elle est loin d'être achevée. *Flash back* : deux mille ans avant notre ère, les Babyloniens imaginent une Terre plate entourée d'un océan circulaire. Deux questions restent en suspens : quelle est la nature du Soleil et des astres ? Que se passe-t-il quand on arrive au bord extérieur de l'océan ?

Thalès de Milet – 640 à 562 avant J.-C. – répondit à la première en supposant que les astres étaient des godets remplis de feu, fixés sur la voûte céleste et capables de s'ouvrir ou de se fermer. Pythagore, un siècle plus tard, affirma que la Terre était sphérique, car seule cette forme parfaite convenait à notre planète. Ptolémée – 90 à 168 de notre ère – élabora un système qui prévalut pendant cinq cents ans. Notre globe était au centre du monde. Le Soleil tournait autour. Les autres planètes parcouraient un cercle appelé épicycle dont le centre immatériel tournait lui-même autour de la Terre.

Le système de Ptolémée rendait compte *grosso modo* du mouvement apparent des planètes. Malheureusement, Ptolémée avait triché : comme les observations ne collaient pas très bien avec la théorie des épicycles, il avait truqué les chiffres pour les faire entrer de force dans le système. Ptolémée était un des plus fieffés imposteurs de l'histoire des sciences, comme l'a démontré l'astronome américain Robert R. Newton, au nom prédestiné [16].

Quant aux épicycles, leur calcul tenait du cauchemar. Il fallait en superposer une quarantaine, rien que pour justifier le dogme géocentrique. Finalement, le système de Ptolémée sombra sous les assauts conjugués de Tycho Brahé, Galilée, Copernic et Kepler. On réhabilita le modèle héliocentrique proposé par Aristarque de Samos vers 250 avant notre ère. Newton (Isaac) établit la loi de la gravitation universelle qui expliquait le mouvement elliptique des planètes mis en évidence par Kepler.

Au XVIIᵉ siècle, Herschel découvrit les galaxies, sans pouvoir les situer correctement. Dans les années 1920-1930, les astronomes réalisèrent que notre système solaire était une infime poussière dans l'univers. Hubble montra que l'espace était peuplé de galaxies qui s'éloignaient les unes des autres. L'univers était donc en expansion. Ce qui semblait impliquer qu'il avait d'abord été beaucoup plus petit. Si l'on remontait dans le temps, le monde n'avait-il pas commencé sous la forme d'un grain de matière fantastiquement concentré, un « atome primitif », comme le formula pour la première fois en 1927 l'abbé Lemaître, un astronome de Louvain ?

L'hypothèse ne fut pas trop prise au sérieux jusqu'en 1965. Cette année-là, Penzias et Wilson détectèrent un rayonnement qui emplissait l'univers avec une égale densité dans tous les sens. Pour les astrophysiciens, cette découverte constitua une preuve décisive de la théorie de l'atome primitif : le rayonnement de Penzias et Wilson était un résidu de la grande explosion, un fossile du Big Bang.

Tout n'était pas réglé pour autant. Parmi les difficultés rencontrées par ce que l'on appelle aujourd'hui le « modèle standard » du Big Bang, il y a le problème déjà mentionné de ce qui s'est passé juste avant l'explosion, et aussi la question de l'anisotropie. Si l'on suppose que l'univers est isotrope, c'est-à-dire que les lois physiques

---

16. Voir Charles-Noël MARTIN, « Ptolémée a triché ! », *Science et Vie*, nº 730, juillet 1978.

s'appliquent de la même manière dans toutes les directions, il est difficile d'expliquer pourquoi les galaxies, ces « grumeaux », se sont formées à partir d'une soupe cosmique initialement homogène. D'un autre côté, concevoir un univers non isotrope amène d'autres complications. Pour résoudre ces problèmes et quelques autres, les physiciens ont inventé la théorie des « supercordes ». Son niveau technique dépasse de très loin celui de cet ouvrage, mais on peut cependant préciser que cette théorie s'applique dans un espace à dix dimensions, voire onze. La fameuse cinquième dimension peut aller se rhabiller !

Cela dit, ne rêvons pas : nous ne sommes pas près de voyager dans la dixième dimension, car selon la théorie, juste après le Big Bang, l'univers à dix dimensions s'est dissocié en une bulle à six dimensions et une à quatre, la première s'effondrant brutalement pour déployer la seconde, où nous séjournons [17]. Si vous n'avez pas tout suivi, ne vous inquiétez pas : cela risque de changer encore. Aux dernières nouvelles, l'univers serait finalement « plat » et il n'aurait que les quatre dimensions usuelles... Mais cette « platitude » pourrait correspondre seulement à un effet des limites de l'observation, un peu analogue à celui qui nous fait percevoir, à notre échelle, la Terre comme plate, alors que, vue d'une navette spatiale, sa courbure apparaît.

Nul doute que de nouveaux développements se produiront tôt ou tard. La science a suivi un long cheminement depuis la Terre plate jusqu'à la cosmologie moderne. Les godets de Thalès nous font peut-être sourire, mais chaque description a eu sa pertinence à un moment donné. Loin de ressembler à une marche triomphale sur la route du progrès, l'avance de la science se compare plutôt à celle d'une voie de chemin de fer en construction dans une région accidentée. Il faut zigzaguer, creuser des tunnels, jeter des ponts. Et ce n'est jamais fini. À tout moment, un butoir marque le terme provisoire de la ligne : l'océan circulaire, ou les épicycles, ou la mécanique de Newton, ou la théorie du Big Bang, ou les supercordes...

De temps en temps, on fait sauter le butoir. Mais on le remplace aussitôt par un nouveau. La science ne fournit que des réponses partielles, des VARL, ou « vérités à responsabilité limitée ». Pour obtenir les réponses absolues et définitives qu'appellent les vraies questions, il n'existe pas d'autre moyen que de supprimer le butoir, et la voie qui va avec. Mais comment fait-on avancer un train qui a déraillé ?

---

17. Voir sur ce point Michio Kaku, *Visions*, *op. cit.*

Comment faire avancer le schmilblic ?

Ce qu'aucun conducteur de la SNCF ne ferait, l'imposteur le réussit sans peine. Ses trains fantômes roulent allégrement dans le désert du n'importe quoi et du presque tout. « Si nous refusons d'aller de l'avant, la seule alternative est de retourner au départ [18] », écrit Rupert Sheldrake, auteur d'une très intéressante théorie que nous étudierons plus loin. Poser les vraies questions, c'est bien. Y répondre, c'est mieux. À défaut d'une méthode générale, le débutant s'inspirera utilement de quelques règles empiriques.

Règle n° 1 : « Une cause, beaucoup d'effets. » Également appelée « principe du tout-est-dans-tout », elle permet d'opérer d'immenses synthèses. Avec un seul phénomène physique, la résonance, Lyall Watson réussit des prodiges. Bien sûr, Watson ne donne pas au mot résonance tout à fait le même sens que les physiciens. Pour ces derniers, un système vibratoire entre en résonance lorsqu'il est excité par une vibration accordée sur sa fréquence propre. Le verre de cristal brisé par une cantatrice qui chante une note aiguë illustre un cas de résonance acoustique. Autre exemple de résonance : un pont qui s'écroule sous le pas cadencé d'un régiment en marche, parce que la cadence se trouve correspondre exactement à une fréquence propre de l'ouvrage. La résonance peut aussi se produire avec des ondes lumineuses, ou plus généralement électromagnétiques, etc.

Dans le monde ordinaire, il ne peut se produire de résonance que si l'onde excitatrice est de même nature que la vibration du corps excité. Par exemple, les ondes électromagnétiques ne se propagent pas selon les mêmes lois que les ondes acoustiques. On ne fait pas osciller un circuit électrique en jouant de la trompette ! La supernature de Lyall Watson ignore cette stupide contrainte. N'importe quoi peut faire résonner n'importe quoi. Ainsi « libérée », la résonance permet d'expliquer, entre autres : l'effet des rayons gamma sur les vers planaires ; la peur des tremblements de terre ; l'influence de la pleine Lune sur le saignement en général et sur les pyromanes en particulier ; l'action de la forme pyramidale sur le fil d'un rasoir ; le fait qu'une plante verte réagisse violemment lorsqu'on jette une crevette vivante dans l'eau bouillante ; la télépathie ; la psychokinèse ; etc.

Règle n° 2 : « Un effet, beaucoup de causes. » Symétrique de la précédente, elle la complète. En l'appliquant judicieusement, vous pourrez dévoiler toute la richesse contenue dans le fait le plus banal. Par exemple, les propriétés multiples du champ vital montrent que

---

18. Rupert SHELDRAKE, *Une nouvelle science de la vie*, Le Rocher, Monaco, 1985.

l'assassinat de Sharon Tate par Charles Manson en 1969 était dû, dans l'ordre : 1) à une violente éruption solaire ; 2) à un malencontreux alignement des planètes ; 3) à une concentration d'ions négatifs provoquée par la pleine Lune ; 4) à une secousse sismique de magnitude 5 sur l'échelle de Richter ; 5) à des signaux de faible énergie produits par les rayons cosmiques ; 6) à une consommation abusive de pop-corn.

Règle n° 3 : « La forme influence les fonctions. » Lyall Watson en donne une brillante démonstration : « Une firme française a fait breveter un récipient destiné à la fabrication du yaourt, parce que sa forme particulière renforçait l'action du micro-organisme impliqué dans le processus. Les brasseurs d'une bière tchécoslovaque essayèrent de substituer à leurs tonneaux ronds des tonneaux angulaires, mais constatèrent [...] une détérioration dans la qualité de leur bière. Un chercheur allemand a montré que les souris atteintes de blessures identiques guérissent plus rapidement, si elles sont gardées dans des cages sphériques. Des architectes canadiens signalent une amélioration soudaine chez des schizophrènes soignés dans des services hospitaliers trapézoïdaux. »

Conclusion : « La forme a une influence sur les fonctions qui s'exercent au sein de cette forme. »

Règle n° 4 : « Le saute-mouton. » Elle permet de justifier un point douteux par une donnée indiscutable. *A priori*, l'idée qu'une pyramide en carton puisse aiguiser une lame de rasoir nous laisse sceptiques. Grâce à un triple saute-mouton, Watson franchit l'obstacle. Premier saut : un champ magnétique agit sur le fil de la lame. Au lieu de se demander comment, Watson enchaîne immédiatement le deuxième saut : la pyramide possède un champ magnétique.

Pourquoi ? Troisième saut : la forme pyramidale confère au carton les propriétés d'un cristal de magnétite. Ne savons-nous pas – règle précédente – que la forme a une influence sur les fonctions ? Grâce à cette gymnastique, nous voici maintenant devant un fait incontournable : la pyramide a la forme d'une pyramide.

Règle n° 5 : « Les ronds de fumée. » Elle procède d'un usage immodéré du sens des indices subtils. Ainsi, le mystérieux Siragusa décèle dans les dessins des pierres d'Ica la preuve que des chirurgiens cosmiques ont opéré les dinosaures – ce qui ne saute pas aux yeux. L'ufologue Fumoux tire une conclusion très forte d'une donnée ténue et fragile, l'excès de triangles isocèles. La plupart des gens ne remarqueraient dans ces triangles rien de plus que des figures géométriques. Fumoux y déchiffre la signature extraterrestre. Le gros bon sens l'affirme : ce n'est pas parce que je crois discerner la forme d'un lapin dans des ronds de fumée qu'il y a réellement un lapin. Mais qui sait lire les indices subtils ne laisse rien au hasard. Il suffit de le désirer vraiment pour que l'observation la plus anecdotique devienne signe, trace, symptôme, présage.

Règle n° 6 : « Le champ magnétique. » Véritable gri-gri, elle permet de se sortir de bien de situations délicates. Chaque fois que vous vous trouvez dans l'embarras, répétez trois fois (au moins) « CHAMP MAGNÉTIQUE ». Pensez à articuler. Vous pouvez remplacer « champ magnétique » par « champ vital », « onde », « résonance », « vibration », « basse fréquence », « énergie », etc. « Champ morphogénétique » est un peu précieux, mais très efficace. Évitez le désuet « Abracadabra ». N'utilisez « hémorroïdes » qu'en dernière extrémité. Cela fait vulgaire.

Fausse science et science fausse

Le lecteur perspicace – ô pléonasme, que de mots on commet en ton nom ! – aura remarqué que toutes ces règles sont de nature sémantique. Elles ne concernent pas la manipulation des faits, mais du sens. Presque toutes les impostures présentées dans cette leçon procèdent essentiellement de la rhétorique. Discours déconnecté du réel, elles ne trouvent leur cohérence que dans le champ du langage. À l'inverse, la démarche scientifique exige que la théorie se confronte en permanence à l'observation, au contact avec le réel. « La vérité scientifique est une prédiction, mieux, une prédication, écrit Bachelard. Nous appelons les esprits à la convergence en annonçant la nouvelle scientifique, en transmettant du même coup une pensée et une expérience, liant la pensée à l'expérience dans une vérification : *le monde scientifique est donc notre vérification* [19] » (italiques de l'auteur).

Quelle expérience de physique permettrait de vérifier que l'amour est une attraction magnétique ? Seul l'effet de sens permet de rapprocher ces mots. D'un autre côté, on peut tester expérimentalement les lois de l'électromagnétisme, mais elles ne se transposent pas au domaine des émotions humaines. D'ailleurs, l'amour n'a jamais connu de lois.

Il ne suffit pas d'accoler les mots « réincarnation », « certitude » et « scientifique » pour faire de la science. En l'occurrence, « scientifique » n'est là que pour signifier « vrai ». Les « théories » telles que celle de Frank Hatem ne décrivent pas des phénomènes physiques, elles produisent des effets de sens. Les termes qui les définissent le

---

19. Gaston BACHELARD, *Le Nouvel Esprit scientifique*, *op. cit.*

mieux sont ceux de pseudo-science, de science fictive, ou encore de fausse science.

Il existe un autre type d'imposture scientifique. La tricherie de Ptolémée est une manipulation des faits, et pas seulement du langage. On voit tout de suite la différence : la théorie des épicycles peut être testée. L'expérience conclut à l'erreur. La théorie a donc échoué. L'imposture de Ptolémée consiste à truquer les données pour transformer l'échec de la théorie en échec de la vérification. Nous qualifierons ce genre d'imposture de science trafiquée, ou de science truquée, ou encore de science fausse.

À première vue, il n'y a pas de commune mesure entre la fausse science et la science fausse. La première n'est qu'un simulacre, alors que la seconde implique une réelle démarche scientifique, même si elle est pervertie. Si l'on compare la science au jeu d'échecs, le fraudeur est un joueur malhonnête qui déplace une pièce à l'insu de son adversaire, pour améliorer sa position. Il connaît la règle, mais la transgresse. L'arbitre, l'autre joueur ou un témoin peuvent constater la tricherie.

L'imposteur de la science fictive se comporte, lui, comme s'il ignorait les règles du jeu. Il applique ses propres règles. Il peut déplacer un cavalier comme si c'était un fou, ou remplacer le roi par une balle de golf. Dans ce type d'imposture, il n'y a pas de jeu possible. L'arbitre est réduit à l'impuissance, puisque ses règles ne sont pas reconnues.

Malgré cette opposition, les deux catégories partagent un trait commun : le refus de la réalité, que ce soit par la fuite dans le langage ou le trucage des faits. L'imposture de la pseudo-science implique un plus grand degré de perte de contact avec la réalité, mais tous les imposteurs nourrissent peu ou prou l'illusion que le réel peut se tordre comme les petites cuillers d'Uri Geller. Ils désirent de toutes leurs forces que « ça marche », que le monde se plie à leurs fantasmes et à leurs volontés. C'est une attitude assez infantile, mais ne sommes-nous pas tous de grands enfants ?

Exercices

1. Répondez aux vraies questions suivantes :
— Quelle est la différence entre un chameau ?
— Quelle est la couleur du cheval ?
— Qui a écrit : « … » ?
— Quoi ?

Réponses : voir page…

2. Découpez quatre morceaux de carton fort en triangles isocèles ayant la proportion base-côtés de 15,7 à 14,94. Collez-les ensemble au ruban adhésif. La pyramide doit avoir une hauteur exactement égale à 10 de mêmes unités. Orientez-là de telle sorte que les lignes de base soient face aux nord-sud et est-ouest magnétiques. Faites un support haut de 3,33 unités. Placez-le juste sous le sommet de la pyramide pour soutenir vos objets (lames émoussées, souris crevées, œufs de dinosaures, rumsteak anglais, etc.). Maintenez le tout loin des appareils électriques (exercice proposé par Lyall Watson).

3. Même exercice mais en coupant la pointe de la pyramide (on voit très bien, sur les cartes postales, que l'usure du temps a émoussé la Grande Pyramide). Observez-vous les mêmes effets ?

4. Recouvrez la Grande Pyramide d'un emballage en carton ayant exactement la même forme – mais sans la pointe tronquée. Retrouve-t-elle son apparence initiale (les billets d'avion pour Gizeh sont en vente dans toutes les bonnes agences de voyage) ?

Leçon 2

Ton créneau, avec soin tu choisiras

Affranchi de la gravité, vous planez. Silence. Obscurité. Sérénité. Les muscles totalement relâchés, vous baignez dans l'antimatière. L'état d'apesanteur libère votre énergie cosmique. Votre cerveau se détache de l'illusoire réalité. Vos ondes alpha s'intensifient. Audacieux voyageur de la cinquième dimension, vous flottez dans une zone léthale, à des milliards d'années-lumière de toute région habitée. Les yeux tournés vers le Dedans, vous feuilletez le Livre des Morts tibétain. Dans la tiédeur liquide et saumâtre de votre caisson d'isolation sensorielle, vous revivez vos existences antérieures. Vous fusionnez avec le Grand Tout. Le flash. L'illumination. La pierre philosophale. Le secret de la pyramide. L'orgasme vaginal. L'alpha et l'oméga. 37° 2 pour l'Éternité.

Pour les béotiens, rappelons que le premier caisson fut édifié par les forces telluriques. Une fracture de l'écorce terrestre donna naissance à la mer Morte, creuset mystique où l'Eau, fluide de la vie, s'unit au Sel, substance de l'Esprit. Pour des raisons de commodité, on remplaça la mer Morte par la baignoire, moins encombrante et mieux adaptée aux nécessités de la vie citadine. Vers 250 avant Jésus-Christ, Archimède découvre par hasard l'effet merveilleux du *tranquillity bath*. Fou de bonheur, le grand savant s'élance dans la rue, nu comme un ver, hurlant des onomatopées et brandissant une couronne en carton doré.

Résultat : un beau scandale, qui fait encore jaser dans les milieux sélects de Syracuse. Pour éviter que de tels incidents ne se reproduisent, le neurophysiologiste et psychiatre américain John Lilly, spécialiste du *brain-storming* avec les dauphins, introduira dans les années 1950 le caisson fermé, en forme de sarcophage égyptien. Grâce à ce perfectionnent ingénieux, chacun peut désormais, pour moins cher qu'une psychanalyse ou un voyage dans l'Himalaya, vivre l'expérience suprême du *samadhi* (fermé le dimanche et le lundi [1]).

Les secrets de la baignoire à couvercle

Aux lecteurs que ce bref aperçu n'aurait pas convaincus des exceptionnelles possibilités mystico-psychédéliques offertes par le caisson d'isolation sensorielle, je suggère vivement de le tester par eux-mêmes. Il leur en coûtera un peu plus d'efforts que pour se plonger dans leur propre baignoire mais, après tout, on n'a rien sans rien. Si l'on en croit ses thuriféraires, l'invention de John Lilly serait à la conscience humaine ce que la roue fut à la locomotion ! Cela vaut bien qu'on prenne quelques minutes pour pianoter sur Internet et découvrir des lieux qui proposent, à des prix fort raisonnables, des séances de « tanking [2] ». Même si son succès commercial n'a pas été à la hauteur des attentes de ses promoteurs, ni de l'engouement qu'il a provoqué lors de son introduction dans notre pays en 1984, le caisson suscite toujours un vif intérêt. Des musiciens composent des œuvres spéciales pour caisson (le label Rhiz a créé une « Music for isolation tank » pour le festival PhonoTaktik à Vienne, en avril 1999 : l'auditeur s'installait dans un caisson d'isolation et flottait dans un son synthétisé par ordinateur à partir de sons du corps humain). Un certain John Wobus, de l'université de Syracuse (États-Unis), décrit une « Dolphin Therapy » – thérapie assistée par dauphin – qui consiste schématiquement à se plonger dans un *tank* en compagnie d'un dauphin, et qui serait préconisée pour l'autisme, le syndrome de Down ou la dystrophie musculaire… Dans un contexte moins dramatique, un article paru dans un numéro récent du journal *Le Mutualiste* recommande le caisson pour une « relaxation scientifique des plus poussées ».

Bref, l'invention de John Lilly occupe une place de choix parmi la vaste panoplie des techniques *New Age*, qui permettent de retrouver

1. Il ne m'échappe pas que ce lamentable calembour risque de me priver des lecteurs adeptes des *Védas* et des religions orientales. Soit, je promets de m'amender, et de m'abstenir la prochaine fois que cela me *tantra*.

2. En utilisant un moteur de recherches francophone, j'ai trouvé des adresses en France, en Belgique, en Suisse et à Montréal, mais, n'étant pas rétribué pour la publicité, je ne les communiquerai pas.

la santé globale et même « holistique », d'harmoniser le corps et l'esprit, d'accéder au plein développement de soi, voire d'épanouir son moi profond, toutes choses contrariées par notre civilisation technique et matérialiste. L'effet du caisson peut être amélioré par le recours à un synthétiseur d'ondes cérébrales. Surtout, détail essentiel signalé par tous les connaisseurs, il faut utiliser du sel d'Epsom. Pourquoi Epsom ? Sans aucun doute, comme le précise un jockey de mes amis, parce que le Derby ne manque pas de selles [3]... Précisons que le sel d'Epsom est en fait du sulfate de magnésium ($MgSO_4$), utilisé contre la constipation. Certes, il se peut que vous soyez claustrophobe, ou que vous n'aimiez pas l'eau salée, surtout avec un laxatif. Dans ce cas, de nombreuses autres techniques restent à votre disposition, telles que le *shiatsu*, la méditation taoïste, la psychologie transgénérationnelle, la méthode Feldenkreis, le chamanisme, la *Daseinsanalyse*, l'hydrothérapie du colon, le Feng shui, le Reiki, le Jyotish, le treillis de calibrage universel, la PNL, le dessin d'aura, l'alchimie vibratoire, les massages ayurvédiques, la psycho-cybernétique, l'harmonisation des chakras, le bain de lait d'ânesse, etc.

Mais revenons à notre caisson. Comment expliquer l'enthousiasme démesuré et les élucubrations débridées qu'a suscités l'invention de John Lilly ? Assurément, ils ont peu à voir avec la réalité matérielle de l'objet. Car quoi, le caisson n'est jamais qu'une « baignoire à couvercle » – selon l'heureuse expression de *Science et Vie* [4]. Sauf à avoir perdu tout sens commun, on voit mal ce qui autorise à investir un dispositif aussi trivial de la puissance d'un vaisseau spatial capable de nous emmener dans la cinquième dimension. L'alchimie qui transmute un bac de marinade en arche de Noé psychique relève essentiellement d'un phénomène de communication. Le caisson fonctionne comme un message. Bien reçu, bien vendu. Loin de se donner pour ce qu'il est, une trouvaille de marketing, le caisson est présenté comme une véritable invention, comme l'illustre cet extrait d'une plaquette publicitaire : « L'inventeur du *tank* s'appelle John Lilly, et tous ceux qui s'intéressent de près aux dauphins connaissent son nom. Mais sa spécialité de médecin-neurobiologiste, c'est le "cerveau-esprit" de l'homme. »

Lilly n'est pas un simple inventeur, c'est un vrai savant : cette *couverture scientifique* représente le degré zéro de l'imposture : le fil à couper le beurre promu, par la magie du discours, au rang de découverte du siècle. Le caisson, éventuellement complété par des accessoires tels que le mystérieux « synthétiseur d'ondes cérébrales », se

3. Je sais, c'est minable. Bon, supprimez aussi les lecteurs amateurs de chevaux.
4. Michel ROUZÉ, « La baignoire à couvercle », *Science et Vie*, n° 805, octobre 1984.

pare ainsi du prestige de la science. Mais cet habillage scientifique, qui donne au caisson sa crédibilité, ne suffit pas à expliquer son succès. Le message prend parce qu'un public se reconnaît dans l'univers imaginaire du caisson. Son impact est dû à l'exploitation ingénieuse de quatre thèmes.

1) L'*Homo delphinus*. John Lilly, c'est l'homme qui parle à l'oreille des dauphins, à qui il a consacré douze ans de sa vie. Il a également mené des recherches sur le cerveau et l'isolation sensorielle au National Institute for Mental Health (NIMH), de 1953 à 1958. C'est dans la solitude du *tank*, raconte-t-il, qu'il a conçu ses recherches sur les dauphins [5]. Dans les années cinquante et soixante, enregistrant les signaux émis par les cétacés, Lilly croit remarquer qu'ils reproduisent les paroles échangées par les expérimentateurs. À l'époque, ces travaux intéressent vivement les neurophysiologistes. Et les militaires, tout excités à l'idée qu'un dauphin astucieux pourrait servir d'espion marin indétectable ! Puis Lilly connaît quelques vicissitudes, moins à cause de ses chers dauphins que parce qu'il fait partie des chercheurs américains qui, à l'instar de Timothy Leary, se sont passionnés pour l'étude des effets du LSD. Il en administre aux cétacés, ce qui aurait provoqué le suicide de cinq d'entre eux… À la fin des années soixante, le renforcement de la législation américaine contre les drogues change le statut des recherches sur le LSD. Lilly se voit retirer ses crédits de recherche, et réoriente ses travaux.

Depuis, l'affaire s'est tassée. Malgré ses efforts, John Lilly n'a pas vraiment réussi à établir que les signaux delphiniens s'apparentaient davantage au langage humain que le bourdonnement d'une abeille. Mais peu importe que sa « découverte » ait surtout relevé de l'auto-hallucination : le thème de l'homme-dauphin, lui, n'a rien perdu de son attrait. Il renvoie à la Vraie Question par excellence, celle de nos origines les plus lointaines, nos origines marines – thème que l'on retrouve dans un film comme *Le Grand Bleu*. Dans la tiède saumure du caisson, nous retrouvons, plus encore que la douceur du ventre maternel, le sein de la mer, utérus cosmique d'où toute vie est issue.

2) La *découverte sensationnelle* : ce thème vient ici renforcer la couverture scientifique. Non seulement John Lilly est un homme sérieux, crédible, mais c'est un innovateur, un créateur, ce que

---

5. Pour en savoir plus, voir John LILLY, *The Deep Self*, Warner Books, New York, 1981 ; du même, *Programming and Metaprogramming the human biocomputer*, The Julian Press, New York, 1987 ; *Man and Dolphin*, Doubleday, 1961. En français, Paul GÉROME, *Le Vaisseau d'isolation sensorielle*, Sand, coll. « Le Corps à vivre », Paris, 1985 ; Patrice VAN EERSEL, *Le Cinquième Rêve*, Grasset, Paris, 1993.

souligne la plaquette publicitaire déjà citée : « Une des théories couramment admises dans les milieux scientifiques était que, privé d'informations venant de l'extérieur, le cerveau "s'endormait". Pour vérifier cette hypothèse, John Lilly, fana de l'auto-expérimentation, s'isola dans un des caissons utilisés pendant la dernière guerre pour tester les scaphandres. Il s'aperçut que, loin de s'assoupir, son système nerveux semblait au contraire se réveiller complètement... »

Tous les enfants qui ont eu des peurs nocturnes vous le confirmeront : dans le noir, il arrive qu'on ne dorme pas. On peut même parfois penser très fort. Surtout quand on a pris un trip d'acide. Ce qui aurait été bizarre, c'est que Lilly, méditant dans son caisson, le cerveau crépitant de LSD, ne remarque rien de spécial ! Il semble pourtant difficile de considérer l'expérience hallucinatoire, subjective du trip de lysergide comme un nouvel état d'éveil que Lilly aurait identifié. Et s'il s'agit d'un état indépendant de la drogue, Lilly n'a produit aucune preuve objective de son existence. Certes, il est exact que le cerveau n'est pas forcément endormi lorsqu'il est privé de signaux extérieurs. La privation sensorielle a même été utilisée comme une torture, en Allemagne, contre les membres de la Bande à Baader. Si cette privation n'avait d'autre effet que de provoquer une forme de somnolence, elle n'aurait pas été bien méchante ! Mais ne dramatisons pas : l'isolement de Lilly est volontaire et peut être interrompu à tout moment. Il n'en reste pas moins que ses recherches, vantées comme une nouvelle voie d'exploration de la conscience, ne font rien apparaître de bien extraordinaire. Où est la grande découverte ?

3) La *machine merveilleuse*, version moderne de la lampe d'Aladin. Dans les films de science-fiction, le héros trône aux commandes d'un vaisseau lancé à vingt fois la vitesse de la lumière. Avec une dépense énergétique considérablement plus faible, le caisson vous ouvre l'accès aux dimensions inconnues de l'univers. Tout est possible : rencontrer un ancêtre velu, vêtu de peaux de bêtes, remonter le cours du temps jusqu'au Big Bang, vagabonder dans le vide intersidéral, visiter le futur, voire le futur antérieur. Attention, tout de même, à ne pas tomber dans un trou noir !

4) Le *voyage intérieur*. Contrairement à la machine de science-fiction, le caisson n'exige pas de déplacement physique dans l'espace-temps. C'est de votre « espace-nerfs » que vous devenez le cosmonaute. À l'écoute des seuls stimuli qui proviennent de votre corps, « nu jusqu'au fond de l'âme », vous vous trouvez face à votre moi véritable. Comme dans un trip, chacun ne trouvera que ce qu'il a

apporté. « Rien ne se passe que vous ne permettez pas », dit la publicité. Tous les avantages du LSD, sans les risques.

Le voyage intérieur est un *jeu de société*, c'est-à-dire la projection ludique d'un mythe, d'un rituel, d'un mouvement social. Le trip a sans doute existé dans les plus anciennes civilisations. Sous sa forme contemporaine, il est une invention de poètes et d'artistes, un produit de la contre-culture : les surréalistes en Europe, puis la *Beat Generation* aux États-Unis ont capté ce moment où s'achève l'exploration géographique de la planète et où débute la conquête spatiale, de sorte que le seul espace encore vierge devient l'espace de la conscience : « Un peu comme, avec la fin de l'exotisme et le début des *Tristes Tropiques*, l'ethnographie a dû amorcer un retour vers l'intérieur métropolitain, avec le début de l'ère spatiale (la NASA est fondée en 1958), quand on commence à explorer vraiment la galaxie, la faim de l'ailleurs doit se replier sur l'“intérieur” mental », écrit Pierre-Yves Pétillon [6].

La vague psychédélique des années soixante, marquée par l'acide et les expériences de Timothy Leary, *Vol au-dessus d'un nid de coucou* de Ken Kesey ou *Sergent Pepper's Lonely Heart's Club Band* des Beatles, atteint son point culminant avec le festival de Woodstock, en 1969. La décennie suivante voit un recul du LSD et des drogues hallucinogènes, au moins comme expression emblématique du trip. La drogue vedette devient l'héroïne, mise en scène dans *More* de Barbet Schroeder (1969) et symbolisée par le personnage de William Burroughs, *junkie* revenu de tout. Progressivement, la mode culturelle récupère le voyage intérieur des poètes et des beatniks. Il cesse d'être une expérience fondatrice, mettant en jeu l'essence de la personnalité. Il se normalise en une gamme de jeux de société, pratiqués par divers groupes sociaux qui fournissent les segments de marché sur lesquels l'imposture bâtira ses créneaux.

L'art de choisir un créneau

Le message-caisson s'articule sur quatre thèmes : la Vraie Question (l'homme est-il un dauphin qui s'ignore ?), la découverte sensationnelle (la privation sensorielle suscite l'éveil), la machine merveilleuse (le vaisseau cosmique), le jeu de société (le trip). Ce cocktail détonant confère à un propos banal l'efficacité d'une flèche lancée au cœur de la cible.

6. Pierre-Yves PÉTILLON, « Paysages mentaux de la drogue : versions transatlantiques », *in* Alain EHRENBERG (dir.), *Individus sous influence*, Esprit, Paris, 1991.

Essayons d'analyser sa composition. Le premier point assure l'ancrage dans le sens commun : dire que l'on peut parler aux dauphins, ou qu'ils peuvent nous comprendre, cela touche chacun de nous et fait ressurgir un vieux rêve. François d'Assise parlait aux oiseaux. L'homme a toujours rêvé de communiquer avec les autres créatures, tout en s'enorgueillissant de sa supposée supériorité. Bien sûr, si Lilly avait produit un dauphin capable de traduire en anglais la *Baghavad-Gita*, ou de rapporter les plans secrets des mouvements des sous-marins russes, cela aurait été suffisant. Seulement, il faut bien reconnaître que dans la réalité, la communication avec les dauphins est limitée. Un autre élément devient nécessaire pour corser le message. C'est là qu'intervient la découverte sensationnelle : un état spécial permet de voyager dans toutes les couches du moi. Il ne s'agit pas non plus d'une véritable nouveauté – tous les mystiques l'ont dit avant Lilly – mais, dans le contexte de la science du cerveau, cela prend une autre allure.

La chose n'en reste pas moins quelque peu abstraite. Pour la rendre plus réelle, rien ne vaut un objet bien concret : une baignoire. Pas une baignoire ordinaire, ce serait trivial. Un caisson, c'est-à-dire un objet un peu étrange, moins du fait de son originalité que de son contexte : le caisson de Lilly est d'origine militaire, il servait à tester les scaphandres. Fermée et remplie d'eau de mer, la baignoire n'a plus l'aspect familier, quotidien et rassurant de celle de la salle de bains.

Pour que cela marche vraiment, il manque encore un élément : le public. On ne peut espérer l'attirer que si le caisson répond à une demande sociale, qu'il trouve un marché. Or, il apparaît au moment où le trip, de préférence sans les dangers de l'acide, devient une mode culturelle. Le caisson offre donc la réponse idéale à la demande de voyage intérieur des classes moyennes, celles qui peuvent se payer ce genre de fantaisies.

Pris séparément, les quatre éléments ne présentent guère d'intérêt. Réunis, ils assureront la notoriété de John Lilly. Et cela, en dépit du fait qu'il n'y a aucune véritable innovation dans toute cette histoire. L'étonnant, c'est que le caisson, qui n'a d'utilité réelle que dans un contexte très particulier – et au départ militaire –, ait pu passer pour un nouveau moyen d'explorer la conscience. De même, la fascination exercée par Timothy Leary sur une génération qui croyait changer le monde a masqué la *military connection* du LSD : « Leary est parfaitement conscient du fait que les premiers à s'être intéressés au LSD furent les gens de la CIA, obsédés, à l'époque de la guerre de Corée, par l'idée que les spécialistes soviétiques ou chinois "lavaient le cerveau" des prisonniers américains[7]. » Sans la paranoïa des généraux US, on aurait accordé moins de crédits – et de crédit – aux chercheurs qui expérimentaient le LSD. Assez ironiquement, John Lilly et Timothy Leary auront moins été les pionniers d'un territoire inconnu que les cobayes plus ou moins volontaires de l'armée des États-Unis…

Sur le plan de l'imposture scientifique, l'invention de Lilly reste un modèle de créneau bien choisi, permettant de transformer un empilage de lieux communs en position stratégique. Il n'y a pas à proprement parler de méthode pour obtenir un tel résultat. D'ailleurs, il serait injuste et erroné de prétendre que John Lilly y est parvenu de manière délibérée. Néanmoins, l'imposteur avisé aura tout intérêt à connaître sur le bout des doigts les sept règles d'or du bon créneau, que voici.

Règle d'or n° 1 : *Choisissez un filon inépuisable*. Vous pouvez partir d'une Vraie Question, qui offre l'avantage d'être sans réponse depuis l'aube de l'humanité et de toucher tout le monde : qui sommes-nous ? Pourquoi y a-t-il quelque chose plutôt que rien ? Etc. Ou bien effectuer une variation sur un thème récurrent : les effets du magnétisme, Dieu et la science, l'inné et l'acquis… Ou encore, vous attaquer à un Grand Problème Non Résolu : l'immortalité, le cancer, les statues de l'île de Pâques, les hémorroïdes[8]…

Règle d'or n° 2 : *Soyez révolutionnaire*. Présentez-vous comme un innovateur, un inventeur, un créateur. Soyez un génie solitaire. Affirmez haut et fort votre singularité. Ignorez ceux qui ont dit la même chose que vous mieux et bien avant. Si votre valeur n'est pas reconnue, tenez-en responsables le conformisme de la société, l'orthodoxie, la « science officielle » et même – pourquoi pas ? – un vaste complot international destiné à vous faire taire.

Règle d'or n° 3 : *Arpentez les sentiers battus*. Fréquentez les lieux communs. N'avancez que des idées banales, même – et *a fortiori* – si vous les habillez d'un discours ésotérique. Allez dans le sens du poil des préjugés les plus courants. Nourrissez les superstitions. Les extraterrestres ont *forcément* un message, l'Univers a *forcément* un sens, l'intelligence est *forcément* héréditaire, l'activité humaine met *forcément* la planète en danger. Attaquez l'énergie nucléaire, pas le pétrole – trop de gens tiennent à leur automobile.

Règle d'or n° 4 : *N'inventez jamais rien*. Si vous apportez un élément inédit, faites en sorte qu'il soit anecdotique, et ne risque pas

7. *Ibid.*

8. Le lecteur pourrait se demander ce que les hémorroïdes viennent faire ici. J'admets que c'est un peu déplacé, mais j'ai mes raisons…

de troubler l'ordre établi. Ne cherchez pas à faire avancer la science, il y a des gens payés pour cela. Le premier secret d'une bonne machine merveilleuse, c'est qu'elle ne marche pas. Un pouvoir magique est d'autant plus crédible qu'il n'a pas d'effet objectif. Et puis, n'essayez pas de tuer la poule aux œufs d'or. Si vous aviez *vraiment* la réponse à la question des origines, ou le remède capable d'éradiquer le cancer, que resterait-il à vos successeurs ?

Règle d'or n° 5 : *Cultivez le secret.* Ne livrez pas vos recettes, *a fortiori* si ce sont de grosses ficelles. C'est le meilleur moyen de masquer que vous n'avez rien inventé. Cachez vos sources, cela empêchera de voir qu'elles ne sont pas crédibles. Évitez les questions gênantes. Au besoin, n'hésitez pas à accuser les curieux de s'opposer à la marche du progrès. Même si ce n'est pas vrai, c'est toujours payant.

Règle d'or n° 6 : *Trouvez votre public.* Une imposture sans public est une fleur qui se fane dans un vase sans eau. Si votre créneau est bon, il y a forcément quelque part des gens prêts à vous écouter. Encore faut-il les atteindre. Cherchez une tribune. Constituez-vous un auditoire. Donnez des conférences. Écrivez des livres. Ouvrez un site Internet. Servez-vous des médias. Écrivez aux journaux. Passez à la télévision. Faites-vous enlever en direct par les Martiens (mais négociez votre libération avant).

Règle d'or n° 7 : *N'abandonnez jamais.* De toutes les qualités de l'imposteur, la ténacité est peut-être la plus importante. Même vaincu, même battu à plate couture, même convaincu de mauvaise foi, de mensonge, de fraude, d'avoir égorgé votre belle-mère et de l'avoir donnée à manger aux piranhas (le piranha n'est pas toujours sûr [9]), ne lâchez pas le morceau.

Le créneau de rêve est celui dans lequel les sept règles d'or sont mises en pratique. Cette situation idéale est quasiment impossible à réaliser, mais la judicieuse application de deux ou trois règles, voire d'une seule, peut donner d'excellents résultats (après tout, il vaut mieux taper à la machine avec un seul doigt que sans doigt du tout). Dans la suite de cette leçon, nous allons décortiquer quelques exemples pour nous familiariser avec la stratégie du créneau.

---

9. Supprimez les lecteurs piscicoles ! C'est à cause de tels jeux de mots – que même San-Antonio n'aurait pas commis – que cet ouvrage n'obtiendra jamais le Grand Prix des lecteurs de l'Académie française.

Sir Cyril Burt et le QI

D'où vient l'intelligence ? Est-elle héréditaire ? Peut-on la mesurer ? Voilà bien l'exemple typique de la Vraie Question insoluble. Il faudrait déjà se mettre d'accord sur ce qu'est l'intelligence. Je vous défie de trouver deux personnes qui en donnent la même définition. Quant à mesurer une variable aussi insaisissable, cela fait penser à une blague que l'on racontait dans l'ex-Union soviétique : « Qu'est-ce que la prospective ? C'est chercher un chat noir dans un trou noir alors qu'il n'y a pas de chat noir, et dire qu'on l'a trouvé. »

Comme toutes les vraies questions, celle de l'intelligence a produit une pseudo-réponse : le quotient intellectuel, ou QI, inventé par Alfred Binet au début du XXe siècle. Au départ, Binet avait construit son échelle, avec Théodore Simon, dans l'intention de dépister les enfants retardés ou présentant des problèmes cognitifs, afin de leur proposer un enseignement adapté à leurs besoins. Mais ce louable objectif a été rapidement subverti. D'un outil destiné au contexte de l'école, on a voulu faire un instrument de mesure de l'intelligence générale. Pourtant, la plupart des psychologues s'accordent à reconnaître que le QI ne mesure qu'un aspect très restrictif de l'intelligence. Plus grave, un courant conservateur anglo-saxon a carrément détourné le QI de sa fonction pour en faire une arme de sélection sociale au service des classes dominantes et, aux États-Unis, du racisme contre les Noirs.

Dans un livre excellent qui fera bondir votre QI de vingt points [10], Richard Lewontin, Steven Rose et Leon Kamin montrent comment le projet de Binet a été dénaturé par les eugénistes anglo-saxons. Ce courant remonte à la fin du XIXe siècle. On peut en attribuer la paternité à Francis Galton, l'un des premiers à avoir affirmé que le talent et les qualités intellectuelles était transmis par l'hérédité. Aux États-Unis, des galtoniens comme Lewis Terman et Henry Goddard introduisirent les tests de QI, mais dans une optique totalement opposée à celle de Binet. Pour eux, les aptitudes étaient fixées une fois pour toutes à la naissance. Il n'était donc pas question de chercher à aider les enfants en échec scolaire. Le QI devenait l'échelle de mesure d'un classement hiérarchique du monde.

En Angleterre, l'introduction du test de Binet « fut principalement l'œuvre de Cyril Burt, un psychologue dont les liens avec l'eugénisme étaient encore plus forts que ceux de ses collègues

10. Richard C. LEWONTIN, Steven ROSE, Leon J. KAMIN, *Nous ne sommes pas programmés*, traduit de l'anglais par Marcel Blanc, Robert Forest et Joëlle Ayats, La Découverte, Paris, 1985.

d'outre-Atlantique », selon Lewontin, Rose et Kamin. « Le père de Burt était médecin et fut amené à soigner Galton ; ce dernier fit beaucoup par ses recommandations pour aider Burt à être nommé le premier psychologue scolaire du monde de langue anglaise. »

Burt se représentait l'intelligence comme un récipient dont la capacité avait été fixée une fois pour toutes : « Il est impossible qu'un pot d'une pinte puisse contenir plus d'une pinte de lait ; et de même il est impossible que le niveau d'instruction d'un enfant puisse dépasser ce qui lui est permis par sa capacité à s'instruire », écrivit-il [11].

Pour démontrer l'hérédité de l'intelligence, Burt recourut à une méthode astucieuse : il étudia des paires de vrais jumeaux qui, pour une raison ou une autre, avaient été séparés au début de leur vie et élevés dans des familles différentes. Les vrais jumeaux ont exactement les mêmes gènes et donc, en principe, les mêmes capacités innées. Mais, en général, ils grandissent ensemble, de sorte qu'il est très difficile de démêler ce qu'ils doivent à leur hérédité des influences de leur environnement. Les jumeaux séparés offraient à Burt une situation où l'inné se dissociait de l'acquis puisque, partis « à égalité », ils évoluaient dans des milieux différents. Si, pensait Burt, ils conservaient des QI proches l'un de l'autre après leur séparation, c'est que leurs éducations différentes n'avaient pas eu d'influence sur leurs qualités intellectuelles. Autrement dit, l'intelligence, dans cette hypothèse, ne dépendait pas du milieu, mais seulement de l'héritage génétique.

De 1943 à 1966, Burt produisit, dans une longue série de publications, des statistiques portant successivement sur 15, 21, 30 et enfin 53 paires de vrais jumeaux séparés. À chaque fois, il trouvait une très forte corrélation entre les QI des jumeaux, démontrant que la différence de milieu n'avait pas influé sur leurs capacités initiales. Cette découverte sensationnelle valut à son auteur une notoriété considérable. À sa mort, en 1971, Burt, élevé à la dignité de *Sir*, était considéré comme un grand maître de la psychologie britannique. Hans Eysenck, autre représentant éminent du courant galtonien, fit l'éloge du travail de Burt, soulignant la « qualité supérieure de ses études en ce qui concerne leur conception et le traitement statistique des données ».

N'importe quel statisticien compétent aurait pu démontrer le contraire. Les calculs de Burt contenaient une bizarrerie. Dans tous ses articles, le coefficient de corrélation entre les QI restait le même à trois décimales près, alors que le nombre de paires augmentait. Or,

---

11. Cité dans Richard C. LEWONTIN *et al.*, *op. cit.*

un coefficient de corrélation se calcule à partir des données précises de l'échantillon étudié. Si ce dernier est modifié, si peu que ce soit, la valeur du coefficient ne peut rester identique, et cela même si la tendance observée est inchangée. Que Burt ait trouvé un coefficient de corrélation constant à trois décimales près constituait donc une coïncidence numérique plus qu'improbable.

En 1976, un journaliste curieux, Oliver Gillie, correspondant scientifique du *Sunday Times* de Londres, fit une découverte encore plus étrange. Les paires de vrais jumeaux séparés sont une denrée rare. Les trouver et mesurer leur QI n'est pas une mince affaire. Aussi Burt avait-il embauché, pour le seconder, deux collaboratrices, Miss Conway et Miss Howard. Elles étaient censées avoir écrit des articles dans un journal de psychologie édité par Burt, avoir fait passer des tests de QI à des jumeaux et avoir effectué l'analyse de nombreuses données publiées par Sir Cyril. Pourtant, Gillie fut incapable de retrouver la trace de ces deux précieuses collaboratrices !

« Les plus proches associés de Burt ne les avaient jamais vues et elles leur étaient même totalement inconnues, racontent Lewontin et ses coauteurs [12]. La gouvernante de Burt lui avait demandé une fois qui étaient ces personnes ; Burt lui avait répondu qu'elles avaient émigré en Nouvelle-Zélande ou en Australie ; mais c'était à une époque antérieure, selon la chronologie des articles de Burt, à la période où elles auraient dû faire passer les tests aux jumeaux en Angleterre. La secrétaire de Burt indiqua qu'il avait parfois écrit des articles signés ensuite à la publication du nom de Conway ou Howard. Ces faits conduisirent Gillie à suggérer, dans un article paru en première page du *Sunday Times* en 1976, que Conway et Howard n'avaient peut-être jamais existé. » C'étaient, au sens propre, des créatures de Burt.

La preuve définitive de la fraude fut apportée par le biographe de Burt, Leslie Hearnshaw. Fervent admirateur de Sir Cyril, Hearnshaw avait été chargé d'écrire la vie du grand homme par la sœur de Burt. Elle lui remit un journal intime qui contenait l'aveu écrit de la tricherie. Burt racontait comment il avait passé une semaine de janvier 1969 à « calculer » les données originales sur les 53 paires de jumeaux, que lui avait demandées un psychologue de Harvard, Christopher Jencks. Ces données étaient censées avoir servi de base à l'article que Burt avait publié trois ans plus tôt… Sir Cyril les avait inventées de toutes pièces ! En fait, seules les quinze premières paires de jumeaux existaient réellement.

---

12. *Ibid.*

Pourquoi Cyril Burt a-t-il triché, au mépris non seulement des règles scientifiques mais de l'honnêteté la plus élémentaire ? « Un premier élément de réponse était que certainement il était *intimement* convaincu que son hypothèse... était exacte, écrivent Marcel Blanc, Georges Chapouthier et Antoine Danchin dans *La Recherche* [13]. Or, selon beaucoup de témoins, il était de nature quelque peu paranoïaque. C'est sans doute ce trait pathologique qui l'a amené à faire passer sa conviction personnelle avant l'objectivité scientifique... Au bout du compte, les fraudes de Burt s'expliquent parce qu'il avait sans doute préféré tricher plutôt que de voir ses adversaires triompher. »

Il ne s'agit donc pas seulement du fonctionnement paranoïaque de Burt, mais aussi de son engagement au service d'un puissant courant idéologique. Cette implication idéologique explique que personne n'ait osé toucher aux travaux de Burt que plusieurs années après sa mort. L'anomalie des coefficients de corrélation aurait dû immédiatement sauter aux yeux des collègues de Burt. Rédigeant un compte rendu de la biographie de Hearnshaw pour le *British Journal of Psychology*, N. J. Mackintosh écrivit : « Laissant de côté la question de la fraude, le fait crucial est qu'il n'y a pas besoin d'examiner la correspondance ou les journaux personnels de Burt pour se rendre compte que ses données ne sont pas scientifiquement acceptables. Cela peut se constater dans les données elles-mêmes. C'était absolument évident dans ses articles de 1961. C'était déjà perceptible, à qui savait ouvrir les yeux, dans ses articles de 1958. Mais personne n'y fit attention jusqu'à ce que Kamin, en 1972, repère pour la première fois la manière tout à fait irrégulière qu'avait Burt de rapporter ses données et l'invariance incroyable de ses coefficients de corrélation [14]. » Et Mackintosh de conclure : « C'est une triste critique qu'il faut faire à la communauté scientifique pour avoir laissé des "chiffres indignes de l'attention scientifique" se retrouver dans presque tous les manuels élémentaires de psychologie. »

Même si les chiffres avaient été corrects, en déduire que l'hérédité de l'intelligence était démontrée, n'était-ce pas tirer une conclusion bien forte de résultats portant sur une cinquantaine de paires de jumeaux ? La vérité, c'est que les eugénistes galtoniens se souciaient comme une guigne d'avoir des preuves. Le créneau imprenable de Burt résidait dans cette emprise du préjugé idéologique sur la psychologie britannique, qui interdisait toute véritable discussion

13. Marcel Blanc, Georges Chapouthier et Antoine Danchin, « Les fraudes scientifiques », *La Recherche*, n° 113, juillet-août 1980.

14. Cité dans Richard C. Lewontin *et al.*, *op. cit.*

scientifique. La thèse de l'intelligence innée constitue la clé de voûte du sophisme majeur de la philosophie libérale conservatrice : 1) les riches doivent leur fortune à leur talent ; 2) les enfants des riches héritent, non seulement de la fortune de leurs parents, mais de leur intelligence ; 3) ces enfants doués réussissent forcément mieux que les pauvres débiles. Conclusion : les riches restent riches, les pauvres restent pauvres, et tout va pour le mieux dans le meilleur des mondes. Comme on dit aux États-Unis : mieux vaut être jeune, Blanc et riche que vieux, Black et Decker [15].

Remarquons que Burt applique avec virtuosité les règles d'or du créneau : partant du filon inépuisable de l'origine de l'intelligence (règle d'or n° 1), il annonce une découverte révolutionnaire (règle d'or n° 2), mais celle-ci ne sert qu'à démontrer un préjugé ancien et courant, l'hérédité de l'intelligence (règle d'or n° 3) ; il n'apporte aucun élément scientifique nouveau (règle d'or n° 4), mais dissimule soigneusement les procédés peu corrects qui lui ont permis d'obtenir ses résultats (règle d'or n° 5) ; il a un public tout trouvé, le courant conservateur de la psychologie britannique (règle d'or n° 6) ; enfin, avec une ténacité implacable, il maintient sans désarmer ses résultats fictifs pendant plus de vingt ans, et meurt sans avoir été convaincu de fraude (règle n° 7). Presque un sans-faute. Ah ! S'il n'y avait pas eu ce satané journal intime et ces maudites statistiques… *Nobody is perfect.*

La courbe en cloche de Murray et Herrnstein

Le lecteur optimiste supposera qu'une fois la fraude de Burt enfin reconnue, la psychologie anglo-saxonne tourna le dos au système de pensée qui l'avait engendrée. C'est faire montre d'une belle confiance en l'intelligence humaine ! Non seulement la statue de Sir Cyril n'a jamais été définitivement renversée de son socle, mais ses idées continuent de faire des émules outre-Atlantique, en dépit des abondantes preuves de leur fausseté. Sans retracer la longue histoire de l'eugénisme ségrégationniste aux États-Unis, rappelons que ce pays à la pointe du progrès et de la démocratie a recouru à la stérilisation forcée de milliers de personnes jugées insuffisamment intelligentes pour être autorisées à se reproduire. Les lois sur la stérilisation, reconnues constitutionnelles par la Cour suprême en 1927, restèrent en vigueur jusqu'en 1972. À cette époque, William Shockley, prix Nobel de physique pour l'invention du transistor

15. OK, supprimez aussi les lecteurs noirs…

(avec John Bardeen et Walter Brattain), lança une campagne ouvertement eugéniste, proposant de payer les personnes ayant un QI faible pour qu'elles se fassent stériliser ! On pourrait croire que Shockley péchait surtout par ignorance, étant physicien et non spécialiste du QI, mais sa campagne fut activement soutenue par le célèbre psychologue Arthur Jensen, convaincu comme lui de l'infériorité génétique des Noirs et plus généralement du caractère inné et irrémédiable des différences d'aptitude. Le summum fut atteint avec la création, en Californie, d'une banque de sperme alimentée par des prix Nobel et destinée à produire des petits surdoués. Démontrant que le ridicule ne tue pas, Shockley proposait généreusement sa semence aux femmes intelligentes et... blanches. L'histoire ne dit pas pourquoi il ne recourut pas à un procédé plus traditionnel, ni quelle était la valeur exacte de son QI.

Même si l'intelligence était vraiment héréditaire, la banque de sperme des Nobel donnerait, au mieux, des résultats très aléatoires, pour des raisons liées aux lois de la transmission génétique : chaque individu possède des gènes dont il a hérité la moitié de son père et l'autre moitié de sa mère. Admettons que Shockley ait possédé quelques gènes garantissant une intelligence supérieure. Il n'aurait eu aucune certitude d'en faire bénéficier ses descendants, car la loterie génétique aurait très bien pu en décider autrement. On raconte qu'Isadora Duncan demanda un jour à Bernard Shaw de lui faire un enfant : « Considérez qu'il aurait votre intelligence et ma grâce, susurra la danseuse pour le persuader. – N'y songez pas, Madame ! Imaginez que ce soit l'inverse ! », répondit le célèbre humoriste, mufle mais pertinent. Vraie ou apocryphe, l'anecdote résume les connaissances actuelles sur la transmission de l'intelligence.

Mais on n'arrête pas le progrès, surtout celui des idées fausses. En octobre 1994, paraissait aux États-Unis un volumineux pavé de 845 pages touffues, bardées de courbes, de tableaux et de notes : *The Bell Curve* – « La courbe en cloche », allusion à la forme du graphique qui représente la distribution du QI dans une population –, du psychologue Richard Herrnstein (aujourd'hui décédé) et du politologue Charles Murray [16]. Avant même sa parution, ce best-seller programmé déclenchait une tempête. Et pour cause. Les auteurs ranimaient, en pleine période politiquement correcte, la bonne vieille tradition raciste américaine. Même si Murray s'en défendait avec vigueur, il était difficile de le croire alors que toute la démonstration de son livre était axée sur la thèse que les Noirs

16. Richard J. HERRNSTEIN et Charles MURRAY, *The Bell Curve. Intelligence and Class Structure in American Life*, The Free Press, New York, 1994.

contribuaient largement à faire baisser le niveau intellectuel du pays ! Statistiques à l'appui : Herrnstein et Murray avaient rassemblé un nombre impressionnant de données faisant apparaître un écart de QI moyen de quinze points entre Blancs et Noirs.

Notons que le même écart sépare l'Amérique actuelle de celle de 1945. Pendant le dernier demi-siècle, le QI moyen des Américains a augmenté de quinze points (des observations analogues ont été faites dans d'autres pays). Ou si l'on préfère, il y a le même écart moyen entre les Américains blancs d'aujourd'hui et leurs grands-parents qu'entre les Blancs et les Noirs de l'an 2000. Cela s'appelle l'effet Flynn – du nom du chercheur qui l'a étudié – et personne ne l'a vraiment expliqué. Force est de constater que, pour des raisons qui nous échappent jusqu'ici, nos rejetons tendent à se révéler plus futés que nous. Et c'est ainsi que, alors qu'Hubert Reeves, notre astrophysicien québécois préféré, est doté « seulement » d'un QI de 124 (ce qui est tout de même supérieur à la moyenne, 100), l'actrice Sharon Stone arbore un des plus beaux QI d'Hollywood : 150, sans doute la plus remarquable de ses mensurations. Seul un millième de la population peut s'enorgueillir de dépasser 145. Il est vrai que Sharon Stone est blanche et a même fourni aux millions de spectateurs de *Basic Instinct* la preuve irréfragable qu'elle était une vraie blonde [17]...

Qu'est-ce qui a changé entre la génération d'Hubert Reeves ou de ses parents et celle de Sharon Stone ? Il faut se méfier d'une interprétation hâtive, mais une explication plausible est que les épreuves du style des tests de QI sont plus banales et fréquentes dans la culture d'aujourd'hui. Or, le QI n'est pas un instrument de mesure « neutre » : on peut apprendre à répondre aux tests. Il n'est pas absurde de supposer que les jeunes générations sont mieux adaptées culturellement à ce type d'épreuves, et réussissent donc mieux, sans que cela implique forcément une plus grande intelligence.

Un autre argument en faveur de l'influence de la culture sur le QI vient des travaux de trois chercheurs français, Christiane Capron, Michel Duyme et Michel Schiff. Ces trois chercheurs ont publié une série d'études qui prennent le contre-pied des thèses de Cyril Burt en montrant que le QI d'enfants adoptés est influencé par le niveau culturel de la famille d'adoption. Dans une première étude publiée en 1978 par la revue *Science*, Schiff et Duyme avaient suivi des enfants de catégories socioprofessionnelles défavorisées qui avaient

17. Dans une scène célèbre de ce film de Paul VERHOEVEN (1992), devant une brochette de policiers au bord de l'apoplexie, elle décroise les jambes et les recroise dans l'autre sens, révélant qu'elle ne porte pas de sous-vêtements.

été adoptés dans des familles plus favorisées. Résultat : « Une diminution des échecs scolaires de 75 % et un accroissement de quatorze points dans la moyenne des scores obtenus à deux tests de QI [18]. » Dans un travail plus récent, Capron et Duyme ont présenté une étude plus complète dans *Nature* [19], dont on peut résumer la conclusion en quatre points : a) les parents biologiques comme les parents adoptifs ont une influence sur les QI des enfants ; b) les enfants nés de parents d'une classe sociale élevée ont en moyenne un QI supérieur à ceux nés de parents d'une classe défavorisée ; c) de même, les enfants adoptés dans une famille de niveau social élevé ont un QI supérieur à ceux adoptés dans une famille défavorisée ; d) les deux effets sont indépendants et sensiblement de la même amplitude. Autrement dit, l'effet dû à l'environnement est à peu près équivalent au fossé des classes sociales, et peut donc le compenser.

En extrapolant quelque peu ce résultat, on pourrait supposer que le fossé entre Blancs et Noirs aux États-Unis ne reflète pas une différence héréditaire, mais tout simplement le fossé des classes sociales et la rançon de deux siècles de discriminations. Et si William Shockley avait vraiment voulu faire avancer la science, il aurait été mieux inspiré, plutôt que de vouloir procréer d'aléatoires bébés-Nobel par éprouvette interposée, d'adopter un petit Noir et de lui faire profiter de sa belle intelligence…

Le « gène gay » de Dean Hamer

Naît-on homosexuel ? La préférence pour des partenaires du même sexe résulte-t-elle d'un facteur génétique indépendant de la volonté, ou au contraire du choix et de l'histoire personnelle de chacun ? La question peut paraître saugrenue, surtout dans notre culture latine où la sexualité relève de la sphère privée et de la liberté individuelle. S'il faut trouver une explication à l'homosexualité, nous irions plutôt la chercher dans la psychologie et la psychanalyse que dans l'ADN. Aux yeux d'un lecteur français, l'idée d'un « gène gay » peut paraître aussi réactionnaire que celle d'un gène limitant une fois pour toutes l'intelligence. Il en va bien autrement dans la puritaine Amérique, où la sexualité est tout sauf une affaire privée, comme en témoignent les ennuis de Bill Clinton et la survivance de lois anti-sodomie qui, dans plusieurs États, donne encore lieu à des procès. Aux États-Unis, la thèse de l'homosexualité innée a été

18. Michel SCHIFF *et al.*, *Science*, vol. 200, p. 1504-1530, 1978.
19. Christiane CAPRON et Michel DUYME, *Nature*, vol. 340, n° 6234, p. 552-554.

accueillie favorablement par de nombreux gays, parce qu'elle leur fournissait un moyen de combattre les lois puritaines : si l'homosexualité est innée, « naturelle », sa pratique ne peut être considérée comme un acte délictueux. Dans le système américain, l'existence d'un gène gay justifierait de définir les homosexuels comme un groupe disposant de droits spécifiques, au même titre que les Noirs ou les Indiens.

C'est dans ce contexte bien particulier que Dean Hamer, biologiste moléculaire au National Cancer Institute de Bethesda, Maryland, a publié dans la livraison du 16 juillet 1993 de la revue *Science* [20] un article intitulé « Une liaison entre des marqueurs de l'ADN sur le chromosome X et l'orientation sexuelle masculine ». Malgré ce titre quelque peu ésotérique, l'article fit l'effet d'une bombe. Les journaux – à commencer par la revue *Science* elle-même – et l'ensemble des médias proclamèrent à grand fracas la découverte sensationnelle du « gène gay ». Ce qui entraîna une avalanche de commentaires, favorables ou indignés, selon la position de leur auteur, et de couvertures de magazines envisageant les implications politiques, sociales, culturelles et érotiques des travaux de Hamer. La seule chose dont on ne parla pas, c'est du contenu scientifique de l'article qui avait déclenché ce tintamarre.

Or, Dean Hamer n'avait nullement identifié quelque gène que ce soit. Tout au plus avait-il franchi la première étape scientifique qui aurait pu éventuellement – mais pas nécessairement – conduire au fameux « gène gay ». En fait, il avait réalisé ce que l'on appelle une étude de localisation, approche bien connue en génétique moléculaire, que l'on utilise notamment pour identifier les gènes des maladies héréditaires (ce qui ne signifie pas, bien sûr, que Hamer considérait l'homosexualité comme une maladie). Lorsque l'on présume qu'un caractère donné – appelons-le C – est associé à un gène, mais que l'on ne sait rien de ce gène, on commence par chercher dans quelle région des chromosomes le gène a le plus de chances de se trouver. Pour ce faire, la démarche classique consiste à étudier des familles dans lesquelles le caractère C est fréquent. On recherche s'il existe, quelque part dans les chromosomes, un ou plusieurs « marqueurs » typiques des familles étudiées. Un marqueur n'est pas un gène, mais un petit segment d'ADN qui peut varier. Si l'on découvre une variante rare dans la population générale, mais commune aux membres des familles possédant le

20. Dean H. HAMER *et al.*, « A linkage between DNA markers on the X chromosome and male sexual orientation », *Science*, vol. 261, p. 321-327.

caractère C, on présume qu'un gène lié à C se trouve dans la même région chromosomique que le marqueur.

C'est cette approche que Dean Hamer a appliqué à l'homosexualité masculine : il a étudié 114 familles d'homosexuels masculins, parmi lesquelles il a sélectionné un groupe de 40 familles comportant chacune deux frères gays. Il a ensuite montré que 33 couples de frères possédaient des marqueurs concordants, situés dans une région du chromosome X appelée la bande Xq28. À ce stade, on est loin d'avoir trouvé le gène gay, et il n'est même pas prouvé qu'il existe. Tout au plus existe-t-il une présomption. L'existence de marqueurs concordants chez une trentaine de couples de frères homosexuels pourrait très bien s'expliquer par des raisons sans rapport avec la préférence sexuelle. Après tout, être frères, cela implique que l'on ait beaucoup en commun, y compris sur le plan génétique ! Tant que l'on n'a pas identifié le gène lui-même, élucidé son fonctionnement, démontré qu'il influence effectivement l'orientation sexuelle, il faut se garder de sauter aux conclusions.

Par conséquent, au moment de sa publication en 1993, le résultat de Hamer pouvait aussi bien être considérée comme le point de départ d'une piste intéressante que comme une observation anecdotique. Pourquoi, alors, tant de tapage ? On peut invoquer la précipitation des médias, peu enclins, d'une manière générale, aux précautions oratoires et aux réflexions méthodologiques. Et puis, c'est bien connu, le cul fait vendre, homo ou hétéro. Mais il serait simpliste et manichéen de considérer Dean Hamer comme un scientifique naïf débordé à son corps défendant par la furia médiatique. En réalité, il s'est largement prêté au jeu.

L'ayant rencontré en 1994, dans sa maison de Georgetown, l'équivalent du quartier Latin à Washington, je me souviens d'une longue et passionnante discussion qui portait au moins autant sur les aspects sociaux et politiques de son travail que sur son contenu scientifique. Totalement impliqué dans son sujet, Hamer m'a raconté, notamment, qu'il avait témoigné dans des procès suscités par les lois anti-sodomie ; le sens de son intervention était d'accréditer l'idée que l'homosexualité est un « caractère permanent » – *permanent trait* – et non un choix volontaire, si bien qu'elle relève du droit constitutionnel et ne peut plus être réprimée. Hamer avait mené de telles actions en liaison avec Simon LeVay, un neurobiologiste de Los Angeles qui militait dans des associations homosexuelles et se définissait lui-même comme un militant gay. LeVay avait publié en 1991 une étude selon laquelle le cerveau des gays différait de celui des hétérosexuels : une structure de l'hypothalamus était deux ou trois fois plus petite chez les homos que chez les hétéros [21] ! Cette étude n'a pas été confirmée et soulève des problèmes méthodologiques qui n'avaient pas échappé à Simon LeVay. Je l'ai interviewé quelques jours après Dean Hamer, et il m'a confié qu'il n'était pas certain que son hypothèse sur le cerveau gay soit exacte, mais qu'il souhaitait qu'elle le soit, dans l'intérêt des homosexuels.

On voit que même si Dean Hamer se rattache clairement à la tradition anglo-saxonne de l'héréditarisme et du « tout-génétique », il ne peut être mis dans le même sac réactionnaire que Jensen, Murray ou Herrnstein. Il apparaît au contraire comme un progressiste favorable à la liberté des mœurs. Mais qu'en est-il de sa recherche ? Du point de vue de la science, peu importent ses opinions politiques. Si généreuses soient ses intentions, ce qui compte, c'est le crédit que l'on peut apporter à ses travaux. Et, comme on va le voir, c'est là que le bât blesse.

Les raccourcis d'un chercheur pressé

Un élément important sur lequel l'attention des médias ne s'est guère portée, c'est que Dean Hamer, de son propre aveu, n'était ni un spécialiste du sexe, ni un expert dans le domaine de la localisation génétique. Au National Cancer Institute, il travaillait sur la régulation des gènes de la métallothionéine, une protéine qui joue un rôle dans la protection de nos cellules contre les métaux lourds comme le zinc ou le cuivre. Ses travaux sur la métallothionéine lui ont valu une excellente réputation scientifique. Il n'en reste pas moins que localiser un gène dont on ne sait rien au départ est une tâche très longue et complexe. Il a fallu des décennies pour repérer les gènes responsables de maladies comme l'hémophilie ou la myopathie. Or, Hamer a commencé à penser sérieusement à son projet début 1991. Pourtant, il lui a suffi de deux ans pour sélectionner les sujets d'étude, mettre au point un questionnaire adéquat, recueillir les données, établir les séquences d'ADN, repérer les marqueurs, analyser les résultats, les traiter statistiquement et publier son article ! Même pour un chercheur de premier plan, c'était un tour de force.

Comment Dean Hamer a-t-il pu aboutir aussi vite ? Sa démarche, qu'il narre avec enthousiasme dans un livre au titre révélateur, *The*

21. Simon LE VAY, « A difference in hypothalamic structure between homosexual and heterosexual men », *Science*, vol. 253, p. 1034-1037.

Science of Desire [22], est empreinte de ce que les Anglo-Saxons appellent *wishful thinking*, la tentation de prendre ses désirs pour la réalité. Lorsqu'il se lance dans cette aventure, il croit dur comme fer à la thèse de l'homosexualité innée et à l'existence du gène gay. Mais rechercher le gène dans la totalité de l'ADN humain serait une tâche titanesque. Hamer décide donc de prendre des raccourcis. Sur la base de considérations pour le moins peu étayées, il postule que l'homosexualité est transmise aux hommes par leur mère (il est savoureux de noter que dans son livre, Hamer se dit hostile aux théories freudiennes qui rattachent l'homosexualité masculine au lien avec la mère).

Comme nous héritons de vingt-trois chromosomes maternels (et de vingt-trois paternels), cela laisse encore beaucoup de possibilités. Hamer fait donc une seconde hypothèse : le gène gay est porté par le chromosome X, celui des deux chromosomes sexuels que les hommes héritent de leur mère. Les hommes possèdent en effet une paire de chromosomes sexuels XY, le Y venant du père, tandis que les femmes ont deux X, l'un paternel, l'autre maternel. Les vingt-deux autres paires, ou autosomes, sont formées de deux chromosomes d'aspect identique, l'un du père et l'autre de la mère. Tous les gènes des autosomes sont donc en double exemplaire, l'un paternel et l'autre maternel. Les gènes du chromosome X sont en double exemplaire chez les femmes, mais pas chez les hommes, qui n'ont pas de deuxième X.

En se limitant au chromosome X, Dean Hamer a restreint le champ de recherches. Surgit un nouveau problème : le gène est-il récessif ou dominant ? Un gène récessif ne s'exprime pas forcément, parce que son effet peut être contrecarré par son second exemplaire présent sur le chromosome apparié. Un gène dominant, au contraire, s'exprime dans tous les cas. Supposons que le gène responsable de l'homosexualité soit dominant : les femmes, qui possèdent deux chromosomes X, devraient avoir deux fois plus de chances que les hommes d'être homosexuelles, ce que l'on n'observe pas. Hamer suppose donc que le gène est récessif ; ainsi, une femme qui possède un chromosome X avec le gène gay et l'autre avec le gène « non gay » est hétérosexuelle ; en revanche, pour un homme, la présence du gène gay sur l'unique chromosome X ne pouvant être contrebalancée par un gène équivalent mais « non gay », le caractère se manifestera chaque fois que le gène sera transmis. Ce schéma de transmission est celui de l'hémophilie et d'autres maladies héréditaires dont le gène

22. Dean Hamer et Peter Copeland, *The Science of Desire. The Search for the Gay Gene and the Biology of Behaviour*, Simon & Schuster, New York, 1994.

est porté par le chromosome X : les femmes sont « porteuses » mais très rarement malades, car la probabilité d'avoir le gène pathologique sur les deux X est faible ; en revanche, les femmes transmettent l'hémophilie aux hommes (l'homophilie aussi, d'après Hamer). Remarquons que l'homosexualité féminine n'est pas si rare que ça, ce qui impliquerait, si elle était aussi d'origine génétique, l'existence d'autres gènes.

Ce n'est pas par sexisme que Dean Hamer s'occupe des gays et non des lesbiennes [23]. Il se concentre sur le schéma qui comporte le moins de complications : la transmission aux hommes d'un gène gay récessif porté par le chromosome X. Il n'est toujours pas au bout de ses peines, loin de là. Le chromosome X, génétiquement parlant, c'est vaste. Hamer applique une fois de plus son sens du raccourci : la région Xq28, située tout au bout du long bras du chromosome X, est l'une des portions les mieux connues du génome. Pourquoi ne pas chercher là ? « Nous devions bien commencer quelque part, et puisque Xq28 était si bien explorée, [...] cela semblait un choix aussi bon qu'un autre. » La chance souriant aux audacieux, il découvre rapidement les marqueurs espérés, provoquant le ramdam que l'on sait.

Si l'on y réfléchit, Dean Hamer n'avait pas une chance sur un million de réussir en procédant comme il l'a fait. Imaginez que vous soyez amateur de pêche et que vous cherchiez une truite de 60 kg, sans être sûr que cette espèce géante existe mais en sachant que, dans l'affirmative, elle ne possède plus que quelques dizaines de représentants qui fréquentent la même rivière ; imaginez que cette rivière puisse se trouver en n'importe quelle région de la planète ; imaginez que vous habitiez au bord de la Garonne et que vous décidiez de commencer votre quête par là, et précisément dans la portion du fleuve qui passe au bout de votre jardin ; si, au premier lancer, vous ferriez la truite géante, ne penseriez-vous pas que cela tient du miracle ?

Les miracles scientifiques sont rares. L'excitation suscitée par la découverte de Dean Hamer est retombée aussi vite qu'un soufflé, dès que d'autres chercheurs se sont sérieusement penchés sur ses résultats. Il est apparu que la méthodologie n'était pas irréprochable, loin de là. Bertrand Jordan, généticien au CNRS, souligne que la définition de l'« orientation sexuelle masculine » n'est pas « un caractère très clairement défini, encore moins une maladie : la

23. En fait, il publiera en 1995, dans *Nature Genetics*, une nouvelle étude où il examine l'homosexualité féminine, mais elle n'apporte aucun élément nouveau, si ce n'est l'absence de liaison entre la région Xq28 et le fait d'être lesbienne.

classification des sujets comporte donc nombre d'incertitudes [24] ». Et la valeur statistique de l'étude est faible. Au total, les résultats ne sont guère probants, et n'auraient sans doute pas eu les honneurs de la revue *Science* si Dean Hamer n'était pas connu comme un excellent chercheur. Par la suite, Hamer a subi quelque tracas, lorsqu'un collègue l'a accusé d'avoir biaisé ses résultats en écartant des données qui ne s'accordaient pas avec son hypothèse. Cela revenait à une accusation de tricherie, dont Hamer a été finalement innocenté par une enquête de l'Office of Resarch Integrity (ORI), un organisme américain chargé de dépister les fraudes scientifiques. Mais aucune autre équipe n'a pu confirmer ses résultats.

Dernier acte : en avril 1999, une étude canadienne, également publiée dans *Science*, démontrait, avec une méthodologie bien meilleure que celle de Hamer, l'absence de liaison génétique entre l'homosexualité masculine et la région Xq28. Ce que Bertrand Jordan commente ainsi : « Nouvelle illustration de la fragilité des données au stade de la seule localisation : le résultat qui fit tant de bruit en 1993 est très sérieusement mis en doute pour ne pas dire annulé, le *gay gene* qui a fait couler tant d'encre devient on ne peut plus fantomatique. » Même son « découvreur » l'a abandonné : il recherche désormais les gènes de l'extraversion, de l'anxiété et d'autres traits de la personnalité ; fin 1996, il a même publié dans *Nature Genetics* un article consacré aux gènes du bonheur, ce qui prouve que Dean n'est pas resté amer [25]...

La machine à guérir le cancer d'Antoine Priore

Connaissez-vous l'« anémélectroreculpédalicoupeventombrosoparacloucycle » ? Inventée par le savant Cosinus [26], cette espèce de bicyclette utilisait « toutes les forces propulsives connues et même inconnues ». Imaginez un instant que le savant Cosinus soit un personnage réel et non une création de Christophe, et qu'il prétende avoir roulé sur la Lune à bord de son étrange machine. Le croiriez-vous ? Non, bien sûr. Mais supposez que l'homme ait réussi à convaincre des politiciens, des professeurs, des académiciens, des prix Nobel... Antoine Priore, héros d'une aventure tortueuse qui

24. Bertrand JORDAN, *Les Imposteurs de la génétique*, Seuil, Paris, 2000.
25. Et même, que le gène gay, ce n'était pas la mère à boire... Bon, supprimez les mères gays.
26. CHRISTOPHE, *L'Idée fixe du savant Cosinus*, Armand Colin, Paris (réédité d'après l'édition originale de 1899).

évoque une version médicale des avions renifleurs, a réalisé cet exploit. Pendant deux décennies, une pléiade de beaux esprits a été éblouie par les lueurs obscures de la lampe merveilleuse de Priore, qui ne brillait pourtant que de l'éclat de son génie ombrageux, autodidacte et méconnu. Le plus étrange, c'est que l'inventeur lui-même ne savait sans doute pas comment marchait sa « machine à guérir le cancer ». Mais n'anticipons pas.

Deux livres ont été consacrés aux méandres de cette ténébreuse affaire, l'un de Jean-Pierre Bader [27] et l'autre de Jean-Michel Graille [28]. Je me suis surtout servi ici d'une troisième source d'information, à mon avis la plus fiable, un rapport établi en 1982 par une commission d'experts de l'Académie des sciences, à la demande du ministère de la Recherche et de la Technologie. Le professeur Raymond Latarjet, rédacteur du rapport, a bien voulu me le communiquer.

Ier Chant : où Priore dépose un brevet d'invention et découvre la Cause Cachée du cancer.

Priore construisit sa première machine en 1957, dans un laboratoire de fortune installé à Bordeaux. Il déposa un brevet d'invention le 1er juin 1962, délivré l'année suivante sous le nº 1.342.772. Priore y exposait une nouvelle théorie du cancer : « En état d'équilibre physico-électrique normal, le noyau cellulaire est en charge positive, mais peut devenir à surcharge négative par suite de phénomènes analogues à une polarisation… L'invention permet notamment aux organes atteints de cette inversion de leur potentiel électrique, en particulier dans le cas de surcharges négatives pathologiques des noyaux cancéreux, de retrouver leur équilibre initial. »

Ainsi, la Cause Cachée du cancer était un excès d'ions négatifs. La machine devait corriger ce déséquilibre par un bombardement d'ions positifs véhiculés par une onde porteuse à haute fréquence, renforcée par un système cyclotron, le tout accordé sur les pulsations cardiaques du malade, grâce à des moyens permettant de moduler « l'émission des rayonnements, les champs magnétiques et électriques accélérateurs, ainsi qu'éventuellement le système déflecteur rotatif ».

Vous n'avez pas tout suivi ? L'Académie des sciences non plus : « Il est impossible de se faire une représentation claire et non

---

27. Jean-Pierre BADER, *Le Cas Priore : prix Nobel ou imposture ?*, Jean-Claude Lattès, Paris, 1984.

28. Jean-Michel GRAILLE, *Dossier Priore : une nouvelle affaire Pasteur ?*, Denoël, Paris, 1984.

équivoque de la machine », écrit Raymond Latarjet, ajoutant que « l'ensemble du texte comporte environ six cents lignes où foisonnent des détails qui semblent précis, mais qui n'ont pas permis depuis lors à quiconque de reproduire cette machine sans l'intervention de son auteur ».

IIe Chant : où l'on magnétise des rats.

N'importe quel biologiste ayant lu le brevet Priore aurait pu supposer que la machine n'était qu'un piège à ions. Le cancer résulte d'une prolifération anarchique de cellules dont certains gènes régulateurs sont défectueux. Imaginer que des champs électromagnétiques pouvaient guérir le cancer, c'était à peu près comme si l'on avait dit que regarder la télévision pouvait empêcher les enfants de grandir.

Pourtant, dès 1960, le professeur Biraben et son assistant Delmon, enseignants à la faculté de médecine de Bordeaux, s'intéressèrent à la machine. Ils la testèrent sur des rats porteurs d'un cancer expérimental, la tumeur T8 de Guérin, et obtinrent des résultats stupéfiants : chez les rats traités aux rayons de la lampe merveilleuse, les tumeurs régressaient et disparaissaient ; alors que les rats témoins qui n'avaient pas été exposés aux rayons Priore mouraient de cancer généralisé en quelques semaines. Les professeurs Guérin (celui de la tumeur T8) et Rivière – tous deux chercheurs à l'Institut de recherche sur le cancer de Villejuif – s'associèrent aux travaux. Les expériences se poursuivirent, toujours couronnées de succès.

Le 1er mars 1965, une discussion animée eut lieu à l'Académie des sciences. Le professeur Lacassagne éleva une objection : les rats traités par la machine n'étaient pas atteint de tumeurs « naturelles », mais de cancers provoqués artificiellement, et ils étaient issus de lignées spéciales sélectionnées pour que la tumeur prenne ; un rat pris au hasard aurait rejeté la tumeur de Guérin ; par conséquent, guérir une telle tumeur « greffée » sur un rat n'était pas équivalent à soigner un cancer naturel, apparu spontanément sur l'animal. Bref, il n'était pas certain que les premiers succès de la machine fussent réellement significatifs. À plus forte raison, estimait Lacassagne, il était trop tôt pour extrapoler les résultats à l'homme (notons que Priore s'était passé, sur ce point, de l'avis de l'Académie : dès le début, il avait magnétisé des patients, et il continua jusqu'à la fin de sa carrière, sans qu'aucune guérison de cancer humain ne fût démontrée).

Une question plus grave se profilait : les résultats étaient-ils authentiques ? Les animaux traités avaient-ils été bien marqués ?

Avait-on pris toutes les garanties expérimentales ? Guérin ne s'était pas rendu personnellement à Bordeaux, il avait envoyé une technicienne. Le doute s'insinuait. Robert Courrier, secrétaire perpétuel de l'Académie des sciences, avança qu'il était facile de vérifier les expériences. Ce n'était pas si facile que ça. Il n'y avait qu'une machine, installée à Floirac, près de Bordeaux. Priore et ses assistants, jaloux de leurs secrets, se montraient peu pressés d'accueillir des chercheurs extérieurs.

IIIe Chant : dans lequel des souris britanniques s'interrogent sur leur identité.

En 1966, pourtant, Priore accepta de travailler avec l'équipe du professeur Alexander Haddow, le directeur du Chester Beatty Research Institute (CBRI) de Grande-Bretagne. Haddow avait été vivement intéressé par les résultats de Priore, et il proposa d'envoyer à Floirac son collaborateur, le docteur Ambrose. Il fut convenu qu'Ambrose apporterait du CBRI des souris cancéreuses qu'il remporterait ensuite en Angleterre, après leur passage sous les rayons de la lampe merveilleuse.

Voici ce qu'écrivit le docteur Koller, du CBRI, au retour d'Ambrose : « De Bordeaux, toutes les souris nous revinrent sans tumeur. Elles nous parurent bizarres. Nous leur fîmes des greffes de peau en provenance de souris de leur lignée d'origine. Toutes les greffes furent rejetées. De cela nous avons conclu que ces souris n'étaient pas celles que nous avions envoyées à Bordeaux… »

Assurément, le moyen le plus rapide de guérir une souris malade est de la remplacer par une souris saine. Pour les Britanniques, la substitution, délibérée ou accidentelle, ne faisait pas de doute. Une autre explication fut avancée : le rayonnement Priore aurait modifié le système immunitaire des souris si profondément qu'elles ne reconnaissaient plus les greffons de leur propre lignée. En somme, elles n'étaient plus tout à fait elles-mêmes, immunologiquement parlant. Cette hypothèse, que le rapport Latarjet qualifie de « très inattendue », ne convainquit pas le professeur Haddow. Le 22 décembre 1966, il écrivit à Priore : « J'ai été quelque peu déçu par le déroulement des expériences de Bordeaux […] et je considère que pour l'instant le CBRI ne devrait pas y participer plus longtemps. »

IVe Chant : où des experts cherchent à expertiser, avant de renoncer.

La situation devenait si controversée que la DGRST (Direction générale de la recherche scientifique et technique) décida d'intervenir. Elle réunit une commission comprenant notamment le professeur Jean Bernard, Robert Courrier, Alfred Kastler (le célèbre prix Nobel de physique) et Raymond Latarjet. Selon la commission, la seule issue était de réaliser une expérimentation dans des conditions qui garantissaient la signification des résultats et rendaient toute fraude impossible. À cet effet, la commission mit au point un protocole d'expériences très précis. Deux précautions valant mieux qu'une, Latarjet suggéra que Priore signe, avant le début des expériences, un certificat attestant que la machine fonctionnait correctement. Cela, pour que l'inventeur ne puisse pas, en cas d'échec, invoquer une mauvaise utilisation de l'appareil.

Priore refusa. Le 5 août 1966, Seligmann, membre de la commission, lui rendit visite. L'inventeur déclara que ses deux machines – une autre avait été construite – étaient en panne (selon des témoins dignes de foi, elles fonctionnaient). À la fin de l'été 1967, après plus d'un an d'attente, la DGRST renonça à son projet.

Ve Chant : où la politique s'en mêle.

Après le regrettable épisode britannique, Priore avait renoncé à soigner les souris cancéreuses, tout en continuant à « traiter » les patients humains, ce qui témoigne d'une étrange hiérarchie des précautions. Il se lança dans une nouvelle série d'expériences, avec des souris suisses infectées par le trypanosome, le parasite de la maladie du sommeil. Priore les fit passer à la lampe merveilleuse, et cette fois la chance lui sourit [29] : les bestioles résistèrent à la maladie, et les parasites disparurent de leur sang. En 1969, le professeur André Lwoff, prix Nobel de biologie, apporta sa caution à cette expérimentation. Lwoff avait pourtant écrit quelques années plus tôt que le brevet Priore était un « tissu d'âneries ».

Parallèlement, deux physiciens, Berteaud et Bottreau, se penchèrent sur la machine afin de déterminer les caractéristiques du rayonnement. Ils conclurent que la lampe Priore émettait une onde courte à 17 MHz, une micro-onde à 9 400 MHz, une basse fréquence et un champ solénoïdal pulsé. Apparemment, seule la micro-onde agissait sur la maladie du sommeil des souris. Pour le vérifier, les deux physiciens construisirent une version simplifiée de la machine, mais n'obtinrent aucun résultat positif.

L'affaire s'enlisait… Elle fut relancée par des personnalités politiques, Edgar Faure et surtout Jacques Chaban-Delmas, maire de Bordeaux et Premier ministre, qui avait assisté aux débuts de la machine merveilleuse. Il permit à Priore d'obtenir une subvention de

29. Cette fois, je ne l'ai pas fait exprès !

la DGRST de 3,5 millions de francs pour une nouvelle machine. Celle-ci, répondant au nom de code M 600, devait être réalisée par la société Leroy-Somer. Elle ne fut jamais construite.

VIe Chant : où Priore se retire définitivement.

Fin 1976, les dépenses engagées dans le projet M 600 s'élevaient à près de 13 millions de francs, dont 2,5 millions fournis par la DGRST. Mais la première phase du contrat n'était toujours pas terminée. Leroy-Somer décida, en accord avec Priore, de se rabattre sur un projet plus modeste. Puis Priore changea d'avis, et exigea de revenir à la machine M 600, ce que refusa la direction de Leroy-Somer. Le gouvernement s'inquiéta de ces atermoiements. En 1982, une ultime commission fut chargée d'établir le rapport dont j'ai cité plusieurs passages. Ce rapport dresse un sombre bilan de la période 1972-1980, constatant l'échec du projet M 600 et concluant que « la commission désignée par l'Académie des sciences ne peut conseiller à monsieur le ministre d'État chargé de la Recherche et de la Technologie de poursuivre le soutien financier de cette affaire ».

Le 9 mai 1983, Antoine Priore mourait des suites d'un accident vasculaire cérébral. Il emportait avec lui le secret de sa machine, objet d'un imbroglio juridique et financier mettant aux prises sa veuve, l'État français et la maison Leroy-Somer.

VIIe Chant : où l'on autopsie la lampe merveilleuse.

Selon Jean-Pierre Bader, de 1965 à 1980, « les subventions officielles et les aides privées apportées à Priore s'élevèrent à plus de vingt millions de francs – deux milliards de centimes – sans compter les dons faits au chercheur par ses supporters ». Vingt millions qui n'ont permis d'obtenir aucune percée médicale significative. Et même lorsque Priore a semblé obtenir des effets biologiques réels, comme avec les souris atteintes de la maladie du sommeil, les expériences n'ont jamais pu être reproduites de manière satisfaisante.

Pourquoi les choses se sont-elles déroulées ainsi ? Avec sa manie du secret, ses accès de mégalomanie et sa paranoïa, l'inventeur n'a rien facilité. Mais cet aspect psychologique n'explique pas tout. L'épisode britannique semble difficile à expliquer autrement que par une fraude. Et il reste troublant que personne d'étranger au « système Priore » n'ait pu répéter le moindre de ses résultats. Alors, faut-il simplement conclure qu'un charlatan caractériel a roulé dans la farine des savants crédules ? Sans doute pas.

Même s'il a triché, Priore était viscéralement convaincu qu'il avait fait une découverte importante. Son opposition à toute transparence sert bien sûr à masquer ses tours de passe-passe. Mais elle a un rôle plus profond : une véritable expertise aurait retiré toute magie à la lampe merveilleuse, transformé le carrosse en citrouille. Cela, Priore veut à tout prix l'éviter. Et, d'une certaine manière, il n'est pas le seul : ces scientifiques qui le soutiennent, qui s'associent à ses expériences sans exiger les vérifications nécessaires, qui cautionnent des hypothèses invraisemblables, que font-ils d'autre sinon nourrir le rêve de Priore ? Lorsque André Lwoff, interrogé par Bader, se déclare convaincu que Priore a fait « probablement une découverte de première grandeur, qu'il a occultée par son comportement anti-scientifique », il cède à l'attrait du mirage. Mais pourquoi un grand scientifique ne rêverait-il pas, lui aussi, d'une machine à guérir le cancer ?

On ne peut s'empêcher de voir certaines analogies entre le cas Priore et l'affaire Cyril Burt : l'un comme l'autre recourent à des trucages pour accommoder les faits, et au secret pour dissimuler les trucages. L'un comme l'autre exploitent des croyances répandues. L'un comme l'autre sont tenaces. Mais alors que Burt s'appuie sur de puissantes forces politiques, Priore restera à la merci des scientifiques qui l'écoutent et des caprices des édiles. Il bénéficie aussi de la confiance des patients qui espèrent en sa lampe merveilleuse, mais ils ne peuvent suffire à lui assurer les moyens dont il a besoin et la gloire scientifique à laquelle il aspire. Même si beaucoup de gens aimeraient croire que Priore a raison, les faits, eux, lui donnent tort.

Car les vrais ennemis de Priore ne sont pas les experts, mais bien les faits. Comme il n'a pas prise sur eux, Priore ne trouve d'autre issue que de se poser en génie méconnu. Il met en scène son procès imaginaire, inversant les termes du procès de Galilée : le savant italien a été jugé par une autorité religieuse qui voulait le contraindre à regarder le monde à travers la lunette du dogme, alors qu'il préférait, lui, le contempler dans sa lunette astronomique. Les autorités scientifiques qui se penchent sur le cas Priore ne refusent pas de partager la vérité de l'inventeur. Mais celui-ci le leur interdit. Il veut en être le seul détenteur. Dès lors, tout dialogue, toute transaction deviennent impossible. Qui n'est pas avec Priore est contre lui.

La machine de Priore n'est pas construite en application de principes biologiques et physiques qui permettraient de soigner le cancer. De même que l'« anémélectroreculpédalicoupeventombrosoparacloucycle » (c'est bien la dernière fois que j'écris ce mot impossible !), elle est construite selon un principe rhétorique, comme un mot-valise, ou un mot-inventaire. Elle rassemble tous les dispositifs capables de rayonner, du moins ceux auxquels Priore a pensé. Elle n'est rien d'autre que cet assemblage. Le merveilleux réside dans cet inextricable labyrinthe électronique où seul l'inventeur sait s'orienter. Ce n'est pas par hasard que Priore a toujours refusé que l'on dissocie les composants de la machine pour les analyser séparément : il n'y aurait plus eu de machine du tout.

La lampe Priore évoque – l'humour en moins – les objets du *Catalogue d'objets introuvables* de Carelman [30] : poêle à ressort pour faire sauter les crêpes plus haut, pantoufles à semelles de plomb pour scaphandrier, marteau lumineux pour frapper dans les coins les plus sombres, blaireau en piquants de porc-épic – à barbe dure blaireau encore plus dur ! –, peigne à roulettes qui ne touche pas le cuir chevelu, etc. Il ne manque que la baignoire à couvercle pour s'abriter de la pluie… Les machines merveilleuses sont des objets introuvables. Mais on trouve tout au catalogue de l'imposture scientifique !

Exercices

1. Retrouvez votre frère jumeau égaré en Terre Adélie. Passez tous deux un test de QI. S'il obtient un meilleur score que vous, renvoyez-le : ce n'est pas votre vrai jumeau.

2. Démontrez que l'aptitude à pêcher la truite est innée : constituez un échantillon de vrais jumeaux pêcheurs de truite séparés à la naissance ; calculez leur QP (quotient de pêcheur, obtenu en divisant la taille de la plus grosse prise revendiquée par le nombre de personnes qui l'ont vue) ; démontrez statistiquement qu'il y a une corrélation entre les QP des jumeaux. Faites une communication à l'Académie des sciences. Obtenez-vous une réponse ?

3. Même exercice, après que vous avez décroché le prix Nobel. Observez-vous les mêmes réactions ?

4. Qu'est-ce qui est vert, pendu dans le salon, et qui chante ?

Réponse : une truite. Je l'ai peinte en vert et accrochée au plafonnier du salon. Elle ne chante pas, mais si je vous l'avais dit, ç'aurait été trop facile.

5. Construisez une échelle à monter les blancs en neige en utilisant deux piquets de tente et des bâtons de chaise. Choisissez ces derniers vivants, car il vaut mieux une vie de bâton de chaise que pas de vie du tout [31]. Faites breveter l'invention. Au bout de combien de temps les Japonais et les Coréens la copient-ils ?

30. Carelman, *Catalogue d'objets introuvables*, Balland, Paris, 1976.

31. Trop, c'est trop… Supprimez les lecteurs qui restent.

Leçon 3

La science officielle, tu conspueras

La Terre enfle et nous ne savons pas pourquoi ! Stupéfiantes révélations du paléontologue Hugh Owen, du British Museum, dans le *New Scientist* [1] du 22 novembre 1984. Schémas à l'appui, Owen démontre que notre planète a pris de sacrées rondeurs depuis 200 millions d'années. Au Mésozoïque, les dinosaures ont dû arpenter un globe deux fois plus petit qu'aujourd'hui !

La preuve ? Owen a fait tourner en arrière le film de la dérive des continents. Jadis, la côte orientale de l'Amérique du Sud s'emboîtait dans la bordure de l'Afrique, le Groenland s'encastrait entre l'Europe et le bouclier canadien, l'Inde, l'Australie et l'Antarctique se touchaient sans vergogne. Les terres émergées formaient un continent unique, la Pangée, entouré de la « mer de Thétis ». Sans se mouiller les pattes, le mosasaure, un gros lézard aux dents acérées qui vivait 250 millions d'années avant notre ère, pouvait passer de la pointe nord-est du Brésil à la Guinée.

Owen a voulu remettre le puzzle en place. Eh bien, ça ne colle pas. Impossible de reconstituer correctement la Pangée sur une Terre de la taille actuelle. Les continents restent séparés à certains endroits par des golfes triangulaires qui ne correspondent pas à des fonds

1. Hugh OWEN, « The Earth is expanding and we don't know why », *New Scientist*, 22 novembre 1984. Voir aussi Nicolas WITKOVSKI, « Polémiques autour de l'expansion terrestre », *La Recherche*, n° 171, novembre 1985. Pour une présentation actualisée et illustrée de la théorie de Hugh Owen, consulter le site Internet : www.wincom.net/earthexp/n/.

océaniques. Notre planète serait-elle un gruyère plein de trous ? Dur à avaler. Pour le paléontologue britannique, il y a une meilleure explication : l'expansion terrestre.

Prenez une orange, épluchez-la, et essayez de coller l'écorce sur un pamplemousse. De toute évidence, l'écorce trop petite va se déchirer par endroits. Selon Owen, c'est ce qui se passe lorsqu'on projette les contours des continents sur un globe de la taille actuelle. Les golfes triangulaires correspondent aux déchirures de la peau d'orange. L'anomalie disparaît si l'on reconstitue la Pangée sur une Terre d'un diamètre inférieur de 20 % au diamètre actuel (environ 12 700 km), soit une réduction en volume de près de 50 %. Les golfes constituent donc une preuve indirecte de l'expansion de la Terre.

Comment une donnée aussi vitale a-t-elle pu échapper aux radars de la science vigilante ? Selon Owen, les géophysiciens n'ont rien remarqué parce qu'ils travaillent généralement sur des portions restreintes du globe terrestre, en utilisant des cartes planes. « La seule approche correcte consiste à faire la reconstruction sur un globe et à effectuer ensuite une projection sur une carte plane », écrit le paléontologue dans l'article déjà cité. En clair, Hugh Owen accuse les géophysiciens de ne pas savoir que la Terre est ronde !

Les géophysiciens sont-ils des abrutis ?

Un tel aveuglement paraît ahurissant. Pour Owen, il s'explique très simplement : l'expansion terrestre est une idée trop dérangeante pour les gardiens du savoir établi. Décidément, on n'en finira jamais avec le procès de Galilée. Telle l'Église refusant de regarder le ciel dans la lunette astronomique, la géophysique officielle préfère se voiler la face et revenir à la Terre plate des Babyloniens, plutôt que d'affronter les implications révolutionnaires d'une planète en inflation. « Et pourtant, elle gonfle… », susurre Owen qui, lui, gonfle les scientifiques.

L'honnête contribuable, ce représentant bafoué d'une espèce menacée, frémit d'indignation à l'idée que ses impôts servent à entretenir des chercheurs aussi rétrogrades. Faut-il jeter les géophysiciens en prison, lieu propice, comme l'on sait, à l'étude approfondie des oranges ? Avant d'en arriver à de telles extrémités, voyons quels arguments la science officielle avance pour sa défense. Ces arguments, je les ai recueillis auprès de Vincent Courtillot, qui était à l'époque un jeune chercheur de l'Institut de physique du globe, temple parisien de la géophysique orthodoxe, dirigé par Claude Allègre (depuis, Allègre a fait un passage remarqué au ministère de l'Éducation nationale, de la Recherche et de la Technologie, où Courtillot était son conseiller). J'ai donc demandé à Vincent Courtillot si, réellement, les géophysiciens négligeaient la rotondité de la Terre, ce qui constituerait manifestement un scandale planétaire.

Réponse : « Toutes les reconstitutions sont effectuées sur des sphères. Dès 1961, Bullard, l'un des pionniers de la tectonique, avait remarqué que lorsqu'on essayait d'ajuster les continents, cela ne collait pas parfaitement. Tout simplement parce que leurs contours ont été modifiés pendant qu'ils se séparaient. Les plaques n'ont pas une rigidité absolue. Il est irréaliste de croire que les frontières conservent au cours du temps une géométrie fixe. On devrait par exemple supposer que la frontière qui a séparé l'Afrique de l'Amérique du Sud s'est produite instantanément sur toute sa longueur, phénomène hautement improbable. »

Nous voilà rassurés ! La science officielle, si bornée soit-elle, a tout de même enregistré que notre planète était sphérique, ou plus exactement, d'ailleurs, ellipsoïdale, car elle est légèrement aplatie aux pôles, de sorte que le rayon équatorial est supérieur d'une vingtaine de kilomètres au rayon polaire. En bon imposteur scientifique, Owen ignore superbement qu'il y a eu quelques épisodes depuis la première mesure de la Terre, effectuée au IIIe siècle avant Jésus-Christ par Ératosthène. Ce dernier calcula une circonférence terrestre de 250 000 stades, soit environ 46 000 km, ce qui est 15 % au-dessus des estimations actuelles, mais constitue un excellent résultat compte tenu des moyens dont disposait Ératosthène. Depuis, les satellites Landsat, Cosmos, Spot 1 et 2, notamment, ont fourni des mesures de plus en plus précises, la valeur retenue aujourd'hui étant de 40 075,017 km à l'équateur.

Mais comment se fracturent les continents ? Vincent Courtillot et son collègue Gregory Vink décrivent le processus dans un article de la revue *Pour la Science* [2]. Pour les suivre, commençons par exposer les bases de la tectonique des plaques, la théorie moderne qui explique les mouvements de l'écorce terrestre (tectonique vient du grec *tektonikos*, « propre au charpentier »).

L'hypothèse de la dérive des continents fut avancée pour la première fois en 1912 par Alfred Wegener, un jeune astronome allemand. Wegener se représentait les continents comme des radeaux géants qui labouraient le fond des mers. Au cours de ces déplacements, ils engendraient des chaînes de montagnes à leur proue et

2. Vincent COURTILLOT et Gregory VINK, « Comment se fracturent les continents », *Pour la Science*, n° 71, septembre 1983.

laissaient des guirlandes d'îles dans leur sillage. Ces idées furent d'abord accueillies favorablement, puis rejetées par les géophysiciens : le fond des océans était beaucoup trop rigide pour que les continents puissent se déplacer de cette manière.

Wegener avait pourtant raison, du moins sur l'hypothèse principale : les continents dérivaient bel et bien. Il fallut près d'un demi-siècle d'exploration sous-marine pour percer le secret de leurs mouvements. L'un des pionniers de cette recherche, le géophysicien Xavier Le Pichon, a raconté cette passionnante saga scientifique qui débute avec la quête des rifts et aboutit aux fosses de subduction du Pacifique, par 6 000 m de fond [3]. Les rifts, sortes de vallées qui sillonnent le plancher des océans, tracent sur le globe un gigantesque Y de 60 000 km. Sur toute leur longueur, le magma du manteau – la couche qui se trouve entre l'écorce terrestre et le noyau central de la planète – s'épanche à travers les volcans sous-marins.

Il se fabrique ainsi 3,5 km^2 de nouveaux fonds océaniques par an. S'il n'en disparaissait pas une quantité équivalente, la Terre doublerait de volume en 100 millions d'années, encore plus vite que ne le prédit Owen ! Tel un gigantesque trottoir roulant, le plancher des mers émerge du ventre de la Terre le long des rifts et traverse l'océan. Sur le pourtour du Pacifique, les fosses de subduction engloutissent le trottoir océanique qui fond dans le manteau. Le cadavre de ce meurtre planétaire disparaît à jamais. Tous les 200 millions d'années, le fond des océans est intégralement renouvelé.

Les continents, eux, ne se renouvellent pas. Posés comme des flotteurs sur la croûte océanique, ils se livrent à une interminable course de stock-car. Les rifts et la subduction ont cisaillé l'écorce terrestre en douze grandes plaques de 70 à 100 km d'épaisseur. Les six principales portent l'Eurasie, l'Afrique, les Amériques, le Pacifique, l'Indo-Australie, l'Antarctique. Les plaques se déplacent en permanence, et les tremblements de terre résultent de leurs frictions et de leurs grippages. Lorsque deux continents entrent en collision, les plaques comprimées se plissent, formant des chaînes de montagnes. Les Pyrénées et les Alpes sont nées du choc de l'Afrique contre l'Europe, l'Himalaya de la rencontre entre l'Inde et l'Asie.

Venons-en maintenant au modèle de Courtillot et Vink. D'abord, pourquoi les continents se fracturent-ils ? C'est un problème de contraintes mécaniques. Les mouvements tectoniques provoquent des étirements qui aboutissent dans certaines zones à la rupture d'une plaque continentale. Très schématiquement, on peut comparer cette

---

3. Xavier Le Pichon, *Kaiko. Voyage aux extrémités de la mer*, Odile Jacob-Seuil, Paris, 1986.

plaque à un fond de tarte cru. Si l'on découpe la pâte au couteau, on obtient des morceaux dont les bords sont parallèles (si le couteau ne colle pas), et ces bords s'ajustent quand on les rapproche. Mais imaginons qu'au lieu de couper la pâte à tarte proprement, on la déchire en tirant dessus. La pâte s'amincit aux bords de la déchirure, de sorte que lorsqu'on veut réajuster les morceaux ensemble, ils s'adaptent mal. C'est un peu ce qui se passe pour les continents : les futures frontières continentales se déforment au cours du processus de fracturation. L'image de la pâte n'est qu'une approximation, car la déformation n'est pas la même tout au long de la fracture. Il faut imaginer une pâte peu homogène, plus élastique par endroits et plus sèche à d'autres. La plaque continentale se casse nettement à certains endroits, mais possède des zones de résistance où la déformation est importante.

Les golfes triangulaires chers à Hugh Owen s'expliquent par cette déformation irrégulière. Inutile d'imaginer que la Terre gonfle comme un ballon. Au fond, le raisonnement d'Owen se mord la queue : il épluche une orange en prétendant que c'est un pamplemousse, et s'étonne ensuite que la peau d'orange soit trop petite pour recouvrir le pamplemousse. Les géophysiciens ne savent peut-être pas que la Terre est ronde mais, question agrumes, le paléontologue britannique a encore des progrès à faire.

La Terre n'est pas du pop-corn

Pour tout dire, l'expansion terrestre est un vieux serpent de mer. Le géophysicien Otto Hilgenberg l'agitait dès 1933, imaginant une Terre précambrienne cinq fois plus petite qu'aujourd'hui. Au milieu des années cinquante, l'Australien Warren Carey – grande référence d'Owen – se fit le champion de la planète gonflable. Il organisa des symposiums sur le sujet, dont le dernier se tint à Sidney en 1981. Victime d'une étrange fixation, Carey refusait d'admettre la subduction. Comme il fallait bien que les fonds océaniques aillent quelque part, Carey s'était rabattu sur l'hypothèse *ad hoc* de l'expansion terrestre.

Or cette hypothèse est non seulement inutile, mais physiquement aberrante. À moins d'imaginer qu'un dieu de l'Olympe éméché confonde la Terre avec un ballon d'alcootest, on ne connaît aucun mécanisme susceptible d'expliquer un prétendu doublement du volume terrestre en 200 millions d'années. Pourrait-on l'attribuer au flux de météorites qui bombarde la planète en permanence ? « Cela ne suffirait pas, dit l'astrophysicien Jean-Claude Pecker. L'apport de matière est infime comparé à la masse de la Terre, qui n'a pratiquement pas varié depuis 4 milliards d'années. De plus, le poil de matière qui s'ajoute aurait plutôt tendance à comprimer le cœur de la Terre et à accroître sa densité, non à faire augmenter le rayon terrestre. » Et en effet, certaines mesures suggèrent que le rayon terrestre diminue au cours du temps – quoique dans des proportions infimes.

Owen suggère, lui, un scénario farfelu. Le cœur de la planète serait instable et repousserait la croûte terrestre comme le couvercle d'une cocotte-minute non verrouillée. Plutôt qu'à un ballon, la Terre ressemblerait à du pop-corn. Amusant, mais dangereux pour ses habitants. Et inepte du point de vue physique. Le manteau de magma situé sous l'écorce terrestre enveloppe un noyau dont le cœur est une sorte de bille de fer et de nickel, d'environ 250 km de diamètre et d'une température de 4 300 degrés. Cette bille, très fortement comprimée par les couches supérieures, se trouve à l'état solide. Le moteur de la compression est la gravitation (qui augmente avec la masse de la planète ; c'est pourquoi la matière des météorites tend à accroître la densité et non à dilater la Terre). Pour contrebalancer la force de gravitation, le noyau terrestre devrait se transformer en une bombe H géante, comme le Soleil – ce qui réglerait la discussion. Heureusement pour nous, la masse d'une planète comme la Terre est beaucoup trop faible pour autoriser un tel scénario.

Et puis, si la Terre était vraiment en expansion, pourquoi seraitelle la seule planète dans son cas ? Aucune observation astronomique ne fournit le moindre indice d'inflation martienne, jupitérienne ou vénusienne. La fluxion terrestre ne peut donc être acceptée sans postuler une exception à l'universalité des lois physiques. En somme, Owen nous propose d'échanger la théorie de la gravitation contre une hypothèse qui n'apporte rien : pas précisément une bonne affaire.

Échec à Darwin

Dans la série « Jetons par-dessus bord les théories qui marchent », l'éthologiste Rémy Chauvin, intrépide auteur de *La Biologie de l'esprit*[4], n'a rien à envier à Hugh Owen. Dès l'introduction, la pensée du lecteur est transportée sur des cimes exaltantes : « Nous sommes beaucoup plus savants qu'il y a cinquante années mais je songe souvent que, pour comprendre ce monde vivant à l'étrangeté

4. Rémy CHAUVIN, *La Biologie de l'esprit*, *op. cit.*

indicible, il nous faudra dix fois, cent fois plus de temps. » Sans doute pour gagner du temps, Chauvin propose de commencer par se débarrasser du peu que nous savons en pratiquant « cette ascèse mentale si difficile qui consiste à regarder l'univers en faisant abstraction de tout ce qu'on a dit sur lui ».

Chauvin possède manifestement un don inné pour cette « gymnastique spirituelle ». Il n'est jamais autant à l'aise que lorsqu'il parle de ce qu'il ne connaît pas. Ce n'est pas moi qui le dis, c'est lui : « Je parlerai par exemple de l'Esprit et du “démiurge” en me gardant bien de définir trop précisément ce que j'entends par là : parce que je ne le sais pas clairement. [...] Dans l'état affreux de notre ignorance, faut-il vraiment définir si précisément ? »

Un sens de l'imprécision aussi tranquillement assumé mérite l'admiration. Il permet à Chauvin de ratisser très large, de liquider en quelques pages le néo-darwinisme qui constituerait « pour les Anglo-Saxons en particulier une véritable religion », bien qu'il ne soit « qu'un ensemble de tautologies qui ne peuvent satisfaire que les âmes pieuses ». Ces jugements péremptoires reposent, comme il se doit, sur une solide ignorance. Chauvin rappelle d'ailleurs que sa spécialité est l'éthologie, tandis que le sujet concernerait plutôt « les paléontologistes ou à la rigueur les généticiens ». Affirmation qui ne manque pas de sel : étudier les comportements animaux, objet de l'éthologie, sans tenir compte de l'évolution, c'est à peu près comme si l'on voulait faire de l'histoire sans rien savoir de ce qui s'est passé avant 1950.

Quelle mouche pique donc Chauvin ? « C'est ce satané Wilson, mon illustre collègue d'Amérique. Jusqu'à la parution de ses derniers ouvrages, je confesse n'avoir porté aux théories de l'Évolution qu'une attention diffuse et quelque peu agacée. » Chauvin ne s'est donc intéressé à l'évolution que pour s'en prendre à Wilson, ce qui est, après tout, un motif aussi bon qu'un autre. Néanmoins, si l'on veut abattre le darwinisme, Wilson n'est pas forcément la bonne cible.

Petite digression pour les lecteurs qui ne seraient pas familiers des idées d'Edward Wilson (nous reviendrons sur son cas plus longuement dans la leçon 7). Ce naturaliste célèbre, grand spécialiste des fourmis, est surtout connu pour la partie la moins scientifique de son travail : la sociobiologie, une tentative de décrire les sociétés animales et humaines à partir de bases biologiques. Pour Wilson, les gènes ne déterminent pas seulement les caractères physiques, mais l'architecture générale du psychisme et des comportements. Son ambition ultime est de rendre compte en termes génétiques de la totalité de la condition humaine : « L'affirmation centrale de la sociobiologie est que tous les aspects de la culture humaine et du comportement sont, comme les comportements de tous les animaux, programmés dans les gènes et ont été façonnés par la sélection naturelle », écrivent Lewontin, Rose et Kamin [5].

La sociobiologie a été récupérée et présentée de manière caricaturale par la Nouvelle Droite française à la fin des années soixante-dix : nous ne serions que des marionnettes dont nos gènes tirent les ficelles. La pensée de Wilson est plus nuancée que cette formule, mais elle implique néanmoins une vision pour le moins contraignante de l'homme et de la société. Elle implique aussi que les gènes et les caractères qu'ils déterminent sont sévèrement soumis aux contraintes de l'adaptation : seuls sont sélectionnés les gènes qui procurent la meilleure adaptation. Or, si la sélection s'applique à de nombreux gènes, d'autres évoluent un peu au hasard. Ainsi, le fait que les Africains aient la peau noire résulte d'une adaptation au climat (que l'on retrouve, d'ailleurs, dans d'autres régions du monde). Par contre, le fait que parmi les Basques il existe un certain pourcentage d'individus possédant le groupe sanguin B, et que ce pourcentage soit différent chez les Bretons, n'a aucune signification du point de vue adaptatif : c'est seulement l'héritage historique d'une répartition qui au départ n'a été due qu'au hasard.

L'idée que la totalité des gènes et des caractères associés est régie par l'adaptation entraîne des paradoxes et des sophismes. Un représentant typique de ce courant de pensée est Robert Wright, auteur de *L'Animal moral* [6], un ouvrage fort distrayant qui prétend expliquer en termes d'évolution darwinienne les relations conjugales, l'adultère et les avantages sélectifs qu'il peut y avoir à tromper son conjoint (ou à lui être fidèle). À trop vouloir expliquer, l'« adaptationnisme » aboutit à des raisonnements analogues à ceux de Pangloss, l'indécrottable optimiste du *Candide* de Voltaire : « Les choses ne peuvent pas être autrement : car tout étant fait pour une fin, tout est nécessairement pour la meilleure fin. Remarquez bien que les nez ont été faits pour porter des lunettes, aussi avons-nous des lunettes. Les jambes sont visiblement instituées pour être chaussées, et nous avons des chausses. »

Le « panglossisme » menace les théoriciens de l'évolution qui exagèrent le rôle de l'adaptation. Chauvin n'a aucun mal à ironiser sur de telles conceptions : « Admettre que le melon n'a de côtes que pour être mangé en famille, comme le disait le bon Bernardin de

---

5. Richard LEWONTIN *et al.*, *Nous ne sommes pas programmés*, *op. cit.*

6. Robert WRIGHT, *The Moral Animal*, Pantheon Books, New York, 1994 (trad. française : *L'Animal moral*, Michalon, Paris, 1995).

Saint-Pierre, est décidément une erreur. » Ne s'arrêtant pas en si bon chemin, notre auteur démontre que le vice caché du système darwinien est d'ordre logique et même tautologique : « Le darwinisme postule la survivance du plus apte. Mais qui est le plus apte ? Celui qui survit. Le darwinisme postule donc la survivance des survivants. »

Chauvin n'oublie qu'un détail : il n'est nullement le premier à avoir formulé ces objections. Stephen Jay Gould a maintes fois critiqué les défauts de l'adaptationnisme et montré comment on peut s'appuyer sur la grande idée de Darwin, la sélection naturelle, sans pour autant sombrer dans les excès des darwiniens maximalistes à la Wilson. Je ne saurais trop conseiller au lecteur de se plonger dans les essais de Gould, qui sont de toute façon un régal[7]. Une idée clé est que la sélection s'exerce sur les organismes, non sur les caractères : c'est l'animal entier qui survit, pas ses gènes pris un par un. Mais un animal peut très bien survivre parce qu'il est globalement adapté à son milieu, ce qui n'implique pas que chaque caractère considéré isolément représente l'optimum. Par exemple, le rhinocéros indien n'a qu'une corne, le rhinocéros africain en a deux. Pour l'un comme pour l'autre, la corne est une arme. Mais il n'y a pas d'argument décisif pour affirmer que deux cornes valent mieux qu'une, ou l'inverse. Il se trouve que les deux variantes existaient, et que le hasard a fait que l'une est devenue prépondérante en Asie et l'autre en Afrique.

L'exemple favori de Gould, le fameux pouce du panda, est encore plus éclairant. Le panda est herbivore, mais ses ancêtres étaient des ours carnivores. Les mouvements de son vrai pouce ont été limités par l'adaptation au régime carnassier. Passé à un régime à base de bambou, le panda s'est « bricolé » un faux pouce, à partir d'un os du poignet, le sésamoïde, qui s'est élargi. Ce n'est ni très élégant ni optimal, mais ça marche. Pour Gould, ce type d'imperfection est une sorte de fenêtre ouverte sur le passé, qui permet de retracer les cheminements de l'histoire évolutive. Mais si l'évolution procède ainsi, sans projet, à l'aveugle, par une sorte de bricolage, comment se fait-il qu'il y ait si peu de monstres, d'aberrations de la nature ?

« L'idée même de sélection est contenue dans la nature des êtres vivants, dans le fait qu'ils existent seulement dans la mesure où ils se

---

7. Voir par exemple : Stephen Jay GOULD, *Le Pouce du panda*, *op. cit.*, ou l'essai n° 9 de *La Foire aux dinosaures*, *op. cit.* La citation de Voltaire est reprise d'un article de Stephen Jay GOULD et Richard LEWONTIN, « L'adaptation biologique », *La Recherche*, n° 139, décembre 1982.

reproduisent, écrit François Jacob [8]. Chaque individu nouveau est mis à l'épreuve de la reproduction. Ne peut-il se reproduire, il disparaît… La sélection s'opère, non parmi les possibles, mais parmi les existants. » Il n'y a donc aucun plan : les organismes qui existent aujourd'hui sont là parce que leurs ancêtres ont réussi à exister et à se reproduire, point final.

Si j'ai développé ces idées, c'est pour montrer à quel point la version du darwinisme que critique Chauvin est une caricature. Pourtant, il cite Gould, Lewontin et Jacob. S'il les a lus, il ne semble pas les avoir compris. Mais à vrai dire, Chauvin se soucie de ce que pensent les biologistes comme de son premier filet à papillons. Ce qui l'intéresse, ce sont ses idées à lui, qu'il résume ainsi :

« — L'évolution est *orientée* en ce sens qu'on n'a jamais vu un batracien redevenir un poisson, un oiseau ou un mammifère redevenir des reptiles.

« — La clé de l'évolution se trouve probablement à l'intérieur de l'homme ; sa volonté est programmante et arrive à son but par des mécanismes dont il n'a pas conscience. La “programmatique” de l'évolution est du même ordre. Un programme s'accomplit par des mécanismes dont les organismes n'ont pas conscience, et c'est l'évolution.

« — Sa direction générale ressemble à une volonté diffuse dans tous les êtres animaux et végétaux…

« — La manière dont notre cerveau agit sur notre corps est probablement, en résumé, la même que celle de la volonté évolutive agissant sur la matière animée. »

On pourrait ajouter que l'on n'a jamais vu une conception dépassée se transformer en théorie novatrice : le jargon sur la programmation mis à part, Chauvin ne fait que resservir une version pas vraiment améliorée du finalisme de Lamarck. Que disait le naturaliste français, mort en 1829, trente ans avant que Darwin publie *L'Origine des espèces* ? Que la vie naissait sous une forme très simple puis devenait de plus en plus complexe sous l'impulsion d'une « force qui tend sans cesse à compliquer l'organisation ». Le plan de Dieu apparaît en filigrane derrière cette idée de force organisatrice. L'évolution n'est pas un processus aveugle, mais ressemble à une marche triomphale orientée vers un but ultime, l'Homme.

Chauvin a donc renoncé à « regarder l'univers en faisant abstraction de tout ce qu'on a dit sur lui ». Il s'est contenté de retourner un siècle en arrière, en ajoutant une touche de spiritisme à la théorie de Lamarck. Car, d'après lui, la « volonté programmante » permet

8. François Jacob, *La Logique du vivant*, Gallimard, Paris, 1970.

d'expliquer l'action de l'esprit sur la matière, la parapsychologie, la psychokinèse et autres torsions de cuillers à la Uri Geller. Récréatif, mais mal étayé sur le plan factuel. La démarche de Rémy Chauvin part pourtant d'un bon sentiment. Quand un de ses amis biologistes lui a dit qu'il se sentait « tout nu sans Darwin », son sang n'a fait qu'un tour. Jeter le darwinisme à la poubelle, soit, mais ce n'était pas une raison pour que ses amis n'aient rien à se mettre. Il leur propose donc, à la place, les vieilles hardes lamarckiennes. C'est gentil, mais c'est à peu près comme si l'on proposait à un Esquimau de troquer ses vêtements habituels contre un string.

Ce n'est pas par dogmatisme, superstition ou foi religieuse que Lamarck a été abandonné au profit de Darwin. C'est parce que, pour expliquer l'histoire des êtres vivants et l'apparition des espèces, la théorie darwinienne est un outil plus efficace. La sélection naturelle est un mécanisme concret, vérifiable. La force organisatrice, comme la volonté programmante de Chauvin, est un concept sans ancrage dans le réel. Y adhérer est un acte de foi. Bien sûr, Chauvin est libre de croire ce qu'il veut. Mais on ne réfute pas une théorie scientifique par un acte de foi. En l'occurrence, il s'agit surtout de mauvaise foi. Seriez-vous convaincu par un monsieur qui tiendrait un stylo la plume en l'air et prétendrait qu'il n'écrit pas ?

Le vide est plein d'énergie

Vous avez bien lu : à l'heure du carburant cher et des centrales nucléaires, il existe une énergie gratuite, inépuisable et moins épuisante que celle du désespoir : l'énergie du vide. Du reste, ces faits capitaux ont été divulgués de longue date par Renaud de la Taille dans la revue *Science et Vie*[9]. Je cite : « Alors que le premier générateur synergétique vient de fonctionner, la science officielle continue à ignorer les travaux du Pr Vallée. Ceci est d'autant plus grave que ces travaux mènent à l'indépendance énergétique. [...] La synergétique a été mise à l'essai cet été en Belgique. [...] Pour la première fois, un amplificateur de puissance a fonctionné avec pour seul apport d'énergie l'univers qui nous entoure et appartient à tous. Le générateur [...] a restitué le quadruple de la puissance qu'on lui avait donnée, ce qui constitue à soi seul un résultat déconcertant, et tout à fait inexplicable dans le cadre des théories anciennes de la physique. »

---

9. Renaud DE LA TAILLE, « Qui osera réfuter la synergétique ? », *Science et Vie*, n° 698, novembre 1975.

Non moins déconcertante est l'explication de ce résultat : « Cette énergie supplémentaire apparemment venue de nulle part vient confirmer de manière indéniable la théorie synergétique du Pr Vallée dont l'hypothèse de base est la suivante : les espaces interatomiques, interstellaires et intergalactiques de l'univers, habituellement considérés comme vides, sont en réalité le siège d'une activité électromagnétique intense, et non matérielle, à répartition continue, et qui résulte de la superposition d'ondes élémentaires distinctes se propageant dans toutes les directions à des vitesses généralement peu différentes entre elles. [...] La structure de l'espace est énergétique. La matière peut donc échanger de l'énergie avec l'espace. [...] Qui plus est, cette énergie est sans limite, et l'appareil qui permet de la capter est relativement simple. »

Ce galimatias peut sembler obscur, mais le message qui s'en dégage est simple : le vide n'est pas vide, il est rempli d'une énergie inépuisable que l'on peut récupérer assez facilement avec un dispositif peu coûteux. Ne pas l'exploiter est un véritable crime écologique et économique qui ne s'explique que par un complot de la science officielle.

En langage clair, la « théorie synergétique » est une resucée du mouvement perpétuel. Son créateur, René Louis Vallée, un ancien ingénieur du CEA, prétend avoir découvert l'« origine électromagnétique des phénomènes d'interaction nucléaire, liés à ceux de la gravitation ». Il revendiquerait la découverte de l'origine électromagnétique des hémorroïdes que ça ne changerait pas grand-chose [10]. Il ne suffit pas d'aligner bout à bout des termes scientifiques et des formules pour faire une théorie physique.

En 1976, des physiciens de l'université Paris-VII essayèrent de vérifier expérimentalement une prédiction de la théorie synergétique. Le résultat fut négatif. L'expérience a été présentée dans *La Recherche* [11], assortie d'un commentaire de Jean-Marc Lévy-Leblond dont je cite un extrait : « Les écrits [de Vallée] ressemblent à la physique comme à la calligraphie ces graphismes de Steinberg qui, mimant de loin une écriture parfaitement conventionnelle, se révèlent de près n'être que d'insignifiants tracés. »

Vallée dessine des gribouillis mais prétend que c'est de l'écriture. Le vide sémantique de son discours est plein d'une virulente énergie polémique. Il ne trouve pas de mots assez durs pour stigmatiser le

---

10. Comme précédemment, j'ai une raison particulière de choisir cet exemple, raison qui apparaîtra le moment venu...

11. M. Kovacs et J.-M. Lévy-Leblond, « La théorie synergétique », *La Recherche*, n° 69, juillet-août 1976.

capitalisme mondial dont les « gardes fidèles à la solde de la haute finance » bloquent « toutes les voies du progrès scientifique ». Il flétrit la « dangereuse ignorance des responsables de la Science officielle mis en place, pour la plupart, par des puissances occultes politico-religieuses parmi lesquelles, en bonne position, se trouve l'Organisation Sioniste Mondiale [12] » *(sic)*. Il fustige la conjuration de la contrevérité, coupable de sacrifier « des millions d'hommes [...] au Veau d'Or » et évoque un « refus qui remonte, comme la bête de l'Apocalypse, des profondeurs de l'inconscient collectif ». Ces invectives religieuses ne transforment pas en propos partageables un discours muré dans la forteresse vide de ses certitudes. Il n'est pas dangereux de parler tout seul, sauf si l'on ne sait pas que l'on parle tout seul.

La mémoire de l'eau

« Je finirai par passer pour un génie. Non parce que j'ai fait une découverte géniale : ce n'est pas une découverte géniale. Je vais passer pour un génie parce que j'ai été attaqué. C'est prodigieux ! Il va y avoir un retour de balancier extraordinaire. Je serai dans la situation idéale pour réaliser ce que je cherche à faire depuis vingt ans, démolir l'*establishment* scientifique. L'article est prêt. La stratégie est prête. Je vais hurler partout... On va déjeuner ? »

La scène se passe en octobre 1989, au domicile parisien de Jacques Benveniste, sur une terrasse surplombée par la Tour Montparnasse. L'homme n'est pas du genre langue de bois. Il s'exprime avec une franchise brutale, un goût de la provocation qui entraîne souvent les mots au-delà de la pensée. Et qui se traduit en formules lapidaires et en condamnations sans appel. Dans le meilleur des cas, cela donne : « Untel est un abruti, tout le monde le sait. » Cela peut être nettement pire. « Je suis un peu taquin », me confesse-t-il – la seule fois où je l'entendrai recourir à un euphémisme. Mais, par cette belle matinée où l'été s'attarde, Benveniste est d'excellente humeur. En trois heures d'entretien, il ne « taquinera » pas plus d'une dizaine de ses collègues qui, de son point de vue, l'ont bien mérité.

Quinze mois plus tôt, le biologiste faisait les gros titres des journaux du monde entier. Le 29 juin 1988, la nouvelle s'étale à la une du *Monde* [13] : « Une découverte française pourrait bouleverser les

12. Passage extrait d'une note de René Louis Vallée adressée à Jacques Chirac, alors Premier ministre, le 21 mai 1986.

13. *Le Monde*, édition datée du 30 juin 1988.

fondements de la physique : la mémoire de l'eau. » Les journalistes Jean-Yves Nau et Franck Nouchi rapportent qu'une « équipe internationale de biologistes », conduite par le docteur Jacques Benveniste, a établi la preuve d'un phénomène inconnu jusqu'ici. L'eau, ce liquide apparemment sans mystère, serait capable de conserver le « souvenir » de la structure moléculaire d'une substance qu'on y a diluée, sous la forme d'une sorte d'empreinte électromagnétique. L'eau pourrait ensuite retransmettre l'information biochimique associée à la molécule enregistrée, même en l'absence de cette molécule. Un peu comme un magnétophone restitue, à partir d'une simple cassette, les sons et l'ambiance d'un concert joué des années plus tôt et à des milliers de kilomètres.

À l'évidence, il s'agit d'une découverte sensationnelle, qui mérite au moins le Nobel. Médecin et biologiste, directeur de l'unité 200 de l'INSERM [14], Jacques Benveniste est connu pour ses travaux sur le paf-acéther, ou paf, une molécule qui joue un rôle important dans les mécanismes de l'inflammation. C'est un chercheur brillant, ni un plaisantin ni un autodidacte comme Antoine Priore. S'il a raison, la mémoire de l'eau pourrait permettre de développer une pharmacopée dans laquelle les substances actives seraient remplacées par leur empreinte électromagnétique. Elle expliquerait l'action des médicaments homéopathiques, que les scientifiques raisonnables considéraient jusqu'ici comme de bons placebos, au grand dam des homéopathes. Benveniste aurait-il percé à jour le secret de ces doses évanescentes, dont l'action se maintient après que la dernière molécule de principe actif a disparu dans un océan de solvant, comme le sourire du chat du Cheshire d'*Alice au pays des merveilles*, qui « persista quelque temps après que le reste de l'animal eut disparu [15] » ?

La polémique suscitée par le biologiste français est encore dans toutes les mémoires (sauf peut-être celle de l'eau). Je ne reprendrai pas ici la chronologie détaillée de l'histoire, que j'ai racontée dans un autre livre [16]. Concentrons-nous plutôt sur les aspects de l'affaire qui sont en rapport direct avec le thème de cette leçon. Cinq points retiennent l'attention.

---

14. Institut national de la santé et de la recherche médicale.
15. Lewis CARROLL, *Tout Alice*, Garnier-Flammarion, Paris, 1979.
16. Michel DE PRACONTAL, *Les Mystères de la mémoire de l'eau*, La Découverte, Paris, 1990.

1) Le choc de l'effet d'annonce.

La découverte sensationnelle est annoncée dans *Le Monde* le 29 juin, veille du jour où la revue *Nature* doit publier l'article scientifique de Benveniste. Bien entendu, ce scoop suppose une certaine préparation, une entente entre Benveniste et les journalistes du *Monde*. Il fut un temps, désormais révolu, où les chercheurs donnaient la priorité aux publications scientifiques sur les médias grand public, fussent-ils aussi prestigieux que *Le Monde* (nous reviendrons sur cette question dans la leçon 4). Benveniste choisit de brûler la politesse à *Nature*, et le quotidien du soir, reconnaissant, lui accorde une généreuse tribune dans l'édition même ou figure le compte rendu de ses expériences. Bref, du point de vue journalistique, c'est un « coup ». Et pour le public, même averti, c'est extrêmement convaincant : *Le Monde* est un journal sérieux, objectif, qui n'a pas la réputation de donner dans le sensationnel facile. Il est rare que ce quotidien fasse les honneurs de sa une à un scientifique, même du calibre de Benveniste ; s'il accorde un tel espace à la découverte, il doit avoir de bonnes raisons, si étrange que paraisse la nouvelle.

En l'occurrence, on peut difficilement juger que *Le Monde* se montre objectif. Il donne une information unilatérale, sans point de vue critique susceptible de faire contrepoids. Le reste de la grande presse, qui a un temps de retard sur *Le Monde* et ne veut pas paraître à la remorque, aura tendance à faire de la surenchère. Très peu de médias remettront sérieusement en cause les résultats de Benveniste ; les attaques les plus virulentes viendront de *Science et Vie*, mais seulement plusieurs semaines après l'annonce du *Monde*.

Jacques Benveniste, lui, anticipe dès le départ les objections rationnelles à sa thèse. Biologiste moléculaire, il sait bien que l'idée d'un « effet moléculaire sans molécule » constitue une absurdité aux yeux d'un scientifique. Dans sa tribune du *Monde*, il insiste sur la dimension révolutionnaire de sa découverte : « Les résultats de notre recherche imposent à tous, et surtout à la communauté scientifique, un considérable effort d'adaptation. Il s'agit d'entrer dans un autre monde conceptuel. Le changement de mode de pensée n'est pas moins grand que lorsqu'on est passé avec la Terre de la platitude à la rotondité. En effet, s'il est une certitude intangible de notre univers biologique (et pas seulement biologique), c'est qu'à toute fonction correspond une molécule structurellement définie, à toute serrure, sa clé. [...] Or, les études que nous présentons montrent l'existence d'un effet de type moléculaire en l'absence de molécule. La procédure utilisée s'apparente à celle qui ferait agiter dans la Seine au Pont-Neuf la clé d'une automobile puis recueillir au Havre quelques gouttes d'eau pour faire démarrer la même automobile, et pas une autre. »

Benveniste conclut son article par une audacieuse extrapolation : « Pourra-t-on un jour, de cette façon, transporter son double électromagnétique à l'autre bout du monde ou dans une autre planète ? Pourra-t-on un jour, à partir de l'information passant sous le Pont-Neuf, reconstituer un diplodocus, ou plus simplement y pêcher un poisson électromagnétique, sans arêtes ? »

Si l'auteur de telles élucubrations n'était un membre patenté de cet *establishment* scientifique qu'il fustige, s'il n'avait l'appui du *Monde*, s'il ne se prévalait d'une publication dans *Nature*, l'une des deux revues scientifiques les plus célèbres du monde (l'autre étant *Science*), on lui proposerait de prendre quelques semaines de vacances. Si l'eau transmet réellement l'information biochimique associée à une molécule absente, cela fait miroiter des applications bien plus lucratives que l'homéopathie. « L'industrie française du vin serait bouleversée par une telle découverte ! Imaginez un peu : vous pourriez diluer votre vin, l'agiter, et il aurait le même goût que le vin non dilué ! », commente Henry Metzger [17], biologiste au NIH américain et membre du groupe de *referees* (arbitres) qui ont revu l'article de Benveniste avant sa publication dans *Nature*, selon la procédure en vigueur dans les bonnes revues scientifiques. *Science et Vie* ironise sur le même thème : « Mettez un verre de vin dans le lac Léman. Attendez un mois. Passez sur l'autre rive et buvez un verre d'eau du lac. Réclamez alors un alcootest : on vous retirera à tous les coups votre permis de conduire ! »

Mais, au moins dans un premier temps, le sens commun ne suffira pas à contrebalancer l'impact de la bonne nouvelle : une découverte sensationnelle, même fausse, est plus excitante que l'exercice prosaïque et sans gloire de la raison.

2) La disproportion entre les faits et le discours.

L'on ne peut manquer d'être frappé par le spectaculaire sens de l'immodestie dont témoigne Benveniste. Pour exiger du monde scientifique un changement radical de mode de pensée, il faut pour le moins avoir de solides arguments, étayés par des données expérimentales incontestables. Comme on va le voir, c'est loin d'être le cas. Sur le plan théorique, Benveniste ne propose que des considérations vagues sur la complexité intime de la molécule d'eau, ce qui n'avance pas à grand-chose. Sur le plan expérimental, son dispositif

---

17. Rapporté par Philippe ALFONSI, *Au nom de la science*, Barrault-Taxi, Paris, 1989.

est une combinaison de deux éléments : d'une part, le système dit des « hautes dilutions », utilisé en homéopathie ; d'autre part, un test inventé par Benveniste lui-même dans les années soixante-dix, le « test de dégranulation des basophiles humains » (TDBH), dont la finalité était de dépister les réactions allergiques.

C'est un jeune médecin, Bernard Poitevin, qui a introduit l'homéopathie à l'unité 200. Poitevin est entré vers 1980 dans le laboratoire de Jacques Benveniste pour y préparer une thèse de biologie sur le paf et les « radicaux libres ». Mais il poursuit un autre objectif : il veut comprendre comment marche l'homéopathie. Bénéficiant de la tolérance amusée et sceptique de son directeur de thèse – à l'époque, Benveniste ne croit pas à la mémoire de l'eau –, il bricole quelques expériences sur des produits aux pittoresques noms latins : *Apis mellifica*, *Belladonna*, *Silicea*. « Les cellules qui servaient à mon travail dans la journée, je leur faisais faire quelques heures supplémentaires le soir... », raconte-t-il. Peu à peu, Poitevin se convainc que le chat du Cheshire n'est pas seulement une création littéraire : les cellules répondent, mêmes à des doses infinitésimales.

L'échelle mise au point par Samuel Hahnemann, qui inventa l'homéopathie à la fin du XVIIIe siècle, permet de gravir les degrés successifs de l'évanescence. Soit une « souche » d'*Apis mellifica* (une solution d'abeille écrasée). On noie une goutte de cette souche dans cent gouttes d'eau : première « centésimale hahnemanienne », notée « 1CH » ; en diluant la liqueur obtenue dans cent nouvelles gouttes, on obtient la dilution à 2CH ; et ainsi de suite jusqu'à 10, 20, 30 dilutions ou davantage. Pratiquement, si les dilutions sont homogènes, il ne reste plus la moindre trace d'abeille au-delà de 15CH.

Pourtant, dans les éprouvettes de Poitevin, les cellules réagissent. Benveniste commence à prendre l'affaire au sérieux. Fin 1983, il engage une chercheuse débutante, Élisabeth Davenas, qui se révélera une expérimentatrice fort habile. Le tandem Poitevin-Davenas obtient plusieurs succès expérimentaux et réussit à les publier, il est vrai dans des revues de notoriété beaucoup plus modeste que *Nature*.

Mais en quoi consistent précisément les manips ? Elles utilisent une réaction bien connue des allergologues, la « dégranulation des basophiles ». Les basophiles sont des globules blancs du sang qui contiennent des granules, eux-mêmes porteurs de différentes molécules dont la principale est l'histamine. Lorsqu'un sujet allergique se trouve au contact d'un allergène auquel il est sensibilisé, comme la poussière ou le pollen, ses basophiles larguent leurs granules. Ceux-ci libèrent l'histamine, déclenchant le premier stade de la réaction allergique. Le test de Benveniste consiste à provoquer cette réaction *in vitro*. On prélève un échantillon de sang du sujet que l'on veut tester et, dans une éprouvette, on met en contact les basophiles du patient avec l'allergène supposé ; s'ils « dégranulent », c'est que le sujet est bien allergique au produit testé. Comment détecte-t-on la dégranulation ? On colore les basophiles, puis on les observe au microscope : s'ils ont dégranulé, ils ne se voient pas, sinon ils ont l'aspect de petites boules rouges. L'expérimentateur compte ces petites boules : s'il en trouve peu ou pas du tout, c'est que la réaction a eu lieu ; sinon, c'est qu'il n'y a pas eu de dégranulation.

C'est ce système que Poitevin et Davenas vont utiliser pour tester l'effet des hautes dilutions. Le produit dilué est un anticorps, l'anti-IgE, dont l'intérêt est qu'il provoque la dégranulation de tous les basophiles, qu'ils proviennent ou non d'une personne allergique. Mais normalement, il s'agit d'une action moléculaire, ce qui suppose la présence d'une dose minimum d'anti-IgE. Or, Poitevin et Davenas obtiennent des dégranulations avec de l'anti-IgE à 18CH, une dilution où il ne peut rester la moindre trace de molécule d'anticorps. Étonnant, non ? Poitevin résume sobrement : « Si l'action n'est pas moléculaire, c'est qu'elle est d'une autre nature. » On ne saurait mieux dire.

Le hic, c'est que le TDBH, sur lequel repose toute la démonstration, n'est pas un test fiable. *In vitro*, les basophiles ont une fâcheuse tendance à dégranuler à tout bout de champ. Qui plus est, il n'est pas si facile que cela de les compter au microscope. Si bien que les résultats varient de manière imprévisible d'une éprouvette à l'autre. En 1975, ces handicaps avaient été jugés rédhibitoires par l'Institut Pasteur, que Jacques Benveniste avait pressenti pour commercialiser le TDBH. Le professeur Bernard David, directeur de l'unité d'immuno-allergie de Pasteur, avait expertisé le TDBH : « Le test n'était pas toujours interprétable parce qu'on ne voyait pas assez de basophiles au microscope, dit-il. Il fallait augmenter la concentration en basophiles de l'échantillon, ou multiplier les comptages. Pasteur a refusé le test. Benveniste était furieux. »

C'est donc ce test recalé à l'expertise qui devient, dans la rhétorique de Benveniste, la pierre angulaire d'une révolution scientifique sans précédent ! Cette faiblesse n'a pas échappé au professeur Jacques Charpin, allergologue à la faculté de médecine de Marseille, qui déclare à *L'Express*[18] : « Pour dire le fond de ma pensée, il m'apparaît que pour mettre en question le fondement même de la physique classique, il faut des arguments "en béton" et qu'une technique telle que celle de la dégranulation des basophiles ne les fournira jamais. »

---

18. 5 juillet 1988.

3) L'impossible vérification.

John Maddox, le directeur de *Nature*, n'a jamais caché son extrême scepticisme à l'égard des résultats extraordinaires de Benveniste. Il accompagne leur publication d'un éditorial intitulé « Quand croire l'incroyable ? », qui donne le ton dès la première phrase : « Les observations inexplicables ne sont pas toujours le signe du surnaturel. » De plus, Maddox avait assorti la publication d'une condition *sine qua non* : il avait exigé que Benveniste permette à un comité d'experts désignés par la revue de mener une contre-enquête à l'unité 200. Celle-ci se déroulera début juillet 1988, dans des conditions assez rocambolesques. Le comité désigné par Maddox se compose du célèbre illusionniste James Randi, *alias* le « Stupéfiant » (voir introduction), de Walter Stewart et du directeur de *Nature* lui-même. La présence d'un « magicien » dans le laboratoire entraînera des commentaires variés, notamment dans *Le Monde*. Maddox m'a déclaré sans ambages que c'est parce qu'il suspectait une fraude qu'il avait fait ce choix inhabituel : « Je croyais qu'il y avait un tricheur dans le labo. Je pensais sincèrement que quelqu'un jouait un tour à Benveniste. C'est pour cela que j'ai demandé à Randi de venir. » Le genre de tricherie auquel pensait Maddox pouvait consister, par exemple, à glisser subrepticement une petite dose d'anti-IgE dans une dilution censée ne plus contenir que des fantômes de molécules.

Dans un premier temps, les *ghostbusters* de *Nature* demandent à l'équipe de l'unité 200 de répéter les expériences selon la procédure habituelle. Les résultats ainsi obtenus confirment ceux que la revue a publiés. Randi ne détecte pas de tricherie. Maddox commence à se faire du souci : « Je m'étais engagé à publier le rapport de l'enquête, dit-il. Je risquais de me trouver en situation de rédiger un rapport dont la conclusion serait : la magie est vraie ! »

Une nouvelle série d'expériences est alors réalisée, selon un protocole très strict qui impose que toutes les manips se déroulent en aveugle. L'objectif étant d'éliminer toute possibilité de tricherie et tout biais d'observateur (si la personne qui compte les cellules sur la lame sait quel résultat elle doit trouver pour que l'expérience soit valide, elle risque d'être influencée dans son observation). « Nous avons codé les tubes contenant les dilutions, raconte Randi [19]. Toutes les opérations se sont déroulées sous le contrôle d'une caméra vidéo. Élisabeth Davenas a apporté les tubes numérotés contenant les

19. Je cite ici des extraits d'un récit directement recueilli auprès de Randi, et que j'ai transcrit exhaustivement dans *Les Mystères de la mémoire de l'eau*, *op. cit.*

dilutions dans une pièce séparée, les a posés sur la table, puis a quitté la pièce. Stewart, Maddox et moi-même sommes restés dans la pièce, dont nous avions masqué les fenêtres avec du papier opaque pour que personne de l'extérieur ne puisse voir ce qui se passait. Nous nous sommes également assurés qu'il n'y avait pas de micro. Ensuite, toujours devant la caméra, nous avons effacé les nombres inscrits sur les tubes et les avons remplacés par des étiquettes numérotées selon un code aléatoire. Ce code a été transcrit sur une feuille de papier, que nous avons mise dans une grande enveloppe fermée avec un adhésif spécial. Si quelqu'un essayait d'ouvrir l'enveloppe, il laisserait des traces visibles. On ne pouvait pas non plus lire les données codées à travers l'enveloppe, car j'avais entouré le papier d'une feuille d'aluminium.

« Nous avons alors rendu les tubes à Élisabeth Davenas. À ce stade, aucun expérimentateur ne pouvait savoir ce que contenait un tube donné. Si quelqu'un voulait tricher, il ne pouvait savoir quel tube contaminer. Ensuite, les dilutions codées ont été mises en contact avec les basophiles, on a ajouté le colorant, et on a placé la préparation dans une chambre froide. »

Randi décide de coller au plafond du laboratoire la grande enveloppe contenant les résultats. Ainsi, personne ne pourra l'ouvrir sans laisser de traces visibles. Le lendemain, on procède au comptage des basophiles, dans des conditions où il est impossible de savoir quels résultats correspondent à quelle dilution. La manip terminée, la fatidique enveloppe est enfin ouverte. Selon Randi, des traces montraient que quelqu'un avait essayé de l'ouvrir avant, mais sans succès : « J'étais le seul à savoir que les données étaient entourées d'une feuille d'aluminium et qu'on ne pouvait pas les lire à travers l'enveloppe, précise-t-il. À mon avis, la personne qui a cherché à lire le code a dû réaliser qu'elle laisserait des traces évidentes et a renoncé… Quand nous avons ouvert l'enveloppe, Benveniste a vu immédiatement qu'il n'y avait pas de résultats significatifs. Les expériences étaient nulles. Or, c'était la première fois que les manips avaient été vraiment réalisées en aveugle et contrôlées correctement. »

Un mois après l'annonce de la découverte sensationnelle, *Nature* publie son rapport, qui commence par cette sévère sentence : « Les surprenantes affirmations énoncées dans *Nature* par le Dr Jacques Benveniste et ses collaborateurs reposent principalement sur une longue série d'expériences mal contrôlées, dont on n'a pas cherché à exclure les erreurs systématiques, notamment les biais d'observation. » Le rapport conclut : « L'hypothèse selon laquelle l'eau garderait la mémoire d'une substance qu'on y a diluée est aussi inutile que fantaisiste [20]. »

Ce coup dur ne décourage pas Benveniste. Il continue à maintenir que ses résultats sont exacts, et que seule l'inique procédure de *Nature* explique un échec largement compensé par les résultats positifs. Un an plus tard, le biologiste convaincra Alfred Spira, statisticien, épidémiologiste et directeur de l'unité 292 de l'INSERM, de procéder à une nouvelle contre-expertise. En 1989-1990, une série de manips effectuées en double aveugle, sous le contrôle de Spira, aboutit à un nouveau résultat favorable à Benveniste. Spira m'a déclaré début 1990 : « Nous avons reproduit les résultats publiés dans le premier article de *Nature*. Notre travail répond aux arguments méthodologiques de la contre-enquête de juillet 1988. Pour autant qu'on puisse le savoir, les résultats de Benveniste ne s'expliquent pas par un biais expérimental grossier... Dans les conditions du labo de Clamart [où se trouve l'unité 200], le phénomène existe. Nous n'avons pas prouvé qu'il n'existe pas. Maintenant, il faudrait travailler sur d'autres modèles, dans d'autres endroits. »

Spira met ici le doigt sur un point décisif : si l'objectif est de vérifier l'hypothèse de la mémoire de l'eau, un seul modèle expérimental ne peut suffire. Car si l'eau a réellement une mémoire – encore faudrait-il la définir précisément, ce que Benveniste n'a jamais fait –, un tel phénomène doit avoir de multiples effets. Et il devrait être possible de les tester par des expériences moins hasardeuses que l'aléatoire TDBH. Par exemple, une approche plus fiable consisterait à doser l'histamine libérée par les basophiles – ce qui réglerait les difficultés liées au comptage au microscope. Un tel dosage est absent de la publication de *Nature*. Il aurait été également possible de mesurer des paramètres biochimiques caractéristiques de la dégranulation, comme la mobilisation du calcium à l'intérieur des basophiles. Et puis, pourquoi se limiter aux basophiles ? Il devrait exister bien d'autres réactions biochimiques, plus reproductibles.

Il n'y a aucune raison pour qu'un phénomène aussi général que la mémoire de l'eau, s'il existe, n'agisse que sur un type particulier de globules blancs. Quoi qu'en dise la légende, Newton n'a pas imaginé la loi de la gravitation simplement parce qu'il a vu une pomme tomber. Si les pommes tombaient mais pas les poires, il n'y aurait pas de gravitation universelle. De même, si Galilée a affirmé que la Terre tournait autour du Soleil, ce n'est pas seulement parce qu'il a observé le ciel dans sa lunette. C'est parce qu'un vaste ensemble

20. John MADDOX *et al.*, « High dilution experiments a delusion », *Nature*, vol. 334, 28 juillet 1988.

d'observations allaient dans le même sens. Au demeurant, Galilée n'est pas le premier à avoir avancé l'hypothèse héliocentriste, loin de là. Galilée n'a fait que confirmer le système de Copernic, qui avait publié son traité soixante ans plus tôt. L'idée qu'une expérience cruciale, unique, peut renverser d'un coup l'édifice scientifique construit sur une longue période, est peut-être séduisante, mais c'est un mythe. Si les choses se passaient vraiment ainsi, aucune théorie scientifique ne tiendrait le coup assez longtemps pour être publiée.

Benveniste refuse toutes les suggestions qui permettraient de vérifier son hypothèse en remédiant aux défauts de son dispositif expérimental. C'est-à-dire que, en fait, il rend toute vérification impossible.

4) Le fantôme de la fraude.

Tout au long de la polémique, des soupçons de tricherie ont plané sur les expériences réalisées à l'unité 200. C'est ce qui explique le dispositif assez folklorique mis au point par Randi lors de la contre-enquête. Lorsque je les ai rencontrés, Maddox, Randi et Stewart ont tous trois fait allusion à la possibilité de fraude, mais ils ne l'ont pas retenue finalement dans leur rapport. En revanche, une série de manips réalisées en Israël par Élisabeth Davenas a soulevé de sérieux doutes. La chercheuse s'était rendue dans un laboratoire de l'hôpital Kaplan de Rehovot, au sud de Tel-Aviv, où travaillait un médecin homéopathe, Menahem Oberbaum. Celui-ci était intéressé par les travaux de l'unité 200 mais éprouvait des difficultés à reproduire les expériences. Or, avec Élisabeth Davenas, les manips ont marché au-delà de toute espérance. Ce succès un peu trop beau pour être vrai a conduit à une expertise d'où il ressortait que certains tubes utilisés par l'assistante de Benveniste contenaient des protéines alors qu'ils n'auraient dû contenir que de l'eau pure [21]. La jeune chercheuse a alors été accusée d'avoir truqué les expériences. Selon sa version, Élisabeth Davenas avait seulement ajouté de l'albumine dans les solutions, « afin que les cellules se portent mieux ».

À mon avis, la question de la fraude est relativement secondaire dans l'affaire : il y a de toute façon tellement de failles dans le dispositif que les résultats, authentiques ou non, ne peuvent tout simplement pas être pris au sérieux. L'étonnant, c'est que l'on se soit donné autant de mal pour vérifier une expérience qui était d'emblée disqualifiée par les résultats capricieux du TDBH. Imaginez que Galilée ait utilisé une lunette de très mauvaise qualité, permettant tout juste de

21. Voir *Les Mystères de la mémoire de l'eau*, *op. cit.*

voir à une distance de 50 m : ses observations auraient-elles été crédibles ?

5) La mise en scène du procès de Galilée.

C'est pourtant, dès le départ, sur le ressort du procès fictif de Galilée que joue Benveniste pour détourner l'attention de la faiblesse de son dispositif expérimental. Il considère ses résultats comme acquis une fois pour toutes et balaie d'un revers de main les objections des contestataires. À l'en croire, on ne l'attaque que parce que ses recherches sont dérangeantes, au risque d'étouffer la nouveauté dans l'œuf. « On tue le bébé-résultat », proclame-t-il lorsqu'on lui demande des vérifications. Il développe ce thème dans un article intitulé : « La vérité scientifique, faux vrai passeport pour de vraies frontières [22]. » D'après Benveniste, les faits scientifiques ne naissent pas égaux en droit : « Il existe de nombreux exemples de ce processus d'exclusion immédiate, au point que certains ont rétracté des résultats qui ont été redécouverts plus tard. Semmelweis avait compris que les femmes ne mouraient plus en couches quand les accoucheurs se lavaient les mains ; on lui rit au nez ; il en devint fou. Lord Kelvin : "Les rayons X ? Une supercherie !" Un académicien des sciences anonyme : "Le phonographe d'Edison ? Un tour de ventriloque." Il avait raison : qui peut croire que l'on peut conserver une voix sur de la cire ? »

Mais n'est pas Galilée qui veut. Les récriminations de Benveniste n'empêchent pas que l'on ait accordé au total beaucoup plus d'attention à ses travaux sur la mémoire de l'eau qu'ils n'en justifiaient. Aucune autorité ne l'a empêché de s'exprimer. Même les « ayatollahs du conseil scientifique » de l'INSERM – selon l'expression de Benveniste – que l'intéressé fustige, en oubliant qu'il a lui-même fait partie de ce conseil, n'ont jamais pris la moindre sanction contre lui. Ayant mené à terme son mandat de directeur de l'unité 200, le biologiste poursuit ses recherches sur la mémoire de l'eau et la « biologie numérique [23] », sans avoir subi d'autre avanie que le procès de Galilée fictif qu'il a lui-même mis en scène.

---

22. Publié dans *Traverses*, revue du Centre Georges Pompidou, n° 47, novembre 1989.
23. Pour plus d'informations, consulter le site Internet de Jacques Benveniste, www.digibio.com.

L'écran de la science officielle

Hugh Owen, Rémy Chauvin, René Louis Vallée ou Jacques Benveniste se complaisent à brosser des scientifiques un portrait bien peu flatteur : ils seraient bornés, intolérants, superstitieusement attachés aux théories orthodoxes. La « science officielle » apparaît comme figée et réfractaire au progrès. Faut-il partager l'opinion du philosophe des sciences Paul Feyerabend, qui a accusé la science d'être une nouvelle Église, « la plus récente, la plus dogmatique et la plus agressive des institutions religieuses [24] » ? Sans nier les rigidités du système scientifique, ce jugement est excessif et fallacieux. La science n'est pas structurée comme une Église, ni comme un parti totalitaire. Elle n'exerce pas d'autorité sur les individus, même si son prestige est grand. Elle ne prétend pas détenir la Vérité avec un V majuscule. Aucune religion dogmatique n'accepte de soumettre ses dogmes à l'épreuve des faits.

Que proposent les contempteurs de la science officielle ? D'effacer d'un trait de plume la physique classique, le darwinisme ou la biologie moléculaire, simplement parce qu'ils pensent avoir trouvé une meilleure idée. Comme cette idée est en général fantaisiste, périmée ou simplement inepte, et de toute façon pas étayée par les faits, ils ont du mal à emporter la conviction des scientifiques Mais ils séduisent le grand public, en jouant sur trois mythes répandus :

1) *Le mythe qu'en science tout est possible*, mythe accrédité par la présentation simpliste que les médias font de la recherche : chaque jour, l'on annonce de nouveaux résultats spectaculaires, de nouvelles découvertes sensationnelles ; dès lors, pourquoi les affirmations fantastiques des imposteurs ne seraient-elles pas exactes, elles aussi ?

2) *Le mythe de la révolution scientifique*, accomplie sans coup férir par un génie qui se lève un beau matin en se disant : « Aujourd'hui, je vais bouleverser les fondements de la physique ! » Il serait agréable que la science progresse de cette manière, mais la réalité est plus complexe. Seulement l'histoire des sciences est mal connue du public et, là encore, les médias rectifient rarement le tir.

3) *Le mythe du génie méconnu* : lorsqu'il est à court de véritables arguments scientifiques, ce qui arrive assez vite, l'imposteur déplace la discussion en prétendant que l'on veut le réduire au silence, que sa découverte est trop novatrice pour être acceptée, et ainsi de suite. Comme il existe effectivement des exemples historiques où l'on n'a

24. Paul FEYERABEND, *Contre la méthode*, *op. cit.*

pas écouté de réels innovateurs, du moins dans un premier temps, et comme beaucoup de gens aiment bien l'idée du génie méconnu, l'argument est presque imparable.

Bien sûr, chacun de nous aimerait bien, un jour d'inspiration, faire une découverte qui mérite le Nobel. Mais le fait qu'une idée paraisse novatrice quand on la formule en langage courant n'est pas suffisant, loin de là, pour en faire une bonne idée scientifique. La vérité, c'est que beaucoup d'idées ne marchent pas. C'est la réalité matérielle qui les rejette, pas la science officielle. En rendant cette dernière responsable de ses échecs, l'imposteur construit un écran rhétorique sur lequel il projette son cinéma, et tente de faire oublier la misère de sa propre science.

Exercices

1. Réalisez le montage suivant, destiné à tester la théorie synergétique de René Louis Vallée : un bâton de carbone prélevé sur une pile ronde est relié au secteur en interposant un bobinage qui sert de résistance. Autour du carbone, un bobinage en fil de cuivre relié lui aussi au secteur à travers un montage D qui assure la mise en opposition de phase du champ magnétique ainsi créé et du champ électrique dans le graphite. Si le couple champ électrique/champ magnétique est bien choisi, on multiplie une centaine de fois au moins la puissance prise au secteur. À manipuler, donc, avec précautions, le hasard pouvant trop bien faire les choses (exercice proposé par Renaud de la Taille dans son article sur la théorie synergétique).

2. Pourquoi le montage ne peut-il fonctionner que pendant une coupure de courant ?

Réponse : si la puissance du courant est multipliée par 100, votre compteur disjoncte.

3. Démontrer, à partir des résultats précédents, le théorème suivant : toute lampe merveilleuse L ne s'allume que lorsque les plombs ont sauté.

Leçon 4

Des médias, avec art tu useras

Dans l'après-midi du 31 mars 1989, le physicien Douglas Morrison était assis sur les marches de l'auditorium du CERN – le grand laboratoire européen de physique des particules, situé près de Genève, à cheval sur la frontière franco-suisse. Ce n'est pas que Morrison appréciât particulièrement les escaliers, mais il n'avait pu trouver le moindre siège libre. Il était pourtant arrivé avec vingt minutes d'avance, prévoyant que le séminaire exceptionnel donné par le professeur Fleischmann allait faire salle comble. Tout de même, Morrison ne s'attendait pas à ce qu'un auditorium habituellement dévolu à de studieuses conférences de physique fondamentale fût pris d'assaut par une meute de journalistes, de photographes et d'équipes de télévision venus du monde entier. Martin Fleischmann fit son entrée sous les flashs des photographes, escorté d'un essaim de micros et de caméras. L'agitation était telle que Carlo Rubbia, le directeur du CERN, qui présidait le séminaire, demanda aux gens des médias de quitter la salle, expliquant qu'il s'agissait d'une réunion scientifique et qu'une conférence de presse aurait lieu ensuite. Quand le calme fut – difficilement – rétabli, Fleischmann fit enfin son exposé. À peine avait-il terminé que les cameramen envahirent à nouveau l'auditorium, et durent être une seconde fois priés de sortir pour permettre que se tienne la discussion qui suit habituellement un *talk* scientifique.

Il est rare que les médias se passionnent pour les séminaires du CERN. Mais il faut reconnaître que, en l'occurrence, ils avaient une bonne raison : huit jours plus tôt, le 23 mars, Martin Fleischmann et son collègue Stanley Pons, tous deux chimistes de leur état, stupéfiaient le monde entier en annonçant qu'ils avaient réussi à produire une réaction de fusion nucléaire contrôlée à la température ordinaire. Si les résultats de Pons et Fleischmann se confirmaient, la « fusion froide » représentait l'accomplissement d'un rêve poursuivi depuis des décennies par les physiciens, à coups de machines surpuissantes et de centaines de millions de dollars : « apprivoiser » à des fins pacifiques l'énergie colossale qui permet au Soleil de nous éclairer, aux étoiles de briller et aux bombes H d'exercer leur menace terrifiante. Or, ce rêve, Fleischmann et Pons prétendaient l'avoir réalisé sur la paillasse de leur laboratoire, dans une simple cellule d'électrolyse contenant de l'eau lourde. Ils affirmaient avoir entretenu pendant une centaine d'heures une réaction dégageant, à travers une aiguille de palladium de dix centimètres de long, une quantité de chaleur au moins quatre fois supérieure à l'énergie électrique consommée par l'appareil. Phénomène inexplicable par les réactions chimiques connues. En somme, Pons et Fleischmann promettaient plus que la Lune : le Soleil, qui plus est mis en bouteille !

S'ils avaient raison, leur découverte révolutionnait la production d'énergie. La fusion froide faisait miroiter la perspective de centrales alimentées à l'eau lourde, un combustible quasiment gratuit et inépuisable car il abonde dans les océans, et qui produit beaucoup moins de déchets radioactifs que les centrales nucléaires classiques. La perspective de ce miracle thermonucléaire suscita une fièvre sans précédent dans les laboratoires de physique du monde entier. Dans les semaines qui suivirent l'annonce de Pons et Fleischmann, des centaines d'équipes de chercheurs essayèrent de reproduire leurs résultats, aux États-Unis, en Europe, au Japon, en Inde, au Brésil, en Chine… En France, le CNRS et le CEA s'associèrent pour former une équipe spéciale consacrée à la fusion froide. Des firmes comme IBM, Westinghouse ou General Electric menèrent des expériences dans leurs laboratoires privés. Les cours du palladium s'envolèrent. Et les élus de l'Utah votèrent une subvention de 5 millions de dollars pour développer la fusion froide.

Quand la mariée est aussi belle, on lui regarde sous les jupes. Face à l'enjeu économique que représentait la fusion froide, de scrupuleuses vérifications s'imposaient. D'autant que le mode de divulgation des résultats était inhabituel. Avant toute publication dans une revue scientifique, Pons et Fleischmann avaient donné une conférence de presse à l'université de l'Utah, à Salt Lake City, devant des journalistes médusés mais incapables de juger de la crédibilité de leur communication. À vrai dire, même un spécialiste n'aurait pu évaluer les expériences sur la base de la description fournie par Pons et Fleischmann. Trop de détails précis manquaient, et les scientifiques brûlaient d'en savoir plus.

Le 31 mars, l'article de Pons et Fleischmann [1], soumis au *Journal of Electroanalytical Chemistry*, n'était toujours pas disponible (il fut officiellement publié le 10 avril, après que des copies « pirates » eurent circulé dans les laboratoires du monde entier). On comprend le remue-ménage entourant la visite de Fleischmann à Genève. Douglas Morrison assista au séminaire et à la conférence de presse qui le suivit. Sa première impression fut très favorable, même si de nombreuses interrogations subsistaient. Dans le compte rendu qu'il rédigea à l'intention de ses collègues du CERN, il écrivit : « Martin Fleischmann avait la réputation d'être un grand spécialiste de son domaine. En l'écoutant, il m'apparut clairement que Fleischmann était un scientifique de première classe et il me sembla qu'il avait fait une percée majeure, bien que les processus fondamentaux ne fussent pas encore complètement compris. »

Trois mois plus tard, le 6 juillet, le directeur de *Nature*, John Maddox, intitulait son éditorial hebdomadaire : « End of cold fusion in sight », autrement dit « La fin de la fusion froide est en vue »...

Le soleil dans une éprouvette ?

Le principe de base de la manip de Pons et Fleischmann est à la portée d'un élève de seconde scientifique : il s'agit tout simplement de l'électrolyse de l'eau, c'est-à-dire de sa décomposition par un courant électrique en oxygène et hydrogène. Le lecteur qui a conservé quelques souvenirs du lycée se rappellera que l'oxygène se concentre à l'anode (l'électrode positive) et l'hydrogène à la cathode (le pôle négatif), formant de ravissantes gerbes de petites bulles de gaz que l'on recueille dans des tubes à essai retournés sur chacune des électrodes. On peut alors vérifier, en approchant rapidement une allumette du tube contenant l'hydrogène, que ce gaz forme avec l'air un mélange explosif. Bien entendu, la petite détonation ainsi obtenue ne risque pas de faire sauter le laboratoire, et elle n'a rien à voir avec la fusion thermonucléaire. Il s'agit d'une énergie due à une réaction chimique tout à fait classique, dans laquelle les atomes ne sont pas transformés.

Une réaction nucléaire implique, au contraire, une transformation des noyaux atomiques, lesquels sont constitués de protons, particules

1. Martin FLEISCHMANN et Stanley PONS, « Electrochemically induced nuclear fusion of deuterium », *J. Electroanal. Chem.*, vol. 261, p. 301-308, 1989.

portant une charge électrique positive, et de neutrons qui n'ont pas de charge ; le noyau est donc globalement positif, et il est entouré d'un cortège d'électrons négatifs, de façon que les charges s'équilibrent. Dans la fission nucléaire, on casse un gros noyau d'atome comme celui de l'uranium en noyaux plus petits. C'est ce qui se passe dans une bombe atomique comme celle de Hiroshima : l'explosion est obtenue en déclenchant une réaction en chaîne, dans laquelle les fragments issus d'une fission vont casser un autre noyau, dont les fragments provoquent une nouvelle fission, et ainsi de suite jusqu'à ce que le processus s'emballe ; dans une centrale nucléaire, la source d'énergie est la même – la fission des noyaux – mais le rythme des fissions est insuffisant pour provoquer une réaction en chaîne (du moins souhaitons-le, car 80 % de l'électricité française est produite de cette manière !).

À l'inverse, la fusion consiste, elle, à rapprocher deux noyaux d'atomes jusqu'à ce qu'ils s'unissent pour former un nouveau noyau plus gros. La fusion la plus simple s'effectue en réunissant deux noyaux d'hydrogène, formés chacun d'un proton unique, pour obtenir un atome d'hélium qui possède deux protons. Ce processus libère une énergie encore plus considérable que la fission. Il explique la puissance destructrice d'une bombe H, qui repose sur la fusion de l'hydrogène. Le Soleil et les étoiles sont des bombes H à l'échelle cosmique, dans lesquelles les réactions de fusion produisent la série des éléments chimiques, de l'hélium jusqu'au fer et aux atomes lourds.

Mais on n'a rien sans rien : pour que deux noyaux consentent à s'unir, il faut qu'une force colossale les contraigne à se rapprocher l'un de l'autre. En temps normal, les charges positives des protons se repoussent. Dans une étoile comme le Soleil, la force de la gravitation contraint la matière à se concentrer sur elle-même, de sorte que la pression fantastique qui règne au cœur de l'étoile oblige les noyaux à fusionner. Cela n'est possible que si l'étoile atteint une masse suffisante – *grosso modo* celle de l'astre du jour. Dans une bombe H, c'est une première explosion qui amorce le processus. Il est facile de comprendre que ce procédé n'est pas applicable à la production d'énergie domestique. Aussi les physiciens ont-ils exploré deux autres voies : les tokamaks, machines qui « capturent » des protons dans de puissants champs magnétiques ; et le « confinement par laser », consistant à « enfermer », à l'aide de faisceaux lasers, les protons dans un minuscule espace afin de les forcer à fusionner. Si les deux approches sont prometteuses, aucune, jusqu'ici, n'a abouti à une exploitation pratique de la fusion, car les dispositifs réalisés consomment considérablement plus d'énergie qu'ils n'en produisent.

Venons-en à l'expérience de Pons et Fleischmann. Nos deux chimistes ont substitué, dans la classique cellule à électrolyse, l'eau lourde à l'eau ordinaire. Une molécule d'eau ordinaire est formée de deux atomes d'hydrogène et d'un atome d'oxygène (H_2O) ; dans l'eau lourde, l'hydrogène est remplacé par du deutérium – hydrogène lourd, dont le noyau comporte un proton et un neutron –, ce qui donne la formule D_2O. Pons et Fleischmann ont également utilisé des électrodes spéciales, du platine à l'anode et du palladium à la cathode. Des modifications aussi simples suffisent-elles à transformer la classique cellule à électrolyse en centrale à fusion ? Pons et Fleischmann affirment que, dans le microscopique réseau formé par l'électrode de palladium, une pression énorme s'établit, si bien que les noyaux de deutérium fusionnent et donnent de l'hélium. Le palladium se comporterait comme une sorte d'éponge à l'échelle atomique, gorgée de noyaux de deutérium. D'après les deux chimistes, l'énergie produite dépasserait 10 watts par cm^3 de palladium et pourrait même atteindre 1 kilowatt, ce qui est énorme.

À vrai dire, c'est toute l'histoire qui est énorme ! Pourquoi les scientifiques n'ont-ils pas tout de suite rejeté les revendications ahurissantes des deux chimistes de Salt Lake City ? En fait, si stupéfiants que fussent les résultats, ils n'étaient pas *a priori* absurdes : statistiquement, deux noyaux peuvent se rencontrer et fusionner même s'ils ne sont pas confinés par une force colossale. La probabilité d'un tel événement est minuscule : si tout le système solaire était fait de deutérium, il n'y aurait qu'une seule de ces « fusions spontanées » par an ! Très insuffisant pour nous chauffer pendant l'hiver. Mais imaginez que la probabilité de rencontre entre les noyaux de deutérium soit très fortement augmentée, du fait des conditions spéciales qui règnent dans l'électrode de palladium. C'est ce que Pons et Fleischmann ont suggéré, et les chercheurs se sont lancés sur cette piste séduisante. Avec le recul, il apparaît évident que sans l'enjeu énergétique et surtout sans le rôle des médias, la notoriété de Martin Fleischmann et Stanley Pons n'aurait jamais dépassé le cercle des génies méconnus de l'électrochimie. Examinons maintenant la chronologie de l'affaire.

Fièvre dans les labos

À partir du séminaire du 31 mars, Douglas Morrison a suivi jour après jour les progrès de la fusion froide. Ses comptes rendus réguliers et détaillés donnent une idée très claire de déroulement des événements [2]. Physicien, Morrison s'est fait une seconde spécialité de l'analyse des résultats faux, d'où son intérêt pour les expériences de Pons et Fleischmann. Il faut souligner qu'au début Morrison est nettement favorable à la fusion froide, même si sa qualité d'expert en erreurs scientifiques l'incite au scepticisme.

Ainsi, le 1er avril, il écrit : « J'ai donné des conférences sur les résultats faux en physique et découvert que ces résultats présentent certaines caractéristiques qui permettent de les repérer avant que leur fausseté ait été prouvée, et après avoir lu les articles de presse [sur Pons et Fleischmann], je me demandais si l'on se trouvait dans un tel cas, mais après avoir écouté la conférence [de Fleischmann], j'incline à penser que ses résultats sont corrects. »

Dans son compte rendu nº 4, daté du 9 avril, Morrison a enfin pu lire l'article de Fleischmann et Pons, et note que les mesures relatives aux neutrons posent un problème. Sans entrer dans les détails techniques, les physiciens ont relevé dès le départ une incohérence entre la quantité de chaleur détectée – supérieure à 10 watts par cm^3 de palladium – et le faible nombre de neutrons émis. En fait, 1 watt de puissance aurait dû produire environ 1 000 milliards de neutrons par seconde, et un nombre équivalent d'autres particules, largement de quoi tuer Fleischmann, Pons et leur équipe... Ils ont affirmé qu'ils n'avaient détecté que 40 000 neutrons par seconde, ce qui n'aurait pas constitué une dose létale, mais ne semblait pas compatible avec la production de chaleur par fusion. Morrison signale d'autre part que « de nombreuses expériences ont été lancées pour vérifier les résultats de Fleischmann et Pons – au moins quinze mais probablement davantage ». Il cite les laboratoires de Brookhaven (États-Unis), de Harwell (Grande-Bretagne), de l'université de Debrecen en Hongrie, et un autre à Lausanne.

Dans le compte rendu nº 7 (16 avril), intitulé « Qui dira à l'empereur qu'il est nu ? » – allusion à un conte de fées –, le ton devient franchement sceptique. Morrison indique que de nombreux groupes sont en train de mener des expériences, « des centaines selon le journal *International Herald Tribune* » ; il mentionne plusieurs expériences confirmant la fusion froide, mais note que deux des équipes qui annonçaient des résultats positifs se sont rétractées ; qui plus est, les principales informations sur les expériences proviennent de conférences de presse, et non d'articles scientifiques. Morrison

2. Ces comptes rendus m'ont été aimablement transmis par le professeur Marcel Froissart, du Collège de France ; Morrison m'a également fait parvenir des commentaires synthétiques rédigés après la période « chaude » de l'histoire.

souligne aussi qu'aucun article rendant compte d'une expérience infructueuse n'a été publié. Or, d'après les informations qu'il a recueillies auprès d'un « réseau informel » de physiciens, plusieurs groupes ont réalisé des manips mais n'ont pas détecté d'effet. Il semble à ce stade que, alors même que la fusion froide continue d'occuper le devant de la scène médiatique, les physiciens les mieux informés n'y croient plus.

Le compte rendu n° 8 de Douglas Morrison, daté du 17 avril, est consacré pour l'essentiel à la visite au CERN de Steven Jones, un protagoniste de l'affaire dont nous n'avons pas parlé jusqu'ici. Petit retour en arrière : lors de leur conférence du 23 mars, Pons et Fleischmann avaient présenté leurs travaux comme s'ils étaient les pionniers de la fusion froide. Or, dès le lendemain, on apprenait que Steven Jones, un physicien de l'université Brigham Young à Provo, petite ville de l'Utah située à une centaine de kilomètres de Salt Lake City, avait réalisé une expérience analogue à celle des deux chimistes, mais ne libérant qu'une quantité de chaleur si infime qu'on ne pouvait pas la détecter. Jones confirmait donc la possibilité de la fusion froide, mais avec un sacré bémol : d'après lui, elle ne pouvait fournir une source d'énergie exploitable. Il apparut aussi que Pons et Fleischmann étaient en relation avec Jones, et que les trois chercheurs avaient même conclu un accord pour publier leurs articles conjointement dans *Nature*. Puis les deux chimistes changèrent d'avis et brûlèrent la politesse à Jones, ce que ce dernier n'apprécia guère. Le lendemain de la conférence de Salt Lake City, il envoyait son article à *Nature*, qui le publia le 27 avril [3], tout en refusant celui de Pons et Fleischmann.

D'après le compte rendu n° 8 de Morrison, Jones a tenu une conférence « très attrayante et agréable ». Il a exposé son concept de « fusion piézo-électrique », qui explique comment une forte pression peut contraindre des molécules d'hydrogène lourd à fusionner. Jones a confirmé que ses expériences ne produisent pas une quantité d'énergie pratiquement utilisable et fourni plusieurs autres données qui contredisent les résultats de Pons et Fleischmann. Il semble impossible que les deux équipes aient eu raison. En ce qui concerne la querelle de priorité, Jones a indiqué que ses travaux avec des cellules d'électrolyse ont débuté en mai 1986, indépendamment de ses deux rivaux. Jones a exhibé, à l'appui de ses dires, ses documents de laboratoire (Morrison apprendra que Jones a même fait certifier certains documents devant notaire !). Fleischmann et Pons

3. Steven Jones *et al.*, « Observation of cold nuclear fusion in condensed matter », *Nature*, vol. 338, p. 737-740.

prétendent avoir commencé en 1983, mais n'ont aucune preuve avant fin 1987. Bref, rien ne va plus entre les deux chimistes de Salt Lake City et le physicien de l'université Brigham Young.

Le 19 avril (compte rendu nº 9), Morrison fait état d'une intéressante découverte ou plutôt redécouverte : Pons et Fleischmann ont un précédent historique. En 1926, deux chimistes de Berlin, Fritz Paneth et Kurt Peters, ont cru avoir réussi à transmuter de l'hydrogène en hélium en le faisant passer à travers un microscopique treillis de palladium ! Il en résulta une publication dans *Nature*, suivie, un an après, d'une seconde publication où Paneth et Peters expliquaient que les très petites quantités d'hélium obtenues pouvaient provenir, non de la fusion de l'hydrogène, mais de l'air emmagasiné dans les pores minuscules du verre des tubes qui servaient à la manip [4]. Puis Paneth et Peters abandonnèrent ces recherches, mais le *New Scientist* [5] souligne que « c'est peut-être plus qu'une coïncidence que Paneth et Fleischmann aient été dans le même département de chimie de l'Université de Durham dans les années cinquante »...

Morrison ne doute plus que Fleischmann et Pons se soient trompés : « Le “résultat” selon lequel une source inconnue de chaleur a fourni 10 watts par cm^3 de palladium doit être considéré comme erroné... Avec grand regret, [il faut conclure] que la fusion froide ne pourra jamais être une source d'énergie exploitable parce qu'il faut fournir beaucoup plus d'énergie que l'on n'en récupère. »

À ce stade, sur le plan scientifique, l'affaire est réglée. Début mai, la conférence annuelle de l'American Physical Society, qui réunit 1 500 physiciens à Baltimore, officialise la déroute de la fusion froide. Les deux chimistes de Salt Lake City, conviés à s'y rendre, ont décliné l'invitation. Une série de communications démontre que les résultats peuvent s'expliquer de manière classique, sans faire appel à un effet thermonucléaire. L'eau lourde commence à tourner en eau de boudin.

Erreur ou fraude ?

Mais l'énergie des idées fausses est inépuisable. Tout au long des années suivantes, alors que les preuves s'accumulaient contre eux, les promoteurs de la fusion froide, à défaut de convaincre les scientifiques, ont remporté d'indéniables succès sur le terrain de la communication. Le MITI, ministère du Commerce extérieur et de l'Industrie

4. *Nature*, vol. 118, p. 455-456 (1926) et vol. 119, p. 706 (1927).
5. *New Scientist*, 29 avril 1989, p. 22.

japonais, a accordé un crédit de 30 millions de dollars pour financer un institut d'étude de la fusion froide. Selon Morrison, le MITI avait calculé que « le Japon n'ayant pas de ressources pétrolières, une chance de 1 % que la fusion froide tienne ses promesses permettrait des gains de centaines de milliards de dollars[6] » ! Le raisonnement rappelle celui des Shadoks qui, sachant que leur fusée avait une chance sur un million de décoller, se pressaient de faire 999 999 tentatives ratées, dans l'espoir que le dernier essai serait le bon...

Quant aux chances de la fusion froide, elles sont très inférieures à celles de la fusée Shadok, et elles diminuent au cours du temps : en juillet 1989, dans le journal *Deseret News*, on voyait une photo de Stanley Pons devant une sorte de chauffe-eau qui, d'après l'article, pouvait fournir l'eau bouillante nécessaire pour préparer une tasse de thé ; on attendait toujours le thé lorsque, en 1992, Martin Fleischmann assura qu'un système produisant de 10 à 20 kilowatts serait opérationnel d'ici un an ; en novembre 1993, Stanley Pons déclara qu'un appareil domestique serait disponible vers l'an 2000 ; et un mois plus tard, lors de la IVe Conférence internationale sur la fusion froide, tenue à Hawaii, le délai était passé à vingt ans. Comme l'horizon, la fusion froide est une ligne imaginaire qui recule indéfiniment à mesure que l'on cherche à l'atteindre.

En 1993, Fleischmann, Pons et trois physiciens italiens attaquèrent en justice le quotidien *La Repubblica*, qui avait publié un article où il accusait de fraude scientifique les deux chimistes de Salt Lake City. *La Repubblica* fit appel aux conseils de Douglas Morrison. La cour demanda à un physicien de Cagliari, le professeur Giovanni Licheri, d'évaluer les cent cinq pièces scientifiques présentées par les deux parties. Après examen, la cour estima que Fleischmann et Pons avaient des torts indiscutables. Ils avaient omis toute référence aux travaux de Steven Jones, avaient présenté la fusion froide comme s'ils étaient les premiers à en avoir eu l'idée et avaient affirmé avoir commencé cinq ans et demi avant mars 1989, donc vers septembre 1983. Ils avaient aussi raconté qu'en mai 1984 un accident grave avait brûlé une hotte d'aspiration et fait un trou de dix centimètres dans le béton... Mais au total, Pons et Fleischmann ne pouvaient produire aucune preuve de leur activité sur la fusion froide avant la fin 1987. Jones, lui, avait 2 400 pages d'arguments et un cahier de laboratoire certifié devant notaire.

---

6. Douglas MORRISON, « Science pathologique, fusion froide et autres histoires », *in Sciences : raison et déraisons*, Publications de l'université de Lausanne, Payot, Lausanne, 1994.

Autre point noir : Pons et Fleischmann avaient modifié en cours de route leurs données sur les neutrons. Dans une première version, jusqu'au 28 mars (donc avant la publication de leur article scientifique), ils montraient une figure avec un « pic » à 2 450 keV, ce qui était impossible. Des physiciens britanniques le leur firent remarquer lors d'une conférence à Harwell. Le 30 mars, pour une présentation donnée à Lausanne, le pic s'était déplacé miraculeusement à 2 200 keV, la valeur indiquée dans l'article du *Journal of Electroanalytical Chemistry*. C'était pour le moins une manipulation des données.

Enfin, on ne comprenait toujours pas comment Pons et Fleischmann n'avaient pas été tués par les radiations, s'ils avaient observé ce qu'ils décrivaient. Finalement, la cour italienne prononça en 1996 un verdict donnant raison à *La Repubblica*, et condamna les plaignants aux dépens [7].

En 2000, la fusion froide court toujours. Ses perspectives semblent de plus en plus fantastiques. Dans un livre intitulé *Biological Transmutations*, un certain Kervan explique que la fusion froide est à l'origine du calcium des coquilles d'œufs. Morrison mentionne un film de la BBC où l'on voit « une voiture qui, selon Stanley Meyer, tire son énergie d'eau soumise à la fusion froide – bien que le film montrant la voiture sortant du garage révèle aussi la présence de deux individus qui la poussent ». Un site Internet consacré à la « recherche sur l'énergie du vide [8] » fait l'éloge de Pons et Fleischmann, aux côtés d'autres chercheurs victimes du complot de la science officielle. Signalons aussi une connexion inattendue : deux des physiciens italiens déboutés par le jugement de 1996, Giuliano Preparata et Emilio del Giudice, étaient les auteurs d'une théorie du « laser aquatique » invoquée en 1988 par Benveniste pour expliquer la mémoire de l'eau [9]...

Comment reconnaître une imposture scientifique ?

Selon Douglas Morrison, plusieurs critères permettent de diagnostiquer assez vite un résultat faux. Le premier de ces critères est la manière dont est divulgué le résultat. Pour la fusion froide comme

7. Alison Abbott, « Scientists lose cold fusion libel case », *Nature*, vol. 380, p. 369, 4 avril 1996.

8. http://www.multimania.com/quanthomme/PageDVS_3.htm. Ce n'est qu'un exemple parmi de nombreux autres.

9. Voir *Les Mystères de la mémoire de l'eau, op. cit.*

dans d'autres exemples où l'annonce d'une découverte sensationnelle a tourné court, on distingue trois phases dans la communication du résultat :

— phase 1 : l'expérience initiale est rapidement confirmée par deux ou trois groupes (mais les descriptions précises des expériences font défaut) ;

— phase 2 : une période de confusion s'instaure, avec des rumeurs contradictoires d'expériences réussies et d'un nombre équivalent d'expériences qui ne retrouvent pas l'effet annoncé ;

— phase 3 : on assiste à une avalanche de résultats négatifs ; elle se déclenche parce que tous les chercheurs qui ont échoué à reproduire les résultats ont attendu avant de publier, craignant d'avoir fait une erreur ou d'avoir omis un détail crucial ; puis survient une sorte de basculement, une ou deux équipes publient un résultat négatif, et les autres suivent rapidement.

Ces trois phases sont aisément repérables dans le cas de la fusion froide. Les premières semaines, les scientifiques ont hésité à annoncer des expériences infructueuses, parce que beaucoup pensaient que Pons et Fleischmann avaient un secret de fabrique pour préparer leurs électrodes de palladium. À mesure que l'on en a su davantage, il est apparu qu'aucun secret ne pouvait expliquer un miracle, ou plus exactement une série de miracles. Le recours aux miracles est un autre critère distinctif d'un résultat faux. La fusion froide en nécessite au moins quatre, selon Morrison [10].

a) Pour que l'excès de chaleur puisse être dû à la fusion du deutérium, il faut que les noyaux de deutérium, ou deutérons, se trouvent très près les uns des autres. Or, à cause de la géométrie du cristal de palladium, les deutérons « forcés » à se faufiler dans les mailles du réseau cristallin se trouvent beaucoup trop éloignés pour fusionner. C'est le premier miracle.

b) Pendant trois ans, Fleischmann et Pons ont affirmé que le phénomène était observé avec le deutérium, mais non avec l'hydrogène léger normal, et que c'était là une preuve décisive que l'excès de chaleur provenait de la fusion : en effet, s'il s'était agi d'un simple phénomène chimique, le fait d'utiliser du deutérium n'aurait rien changé. En octobre 1992 pourtant, cinq groupes présentèrent des effets obtenus avec de l'hydrogène normal, et quatre autres l'année suivante ! Il faudrait donc trouver une théorie qui explique logiquement que la fusion froide est vraie parce qu'elle ne marche qu'avec le

10. Douglas MORRISON, *Review of Progress in Cold Fusion*, texte d'une communication lors de la IVe Conférence internationale sur la fusion froide, Hawaii, décembre 1993.

deutérium, tout en marchant aussi avec l'hydrogène léger, et *vice versa*. Résoudre ces contradictions serait un deuxième miracle.

c) Si une puissance de l'ordre du watt était produite par fusion, les particules nucléaires et les rayons gamma auraient mis fin prématurément à la carrière de Fleischmann et Pons ; leur survie en fait des miraculés de la science.

d) Les proportions des différentes particules rapportées par Pons et Fleischmann ne collent pas, avec une erreur d'un facteur de plus de dix millions. C'est le quatrième miracle de la fusion froide.

Comme aurait dit Alice (celle de Lewis Carroll), « tout cela fait un peu trop de miracles, surtout avant le petit déjeuner ».

Le temps de la science et le temps des médias

Pourtant, même après avoir avalé une tasse de thé (préparé avec une bouilloire électrique) et quelques toasts, beaucoup de scientifiques ont cru à la fusion froide. Il a fallu des semaines pour faire la part des choses. Les critères de Morrison ne sont pas applicables de manière instantanée, même si certains indices font présumer un résultat faux. Trouver l'erreur demande un travail de vérification. Selon une conception idéale de la science, ce travail devrait se faire avant la divulgation des résultats, surtout lorsqu'ils sont inhabituels. En principe, la publication des résultats scientifiques est assujettie à une procédure de contrôle très stricte. Quand un chercheur réalise une expérience, il s'efforce d'éliminer tout élément parasite qui pourrait fausser le résultat ; si ce dernier est bizarre ou surprenant, il s'assure que cela ne s'explique pas par une mesure erronée, un facteur auquel on n'a pas pensé, ou un défaut de la manip. L'attitude consistant à « chercher à se prouver qu'on a tort » fait partie d'une méthodologie scientifique rigoureuse (lors de son séminaire au CERN, Fleischmann avait affirmé que lui et Pons « avaient passé cinq ans à essayer de se prouver qu'ils avaient tort »...).

Lorsqu'il pense avoir atteint un degré suffisant de certitude, le chercheur propose ses résultats à la publication. On l'a vu, dans les bonnes revues scientifiques, comme *Nature* ou *Science*, un second contrôle est effectué par un comité de *referees*, constitué de scientifiques compétents dans le domaine concerné. En s'efforçant d'être impartiaux, les *referees* examinent l'article, suggèrent des modifications, demandent des précisions supplémentaires et en fin de compte décident de publier ou non l'article. Certains articles sont acceptés avec très peu de changements, d'autres sont revus plus en profondeur, d'autres, enfin, sont refusés. Pour prendre un exemple, il a fallu pas moins de dix-huit mois de discussions pour que John Maddox publie l'article de Benveniste sur les hautes dilutions ; et l'un au moins des *referees*, Henry Metzger, s'était opposé à la publication.

Ce système de contrôle garantit, en principe, la validité des résultats scientifiques. Mais il demande du temps. Les médias ne sont pas patients. Avec le développement d'Internet, ils cherchent même à produire une information « en temps réel ». La tendance serait d'annoncer dès le dimanche soir les nouvelles de la semaine suivante, comme avec les bulletins météo. La vitesse de l'information s'oppose à la lenteur de la science, comme le souligne Philippe Lazar, l'ancien directeur de l'Inserm, dans un livre sorti peu après l'affaire de la mémoire de l'eau : « L'information a tous les droits sauf celui, qui serait à mes yeux exorbitant, de modifier intimement le mode de progression propre à la connaissance... Il faut avoir le courage d'admettre que seul le temps – qui ne s'écoule pas au même rythme dans toutes les activités humaines – peut permettre que se déroule dans sa sage plénitude le processus collectif qui fait que la science finit toujours par trier le bon grain de l'ivraie. [...] La science chemine à petits pas : patience et longueur de temps y font toujours plus que force ni que rage. L'information, elle, court, vole, et parfois se venge. Restons calmes [11] ! »

Le hic, c'est qu'un nombre croissant de chercheurs font fi de la sage plénitude chère à Philippe Lazar. Les médias n'en sont que partiellement responsables. Ce sont Fleischmann et Pons, non les journalistes, qui ont court-circuité les instances de contrôle en annonçant leur « découverte » lors d'une conférence de presse. Il ne s'agit pas d'un exemple isolé, loin de là. Le cas de Benveniste a illustré de manière remarquable la propension de certains scientifiques à préférer la tribune des médias à la discussion avec leurs pairs. Rappelons aussi que la découverte du virus du sida fut annoncée le 23 avril 1984 à Washington, lors d'une conférence de presse donnée par le professeur Robert Gallo en présence de Margaret Heckler, secrétaire d'État à la Santé du gouvernement américain ; malheureusement, Gallo omit de signaler qu'il avait utilisé un virus isolé un an plus tôt à l'Institut Pasteur...

L'histoire du sida a été fertile en annonces aussi spectaculaires que malvenues. En octobre 1985, trois médecins de l'hôpital Laennec, Jean-Marie Andrieu, Philippe Even et Alain Venet, donnaient une conférence de presse avec Georgina Dufoix, ministre de la Santé, pour décrire les effets d'un traitement à la ciclosporine sur des patients atteints de sida ou de pré-sida. La ciclosporine (ou

11. Philippe LAZAR, *Les Explorateurs de la santé*, Odile Jacob, Paris, 1989.

cyclosporine) est un immunosuppresseur puissant utilisé pour lutter contre les phénomènes de rejet de greffes. Logiquement, elle devait aggraver l'état de patients atteints d'un syndrome immunitaire. L'idée paradoxale de l'administrer à des malades du sida résultait d'un raisonnement saugrenu qui se solda par un décès moins de quinze jours après la conférence de presse.

Dans un registre moins tragique, le « gène gay » de Dean Hamer (voir la leçon 2) a fait la une des journaux en même temps que l'article de *Science* était publié. Dérive supplémentaire : la revue scientifique elle-même incitait la grande presse à l'extrapolation hâtive. *Science* comporte, à côté des articles scientifiques proprement dits, des pages qui décrivent les découvertes récentes en termes accessibles. Dans le numéro de juillet 1993 où figurait l'article de Hamer, ces pages très publiques contenaient une interview-commentaire du chercheur intitulée « Évidence en faveur d'un gène de l'homosexualité ». On y lisait, entre autres affirmations hasardeuses : « D'après Dean Hamer, il semble vraisemblable que l'homosexualité découle de causes diverses, génétiques et peut-être environnementales. » Le titre original de l'article était moins affriolant : « Une liaison génétique entre des marqueurs d'ADN sur le chromosome X et l'orientation sexuelle masculine. » On est frappé, comme le souligne Bertrand Jordan, par « l'incroyable glissement effectué depuis un article scientifique qui suggère, avec maintes précautions, la localisation d'une contribution génétique à ce comportement, jusqu'à un écho paru dans le même numéro qui affirme l'existence d'un "gène de l'homosexualité" [12] ».

Et que dire du Téléthon, qui draine chaque année des sommes importantes sur la base d'une représentation médiatique naïve de la génétique présentée comme la panacée ? Rappelons que, au départ, l'objectif du Téléthon était de guérir la myopathie. Dire qu'on en est loin est un euphémisme. Qui plus est, il est assez surprenant d'observer que la popularité du Téléthon contraste avec la méfiance vis-à-vis des OGM : pourtant, les recherches que finance le Téléthon visent à manipuler les gènes humains, alors que les manipulations qui produisent les OGM ne touchent que des plantes ou des animaux…

Il est vrai que dans le domaine de la génétique, le souci de cohérence ne caractérise guère la communication médiatique, comme l'illustrent les annonces sur le séquençage du génome humain. Au début d'avril 2000, la société de biotechnologie Celera Genomics, créée par l'Américain Craig Venter, faisait savoir qu'elle avait établi

12. Bertrand JORDAN, *Les Imposteurs de la génétique*, *op. cit.*

une première séquence complète des gènes d'un être humain (précisant qu'il s'agissait d'un *draft*, une sorte de « brouillon ») ; trois mois plus tard, fin juin, on apprenait une deuxième fois que le séquençage était achevé, cette fois par les chercheurs d'un consortium public à dominante américano-britannique, dirigé par Francis Collins. Conférence télévisée à la Maison-Blanche, avec roulements de tambour et poignée de main de Bill Clinton aux chercheurs : la nouvelle fit le tour du monde, et l'on put lire partout dans la grande presse que le génome humain était « décrypté ». Moyennant quoi il fallut ensuite expliquer que le génome était si bien décrypté que le décryptage effectif demanderait encore des années de travail… Quant à la séquence de Venter, la première annoncée, elle n'était toujours pas publiée à la fin de l'été, du fait des impératifs du secret industriel.

Si sages que soient les conseils de Philippe Lazar, ils semblent irréalistes, au moins pour une partie de l'activité de recherche, dès lors qu'il s'agit de thèmes à forts enjeux sociaux, surtout en biologie et médecine. La conception selon laquelle il s'agirait de simples dérapages, d'exceptions à la « bonne règle », est illusoire. La concurrence entre les équipes scientifiques, la nécessité de « publier ou périr », incite les chercheurs à utiliser tous les moyens dont ils peuvent disposer pour accroître leur influence. En outre, l'activité scientifique est de plus en plus en prise directe avec la société. Si l'on soutient les recherches sur le vaccin contre le sida ou sur l'effet de serre, c'est qu'elles sont supposées répondre à une demande sociale. Le savant peut, de moins en moins, se prévaloir d'une attitude de recherche désintéressée de la connaissance : il doit rendre des comptes. Assez logiquement, les chercheurs les plus entreprenants, ou les moins scrupuleux, prennent les devants. Pour qui sait s'en servir, les médias sont un fantastique outil de pouvoir.

La conséquence directe de cet état de fait est que le système d'autorégulation de la science moderne, qui s'est mis progressivement en place au cours des deux derniers siècles, est de plus en plus fréquemment mis en échec. La tradition qui voulait qu'un résultat scientifique ne soit pas divulgué sans précautions est malmenée. Non seulement on ne prend plus le temps de la vérification, mais une fois qu'un résultat sensationnel ou atypique est donné en pâture aux grands médias, il devient impossible de maîtriser le contenu des messages. Morrison aurait pu ajouter une quatrième phase aux trois qu'il décrit dans la progression d'un résultat faux. Cette phase 4 serait celle où, lancé dans l'espace médiatique, le message échappe désormais à toute évaluation critique. Dix ans après, la fusion froide fait toujours recette. Peut-être pas dans les laboratoires de physique ou d'électrochimie, mais dans la littérature fantastique ou sur les sites Internet consacrés à la physique atypique.

Notre propos n'est pas de juger cette situation. On peut déplorer la perte de crédibilité qui en résulte. On peut aussi se féliciter de voir la science « sortir de ses labos d'ivoire » – comme dirait John Sladek – et se mettre à la portée du grand public, fût-ce en diffusant des idées fausses. Une chose est sûre : la nouvelle donne de l'information offre à l'imposture de formidables perspectives. Les médias sont l'Eldorado de l'imposteur, parce que le tri de l'information et le jugement critique y sont défavorisés. L'annonce d'une découverte sensationnelle aura toujours plus d'impact que sa réfutation méthodique. Il suffit de deux mots pour faire vivre la fusion froide, alors que de longs développements sont nécessaires pour expliquer pourquoi elle ne marche pas.

La capacité des médias à produire du mensonge qui passe pour vrai n'est pas nouvelle. Le 30 octobre 1938, Orson Welles sème la panique à travers les États-Unis. Sa version radiophonique de *La Guerre des mondes* est si convaincante que les auditeurs croient réellement à l'invasion des Martiens. Depuis cette démonstration, le principal changement a été la montée en puissance de médias plus rapides, touchant un public plus nombreux et dotés d'un redoutable pouvoir de réinvention de la réalité. Illustrons-le par des exemples concrets.

Le refoulement dans les ordinateurs

Certaines pannes informatiques sont-elles dues à des anges ? Max Glaubenicht soulève cette grave question dans la revue *Science et Vie* sous ce titre intrigant : « La théorie scientifique du refoulement dans les ordinateurs [13]. » Glaubenicht rapporte les surprenantes révélations faites lors de la IIIe Conférence CRATM, tenue début 1979 à l'université de Sherblyth. La conférence était consacrée à un sujet explosif : les exopannes.

« Les exopannes, qu'on observe depuis quelques années sur presque tous les grands systèmes informatiques, écrit Glaubenicht, sont des pannes non anticipées, que l'on ne sait pas expliquer par les causes habituelles : il ne s'agit ni d'erreurs de programmation, ni de fausses manœuvres des opérateurs, ni de rien d'autre de ce genre. Elles se traduisent par des arrêts imprévisibles des machines, ou des

13. *Science et Vie*, avril 1979.

délais de transmission anormalement longs dans les réseaux d'ordinateurs. »

Ainsi, raconte Glaubenicht, le 18 février 1978, on a observé sur le NOPE Data Network, réseau d'ordinateurs qui relie plusieurs grandes banques de la côte Ouest des États-Unis, un retard de transmission totalement anormal. Pendant plus de 90 minutes, l'exopanne a bloqué toutes les transactions bancaires. Lorsque le réseau repartit enfin – tout aussi mystérieusement –, de nombreuses transactions s'étaient définitivement perdues. L'incident fit l'objet d'une communication qui aurait « intéressé vivement » les spécialistes du Pentagone…

Dans une atmosphère inhabituellement tendue, le célèbre sociologue Chuck McMuhlan inaugura la conférence de Sherblyth. Dans son style brillant et incisif, il retraça l'histoire des exopannes, démontrant que les connaissances en la matière pouvaient se résumer en un triple zéro. On en était encore là, jusqu'à l'exposé stupéfiant d'un neurophysiologiste inconnu, Roster Varup, spécialiste des transferts de fonctions par les connexions interhémisphériques à l'université de Zedj.

Selon Varup, les ordinateurs sont capables de souffrir, pour des raisons qui leur sont propres et qui n'ont rien à voir avec les pannes répertoriées dans les manuels. Cette souffrance se traduit par des pannes qui ne se manifestent pas, parce qu'elles sont « occultées » par les pannes habituelles. Il y a donc un phénomène analogue au refoulement, les exopannes constituant en quelque sorte un « retour du refoulé ».

Je n'abuserai pas davantage de la patience du lecteur en exposant le rapprochement fulgurant que Roster Varup opéra entre le problème des exopannes et les théories sur les anges du théologien Karl Ropar. Qu'il suffise de dire qu'un programme souffre à peu près comme un ange qui se serait incarné dans un guéridon Louis XVI, mais aurait gardé la conscience de toutes les tables possibles, et les chercherait désespérément. Il est certain que le cas n'a pas été prévu par Freud. Ni par aucun chercheur de quelque discipline que ce soit. Car la théorie des exopannes est un canular, écrit par votre serviteur après une soirée bien arrosée passée en compagnie de quelques amis spécialistes de l'intelligence artificielle. Cette fantaisie était destinée à célébrer la tradition du poisson d'avril. Plusieurs indices étaient destinés à mettre le lecteur dans la confidence. Le surtitre de rubrique portait la mention « Avrilologie ». Le pseudonyme de Max Glaubenicht constituait un avertissement pour tout germaniste (il signifie « ne crois pas »). Les noms de Chuck McMuhlan et de Karl Ropar évoquent deux personnages connus. Quant au chef indien Honeywell Bull, il devait en principe dissiper toute ambiguïté.

Même sans ces clins d'œil, l'histoire semblait suffisamment « hénaurme » pour que l'on ne s'y trompe pas. Pourtant, je reçus plusieurs lettres de lecteurs avouant qu'ils auraient marché sans les indices (pas très) subtils. Un lecteur demandait même où trouver les ouvrages dont je citais les références imaginaires. Et combien avaient tout avalé sans se poser de question ? Ainsi, en pastichant le style habituel d'un article de *Science et Vie*, j'avais fait passer une pure fantaisie pour le compte rendu d'une véritable théorie scientifique.

Un lecteur de vulgarisation scientifique a peu de moyens de faire la différence entre un canular comme les exopannes et un article « sérieux » sur les quarks. En comptant large, l'article sérieux occupera dix pages de *Science et Vie*, alors qu'un exposé rigoureux de la théorie des quarks en demanderait vingt ou trente fois plus. En outre, les étudiants qui potassent un traité sur les quarks ne sont pas livrés à eux-mêmes. Ils suivent des cours, discutent avec leurs professeurs, passent des examens, soutiennent des thèses. Ils peuvent se passionner pour la beauté de la théorie des quarks, mais ils ont aussi un but pratique : s'intégrer à la communauté de la physique des particules.

L'article de vulgarisation sur les quarks est coupé de ce contexte pratique. La situation est très différente, par exemple, d'un article de *L'Équipe* sur la dernière finale du Mundial. Les lecteurs connaissent les règles du football, ils y ont joué pendant leur enfance ou y jouent encore. Il suffit au journaliste de raconter le match pour être compris. Mais comment comprendre les quarks sans passer par un formalisme mathématique sophistiqué et des concepts physiques difficiles ? L'article de *Science et Vie* sur les quarks est à la théorie des quarks réelle ce que « ta-ta-ta-ta-ta » est à la *Cinquième* de Beethoven : un thème évocateur, sur lequel le vulgarisateur brode avec plus ou moins de talent. Le vulgarisateur ne dit pas la science – elle est indicible hors de son contexte –, il raconte des histoires de science. Aussi doué soit-il, son récit sera beaucoup plus éloigné de la réalité dont il rend compte que ne l'est le récit d'un match de foot.

Du point de vue du grand public, l'imposture et le canular sont souvent indiscernables d'un contenu scientifique sérieux. L'histoire des exopannes aurait ressemblé en tout point aux autres articles de *Science et Vie*, si elle avait été présentée sans humour ni clins d'œil. Pour que le lecteur sache qu'on l'emmène – sans malice – en bateau, *Science et Vie*, qui privilégie une représentation de la science comme vérité, indique la frontière entre fiction et réel. Cela ne signifie pas que tout ce qu'écrit *Science et Vie* est vrai, mais que le souci de distinguer le vrai du faux exige dans cette revue une signalisation précise.

Voyage au ventre de la mère

Une telle signalisation est absente d'un journal comme *Actuel* qui, de manière éphémère, a repris le flambeau d'une forme de fantastique illustrée dans le passé par *Le Matin des magiciens* et la revue *Planète*. Un conte fantastique d'*Actuel*, dû à la plume de Patrice van Eersel, narre l'histoire de Stanislas Grof, médecin tchèque qui atterrit, en pleine vague psychédélique, à Big Sur, en Californie. Comme d'autres (voir leçon 2), Grof s'intéresse aux effets du LSD. Sous trip, il voyage dans la folie, accompagne les malades mentaux dans leur délire. Un jour, il se retrouve transformé en ours des Carpates. Il souffre le martyre, manque d'étouffer, connaît simultanément l'extase et le cauchemar.

Après de nombreuses années, Grof parvient à la conclusion que pour élucider les traumatismes de la névrose, il ne suffit pas, comme le préconise Freud, de remonter à la petite enfance. Il faut aller bien au-delà. C'est dans le ventre de la mère que tout commence. Grof élabore la théorie des *Matrices périnatales*, « quatre tambours formidables, sur lesquels toutes les chaînes de nœuds psychiques futures vont venir s'ancrer, en quatre tresses résonantes ». Les quatre tambours ne sont autres que les quatre temps de la naissance : 1) euphorie dans la douceur utérine ; 2) enfer des contractions ; 3) « violence apocalyptique » de l'abominable compression au fond du sexe de maman ; 4) soulagement, teinté du regret inextinguible d'avoir été chassé du paradis.

La vision mythique de Grof possède une forte charge évocatrice, même si elle s'appuie sur de pures spéculations. Il est déjà fort de café d'admettre que nous avons conservé le souvenir précis de notre naissance. Quant à conclure que les traumatismes périnataux conditionnent tout le développement psychique, il y a un pas qu'on ne franchit qu'avec des bottes de sept lieues. Patrice van Eersel les chausse allégrement, et se lance dans une description des souvenirs « revisités » par les patients de Grof. Le plus fascinant, c'est que ces patients « revivent » – sous LSD – des scènes qui se sont déroulées bien avant leur naissance !

« Souvenir d'une surboum que ta mère donna, en février 1946, alors qu'elle était enceinte de toi de sept mois. Souvenir du choc de la mort de son père, quand elle était enceinte de toi de trois mois. [...]

Souvenir d'avoir été, une éternité avant la constitution de l'ego, spermatozoïde, ovule. Souvenir d'avoir été quelqu'un d'autre. Ou toute une tribu. (Souvenirs tibétains d'une boulangère de Prague.) Une tribu précise, jusque-là inconnue pour toi mais qui, vérification faite, a effectivement existé. Avec un luxe de détails sur les rituels ou les arts de cette tribu. Souvenir d'avoir été un animal. Une plante. Une forêt. » Etc.

Patrice van Eersel ne met pas un instant en doute l'authenticité de ces « souvenirs », dont l'aspect délirant fait un peu penser aux récits sous hypnose des sujets atteints du « trouble de la personnalité multiple ». Cette étrange épidémie, qui s'est répandue en quelques années aux États-Unis, a amené à se poser sérieusement la question de savoir dans quelle mesure le trouble n'était pas induit par le thérapeute [14]. Ici, on peut penser que la bonne question à poser est de savoir quelle est l'importance du rôle joué par Grof et par l'usage du LSD. Sans parler de la réincarnation dans les religions orientales, le fantasme d'avoir vécu des vies antérieures et d'en avoir conservé une mémoire est assez répandu, et exprime sans doute la peur de la mort et du néant qui l'entoure. Mais poser le problème en ces termes conduirait à démonter le conte fantastique, à le priver de sa magie. Van Eersel préfère s'en sortir « par la brèche béante que la physique a ouverte, voici déjà un demi-siècle, dans l'ancienne vision du monde. Nos étranges souvenirs seraient en fait l'accès à une information particulière, échappant au *temps cartésien-newtonien* ».

Allons bon ! Ce serait donc maintenant la physique qui ferait fi de l'espace et du temps ! Van Eersel appelle à la rescousse David Bohm, Karl Pribram et Rupert Sheldrake, dont nous étudierons les étonnantes théories dans la leçon 7. En deux mots, il s'agit d'extrapolations de la physique quantique qui aboutissent à prêter au monde où nous vivons des propriétés aussi fantastiques qu'inobservables. En particulier, van Eersel recourt à la version la plus récente du principe « tout est dans tout », l'univers-hologramme. L'idée est que, comme les points d'une image holographique, chaque point de l'univers contient tout le reste. Métaphore puissante – à défaut d'être nouvelle –, qui permet en effet de pulvériser les cadres de la science « cartésienne-newtonienne », et plus simplement les limites du bon sens.

« La science classique… ne parvient pas à comprendre comment fonctionne la mémoire. Elle semble insaisissable, celle-là ! à la fois

---

14. Voir le livre passionnant de Ian HACKING, *L'âme réécrite. Étude sur la personnalité multiple et les sciences de la mémoire*, Institut Synthélabo, coll. « Les Empêcheurs de penser en rond », Le Plessis-Robinson, 1998.

partout et nulle part dans le corps... L'une des hypothèses folles auxquelles aboutissent [les travaux de Pribram] voudrait que la mémoire ne soit "contenue" ni dans le cerveau ni dans le corps. » Elle fonctionnerait comme « un poste de télé, qui capterait, holographiquement, des souvenirs ».

On retrouve un thème cher à Lyall Watson (voir leçon 1) : le cerveau récepteur d'ondes, oscillateur capable d'entrer en résonance avec toutes les vibrations du cosmos. La migraine nous guette.

Rika Zaraï est-elle soluble dans la médecine ?

Fort heureusement, pour nous en soigner, Rika Zaraï possède des remèdes inégalables. Auteur de *Ma médecine naturelle* [15], best-seller cité en références par les défenseurs des « patamédecines » en tout genre, la célèbre chanteuse était invitée le 10 janvier 1986 au « Jeu de la vérité ». Sur le plateau de Patrick Sabatier, elle a ainsi eu l'occasion de porter la mélodie du pipeau à des sommets musicaux, sinon médicaux, presque aussi vertigineux que les chiffres de vente de son célèbre traité (largement plus du million d'exemplaires). J'écris cela « sans rancune et sans regret », car je ne vois aucune raison décisive qui empêcherait *L'imposture scientifique en dix leçons* d'égaler les tirages de Rika Zaraï, même si cela doit prendre trois siècles. Le lecteur qui en douterait n'a qu'à se taper un bain de siège à l'eau froide. « Rien de mieux pour drainer les déchets, fortifier l'organisme et réveiller les défenses. » Et pour les hémorroïdes, donc [16] !

Pour en revenir au « Jeu de la vérité », Rika Zaraï attaque l'émission par une déclaration péremptoire : « Le buis est un antiviral très puissant. » De fait, elle recommande la tisane de buis pour « combattre les maladies à virus comme la grippe, le zona, l'hépatite, etc. ». Et le sida ? Notre auteur, prudemment, s'abstient. Elle se montre plus audacieuse lorsqu'elle parle des malades du cancer traités par des rayons. Bien que ce traitement soit de toute évidence contraire à son éthique, Rika Zaraï reconnaît qu'il ne peut pas toujours être évité (sans doute ne tient-elle pas à risquer un procès pour exercice illégal de la médecine). Mais, déclare-t-elle, « un cataplasme d'argile permet de limiter les dégâts, car il absorbe la radioactivité en trop ». Dans *Ma médecine naturelle*, on lit aussi que « l'argile permet de mieux supporter les radiations ».

---

15. Rika ZARAÏ, *Ma Médecine naturelle*, Carrère-Lafon, Paris, 1985.

16. Il est clair que cette allusion est tout à fait hors sujet, mais comme je l'ai déjà indiqué, j'ai mes raisons...

Juste une remarque : dans le traitement du cancer, un malade n'est exposé aux rayons que pendant un temps limité. Il n'est pas question de fixer une substance radioactive dans le corps. Rappelons que l'irradiation a pour but de détruire les cellules cancéreuses, pas de coller au patient un second cancer. Il n'y a pas de « radioactivité en trop ». Le conseil de Rika Zaraï revient, en somme, à suggérer de se tartiner d'écran total avant d'éteindre la lumière et de se mettre au lit…

Ma médecine naturelle est en fait aussi proche d'un traité de médecine que le manuel de civilité puérile et honnête de la *Critique de la raison pure*. C'est surtout un recueil de recettes de cuisine et de règles d'hygiène ou de comportement, basé sur un « code de la vie saine ». Ce code vise à définir ce qui est bon ou mauvais, non seulement pour le corps, mais aussi pour l'âme. Bons : les légumes, l'argile, les vitamines, la respiration. Mauvais : la viande, le tabac, l'alcool, la solitude, les médicaments chimiques – quels sont les autres ? –, la fatigue physique ou intellectuelle. Sur ce dernier point, Rika Zaraï semble s'être mise à l'abri de tout risque inutile.

Sa haine de la viande conduit notre auteur à manquer d'objectivité. Elle produit un tableau d'où il appert que 100 grammes de champignons contiennent deux fois plus de protéines que la même quantité de viande. Étant donné que le champignon frais contient entre 84 % et 92 % d'eau, et moins de 3 % de protéines, la seule explication possible est que Rika Zaraï parle de champignons hallucinogènes. Mais la drogue – même naturelle – est-elle conforme au code de la vie saine ? Autre question : Rika Zaraï affirme que « la chute des cheveux s'arrête net devant le cresson » ; mais qu'advient-il des cheveux qui avaient commencer à tomber *juste avant* l'arrivée du cresson ?

L'imposture ne réside pas tant dans les perles de Rika Zaraï que dans la situation qui lui permet d'en faire profiter impunément des millions de téléspectateurs. À l'écran, le médecin le plus compétent n'a aucune chance en face de la chanteuse. Rika Zaraï n'est pas soluble dans la médecine, parce que son image est un produit médiatique. Ceux qui l'invitent à la télévision ne se soucient guère de savoir si sa médecine en est vraiment une. Seul problème : quel est le taux d'audience ?

La créature de Roswell

L'ignorance des scientifiques en matière d'extraterrestres n'est plus à démontrer. Demandez par exemple à un scientifique de quelles molécules pourrait être faite la chair de ET. Il vous répondra à coup sûr que la vie – ici ou ailleurs – repose sur le carbone et les molécules organiques. En réalité, grâce aux révélations apportées durant l'été 1995 par le présentateur Jacques Pradel, spécialiste incontesté de l'étrange, nous pouvons l'affirmer avec certitude : les intelligences extraterrestres sont faites de latex et de silicone, comme les implants mammaires de Pamela Anderson ! Il serait hâtif d'en conclure que la vedette d'*Alerte à Malibu* a offert le refuge de ses rondeurs à deux petits êtres venus de l'espace, mais une chose est sûre : la créature de Roswell débarque plus probablement de la planète Hollywood que de Mars ou Sirius, ce qui est sans doute la clé de son succès médiatique.

« Pour les lecteurs qui auraient passé l'été 1995 sur Mars, rappelons les principaux épisodes de l'affaire de l'extraterrestre de Roswell. Au printemps de 1995, une rumeur (qui a débuté à l'automne 1993) commence à circuler : le film de l'autopsie d'un extraterrestre hydrocéphale, muni de six doigts et dépourvu de nombril, [sera] bientôt révélé au public. Images filmées, dit-on, par un cameraman de l'armée américaine en 1947 après le crash d'un OVNI à Roswell, dans le Nouveau-Mexique. Cet extraterrestre aurait eu l'extrême obligeance de venir s'écraser avec sa soucoupe près d'une base militaire américaine en 1947 avant d'atterrir dans un congélateur secret de l'Air Force, puis sur une table de dissection. L'armée de l'air ayant oublié (!) de récupérer vingt-deux bobines sur les deux cents tournées à l'occasion de l'événement, un producteur anglais, Ray Santilli, les aurait rachetées au cameraman, avant de proposer de les revendre à plusieurs télévisions, dont TF1. »

Ce passage est extrait du livre de Pierre Lagrange, *La Rumeur de Roswell* [17], enquête fouillée et perspicace sur la création d'une légende moderne, la capture en 1947 par l'armée américaine des restes d'un OVNI et des corps de ses occupants, tombés dans le désert du Nouveau-Mexique. Je ne reviendrai pas ici sur la polémique des soucoupes volantes et de la créature de Roswell. Je voudrais seulement mettre l'accent sur le point suivant : en 1995, il est déjà établi que l'histoire de Roswell est une légende. Dès 1989, l'Américain Philip Klass, l'un des plus habiles démystificateurs des phénomènes paranormaux [18], a démontré qu'un document sensé qui passait pour la preuve irréfutable du « terrible secret » de l'US Air Force était un faux. Ce document portait une signature du président

17. Pierre Lagrange, *La Rumeur de Roswell*, La Découverte, Paris, 1996.

18. Philip Klass est membre du CSICOP, le Committee for Scientific Investigations of Claims of Paranormal, sur lequel nous reviendrons dans la leçon 8.

Truman qui avait en fait été copiée à partir d'un autre document. Ce « détail qui tue » suffisait déjà à régler la controverse sur la créature de Roswell. Puis, en septembre 1994, l'Air Force donna la solution complète de l'affaire : le prétendu OVNI de Roswell était en fait un ballon stratosphérique développé dans le cadre d'un programme secret pour espionner les explosions atomiques soviétiques. La légende avait donc, comme toute légende, un fond de vérité, mais sans rapport avec la vie extraterrestre.

Or, ces données historiques, accessibles à tout enquêteur informé, sont superbement ignorées par Jacques Pradel. Organisant toute une mise en scène autour du « scoop du millénaire », Pradel et TF1 commencent par diffuser une cassette montrant l'autopsie de la créature – c'est trop horrible pour être montré à la télévision à une heure de grande écoute ! –, sur laquelle il est quand même indiqué en petits caractères que « le fait que la créature filmée ne soit pas humaine n'a pas pu être vérifié ». Et pour cause : personne d'autre que Ray Santilli n'a vu les bobines originales du film et, pour tout dire, personne d'autre ne peut affirmer qu'elles existent vraiment ! Cela n'empêchera pas Pradel et TF1 d'entretenir le suspense pendant des mois, sans livrer de conclusion décisive ni donner à leurs spectateurs les outils qui permettraient de s'y retrouver. Jacques Pradel aura donc réussi à mobiliser les foules autour d'un film qui n'existe pas, montrant une créature à laquelle lui-même ne croit probablement pas, et dont la grosse tête d'humanoïde hydrocéphale, percée de deux grands yeux noirs sans pupille, hante déjà la science-fiction populaire américaine d'avant-guerre…

La vérité ne suffit pas

Pour un connaisseur comme Pierre Lagrange, il est évident dès le départ que l'histoire de la créature de Roswell ne tient pas debout : son authenticité lui semble aussi vraisemblable que celle « qu'une pièce de monnaie marquée “six mille ans avant Jésus-Christ” en aurait dans l'univers d'un archéologue de la Mésopotamie ». Mais il lui faut aussi reconnaître que, délirante ou pas de son point de vue de spécialiste, l'histoire est « légitimée » par la formidable puissance de TF1. Autrement dit, peu importe l'histoire réelle, reconstruite patiemment par les chercheurs. Dès lors que TF1 a décidé de « créer l'événement », le reste est littérature.

Cette effrayante capacité à « effacer l'histoire » est une propriété des grands médias audiovisuels. Non que la presse écrite soit à l'abri de telles tentations, mais elle reste assujettie aux limites du discours, quel que soit son contenu. Il est plus aisé de critiquer un discours que de remettre en cause une image. Le simple fait de montrer à l'écran la créature lui donne – aux yeux de millions de téléspectateurs – une présence, une existence qu'elle n'aura jamais dans un texte. Il suffit, pour s'en convaincre, de remarquer que dans les journaux populaires à très gros tirages qui parlent des vedettes de la télévision, ces dernières sont présentées comme des personnages tout proches, faisant partie de notre vie quotidienne, quasiment des membres de la famille.

Ajoutons, pour faire le lien avec les deux histoires précédentes, que la vulgarisation scientifique, lorsqu'elle passe par la presse écrite, implique une certaine idée de la science. Dans *Actuel* comme dans *Planète*, c'est l'idée du réalisme fantastique, de la science comme trip, réglée par le principe : « Tout est possible. » *Science et Vie* accentue pour sa part la représentation de la science comme vérité. C'est pour cela qu'il faut signaler que le poisson d'avril en est bien un. *Science et Vie* ne cesse de marquer les frontières du vrai. Quelques titres de couvertures parmi de nombreux autres : « La véridique histoire du père de la parapsychologie », « La vérité sur les gaz de combat », « L'histoire vraie du Boeing coréen », etc.

Un autre aspect de ce marquage du vrai se manifeste dans la dénonciation systématique des fraudes et des impostures scientifiques, dont *Science et Vie* s'est fait une sorte de spécialité. La parapsychologie, Uri Geller, l'homéopathie, les guérisseurs philippins, les magouilles du sida, le suaire de Turin, la mémoire de l'eau ou la créature de Roswell ont encouru les foudres de *Science et Vie*. Et pourtant, ce remarquable travail d'information – auquel ce livre doit beaucoup – ne suffit pas à venir à bout des impostures et des légendes qui se tissent autour d'elles. Il arrive même à *Science et Vie* de se prendre les pieds dans le tapis, comme lorsque la revue offre une tribune à René Louis Vallée (voir leçon 2). L'échec relatif de la démarche « vériste » tient en partie à des raisons culturelles profondes, liées à la manière dont la pensée humaine élabore du sens. Je reviendrai sur ce sujet, qui dépasse largement le cadre de ce livre, dans les dernières leçons. Disons simplement que ce que Claude Lévi-Strauss a appelé la « pensée sauvage », et que l'on peut aussi appeler la pensée magique, n'a jamais disparu de nos cultures supposées modernes et rationnelles, probablement parce qu'il s'agit d'un mode de raisonnement inhérent à la condition humaine. La pensée dite rationnelle n'a rien de naturel, c'est une construction, une ascèse, un exercice qui demande un travail continuel. L'éternel « retour de l'irrationnel » n'est en fait que la manifestation récurrente d'une forme de pensée qui ne nous a jamais quittés.

Mais il y a aussi une explication plus pratique, plus terre à terre : les médias actuels permettent de simuler ou de reconstituer des pans entiers de réalité, sous une forme aisément partageable et qui ne demande guère d'effort d'assimilation. Il est plus facile de se laisser bercer par les contes fantastiques de Jacques Pradel que de se demander si son histoire tient debout. L'ennui, c'est que nous finissons par être hypnotisés par ces messages sans dimension critique qui nous abreuvent. Et cela d'autant plus facilement que la crédulité est présentée comme une valeur positive, le signe d'une plus grande ouverture d'esprit. Comme l'écrit Umberto Eco dans *La Guerre du faux*[19] : « Dire que tout *est* possible revient à dire que *tout* est vrai *de la même façon*, le yoga comme la physique nucléaire, l'élévation des pouvoirs psychiques comme la cybernétique, l'abolition de la propriété privée comme l'ascétisme mystique. Cette attitude ne s'appelle plus curiosité intellectuelle, mais syncrétisme. »

Planète a raison quand elle nous recommande de ne négliger aucune possibilité, de suivre tous les résultats de l'anthropologie ou des sciences exactes. C'est aussi le projet d'*Actuel*. Mais, observe Eco, « suivre ne veut pas dire tout mélanger et tout prendre pour argent comptant, comme si le travail s'arrêtait là. Cela veut dire, au contraire, commencer par là et voir si, dans une nouvelle situation culturelle, il est possible de reconstituer de façon critique une certaine totalité du savoir ». Or, ce travail devient impossible dans un univers qui confond réel et possible et abolit toute frontière entre vérité et fiction. *Actuel* ou *Science et Vie*, malgré leurs points faibles, se réfèrent à une réalité extérieure. Les médias plus récents mettent en jeu un rapport au réel si perverti qu'il n'est même plus possible de définir l'imposture, comme l'illustre le cas de Rika Zaraï. La télévision commerciale d'aujourd'hui ne se préoccupe pas de représenter le réel. Elle ne renvoie qu'à elle-même. Le monde est ce que vous voyez à l'écran.

Umberto Eco établit une distinction éclairante entre la « paléo-TV » et la « néo-TV ». Le prototype de la première, ce sont les « émissions de Papa » comme « Cinq colonnes à la une ». Cette télévision tente d'être « une petite lucarne ouverte sur le vaste monde ». On peut discuter de savoir si son information est crédible, si sa description de la réalité est adéquate. Même si ce n'est pas le cas, le système conserve une référence au réel.

La néo-TV, dont les émissions de Patrick Sabatier ou de Jacques Pradel sont des exemples typiques, ne parle plus du monde extérieur. « Elle parle d'elle-même et du rapport qu'elle est en train d'établir

19. Umberto ECO, *La Guerre du faux*, Grasset, Paris, 1985.

avec son public, écrit Umberto Eco. Peu importe ce qu'elle dit ou de quoi elle parle (parce que le public armé de télécommande décide du moment où elle peut parler et du moment où il change de chaîne). Pour survivre à ce pouvoir du public, elle essaie de retenir le spectateur en lui disant : "Je suis là, je suis moi et je suis toi." Qu'elle parle de fusées ou de Laurel qui fait tomber une armoire, tout ce que la néo-TV arrive à dire, c'est : "Je t'annonce, ô merveille, que tu es en train de me voir ; si tu n'y crois pas, compose ce numéro et appelle-moi, je répondrai." »

Mais cet unique message ressassé en dit beaucoup, car il abolit la distance de l'émetteur au récepteur. Le discours médiatique devient autoréférent. Je n'ai pas à être d'accord ou non avec Rika Zaraï. Le téléspectateur pourrait dire, pastichant Flaubert : « Rika Zaraï, c'est moi. » Ou Zidane, ou la créature de Roswell, ou toute autre créature de l'univers télévisuel.

L'ubiquité des médias contemporains dépasse l'utopie négative du *1984* d'Orwell : « De tous les carrefours importants, le visage à la moustache noire vous fixait du regard. » Mais Big Brother est un tyran, il porte encore la marque de l'histoire réelle. Depuis, Big Brother est devenu notre ami. C'est chacun de nous. Ne prête-t-il pas son nom à une émission à grand succès qui montre tout simplement des gens filmés dans une maison en train de s'habiller, se laver, manger, lire, faire l'amour ou se gratter le cul ? Ce n'est plus « Big Brother is watching you », c'est nous qui regardons « Big Brother », pour observer notre propre vie privée, rendue transparente.

Le couple formé par la nouvelle télévision et Internet se rapproche de l'univers décrit par John Brunner dans *Tous à Zanzibar* : le mensonge n'y est plus nécessaire, il n'y a même plus besoin de retoucher les photos d'archives ou d'effacer les textes compromettants, parce qu'il y a une parfaite osmose entre le simulacre médiatique et ceux auxquels il est destiné. L'ubiquité emprunte les traits d'un couple modèle qui est tout le monde et n'importe qui : « Monsieur et Madame Jesuispartout sont des personnages de synthèse, équivalents contemporains des Jones, des Dupont et des Müller, sauf qu'il n'y a pas à être d'accord ou non avec eux. Achetez une télé personnalisée avec identificateur d'ambiance, vous pouvez être sûr que les Jesuispartout auront votre visage, votre voix et vos gestes. »

Vertige d'un monde de simulation où, comme dans *Matrix*, le réel s'est fait artifice et l'artifice réalité. Le miracle n'est pas que l'on croie encore à la fusion froide et à la créature de Roswell. C'est qu'il y ait encore des bribes de signification, des lieux où s'échange le sens. Quelqu'un a parlé ?

Exercices

1. Grâce à des essais en double aveugle – méthode deux fois plus fiable que celle du simple borgne – prouvez que la cellulite fond devant le citron (exercice offert par Rika Zaraï).

2. Publiez cette découverte dans une revue médicale, avec l'appui d'un biologiste célèbre à la retraite. Ne divulguez pas le détail de vos expériences (qui n'ont d'ailleurs pas été réalisées). Ne parlez pas de citron et de cellulite, mais de « triacide-alcool citrique » et d'« inhibition de l'hypertrophie du tissu graisseux sous-cutané ». Faites un communiqué pour annoncer une conférence de presse au Salon des médecines naturelles.

3. Répandez la rumeur selon laquelle l'épidémie de sida résulte d'expériences militaires américaines pour tester une arme bactériologique destinée à combattre les Martiens. Divulguez l'histoire dans un grand journal friand de scoops scientifiques scabreux, par exemple le *Sunday Times* de Londres. Quand vous serez invité à la télévision, racontez votre enquête pour retrouver le dossier top secret de l'affaire, en multipliant les détails hors sujet. Aux scientifiques et autres sceptiques, expliquez que le Pentagone fait tout pour étouffer l'affaire. Faites état de mystérieuses menaces à votre encontre. Publiez vos mémoires et disparaissez dans un endroit connu de vous seul (non sans avoir indiqué les références de votre compte en banque à votre éditeur).

4. Une fois que l'affaire se sera tassée, faites une nouvelle révélation : le rapport top secret était un faux divulgué par les Martiens, qui sont les vrais responsables de l'épidémie de sida. Vous avez découvert un document établi par la CIA qui explique tout. Titre de votre deuxième best-seller : *Le Second Rapport*.

Leçon 5

Les faits, tu manipuleras

Le 18 décembre 1912, Charles Dawson et Arthur Smith Woodward firent une communication fracassante devant la Société géologique de Londres. Conservateur au British Museum, Smith Woodward, qui deviendrait plus tard « Sir Arthur », était un gros bonnet de la paléontologie britannique. Dawson, qui exerçait la profession d'avoué, était surtout connu comme archéologue amateur. Il comptait déjà à son actif plusieurs trouvailles intéressantes, mais la découverte que Dawson et Smith Woodward présentèrent ce jour-là les enfonçait toutes : d'une sablière située à Piltdown, dans le Sussex, ils avaient déterré un crâne et une mâchoire constituant, d'après eux, les premiers fragments fossiles du fameux chaînon manquant entre le singe et l'homme !

L'*Eoanthropus dawsoni*, ou homme de Piltdown, était né. Pour la paléontologie d'outre-Manche, il représentait une formidable revanche : alors que la France s'enorgueillissait des célèbres hommes de Néanderthal et de Cro-Magnon, la Grande-Bretagne était restée désespérément pauvre en fossiles humains. « L'homme de Piltdown venait à point nommé pour retourner la situation, écrit Stephen Jay Gould dans *Le Pouce du panda* [1]. Il semblait considérablement plus vieux que les néanderthaliens. » Adam était anglais ! « La race de Néanderthal, déclara Sir Arthur, était un rameau dégénéré alors que l'homme moderne survivant doit provenir directement

1. Stephen Jay Gould, *Le Pouce du panda*, *op. cit.*

de cette source primitive dont la découverte du crâne de Piltdown fournit la première preuve. »

Les restes de l'« homme de l'aurore » – tel est le sens d'*Eoanthropus* – avaient toutes les apparences du très grand âge. Fortement teintés, le crâne comme la mandibule semblaient contemporains du sable ancien, d'où avaient aussi été extraits divers débris de mammifères fossiles. Certaines bizarreries tempéraient cependant l'enthousiasme chauvin de Smith Woodward. La mâchoire paraissait aussi simiesque que le crâne avait l'air humain ! Disparité d'autant plus étonnante que la mâchoire avait conservé deux molaires présentant une usure plate, chose commune chez les humains, mais jamais vue chez les singes.

« Malheureusement, explique Gould, la mâchoire était cassée en deux endroits qui auraient pu établir de façon formelle son rapport avec le crâne : la zone du menton, avec tous les signes qui y distinguent le singe de l'homme, et l'articulation avec le crâne. »

Dans les années qui suivirent, Dawson et Smith Woodward opposèrent à leurs détracteurs une série de découvertes qui, « considérées rétrospectivement, n'auraient pas pu être mieux programmées si l'on avait voulu dissiper le doute ». Ce fut d'abord, en 1913, une canine inférieure, elle aussi simienne mais usée comme une dent humaine. Puis, en 1915, Dawson trouva, à trois kilomètres du premier site, deux nouveaux fragments de crâne humain associés à une dent simienne usée comme une dent humaine, soit exactement la même combinaison que la première fois. Coïncidence que l'un des maîtres de la paléontologie américaine, Henry Fairfield Osborn, jugea un peu trop belle pour être vraie : « S'il y a une Providence intervenant dans les questions d'hommes préhistoriques, écrivit-il, elle s'est de toute évidence manifestée ici, car les trois fragments du second homme de Piltdown trouvés par Dawson sont exactement ceux qu'on aurait choisis si l'on avait désiré confirmer la comparaison avec le type originel [2]. »

Osborn ne croyait pas au Père Noël de la paléontologie. Du moins dans un premier temps. En temps que directeur du Museum américain d'histoire naturelle, il fut invité, en juillet 1921, à venir admirer les restes de l'« homme de l'aurore » au British Museum. Il opéra alors une conversion spectaculaire, déclarant que Piltdown était « une découverte d'une importance transcendante pour la préhistoire de l'homme ». Il ajouta cette remarque qui, plus tard, prendrait une saveur particulière : « Nous devons nous rappeler sans cesse que la nature est pleine de paradoxes et que l'ordre de l'univers n'est pas

---

2. *Ibid.*

l'ordre humain. » En l'occurrence, une découverte qui devait plus à l'ordre humain qu'à celui du cosmos allait être prise très au sérieux par une génération de paléontologues. L'énergie de Charles Dawson et la conviction d'Arthur Smith Woodward finirent par emporter le morceau. L'*Eoanthropus dawsoni* figura dans tous les traités pendant trois décennies. Sans doute s'y trouverait-il encore, si un paléontologue perspicace, Kenneth Oakley, ne s'en était mêlé...

Mystification ou canular ?

Au cours du temps, les ossements fossiles s'imprègnent du fluor contenu dans le sol et les roches où ils gisent. En dosant le fluor, on peut dater le moment où un fossile a été enfoui. En 1949, Oakley soumit les vestiges de l'*Eoanthropus* à ce test. Il ne découvrit que d'infimes traces de fluor, à peine décelables. Conclusion : les ossements découverts par Dawson ne pouvaient avoir séjourné longtemps dans les sables de Piltdown.

Oakley pensa d'abord que les ossements, bien qu'authentiques, n'avaient été enterrés que récemment. Mais en y regardant de plus près, aidé par l'anatomiste Le Gros Clark, Oakley dut se rendre à l'évidence : l'« homme de l'aurore » était un faux ! Le crâne et la mâchoire avaient été teintés au bichromate de potassium. On avait limé les dents pour simuler une usure humaine. L'incroyable association d'une mâchoire de singe et d'un crâne humain s'expliquait le plus simplement du monde : la boîte crânienne appartenait à un homme moderne, la mandibule à un orang-outan. Leur juxtaposition n'était pas un caprice de l'évolution, mais l'œuvre d'un imposteur.

Qui était l'auteur du trucage ? Lorsque l'affaire fut dévoilée au début des années cinquante, les soupçons se focalisèrent sur Dawson. L'archéologue amateur se trouve en effet au départ de toute l'histoire. C'est lui qui, en 1912, allécha Sir Arthur en lui présentant les fragments du premier homme de Piltdown. Jusque-là, le conservateur du British Museum n'avait jamais soupçonné l'existence de fossiles humains à Piltdown. Bien que Smith Woodward se soit associé aux découvertes ultérieures, c'est Dawson lui-même qui déterra la plus grande partie du matériel. En fin de compte, le rôle de Smith Woodward consista pour l'essentiel à accréditer l'*Eoanthropus dawsoni* aux yeux de la communauté scientifique. Tout entier absorbé par sa passion, le conservateur allait consacrer sa vie au fossile truqué de Dawson. Le schéma qui semble le plus vraisemblable est que Dawson a berné un Woodward sincère mais trop crédule et aveuglé par le mirage de la découverte sensationnelle du

« Premier Anglais » (*The Earliest Englishman* est le titre de son dernier livre, daté de 1948 ; il mourut avant que l'imposture ne soit démasquée).

Mais il existe un troisième personnage, que le respect dû à un ecclésiastique doublé d'une grande figure spirituelle nous interdit de qualifier de tiers larron. Car il ne s'agit de personne d'autre que du célèbre théologien et paléontologue Pierre Teilhard de Chardin ! Il peut sembler sacrilège d'associer le nom de l'auteur du *Phénomène humain* à une vulgaire supercherie. Pourtant, comme nous l'avons déjà constaté et le constaterons tout au long de ce livre, la révérence accordée à un grand homme ne saurait être considérée comme un argument scientifique. L'important, ce sont les faits. Et sur le plan des faits, le dossier à charge établi par Stephen Jay Gould est accablant. Gould, qui avait douze ans quand la supercherie fut dévoilée, s'est passionné pour l'homme de Piltdown et lui a consacré une enquête très approfondie [3]. Sa théorie rend compte mieux que toute autre des péripéties de l'affaire. Le lecteur en jugera de lui-même.

Né en Auvergne en 1881, Teilhard était entré chez les jésuites en 1902. Il séjourna ensuite à Jersey puis au Caire. « En 1908, il revint terminer sa formation théologique au séminaire jésuite d'Ore Place à Hastings, providentiellement situé à proximité de Piltdown, sur la côte sud-est de l'Angleterre, raconte Gould. Il y passa quatre ans et fut ordonné prêtre en 1912. En théologie, Teilhard se montrait un étudiant assez doué, mais moyennement motivé. Ce qui le passionnait et l'avait toujours passionné à Hastings, c'était l'histoire naturelle. Il parcourait la campagne à la recherche de papillons, d'oiseaux et de fossiles. Et, en 1909, il fit la connaissance de Charles Dawson sur le lieu géographique de leur passion commune – une sablière où ils cherchaient des fossiles. »

Teilhard, alors âgé de vingt-huit ans, a donc arpenté avec Dawson la sablière de Piltdown trois ans avant qu'aucun spécialiste n'ait entendu parler des premières trouvailles de l'avoué. C'est lui qui a trouvé la fameuse canine de 1913. Quand Smith Woodward fut mis dans la confidence, Teilhard et Dawson étaient déjà bons amis et, dans ses lettres à ses parents, le jeune jésuite appelait Dawson son « correspondant en géologie ». Les deux hommes passaient de longues heures ensemble sur le terrain. Gould les imagine « fomentant leur complot », Dawson pour « mettre au jour la crédulité de ces professionnels qui se donnaient de grands airs », Teilhard pour « se

3. Voir Stephen Jay Gould, *Le Pouce du panda*, *op. cit.*, et, pour un compte rendu plus détaillé, *Quand les poules auront des dents*, Fayard, Paris, 1984, réédité au Seuil, Paris, 1991.

gausser une nouvelle fois des Anglais qui ne possédaient aucun fossile humain légitime, alors que la France s'enorgueillissait d'une surabondance qui en faisait la reine de l'anthropologie »...

Mais pourquoi Dawson n'aurait-il pas monté le coup tout seul ? Plusieurs éléments rendent cette hypothèse improbable.

a) La correspondance entre Teilhard et Oakley. Dans une lettre adressée le 28 novembre 1953 à Kenneth Oakley, qui lui demandait de l'aider à identifier l'auteur de l'imposture, il semble bien que Teilhard se soit coupé. Il commence par féliciter Oakley d'avoir résolu le problème de ce « monstre » anatomique que constituait l'*Eoanthropus* : « Je suis fondamentalement satisfait de vos conclusions, écrit Teilhard, en dépit du fait que, sentimentalement parlant, elles gâchent l'un de mes souvenirs paléontologiques les plus lumineux et les plus anciens. » Là-dessus, il poursuit en essayant de blanchir Dawson, et commet une erreur fatale : « [Dawson] se borna à me conduire sur l'emplacement du deuxième site et m'expliqua qu'il avait trouvé la molaire isolée et les petits morceaux de crâne dans les tas de graviers et de cailloutis qui avaient été ratissés à la surface du champ. »

Cette scène se déroule en 1913. Or, c'est seulement en 1915 que Dawson a divulgué les « découvertes » faites sur le deuxième site ! Entre-temps, Teilhard avait été appelé au front en décembre 1914 et y était resté jusqu'à la fin de la guerre. Comment pouvait-il être au courant *à moins d'avoir participé à la supercherie* ? « Il ne pouvait [...] avoir vu les vestiges de Piltdown 2 avec Dawson, sauf s'ils les avaient fabriqués ensemble avant son départ (Dawson mourut en 1916) », commente Gould. Sans soupçonner Teilhard, Oakley releva la contradiction et réécrivit à Teilhard, qui lui répondit avec embarras, en arguant de ses souvenirs « un peu vagues », comme s'il cherchait à rattraper sa bourde. Oakley pensa que Dawson avait montré le matériel en 1913 à un Teilhard innocent, et l'avait dissimulé à Smith Woodward pendant deux ans. Mais cette interprétation est peu vraisemblable : Teilhard et Smith Woodward étaient amis et avaient de fréquentes discussions sur leur passion commune ; à tout moment, Teilhard aurait pu faire une allusion qui aurait dévoilé le pot aux roses ; il n'avait aucune raison de ne pas parler de Piltown 2 à Smith Woodward, sauf s'il était dans le coup.

b) Le silence de Teilhard. Au cours de sa longue carrière, Teilhard a écrit de très nombreux articles de paléontologie. Pourtant, dans cette abondante production, l'homme de Piltdown, son « souvenir lumineux », n'est cité que par brèves allusions. On peut comprendre que le jésuite n'ait guère eu envie de s'étendre sur le sujet après que la supercherie eut été démasquée, mais son silence a été presque total pendant les trente ans de gloire de l'*Eoanthropus*, alors même que cette découverte constituait l'un des arguments les plus forts en faveur de la philosophie évolutionniste du *Phénomène humain*. Le seul écrit de Teilhard sur l'« homme de l'aurore » est un article publié en 1920 par la *Revue des questions scientifiques*, dans lequel il dénonce implicitement l'imposture ! Il écrit que la morphologie du spécimen étant invraisemblable, « nous devons raisonner comme si le crâne de Piltdown et la mandibule appartenaient à deux sujets différents ». Ayant ainsi tranché la question, il laisse au détour d'une phrase un indice subtil et troublant. Après avoir expliqué que si le maxillaire avait conservé son condyle (articulation), on aurait pu vérifier sans hésitation si les deux parties s'ajustaient, il ajoute : « Comme par exprès, le condyle se trouve manquer ! » Cela peut bien sûr n'être qu'une tournure de style. Gould pense, lui, que « Teilhard essayait de nous dire quelque chose qu'il n'osait révéler directement ».

c) L'éléphant et l'hippopotame. Dawson et son hypothétique complice avaient dispersé dans les graviers de Piltdown des morceaux de mammifères afin de reconstituer une matrice géologique. Tous ces restes pouvaient provenir d'Angleterre, sauf une dent d'hippopotame sans doute originaire de Malte, et une dent d'éléphant qui venait presque sûrement de Tunisie. Certains collègues de Gould, dont Louis Leakey, ont suspecté Teilhard, qui avait voyagé, d'avoir « fourni » ces pièces. Selon Gould, l'argument n'est pas décisif : Dawson aurait aussi pu se les procurer, car il travaillait avec un réseau d'amateurs qui procédaient à des échanges.

d) La chance de Teilhard. Tous les archéologues et paléontologues le confirmeront, découvrir des vestiges intéressants dans un champ de fouille est une tâche difficile, fastidieuse et aléatoire. Bien qu'il ait passé moins de temps à Piltdown que ses deux collègues, Teilhard trouva un fragment de dent d'éléphant, un silex taillé et la fameuse canine limée pour simuler l'usure. Une moisson abondante, même pour un homme de son talent. « Une dent dans une carrière est à peu près aussi visible que la proverbiale aiguille dans le tas de foin », observe Gould. Dans sa lettre à Oakley, Teilhard écrit : « Je me rappelle même que Sir Arthur me félicita pour ma bonne vue. » Il est clair que l'on voit encore mieux quand on sait où chercher.

Tels sont les principaux éléments « à charge » rassemblés par Gould. Il manque la preuve imparable qui permettrait d'affirmer que le mystère de Piltdown est définitivement résolu. Cependant, le statut de cette preuve évoque la fable du comte russe qui soupçonnait sa jeune et jolie femme de le tromper. Il lui déclara qu'il devait partir pour un long voyage puis, en cachette, se posta à la fenêtre de la maison voisine. Le soir suivant son prétendu départ, épiant en secret sa propre demeure, le comte vit un fringant lieutenant de la garde du tsar frapper à sa porte. Il vit son épouse ouvrir à son rival, le saluer, le faire entrer. Quelques instants plus tard le comte les aperçut tous deux, s'embrassant à bouche-que-veux-tu devant la fenêtre d'une chambre à coucher. Puis on souffla la chandelle et ce fut l'obscurité. « Ah ! si j'avais une preuve ! », s'exclama le comte[4]...

Mais quel aurait été le mobile de Teilhard ? À l'époque où il rencontra Dawson, le jeune jésuite ne planait pas encore dans la « noosphère », auréolé du prestige mystique d'une sorte de gourou chrétien (un gourou de secours, bien sûr). « C'était un homme passionné – un vrai héros pendant la guerre, un aventurier sur le terrain, un homme qui aimait la vie et les gens, qui s'efforça de connaître le monde avec toutes ses joies et toutes ses peines, écrit Gould. Je suppose que Piltdown représenta simplement pour lui un délectable canular – au début. » Un canular qui a mal tourné. En 1918, Dawson était mort, l'*Eoanthropus* avait lancé Smith Woodward sur la trajectoire qui lui vaudrait d'être appelé Sir Arthur, et Teilhard, devenu professionnel, ne pouvait plus avouer une imposture sans ruiner une carrière prometteuse qui devait culminer avec la découverte de l'homme de Pékin – authentique celui-là. Il aurait donc suivi le conseil du psalmiste : « Sois calme, et sais. » Aphorisme qui devint plus tard la devise de l'université du Sussex, établie à quelques kilomètres de Piltdown.

Éloge de l'*Eoanthropus*

S'il conserve une part d'ombre, l'« homme de l'aurore » éclaire aussi le lent et tortueux cheminement de la vérité scientifique. Comme les statistiques impossibles de Cyril Burt, l'incongruité anatomique de l'*Eoanthropus* aurait dû susciter, au minimum, un fort scepticisme. Elle aboutit au contraire à l'anoblissement de Smith Woodward et de ses deux illustres collègues Grafton Eliott Smith et Arthur Keith – à se demander si le moyen le plus sûr d'obtenir le titre de *Sir* n'est pas de participer à une imposture scientifique !

4. L'histoire du comte russe a été racontée dans un tout autre contexte : en 1959, Alton Ochsner, directeur de l'American Cancer Society, cherchait à convaincre ses collègues de ce que l'abus de la cigarette était bien le responsable de l'augmentation des cancers du poumon ; à ceux qui réclamaient sans cesse des preuves supplémentaires, il raconta cette fable édifiante (voir Richard KLUGER, *Ashes to Ashes*, Alfred A. Knopf, New York, 1996).

Plus sérieusement, le succès de l'homme de Piltdown peut, selon Gould, s'expliquer par quatre raisons qui toutes « s'inscrivent en faux contre les mythes concernant la pratique scientifique : les faits priment et ont la vie dure et le savoir s'accroît grâce au recueil patient et à l'examen minutieux des données objectives de pure information ».

1) *Une forte espérance l'emporte sur des preuves douteuses.* Pour avoir « leur » fossile humain, les savants britanniques sont prêts à avaler l'aberration que constitue l'*Eoanthropus*. Un peu comme Dean Hamer, si désireux de trouver « son » gène gay qu'il ne s'attarde pas sur les faiblesses méthodologiques de sa démonstration. Ou comme les centaines de chercheurs qui se sont lancés sur la piste de la fusion froide sans recompter les neutrons de Fleischmann et Pons. Quant à ceux qui ont admis sans discussion les résultats fabriqués de Burt, ils avaient surtout envie de croire que l'hérédité de l'intelligence était démontrée.

2) *L'influence des préjugés culturels.* « Aujourd'hui l'association d'un crâne humain et d'une mâchoire de singe nous semblerait suffisamment incohérente pour qu'on la mette tout de suite en doute », note Gould. En 1913, de nombreux paléontologistes de premier plan conservaient un *a priori* en faveur de la primauté du cerveau dans l'évolution humaine. Ils pensaient que l'homme devait sa place privilégiée dans le règne animal à un développement cérébral qui aurait entraîné le reste à sa suite. Préjugé lié à une idéologie raciale : les Blancs auraient accédé à la véritable humanité avant les Noirs et les Jaunes, grâce à l'essor de leur cerveau. Ce qui impliquait que les premiers spécimens d'humanité à part entière fussent des fossiles retrouvés en terre blanche, de préférence en Europe.

Assez ironiquement, il semble que tout se soit passé en sens inverse. Le berceau de notre espèce se situe plus probablement en Afrique que dans le Sussex. Et notre cerveau surdéveloppé n'est sans doute pas la première étape de l'hominisation. Sans être de très bons marcheurs, nos ancêtres les plus anciens, les australopithèques, connaissaient déjà la station verticale, mais ils n'avaient pas encore pris la grosse tête. Il y a deux millions d'années, un saut évolutif a transformé l'australopithèque arboricole en un agile bipède omnivore et chasseur : l'*Homo ergaster*, notre ascendant direct et peut-être même déjà un humain à part entière. Le volume crânien a doublé, pas la largeur du bassin. Il est devenu difficile de mettre un petit au monde. La contrainte mécanique impose au bébé humain de naître plus précoce que ses cousins primates, avant que sa tête soit devenue trop grosse pour franchir le bassin étroit de sa mère. Pour ainsi dire prématuré, il a besoin de soins attentifs, d'une présence constante. D'où l'organisation sociale complexe qui entoure l'accouchement et la petite enfance. Selon certains chercheurs, le développement cognitif humain et en particulier le langage seraient issus de ces nécessités, elles-mêmes retombées du hasard de l'évolution[5].

3) *L'art d'accommoder les faits.* Smith Woodward et ses collègues étaient partisans d'une nette avance du cerveau dans l'évolution humaine. Tout de même, observe Gould, ils ne poussaient pas ce préjugé jusqu'à songer à une indépendance telle que « le cerveau serait devenu humain avant que la mâchoire ait subi la moindre transformation » ! La difficulté ne leur avait pas échappé, mais ils préférèrent modeler les faits pour les ajuster à la théorie. Ils soutinrent que le crâne de l'homme de Piltdown présentait, en dépit de sa modernité, des caractères résolument simiens, thèse assez savoureuse si l'on pense que ce crâne devait appartenir à un sujet de Sa Gracieuse Majesté mort quelques années plus tôt... À l'inverse, ils prêtèrent à la mâchoire d'orang-outan des caractères humains. Ce qui démontre que même les savants sont sujets aux hallucinations.

4) *Certaines pratiques font obstacle au dévoilement de la vérité.* Au début du siècle, on n'accédait pas facilement aux collections du British Museum. La règle était : « Regarder mais ne pas toucher. » Dans l'affaire de Piltdown, les chercheurs ont souvent dû se contenter de manipuler des moulages en plâtre, sur lesquels on ne pouvait détecter l'abrasion artificielle des dents ou la coloration des ossements. La situation ne changea que lorsque les fossiles de Piltdown furent placés sous la garde de Kenneth Oakley, qui mit en évidence la mystification.

On pourrait penser qu'aujourd'hui les chercheurs ne rencontrent plus ce type d'obstacle. Toutefois, si l'accès à l'information est – en général – plus facile qu'autrefois, la croissance exponentielle du savoir et son degré de spécialisation compliquent la situation. Un géophysicien ou un astrophysicien peut démonter en un quart d'heure la théorie de l'expansion terrestre de Hugh Owen (leçon 3) ; mais son auteur, paléontologue, s'adresse à un auditoire aussi dépourvu de « culture physique » que lui-même. Et comme nous l'avons vu dans la leçon précédente, les physiciens qui ont tenté d'évaluer la validité de la fusion froide se sont heurtés à la fois à leur méconnaissance de l'électrochimie et au goût du secret de Fleischmann et Pons.

---

5. Voir Pascal Picq, *Les Origines de l'homme. L'odyssée de l'espèce*, Tallandier, Paris, 1999.

La fragmentation du savoir et de la pratique scientifiques multiplie les domaines qui ne sont bien maîtrisés que par un tout petit nombre de spécialistes. À quoi s'ajoute le fait que même les spécialistes n'ont pas toujours une bonne connaissance de l'histoire de leur spécialité : ainsi, dans le cas de la fusion froide, c'est un peu par hasard que Douglas Morrison a retrouvé le précédent historique de Paneth et Peters. Cette situation rend en pratique les fraudes et les impostures malaisées à démasquer. Si l'analyse de Gould nous intéresse, c'est que l'homme de Piltdown n'est pas un cas isolé. Les exemples qui jalonnent cette leçon brossent le portrait d'une science mue par l'espoir irrationnel, les préjugés, la quête de la gloire, la rivalité, les enjeux idéologiques et les intérêts économiques autant que par la recherche de la vérité. Aussi décevant que cela puisse paraître, les savants ne correspondent pas à l'image d'Épinal fabriquée par l'école et les médias (quoique ces derniers, en divulguant largement des affaires comme la polémique sur la découverte du virus du sida, aient sérieusement écorné l'icône). L'*Eoanthropus* mérite toute notre reconnaissance, pour avoir contribué à dissiper l'illusion d'une science désincarnée, exercée par de purs esprits dans un monde idéal.

Les pois de Mendel ou comment tricher utile

Bien avant Cyril Burt, l'histoire naissante de la génétique fournit l'exemple paradoxal d'une fraude qui, avec le recul, a peut-être servi la vérité. En 1865, quelques années après la parution de *L'Origine des espèces* de Darwin, le moine morave Gregor Mendel publie ses *Expériences sur les plantes hybrides*, où il expose les lois de l'hérédité qui portent aujourd'hui son nom. Chacun sait que Mendel a découvert ses lois en étudiant la transmission des caractères biologiques sur des petits pois (c'est d'ailleurs, à mon avis, le seul usage sensé que personne ait jamais fait des petits pois). Il y a toutefois un détail sur lequel les ouvrages de génétique se montrent peu diserts : Mendel a formulé ses lois sur la base d'expériences truquées !

C'est Ronald Fisher, célèbre statisticien et biologiste britannique, qui repéra le lézard. « Fisher a clairement montré en 1936 que Mendel n'avait pu obtenir les proportions statistiques qu'il donna pour justifier les lois qui portent son nom : ses résultats serrent de trop près les prévisions théoriques, ils sont trop beaux pour être vrais, écrivent Marcel Blanc, Georges Chapouthier et Antoine Danchin. Et Fisher suggéra que quelque assistant, qui connaissait trop bien le résultat qu'attendait le maître, aurait pu réaliser la fraude. Un autre biologiste britannique, Sir Alister Hardy, suggéra à son tour, en 1965, que c'étaient peut-être les jardiniers qui auraient été à l'origine de cette perfection trop grande des résultats : sachant que Mendel attendait une proportion donnée, et la voyant se dessiner sous leurs yeux, tandis qu'ils dénombraient les petits pois, il était bien tentant de modifier un peu dans le sens prévu l'inventaire des échantillons, afin de s'épargner du travail [6] ! »

Les horticulteurs ont répondu à ces soupçons, par la voix d'une de leurs revues professionnelles, *Hort Science*, qui met en cause Mendel lui-même dans une version pittoresque de la découverte des lois de la génétique : « Au commencement était Mendel, ruminant ses pensées solitaires. Puis il dit : "Qu'il y ait des pois", et il y eut des pois, et cela était bon. Puis il mit ces pois dans le jardin et leur dit : "Croissez et multipliez, différenciez-vous et assortissez-vous indépendamment." Ainsi firent-ils, et cela était bon. Puis advint que Mendel rassembla ses pois et les sépara en graines rondes et ridées ; il appela les rondes dominantes, et les ridées récessives, et cela était bon. Mais Mendel vit alors qu'il y avait 450 pois ronds et 102 pois ridés. Cela n'était pas bon. Car la loi stipule qu'il doit y avoir trois ronds pour un ridé. Et Mendel se dit en lui-même : "*Gott im Himmel*, c'est là l'œuvre d'un ennemi qui aura semé des mauvais pois dans mon jardin à la faveur de la nuit." Et Mendel, pris d'un juste courroux, frappa sur la table et dit : "Éloignez-vous de moi, pois maudits et diaboliques, retournez dans les ténèbres où vous serez dévorés par les rats et les souris !" Et il en fut ainsi ; il ne resta plus que 300 pois ronds et 100 pois ridés, et cela était bon. Excellent, même. Et Mendel le publia. »

Les Américains William Broad et Nicholas Wade, tous deux journalistes scientifiques, citent ce texte savoureux – intitulé *Peas on Earth* – dans leur livre *La Souris truquée* [7]. « La question de savoir si Mendel a consciemment ou inconsciemment amélioré ses résultats ne peut être résolue avec certitude, car une grande part de ses données originales n'existe plus. » Les travaux de Mendel eurent peu de retentissement au moment de leur publication. Si l'évolution semble aujourd'hui indissociable de la génétique, ce n'était pas le cas au XIXe siècle. Darwin a élaboré sa théorie, fondée sur le rôle de la sélection naturelle, en ignorant l'œuvre de Mendel et sans se préoccuper des mécanismes précis de la transmission des caractères. C'est

---

6. Marcel BLANC, Georges CHAPOUTHIER et Antoine DANCHIN, « Les fraudes scientifiques », *La Recherche*, n° 113, juillet-août 1980.

7. William BROAD et Nicholas WADE, *La Souris truquée*, traduit de l'américain par Christian Jeanmougin, Seuil, Paris, 1987.

seulement dans les années trente que Ronald Fisher (le même), Sewall Wright, John Haldane et d'autres mirent au point le néodarwinisme, synthèse de la théorie de Darwin et de la génétique mendélienne. Voilà pourquoi Fisher s'est penché sur les statistiques du moine morave.

Même si l'on ne peut plus se livrer à l'intéressante comparaison entre les résultats bruts de Mendel et le compte rendu qu'il en fit, les connaissances d'aujourd'hui permettent de faire une hypothèse vraisemblable. Il serait logique que Mendel ait « ajusté » ses résultats, car il avait très peu de chances de découvrir ses lois par une observation fortuite. En effet, les lois de Mendel sont des lois statistiques, qui se vérifient sur un très grand échantillon. Trouver 450 pois ronds et 102 ridés n'impliquait pas forcément une erreur, cela pouvait tenir seulement au hasard de l'échantillonnage. Pour trouver un résultat proche de ses attentes, Mendel aurait dû comptabiliser un nombre beaucoup plus élevé de pois (de même, si l'on tire à pile ou face trois ou quatre fois, on peut trouver beaucoup plus de « pile » que de « face », tandis qu'après un très grand nombre de tirages, disons un million, on trouvera à peu près la probabilité attendue de 50/50). En pratique, il était difficile avec les moyens de l'époque d'obtenir une très bonne vérification expérimentale des lois de Mendel, et l'on peut présumer que le moine avait déjà sa théorie en tête avant de réaliser ses expériences. De sorte que son mérite aura surtout consisté à se fier à son intuition qui, elle, était juste. Mais imaginez que Mendel ait été plus scrupuleux et n'ait pas utilisé ses résultats trop beaux... Pour une fois – et avec une petite dose de mauvaise foi –, on peut considérer que la fraude a probablement servi la science !

Le crapaud accoucheur de Paul Kammerer

Un bûcheron transmet-il ses gros biceps à ses enfants ? La vieille idée de l'hérédité des caractères acquis possède un charme quasi irrésistible. Ne serait-il pas merveilleux que les animaux puissent faire profiter leurs petits du bénéfice des efforts d'adaptation qu'ils ont accomplis au cours de leur vie ? Que les enfants naissent avec le savoir et l'expérience de leurs parents, comme ils héritent leurs biens ?

Traditionnellement, cette conception est qualifiée de lamarckisme, bien que Lamarck n'en ait nullement la paternité. Elle n'était pas centrale dans sa théorie et la plupart des savants du XIXe siècle y adhéraient. Darwin lui-même la considérait comme un mécanisme auxiliaire de l'évolution, venant à l'appui de la sélection naturelle.

C'est l'Allemand August Weismann qui a démontré, dans les dernières années du siècle dernier, que les caractères acquis ne se transmettent pas : nos enfants ne peuvent hériter que de caractères liés à des gènes que nous possédions déjà à notre naissance (Weismann n'utilisait pas les termes de gènes et de chromosomes ; il parlait d'un *idioplasme* porteur des tendances héréditaires, mais le principe était le même). L'idée de base de la sélection naturelle, c'est que dans un environnement donné, les organismes les mieux adaptés survivent, et transmettent leurs gènes à leurs descendants, ce qui n'implique pas (voir leçon 3) que tous les caractères pris un à un soient optimaux. L'important, pour ce qui nous concerne ici, c'est qu'un trait qui n'était pas présent au départ ne peut pas être sélectionné en une seule génération. Il faut de nombreuses générations pour que des caractères nouveaux s'intègrent dans le patrimoine héréditaire d'une espèce. Les éleveurs le savent bien, qui ont mis des siècles à sélectionner les meilleures races de vaches laitières, de bovins à viande ou de cochons.

Pourtant, et bien que Darwin ait été grandement inspiré par l'observation des pratiques des éleveurs, ces notions n'étaient toujours pas claires au début du XXe siècle (à supposer qu'elles le soient aujourd'hui). La polémique faisait toujours rage entre partisans du lamarckisme et supporters de Weismann. Le crapaud accoucheur – *Alytes obstetricans* – du biologiste viennois Paul Kammerer s'est mouillé les pattes dans cette querelle, lui qui mène pourtant une vie essentiellement terrestre. En particulier, l'*Alytes* s'accouple à pied sec, contrairement à de nombreuses espèces de grenouilles et crapauds qui forniquent dans l'eau. Les mâles de ces variétés aquatiques possèdent sur leurs mains et leurs avant-bras des « brosses copulatrices », sortes de protubérances munies de spicules. Selon le raisonnement finaliste en vigueur à l'époque, ces brosses permettaient au mâle d'assurer son étreinte pendant l'acte sexuel. Autrement, le corps humide de la femelle lui aurait glissé entre les pattes comme une savonnette dans une baignoire. Confirmant ce schéma utilitariste, le crapaud accoucheur n'avait pas de brosses. Il n'en avait pas besoin puisque, en terrain sec, la peau de la femelle offrait un coefficient d'adhérence satisfaisant.

Kammerer entreprit une expérience cruelle : il obligea des crapauds accoucheurs à accomplir l'acte de chair dans l'élément liquide. Apparemment, ils y parvinrent malgré l'absence de brosses mais, comme le dit Nietzsche, « tout ce qui est décisif ne naît que *malgré* ». Le point décisif, selon Kammerer, était que les mâles ainsi maltraités acquéraient des brosses copulatrices ! Mieux, ils les transmettaient à leurs descendants, de sorte qu'à la cinquième génération tous avaient hérité de ce caractère acquis. On peut remarquer l'incohérence du raisonnement finaliste : si les brosses n'étaient là que pour permettre les ébats aquatiques, les crapauds de Kammerer auraient dû rester sans descendance.

Une controverse s'engagea entre Paul Kammerer et William Bateson, un généticien britannique partisan des thèses de Weismann. En 1923, Kammerer apporta en Angleterre le dernier exemplaire de ses crapauds transformés. Ce fut une tempête dans un bocal de formol : « Partisans et adversaires de Kammerer ne purent se mettre d'accord sur ce qu'ils voyaient dans ce crapaud », notent Blanc, Chapouthier et Danchin [8]. Match nul, donc.

Trois ans plus tard, G. K. Noble, conservateur au Musée d'histoire naturelle de New York, fut autorisé à examiner le fameux batracien. Il ne trouva pas trace de brosse. En revanche, lorsqu'il disséqua la patte avant gauche, il s'aperçut qu'on y avait injecté de l'encre de Chine, sans doute pour simuler les protubérances copulatrices. Noble publia sa découverte dans une correspondance à *Nature*, le 7 août 1926. L'affaire tourna au drame. Le 23 septembre, Paul Kammerer se suicida, laissant une lettre dans laquelle il jurait qu'il n'était pas l'auteur de la fraude.

Nul ne sait si Kammerer s'est tué à cause de cette affaire. La Vienne du tournant du XXe siècle fut un laboratoire de la modernité, mais aussi un lieu qui cristallisa le désespoir ou l'obsession de la mort de nombreux hommes remarquables, comme Rainer Maria Rilke, Arthur Schnitzler ou Stefan Zweig – ce dernier se suicida en 1942, après son départ au Brésil. Dans *L'Étreinte du crapaud*, Arthur Koestler suggère que pour Kammerer, « la décision fatale de mettre fin à sa vie a peut-être été influencée par le fait qu'une artiste viennoise, proche de son cœur, ne put se résoudre à le suivre à Moscou [9] ». Kammerer avait en effet été invité par le gouvernement soviétique à poursuivre en Russie ses recherches sur l'hérédité des caractères acquis.

Quelques années plus tard, le régime stalinien fera de Lyssenko le promoteur d'une « nouvelle biologie », alternative à la génétique réactionnaire et bourgeoise de Weismann. En fait de nouveauté, le lyssenkisme était une simple transposition du lamarckisme à l'agriculture. La science socialiste devait transformer l'Union soviétique en un immense grenier fertile. Son résultat le plus concret fut l'emprisonnement des meilleurs généticiens du pays, dont le plus connu, Vavilov, mourut en déportation au cours de l'année 1942.

---

8. Marcel BLANC *et al.*, *art. cité.*
9. Arthur KOESTLER, *L'Étreinte du crapaud*, Calmann-Lévy, Paris, 1972.

Qui a truqué le crapaud de Kammerer ? Koestler imagine qu'un militant nazi aurait pu commettre la fraude pour déshonorer un homme connu pour ses sympathies socialistes. À moins que le biologiste ait été victime de la jalousie crapuleuse d'un collègue. Le pire, c'est que cette jalousie aurait été sans fondement : en 1924, on découvrit dans la nature un crapaud accoucheur qui possédait des brosses copulatrices. Ceux de Kammerer auraient donc pu avoir des brosses du fait de la réapparition fortuite de ce caractère présent dans le patrimoine de l'espèce. Dans cette hypothèse, les expériences de Kammerer n'auraient rien apporté de nouveau et, fait unique dans la nature, des crapauds auraient accouché d'une souris.

Stephen Jay Gould soutient, lui, que Kammerer a fait sans le savoir une expérience de sélection darwinienne. Admettons que les brosses constituent réellement un avantage pour les espèces qui s'accouplent dans l'eau. Le crapaud accoucheur, qui descend d'un ancêtre aquatique, les a perdues peu à peu. C'est-à-dire que le gène ancestral des brosses s'est conservé, mais ne s'exprime que rarement, comme il l'a fait dans le cas du spécimen découvert en 1924. En plongeant ses *Alytes* dans l'eau, Kammerer renforce la « pression de sélection » en faveur de ce gène : les crapauds qui ont des brosses sont favorisés, de sorte qu'au bout de plusieurs générations Kammerer aurait ainsi augmenté la fréquence, faible dans l'espèce sauvage, des *Alytes* munis de protubérances copulatrices.

Encre de Chine, hasard ou pression sélective ? Une chose est sûre : ceux qui espèrent démontrer le lamarckisme avec les expériences de Kammerer peuvent se brosser.

Les canards du père Leroy

L'histoire des sciences abonde en coïncidences ironiques. À peu près au moment où Kammerer se donnait la mort et où Lyssenko liquidait la biologie soviétique, l'Américain Thomas Morgan portait le coup de grâce à l'hérédité des caractères acquis. En étudiant les mutations de la drosophile – la mouche du vinaigre –, il découvrait dans ses chromosomes les gènes, support matériel de l'hérédité. Les lois de Mendel n'étaient plus une grammaire abstraite, elles décrivaient le comportement d'entités biologiques. Le bûcheron ne pouvait transmettre ses gros biceps à ses enfants, parce que abattre des arbres développe les muscles, mais ne modifie pas les gènes.

De quoi étaient faits ces derniers ? Il fallut attendre 1953 pour comprendre, grâce au modèle de la double hélice de Francis Crick et Jim Watson, que les gènes étaient constitués d'ADN – ou acide désoxyribonucléique. Crick et Watson reçurent le prix Nobel de médecine en 1962. La biologie moléculaire était née. Dans la décennie qui suivit, elle révolutionna les sciences de la vie, notamment grâce aux travaux de Jacques Monod, François Jacob et André Lwoff, qui contribuèrent à élucider les mécanismes par lesquels les gènes transmettent leur message, ce qui leur valut le Nobel en 1965.

C'est au cœur de cette période cruciale – entre 1957 et 1960 – que l'« affaire des canards » défraya la chronique. Le principal protagoniste était un jésuite – encore un ! –, le père Leroy, chercheur au laboratoire d'histophysiologie du Collège de France (installé à Gif-sur-Yvette). Je précise que je ne suis animé d'aucune motivation anticléricale ; il se trouve seulement que les jésuites se sont beaucoup intéressés à la science contemporaine. Pour en revenir au père Leroy, après un long séjour en Chine – autre point commun avec Teilhard –, il éprouvait des difficultés à s'intégrer à l'équipe. Le professeur Jacques Benoît, directeur du laboratoire, lui confia une mission quelque peu marginale : tester une « idée du samedi soir » – le genre d'idées un peu farfelues dont les chercheurs discutent parfois pendant leurs moments de loisir, sans trop les prendre au sérieux.

En l'occurrence, l'idée du samedi soir était une nouvelle version, assaisonnée à la sauce ADN, de l'hérédité des caractères acquis : il s'agissait d'injecter à un animal un ADN étranger dans l'espoir d'induire ainsi des mutations que l'animal transmettrait à ses descendants. C'était tiré par les brins mais, après tout, l'ADN n'était-il pas le support moléculaire de l'hérédité ? Le père Leroy se passionna pour cette expérience. Il prit des canetons de la race Pékin – l'histoire ne dit pas s'il les avait choisis pour des raisons sinologiques – et leur injecta l'ADN de palmipèdes d'une autre race, les canards Khaki. Les injections étaient faites dans le péritoine, du huitième jour suivant la naissance à la dix-neuvième semaine. Un jour, Leroy annonça qu'il y avait du nouveau : parmi les descendants des canards traités, une proportion importante avait le bec noir ou rose, alors qu'il aurait dû être jaune. La couleur des pattes était aussi modifiée. Aucune de ces anomalies n'apparaissait sur le groupe témoin non traité.

Intéressé mais prudent, le professeur Benoît envoya une note scellée à l'Académie des sciences. Il préservait ainsi l'antériorité d'une éventuelle découverte sensationnelle, tout en se couvrant au cas où il y aurait un couac. L'enjeu était de taille : si Leroy avait raison, on pouvait modifier une espèce sans passer par un mécanisme de sélection. Aujourd'hui, cette possibilité ne nous étonne plus : les manipulations génétiques produisent toutes sortes de souris

« artificielles » et d'animaux transgéniques, comme par exemple des brebis ou des chèvres dont le lait contient une protéine d'intérêt pharmaceutique. Mais, il y a quarante ans, les résultats de Leroy relevaient de la science-fiction. D'abord parce qu'il n'avait, en aucun cas, réalisé une manipulation génétique : injecter de l'ADN après la naissance, ce n'est pas du tout la même chose que modifier le noyau cellulaire d'un embryon en y introduisant un gène étranger. Ensuite parce que beaucoup de biologistes ne croyaient tout simplement pas à la possibilité de manipuler l'ADN. Jacques Monod, qui apparaîtra un peu plus loin dans cette histoire, a même écrit en toutes lettres, dans *Le Hasard et la Nécessité*, que de telles manipulations n'auraient jamais lieu car l'ADN était inaccessible.

Un biologiste moléculaire se serait de toute façon rendu compte que quelque chose clochait dans les résultats de Leroy. Mais la biologie moléculaire n'avait été introduite que tardivement en France, après la Seconde Guerre mondiale, par de jeunes chercheurs qui avaient fait leurs classes dans les universités américaines, et qui avaient souvent eu une formation de physique et de chimie avant d'étudier la biologie. Monod, par exemple, avait passé l'année 1936 dans le laboratoire de Morgan, au California Institute of Technology. Les jeunes chercheurs revenus de leurs séjours outre-Atlantique rompaient avec la tradition, d'où un certain conflit des générations au sein de la biologie française.

Le professeur Benoît appartenait à l'ancienne génération, et aucun des généticiens qu'il put consulter ne le dissuada de poursuivre les expériences. Puis, un beau matin, le père Leroy déboula dans le bureau de Benoît, tout excité, brandissant un article du *Figaro* où il était question de généticiens américains qui avaient changé la couleur d'un oiseau en lui injectant de l'ADN ! Le Collège de France allait-il se faire griller par les Yankees ? Benoît téléphona au *Figaro*. On était en juillet, le chroniqueur scientifique avait pris ses vacances...

Pressé par Leroy – et par le temps –, Jacques Benoît décida de présenter le contenu de la note scellée à l'Académie des sciences. Toute la presse assistait à la communication, y compris les représentants de journaux qui ne sont guère, en général, friands des séances de l'Académie. Qui les avait prévenus ? Et d'où provenait l'information initiale du *Figaro* ? Lorsque Benoît réussit enfin à joindre l'auteur de l'article, celui-ci laissa entendre qu'il s'était produit une regrettable confusion entre les généticiens américains et ceux de Gif-sur-Yvette. Bizarre. L'hypothèse la plus vraisemblable faisait du père Leroy la source de la fausse rumeur médiatique. Mais le professeur Benoît, homme d'une grande intégrité, et aussi victime de ses préjugés, n'admit jamais qu'un jésuite ait pu mentir. Dans une attitude chevaleresque, il s'entêta à couvrir son subordonné, en dépit des attaques de la communauté scientifique.

Celles-ci ne se firent point attendre, stimulées par le battage des médias. Qui plus est, la direction du CNRS attribua au professeur Benoît un important crédit pour monter un élevage de canards à Gif. Des dents grincèrent. On enregistra même, ça et là, des crises d'hémorroïdes [10]. Le bruit que les expériences étaient truquées commença à se répandre. Jacques Monod réclama une commission d'enquête qui conclut à l'erreur. À une majorité écrasante, la commission décida d'arrêter tout.

Les choses auraient pu en rester là. Mais Jacques Monod, qui réglait certains comptes, voulut obtenir une sorte de condamnation morale du professeur Benoît, coupable à ses yeux de « légèreté ». Monod pouvait se montrer dur, sinon rigide, en particulier quand il pensait que la science – ou l'idée qu'il s'en faisait – était en cause. Sa sévérité à l'égard de l'« idée du samedi soir » était sans doute accentuée par sa conviction que les gènes d'un animal ne pouvaient être modifiés artificiellement. Quoi qu'il en soit, la commission refusa de porter un jugement moral sur le professeur Benoît, à la grande colère de Monod. L'affaire des canards eut tout de même un effet négatif sur la carrière de Jacques Benoît. Elle lui valu d'être « barré » à plusieurs reprises à l'Académie des sciences, où il ne fut élu que tardivement.

Quant au père Leroy, il se répandit dans la grande presse en affabulations sur le sectarisme des biologistes. Jusqu'à ce que le provincial des jésuites, pressé par le président de la commission d'enquête, lui fasse comprendre qu'il fallait savoir s'arrêter. En deux heures, le problème fut réglé : Leroy n'écrivit plus une ligne dans aucun journal.

Mais le plus beau de toute l'histoire, c'est que les expériences de Leroy n'étaient pas truquées ! Ses canards traités étaient réellement différents des témoins. Comment est-ce possible ? L'explication la plus plausible est liée à l'origine des canards de Leroy. Ils étaient issus d'un élevage de Touraine. Or, les éleveurs sélectionnaient leurs animaux en fonction d'une norme. À l'état sauvage, les canards Pékin ont parfois spontanément le bec noir ou rose. Mais les éleveurs ne retenaient que les becs jaunes et se débarrassaient des autres.

Au cours de l'expérience, les caractères occultés par les éleveurs sont ressortis chez les canards traités par Leroy. L'effet n'avait donc

10. Que ce soit clair une fois pour toutes : j'ai mes raisons, et je les révélerai le moment venu.

rien à voir avec les injections d'ADN. Pourquoi la même chose n'est-elle pas arrivée chez les témoins ? Sans doute parce que Leroy les importait directement de l'élevage d'origine, alors que ses canards traités se trouvaient au labo dès le début de l'expérience. Le père Leroy faisait une erreur méthodologique : il comparait un groupe sélectionné – les canards directement venus de l'élevage – avec un groupe non sélectionné – les animaux qui subissaient les injections.

Les faits scientifiques ne parlent pas d'eux-mêmes. Il n'y aurait pas eu d'affaire des canards si le professeur Benoît avait utilisé la bonne clé de lecture. Le meilleur scientifique peut être trompé par un « artefact », c'est-à-dire un effet banal qui n'a pas été pris en compte et qui fausse l'observation. L'erreur méthodologique de Leroy a conduit son directeur à interpréter comme un phénomène réel ce qui n'était qu'un artefact. En somme, Jacques Benoît n'a pas manipulé les faits, il a été manipulé par eux. Le désir de croire à une découverte sensationnelle a fait le reste.

L'eau anormale de Djerjaguine

La mésaventure de Leroy et Benoît a de nombreux précédents, dont un qui provoqua, en pleine guerre froide, un certain remue-ménage entre l'URSS et les États-Unis. En 1954, le chimiste soviétique Djerjaguine annonça dans une communication à la Faraday Society qu'en condensant de la vapeur d'eau dans des capillaires de verre, il obtenait un liquide aux propriétés tout à fait étranges. Cette « eau anormale » était presque une fois et demie plus dense que l'eau ordinaire. Elle gelait à – 40 °C et bouillait vers 400 °C. Son indice de réfraction était supérieur à celui de l'eau, sa viscosité était différente, etc. Ces caractéristiques semblaient indiquer que Djerjaguine avait réussi à « polymériser » l'eau, à produire des chaînes de molécules d'eau un peu analogues à celles qui constituent les polymères organiques – autrement dit les matières plastiques.

Le département de la Défense des États-Unis prit l'affaire très au sérieux. L'eau polymérisée ne risquait-elle pas de fournir à l'Est de nouvelles armes ? Par une étonnante coïncidence, un roman de science-fiction paru à l'époque décrivait justement ce scénario [11] : une guerre dans laquelle l'arme absolue reposait sur un principe analogue à celui de l'eau polymérisée ! Les stratèges américains investirent des sommes considérables pour reproduire les

11. Pour un récit détaillé de l'affaire de l'eau anormale, voir Felix FRANKS, *Polywater*, MIT Press, Boston, 1982.

expériences de Djerjaguine. Plusieurs laboratoires confirmèrent la découverte, dont celui de la firme Unilever. D'autres scientifiques contestèrent la validité des résultats. L'un des spécialistes les plus réputés de la physico-chimie de l'eau, le Britannique Bernal, soutenait la découverte de Djerjaguine. Or, Bernal n'avait jamais caché ses sympathies prosoviétiques.

La situation demeura assez trouble, jusqu'au moment où l'on découvrit que l'eau polymérisée était en fait… un gel de silice ! En passant dans les capillaires de verre, la vapeur d'eau arrachait des particules aux parois de ces tubes très fins, dont le diamètre ne dépassait pas quelques microns. C'est le mélange ainsi créé que Djerjaguine avait pris pour un nouvel état de l'eau. Avec panache, le chimiste soviétique publia un article décrivant cet artefact qui, pendant de longues années, avait nargué une pléiade de scientifiques de premier plan, et englouti en pure perte l'argent des contribuables américains.

Walter Stewart contre la scotophobine

Au moment de l'affaire de la mémoire de l'eau, Walter Stewart, que nous avons croisé dans la leçon 3, s'était fait une réputation de « chasseur de fraudes ». Chimiste et physicien de formation, diplômé de Harvard, épais comme un croque-monsieur et doué d'un débit sonore sidérant, Stewart avait été affecté au « sous-comité de surveillance et d'investigation » des NIH, à Washington (les NIH – National Institutes of Health – sont un ensemble d'instituts répartis sur l'ensemble du territoire des États-Unis et qui regroupent la recherche publique américaine en biologie et médecine). En fait, il menait depuis des années, avec son ami Ned Feder, une véritable croisade pour l'intégrité de la recherche, dénonçant systématiquement les erreurs, les fraudes ou les « mauvaises conduites » scientifiques.

Stewart a fait ses premières armes dans cette curieuse spécialité en 1972. À l'époque, un biologiste du Texas revendiquait la découverte ébouriffante d'une protéine capable de transmettre le savoir d'un animal à un autre ! Encore plus fort que l'hérédité des caractères acquis : le « bénéficiaire » n'avait même pas besoin d'être un descendant de son « bienfaiteur ». Une expérience qui aurait dû provoquer l'ire de Brigitte Bardot étayait cette allégation. On enfermait un rat dans une boîte noire et on lui administrait une décharge électrique. L'animal associait la décharge à l'obscurité, et se mettait à avoir peur dans le noir, comme un petit enfant. Une fois le rat ainsi

« éduqué », on le tuait – preuve qu'il avait eu raison d'avoir peur – et on extrayait la fameuse protéine, finement appelée « scotophobine » – du grec *skotos*, « ténèbres », et *phobos*, « crainte ». D'après le chercheur texan, dont le nom s'est perdu dans les ténèbres, si l'on injectait la scotophobine à un nouveau rat, celui-ci manifestait une terreur immédiate de l'obscurité, sans qu'il fût besoin de le dresser. En somme, il avait « acquis » directement l'apprentissage de son congénère.

La manip fait un peu penser à l'histoire du polytechnicien qui, après avoir coupé les six pattes d'une puce, lui ordonne de sauter et, constatant l'absence de réaction de l'insecte, note dans son carnet : « Quand on coupe les pattes à une puce, elle devient sourde. » Quoi qu'il en soit, en analysant les données expérimentales, Stewart se rendit compte que les résultats étaient « sélectionnés » pour conforter l'hypothèse de départ. Un peu comme Mendel, le biologiste texan n'avait retenu que les données qui l'arrangeaient. Stewart choisit un produit chimique sans rapport avec la scotophobine et, en calquant la démarche du biologiste, démontra qu'il obtenait les mêmes résultats. L'expérience ne prouvait rien. N'importe quelle substance aurait fait l'affaire. « L'article texan fut publié dans *Nature* [12], en même temps que la réfutation de Stewart, deux fois plus longue, et l'on n'entendit plus parler de la scotophobine », raconte John Maddox.

La « greffe de peinture » de Summerlin

En 1973, l'immunologiste américain William Summerlin publia des résultats spectaculaires : il avait réussi à faire prendre des greffes de peau de souris blanches sur des souris grises ! Normalement, une telle greffe aurait dû entraîner une réaction de rejet qui aurait abouti à l'échec de la greffe. Les spécialistes de la transplantation du cœur ou du rein savent bien qu'ils ne peuvent faire vivre leur patient qu'en neutralisant ses réactions de rejet par des traitements qui diminuent les défenses immunitaires, par exemple la ciclosporine (voir leçon 4). Ce qui entraîne les complications connues des greffes : le patient se défend moins bien contre les infections et les risques de tumeurs.

Or, Summerlin prétendait que si l'on mettait en culture les morceaux de peau avant de les greffer, ils ne susciteraient plus de rejet, même sans traitement immunodépresseur. De fait, ses souris

12. *Nature*, vol. 238, p. 198-210, 1972.

grises présentaient des plages de poils blancs à l'endroit de la greffe. Summerlin avait aussi tenté de greffer des fragments de peau d'une femme blanche sur un homme noir. Ces résultats, s'ils se confirmaient, révolutionnaient le traitement des grands brûlés.

Hélas, Summerlin ne réussit pas à renouveler ses premiers exploits. L'immense espoir qu'il avait suscité retomba comme un soufflé, lorsqu'il fut surpris en flagrant délit de fraude. Dans la nuit du 27 mars 1974, on le trouva occupé à maquiller des souris grises avec un colorant blanc. L'effet de ces greffes de peinture fut une violente réaction de rejet de la communauté scientifique. Summerlin perdit son emploi et sa réputation.

Du coup, on n'a pas su exactement à quoi étaient dus les premiers résultats, qui ne semblent pas avoir été truqués. Une interprétation – pas vraiment confirmée – est que les plages de poils blancs sur les souris grises étaient dues, non aux greffes, mais à un effet de ces greffes sur la peau des souris receveuses. Vrai ou faux, cet hypothétique effet n'a de toute façon pas révolutionné les greffes de peau.

Karl Illmensee et les débuts du clonage

L'affaire Illmensee, qui a défrayé la chronique au début des années quatre-vingt, touche un domaine encore plus sensible que celui de Summerlin : le clonage des mammifères. Depuis la naissance, le 5 juillet 1996, de Dolly, la brebis du Roslin Institute, en Écosse, l'idée que l'on puisse réaliser par manipulation génétique la copie conforme d'un être vivant a perdu son caractère de science-fiction. Dolly est en effet le double, génétiquement parlant, de sa mère, ce qui pose des problèmes œdipiens et ouvre d'inquiétantes perspectives dépeintes par Aldous Huxley dans *Le Meilleur des mondes*. Il y a deux décennies, ces perspectives paraissaient beaucoup plus lointaines. Si l'on savait faire des grenouilles clonées, personne n'avait pu mettre au point une méthode fiable pour cloner des mammifères.

Aussi, lorsque Karl Illmensee, biologiste à l'université de Genève, publia en 1981, dans la très influente revue *Cell*, un article où il prétendait avoir obtenu la naissance par clonage de trois souriceaux, il fit sensation. Rétrospectivement, il semble bien que c'était un coup de bluff. Personne ne réussit à refaire le clonage d'Illmensee, et il ne s'en vanta pas une seconde fois. Il s'en vanta d'autant moins que trois de ses collaborateurs – dont le biologiste Klaus Bürki – l'accusèrent de fraude en janvier 1983. « Une fraude grave s'il en est, puisqu'il aurait tout simplement fait état de résultats d'expériences qu'il n'aurait jamais réalisées [13] », écrit Martine Barrère dans *La Recherche.* En fait, l'accusation portait non sur le clonage lui-même, mais sur des expériences conduites en solitaire par Illmensee en 1982. Or, ces expériences mettaient en jeu le même type de manipulation que celle qui avait donné naissance aux souriceaux.

Quelques semaines après avoir mis en cause son patron, Bürki transmit au doyen de l'université un rapport accablant pour Karl Illmensee. Parallèlement, l'intéressé signa sous la pression de ses trois « amis » une déclaration où il reconnaissait avoir manipulé des protocoles d'expériences en 1982. Une commission d'enquête conclut, le 15 février 1984, par un jugement mi-chèvre mi-chou. Pas de preuve évidente de tricherie, mais une accumulation d'erreurs et de contradictions, qui « jette un doute grave sur la validité des conclusions à tel point que la série d'expériences ne présente scientifiquement aucune valeur ». On aurait voulu jeter un voile pudique sur une fraude que l'on ne s'y serait pas pris autrement.

Comment savoir si Karl Illmensee, considéré autrefois comme un « manipulateur aux doigts d'or », avait vraiment réalisé une première très difficile que personne ne réussit à reproduire ? La question est aujourd'hui dépassée, puisque l'équipe du Roslin Institute, dirigée par Ian Wilmut, a démontré que l'on pouvait cloner une brebis à partir d'une cellule provenant des glandes mammaires d'une brebis adulte (remarquons toutefois que les chercheurs écossais n'ont pas réédité leur exploit). D'autres équipes, dont celle de Jean-Paul Renard, à l'INRA (Jouy-en-Josas), ont réalisé des expériences de clonage. Le constat général qui s'en dégage est que les résultats sont très aléatoires et que le taux d'échec est élevé, ce qui donnerait *a posteriori* un argument à la décharge de Karl Illmensee. Mais le commentaire le plus sage que j'ai lu sur le problème a été formulé dans le quotidien *Evening News*, juste après la naissance de Dolly : « Quel est l'intérêt de cloner des moutons alors qu'ils ont l'air tous pareils de toute façon ? »

La fraude de Harvard

Si Karl Illmensee n'avait peut-être pas fabriqué de toutes pièces ses résultats, il n'y a aucun doute en ce qui concerne l'affaire Darsee, qui fit l'objet d'une enquête menée par Walter Stewart et Ned Feder. En 1981, John Darsee, jeune médecin de trente-trois ans, était le

13. Martine Barrère, « L'affaire Illmensee : fraude ou pas fraude ? », *La Recherche*, n° 156, juin 1984.

brillant poulain d'Eugene Braunwald, un grand ponte de la cardiologie américaine. Médecin-chef à la Harvard Medical School de Boston, Braunwald dirigeait deux laboratoires de recherche et se trouvait à la tête d'un budget de 3 millions de dollars provenant des NIH. Son protégé, Darsee, s'était illustré par une extraordinaire productivité. Entre 1978 et 1981, il avait été auteur ou coauteur de dix-huit articles de recherche publiés dans des revues de premier plan, et d'une centaine de communications diverses en cardiologie clinique et expérimentale. Braunwald envisageait de lui attribuer un laboratoire indépendant. « Dans l'atmosphère compétitive de la recherche biomédicale à Boston, une telle promotion, aussi jeune, aurait assuré à Darsee une carrière éblouissante », écrivent William Broad et Nicholas Wade dans *La Souris truquée* [14].

Mais personne n'est parfait. Un soir de mai 1981, les collègues de Darsee le surprirent en flagrant délit de tricherie (apparemment, les fraudes scientifiques surviennent plus fréquemment après le coucher du soleil) : il inventait de toutes pièces les données d'une expérience qu'il devait publier prochainement. Darsee jura ses grands dieux que c'était la première fois qu'il se livrait à cette indélicate manœuvre. Mais les travaux de trois commissions d'enquête établirent ensuite qu'il avait fabriqué une grande partie des données sur lesquelles reposaient ses cent neuf publications.

À vrai dire, l'enquête ne fut pas menée tambour battant. On ne peut qu'être frappé du peu d'empressement que mirent les autorités de Harvard à dénoncer cette fraude qui touchait pourtant un domaine hautement sensible : l'efficacité de certains traitements destinés à rétablir l'état fonctionnel du cœur après une attaque. Bien que démis de ses fonctions, Darsee fut autorisé à poursuivre recherches et publications comme si de rien n'était ! « En 1982 [...], une année après que Darsee eut été pris en flagrant délit de contrefaçon de données, les autorités de la Harvard Medical School n'avaient toujours pas évalué et rendu public l'étendue de la fraude », écrivent Broad et Wade.

En épluchant le dossier, Walter Stewart et Ned Feder découvrirent que beaucoup d'articles contenaient des bourdes si grossières qu'on se demande comment elles avaient pu échapper à la vigilance des coauteurs, des *referees*, et des éditeurs qui ont publié les travaux de Darsee. Pour ne citer que la plus fine de ces perles, un article paru dans *The New England Journal of Medicine*, revue de référence, présente l'arbre généalogique d'une famille dont plusieurs membres souffrent d'une maladie cardiaque rare. Cet arbre attribue à un

---

14. William BROAD et Nicholas WADE, *La Souris truquée*, *op. cit.*

garçon de dix-sept ans quatre enfants, âgés respectivement de huit, sept, cinq et quatre ans [15]... Ce très jeune père aurait mérité d'être étudié, non pour la maladie cardiaque, mais pour son exceptionnelle fécondité ! « Cette bizarrerie, qui aurait pu soulever des questions sur la validité de tout l'article, n'a été relevée ni par les coauteurs ni par les *referees* », observent Stewart et Feder dans un long article consacré à l'affaire [16].

Stewart et Feder calculèrent que les dix-huit grands articles publiés par Darsee totalisaient deux cent vingt et une erreurs ou incohérences, soit une moyenne de douze inexactitudes par article ! L'un des papiers s'enorgueillit du record de trente-neuf bourdes ! Qui plus est, lorsque Stewart et Feder publient leur article, six ans après la découverte de la fraude, certaines des publications erronées de Darsee continuent d'être régulièrement citées en référence...

L'enquête des deux « chasseurs de fraudes » est accablante pour la fiabilité des publications scientifiques, au moins dans les domaines très concurrentiels de la médecine. Il existe entre dix et quinze mille journaux de recherche biomédicale qui publient en tout un million d'articles par an ! Cette inflation, résumée dans la formule « publier ou périr », révèle un dysfonctionnement global. Stewart et Feder concluent par cet avertissement : « Les scientifiques ont un degré de confiance inhabituel dans la régulation de leurs propres activités. L'autorégulation est un privilège qui doit être exercé avec rigueur et sagesse, faute de quoi il risque de disparaître. »

Assez logiquement, les deux chasseurs de fraudes ne sont pas en odeur de sainteté dans la communauté scientifique, ce qui n'empêche pas John Maddox de leur rendre un hommage pince-sans-rire : « Les activités de Feder et Stewart ont suscité de l'irritation pour plusieurs raisons, en partie parce qu'ils n'ont pas eux-mêmes accompli une œuvre scientifique substantielle, en partie parce qu'ils sont des gardiens autodésignés du savoir et en partie à cause de ce que l'on considère souvent comme leur insistance à chercher des poux dans la tête de leurs collègues. Mais dans la longue histoire des relations de Stewart avec ce journal [*Nature*], qui remonte à 1970 (Feder est également depuis longtemps un ami de la famille), le pire reproche qu'on ait pu leur faire est d'écrire un peu trop long [17]. »

15. *The New England Journal of Medicine*, vol. 304, p. 129-135, 1981.
16. *Nature*, vol. 325, p. 207-214, 1987.
17. *Nature*, vol. 333, p. 795, 1988.

La « mauvaise conduite » d'un prix Nobel

Du point de vue du fonctionnement des institutions scientifiques, la polémique la plus lourde de conséquences dans laquelle Walter Stewart ait été impliqué fut l'affaire Baltimore. Elle battait son plein au printemps 1988, lorsque éclata l'affaire de la mémoire de l'eau qui allait faire connaître Stewart en France pour d'autres raisons. David Baltimore, directeur du Whitehead Institute, lequel fait partie du célèbre Massachusetts Institute of Technology, était l'un des personnages les plus importants de la biologie américaine. En 1975, il fut l'un des plus jeunes lauréats du prix Nobel, pour sa contribution à la découverte de la transcriptase inverse, l'enzyme qui permet aux rétrovirus comme celui du sida de s'intégrer dans l'ADN des cellules. Or, cet homme respecté de tous était accusé d'avoir « couvert » une fraude.

L'histoire, particulièrement embrouillée, débute en 1986 avec la publication, dans *Cell*[18], d'un article cosigné par David Baltimore. L'article, qui rapporte des expériences sur des souris manipulées, relève d'un courant de recherche très important : il s'agit de comprendre les mécanismes profonds de l'immunité chez les mammifères. À la même époque, une jeune biologiste qui vient d'obtenir son « Ph. D » (doctorat), Margot O'Toole, effectue un stage au Whitehead Institute, dans le laboratoire du Dr Imanishi-Kari. Elle travaille sur le sujet qui fait l'objet de l'article de *Cell*, et ne tarde pas à se rendre compte que quelque chose ne va pas : la principale conclusion de l'article ne s'accorde pas avec les données censées l'étayer.

Margot O'Toole signale le problème à son directeur de recherche et aux autres scientifiques concernés. Elle se fait éconduire. De fil en aiguille, l'affaire remonte jusqu'à Baltimore. Le grand homme prend les choses de très haut, et lui fait comprendre qu'elle ferait mieux de se mêler de ses propres affaires. En désespoir de cause, Margot O'Toole contacte Stewart. Elle lui transmet les dix-sept pages de données initiales sur lesquelles repose l'article litigieux. Avec son obstination habituelle, Stewart les épluche pendant trois mois. Voici la version des faits qu'il m'a communiquée lors d'un entretien réalisé en avril 1989 : « J'ai acquis la conviction que le papier était inexact dans ses conclusions majeures. Baltimore n'est pas responsable de l'erreur initiale, mais il l'a ensuite couverte. Lorsque Margot O'Toole a signalé le problème, on n'a rien fait pour rectifier les choses. On lui a dit qu'elle n'avait pas le droit de poser de telles

18. *Cell*, vol. 45, p. 247, 1986.

questions. On a cherché à l'intimider. C'est stupide. Elle en a non seulement le droit, mais l'obligation [...].

« Fin 1986, nous sommes allés voir le Dr Baltimore et lui avons demandé des explications. Il a répondu – c'est enregistré – par le mépris et par des menaces. Nous lui avons écrit une lettre pour dire que ce n'était pas la bonne approche. Baltimore est tout simplement un scientifique extrêmement important, il a beaucoup de pouvoir et je suspecte que beaucoup de gens ont peur de lui parce que ses relations politiques peuvent affecter leur job. »

Peut-on éviter une tragédie grecque ?

Walter Stewart explique ensuite qu'il a essayé de publier un article sur l'affaire, mais que cet article a été refusé même par John Maddox. « Je ne dis pas que Maddox n'est pas indépendant, poursuit Stewart. Il est plus indépendant que tout autre éditeur. Ma position n'a jamais été aisée. Même si vous avez de bonnes raisons, il est extrêmement difficile de mettre en cause des scientifiques renommés. Vous vous heurtez à des forces très importantes. Ces pressions n'ont rien d'agréable. Je préférerais m'occuper de sujets plus positifs, mais il faut bien que quelqu'un fasse ce travail. Pour moi, il est inacceptable qu'un scientifique menace la réputation d'une personne parce qu'il est dans une position de pouvoir. Et il est inacceptable que cela arrive en Amérique. »

Car cette histoire à première vue ésotérique est devenue un scandale national. Un comité présidé par le parlementaire John Dingell, membre de la Chambre des représentants, s'est saisi du problème. L'enjeu, en dernier ressort, est de juger si la communauté scientifique peut continuer à s'« autoréguler ». Ou bien s'il faut contrôler les scientifiques par un système extérieur, par exemple une émanation du Congrès. Imaginez, en France, qu'une commission parlementaire soit chargée d'exercer un certain contrôle sur l'activité du CNRS et de l'INSERM.

Dans un éditorial au titre éloquent – « Peut-on éviter une tragédie grecque ? » –, John Maddox soutient en substance que l'autorégulation, comme la démocratie selon Churchill, est le plus mauvais système à l'exception de tous les autres. Maddox s'inquiète de voir que dans l'affaire Baltimore, le zèle légaliste, travers américain bien connu, risque de paralyser l'un des domaines les plus prometteurs de la biologie. « Le remède à cette affaire triste et à bien des égards minable ne repose ni sur Ned Feder, ni sur Walter Stewart, ni sur Margot O'Toole, David Baltimore, ou même, avec tout le respect qui lui est dû, John Dingell, écrit Maddox. La communauté scientifique doit apprendre à vivre avec les imperfections évidentes de la littérature scientifique. [...] Les gens ont eu honte d'exprimer leur opinion sur l'affaire Baltimore (comme on l'appelle injustement). Ne devraient-ils pas dire ce qu'ils croient être la vérité, sans craindre de perdre des amis ou d'être poursuivis pour diffamation ? [...] Serait-il viable que le Congrès apparaisse comme le *referee* de dernier recours [19] ? »

Sur le plan de la connaissance et de la recherche de la vérité, l'on ne peut qu'approuver la position de John Maddox. La séparation du pouvoir politique et du pouvoir scientifique semble une condition minimale pour garantir, non seulement la possibilité d'une recherche authentique, mais les bases mêmes de la démocratie. Comme, sur un autre plan, la liberté de la presse vis-à-vis du pouvoir politique est indissociable d'une société démocratique.

Mais il faut dire aussi que John Maddox a lancé une pierre dans le jardin des politiques sans sortir de sa maison de verre. L'autorégulation de la recherche suppose que les chercheurs et ceux qui publient leurs travaux respectent le plus scrupuleusement possible l'esprit et les idéaux qui inspirent la démarche scientifique. Les hommes de science peuvent difficilement demander que les politiques et les médias respectent leur spécificité et leur autonomie, si en même temps ils font eux-mêmes de la politique et du sensationnalisme médiatique. Or, c'est de plus en plus ce qui se produit. Et les grandes revues, en particulier *Nature* et *Science*, n'ont pas peu contribué aux « évidentes imperfections de la littérature scientifique ». L'éditorial de John Maddox sur la « tragédie grecque » est paru dans la même livraison de *Nature* que l'article ou Jacques Benveniste exposait ses résultats sur les hautes dilutions ! Comme il est clair, à travers tout le déroulement de l'affaire de la mémoire de l'eau, que Maddox n'a jamais pris au sérieux les travaux de Benveniste – ce en quoi il a sans doute raison d'un point de vue scientifique –, on peut se demander quelles sont ses motivations pour lui accorder autant de place alors même que tant de chercheurs attendent des mois ou des années pour publier dans *Nature*. En fait, pour de nombreux scientifiques, il ne faisait pas de doute que Maddox avait voulu « faire un coup », au sens journalistique du terme.

Même si ce n'était pas sa seule motivation, il est indéniable que l'évolution des grandes revues scientifiques tend de plus en plus vers la recherche d'un impact médiatique qui permet d'« accrocher » facilement un public plus large que les seuls spécialistes. Ce qui se

19. *Nature*, vol. 333, p. 797, 1988.

trouve ici mis en cause, c'est la crédibilité même du processus de divulgation des découvertes scientifiques. Depuis 1988, David Baltimore a été innocenté, le comité Dingell a interrompu ses activités, l'on n'entend plus parler des chasseurs de fraudes, et l'honorable John Maddox a pris une retraite bien gagnée. Mais les questions posées par l'inévitable médiatisation de la recherche et son implication sociale sont plus que jamais d'actualité. Un article de la journaliste Natalie Levisalles éclaire la tendance croissante des grandes revues à « vendre la science » : « Prenez les numéros de ce mois-ci [septembre 2000]. Dans la revue britannique *Nature*, on trouve un article sur la taille des souriceaux en fonction de l'âge de la mère. Et dans sa rivale américaine, *Science*, un article sur une enzyme qui efface une protéine associée à la chromatine. Pas vraiment palpitant. En revanche, si, dans les communiqués de presse envoyés par ces revues aux journalistes du monde entier, le premier est titré "Bébés en pleine forme ?" et l'autre "Relancer le noyau pour cloner", ça change tout. Cette métamorphose de données scientifiques ingrates en matière première pour gros titres de quotidiens est peut-être le signe le plus clair des nouvelles relations entre la science, les médias et la société [20]. »

Plus que toute autre, l'affaire, ou plutôt les affaires du sida symbolisent la confusion des genres que peuvent entraîner ces nouvelles relations. L'aspect le plus connu, la dispute sur la découverte du virus, n'est que le premier fil d'un écheveau complexe où se mêlent la fraude, le mensonge, les réseaux d'influence, les stratégies politiques, les intérêts industriels et le nationalisme, mais où l'on trouve difficilement la place de la science. L'analyse de ce drame – ou de cette « tragédie grecque » – qui restera l'imposture scientifique du XXe siècle, justifie à elle seule une nouvelle leçon.

Exercices

1. Concevez, puis réalisez, une expérience permettant de casser trois pattes à un canard. Pour être significative, l'expérience doit porter sur un nombre conséquent de canards non boiteux.

2. En quoi cette expérience confirme-t-elle l'hérédité des caractères acquis ?

Réponse : les descendants des canards maltraités n'ont que deux pattes, ce qui démontre qu'une intervention extérieure, menée par le complot de la science officielle, a modifié l'hérédité des palmipèdes.

20. *Libération*, 3 octobre 2000.

3. Réalisez une série d'expériences destinées à mesurer la charge de l'électron (le principe consiste à introduire des gouttes d'huile à l'intérieur d'un champ électrique, puis à déterminer la valeur du champ nécessaire pour maintenir les gouttes en suspension). Comme les mesures varient beaucoup d'une expérience à l'autre, vous constatez que certaines sont en accord avec la théorie et d'autres non. Rédigez un article en présentant la totalité des mesures assorties d'un commentaire sur leur qualité. Proposez l'article à *Nature*. Est-il accepté ?

4. Même exercice mais, au lieu de présenter toutes vos données, sélectionnez les « bonnes mesures » (celles qui sont en accord avec la théorie) et éliminez les autres comme dues à un artefact expérimental. Quand vous aurez accumulé assez de « bonnes mesures », proposez un nouvel article à *Nature*, indiquant la valeur précise de la charge de l'électron, en vous abstenant d'indiquer que vous aviez aussi de « mauvaises mesures ». Gagnez la considération de vos pairs pour ce résultat exemplaire, et obtenez le prix Nobel.

Remarque : cet exercice a été effectué pour la première fois par le physicien américain Robert Millikan, qui a obtenu le prix Nobel de physique en 1923 pour avoir déterminé la charge de l'électron. Millikan est devenu l'un des plus célèbres scientifiques de son temps mais, après sa mort, l'historien des sciences Gerald Holton découvrit qu'il avait sélectionné ses données. Dans ses carnets, on trouve en face des résultats des commentaires tels que « Beauté, publier sûrement, beau ! » ou, à l'opposé, « Très bas, quelque chose ne va pas » [21].

---

21. Voir William BROAD et Nicholas WADE, *op. cit.*

Leçon 6

L'Histoire, tu réécriras

Par une belle fin de journée de mai 1985, l'auteur de ces lignes grelottait au bord de la piscine du Club Méditerranée de Dakar, vêtu d'un maillot de bain humide que le soleil déclinant ne suffirait plus à sécher. Le plus raisonnable eût été de courir à sa chambre se changer, mais le devoir l'appelait : il était occupé à transcrire d'un stylo frénétique les propos du professeur Robert Gallo, chercheur au National Cancer Institute de Bethesda et découvreur controversé du virus du sida. La conversation fut longue et courtoise, en dépit de son sujet délicat : la polémique naissante sur la paternité du virus, revendiquée à la fois par Gallo et par l'équipe pastorienne du professeur Luc Montagnier.

L'occasion de cet entretien était fournie par un congrès sur les « cancers à virus en Afrique » organisé par l'ARC, l'Association (française) pour la recherche sur le cancer présidée par Jacques Crozemarie. Ce dernier ne s'était pas encore rendu tristement célèbre par les malversations qui lui vaudraient plus tard des ennuis avec la justice. Certains journalistes avaient levé le lièvre, mais je dois avouer que ce n'était pas mon cas. En 1985, j'étais encore très naïf. L'idée qu'un organisme bénévole, auquel étaient affiliés des médecins et des scientifiques de renom, ait détourné l'argent de ses donateurs à des fins d'enrichissement personnel n'entrait pas dans mes schémas de pensée. Lorsque le chroniqueur médical du *Monde* émit de fines allusions suggérant que le colloque de Dakar n'avait pas coûté très cher à l'ARC et que les fonds collectés par l'association ne servaient pas toujours les purs intérêts de la recherche, j'ouvris de grands yeux. Une décennie plus tard, enquêtant pour *Le Nouvel Observateur*, je découvrirais que Crozemarie, entre autres facéties répréhensibles, avait fait fructifier l'argent du cancer grâce à de lucratives transactions immobilières sur la Côte d'Azur. Mais c'est une autre histoire. Nous verrons plus loin, toutefois, que Jacques Crozemarie est aussi intervenu dans les affaires pastoriennes du sida, en 1986.

Ma naïveté de 1985 n'allait pas jusqu'à exclure que les scientifiques puissent prendre des libertés avec la vérité. Les questions épistémologiques posées par le décalage entre la science idéale et la science réelle me passionnaient. La recherche sur le sida offrait à cet égard un terrain d'investigation nouveau, d'autant plus excitant que l'épidémie avait un fort impact sur la société et fournissait un exemple frappant d'« histoire en train de se faire ». En 1983, les chercheurs de l'Institut Pasteur avaient identifié un virus appelé LAV, qui avait été considéré comme l'agent possible du sida. Puis, en 1984, Robert Gallo avait annoncé la découverte du HTLV-III, et démontré de manière décisive qu'il était la cause de la maladie. Mais il apparut rapidement que les deux virus n'en faisaient qu'un. Dès l'été 1984, la tension monta entre le groupe de Robert Gallo et les pastoriens. Fin janvier 1985, à trois jours d'intervalle, les séquences génétiques du LAV et du HTLV-III furent publiées, respectivement dans les revues *Cell* et *Nature*, et leur similarité éveilla les premiers soupçons des Français [1]. Si la fraude ne fut pas immédiatement évoquée, les revendications françaises s'affirmèrent. Étant en contact avec des chercheurs de l'Institut Pasteur, j'étais sensible à leur point de vue, mais aussi désireux de connaître celui du camp adverse.

Sida : la guerre des virus

C'est dans cet esprit que je me rendis au colloque de Dakar. Outre Robert Gallo, les participants comptaient des scientifiques américains proches de lui, dont Max Essex, spécialiste du sida du singe, et Bill Haseltine, professeur à Harvard, devenu plus tard millionnaire en créant des entreprises de biotechnologie (en 2000, il préside Human Genome Science, une société établie dans la banlieue de Washington). L'atmosphère décontractée du Club Méditerranée, sans la foule de la haute saison, se prêtait à des contacts directs et informels. Haseltine, coiffé d'un amusant chapeau de paille, campa au bord de la piscine. En veine de confidences, il me dit, dans un français très compréhensible malgré l'accent : « Montagnier est une

1. *Cell*, vol. 40, p. 9-17, 21 janvier 1985 ; *Nature*, vol. 313, p. 277-284, 24 janvier 1985.

pétite meurd. » Ce propos illustre le climat des relations qui régnait alors entre les chercheurs associés à Gallo et le groupe français.

Le ton de l'entretien avec Robert Gallo fut très cordial. Le virologue américain me fit une meilleure impression que celle à laquelle je m'attendais. Bob Gallo est un grand charmeur et un brillant orateur. Il a le don de captiver son auditoire, en enrichissant son exposé d'anecdotes éclairantes et en donnant à son sujet une ampleur inattendue. Il sait aussi esquiver les questions qui l'embarrassent, avec une telle habileté qu'on a l'impression qu'il a répondu alors qu'il a parlé d'autre chose.

Gallo commença par une vertueuse déclaration : « La médecine est universelle. L'Amérique ne fait pas de chauvinisme scientifique. » Il m'expliqua qu'il se considérait avant tout comme un chercheur désireux de faire progresser la science et non comme une vedette médiatique ou un *sex man*. À l'entendre, le battage autour du sida ne lui était guère agréable (il avait pourtant contribué à l'orchestrer). Sans nier que les Français aient isolé le virus avant lui, il insista sur le fait qu'il avait, le premier, démontré que le HTLV-III était bien la cause du sida. À ses yeux, c'était le point crucial. Après de nombreuses digressions, il fit appel à la connivence qu'il attribuait à nos racines latines communes (Gallo a des ascendances italiennes) pour préciser sa conception de l'universalité : « Vous, Français, vous avez l'histoire, la culture, la gastronomie ; laissez-nous la science ! »

Je quittai Bob Gallo sur une impression contrastée. Il n'était pas le « méchant » décrit par une partie des médias, mais certaines de ses paroles choquaient par leur arrogance. Il semblait que le chauvinisme des Américains n'eût rien à envier à celui des Français, et *vice versa*. La suite allait le confirmer de manière dramatique. Avec le recul, on ne peut qu'être frappé d'observer à quel point la recherche sur le sida a déchaîné les passions nationalistes, les rivalités et les luttes d'intérêts, à l'opposé de l'idéal universaliste évoqué par Bob Gallo. Ces querelles ont eu de lourdes conséquences sur les progrès médicaux et sur le sort des victimes du virus. La polémique Gallo-Montagnier ne se limite pas à une controverse dont les enjeux seraient purement scientifiques ; elle exprime un conflit qui déborde la science et qui est en partie à l'origine de l'affaire du sang contaminé.

La « guerre des brevets » pour les tests de diagnostic a provoqué un retard dans la mise en place du dépistage des dons de sang en France. On peut l'évaluer à un minimum de trois mois, pendant une période où les transfusions entraînaient dans notre pays une centaine de contaminations par semaine. De l'ordre d'un millier de contaminations de transfusés auraient donc pu être évitées et ne l'ont pas été à cause de décisions visant à préserver les intérêts industriels liés au test français. Ce fait objectif, vérifiable à partir de documents authentifiés et de données scientifiques établies, a été nié avec obstination par certains des acteurs qui ont écrit en connaissance de cause cette page sombre de l'histoire de la science et de la médecine. Malheureusement, la version édulcorée, selon laquelle le retard serait une pure invention des médias avides de scoops, est une imposture.

Le lecteur s'étonnera peut-être de constater que cette leçon se distingue de l'ensemble du livre par sa longueur, la gravité de son ton et le fait qu'elle porte entièrement sur la seule affaire du sang ; de plus, elle s'appuie davantage que les autres sur mon expérience journalistique personnelle. Malgré ces différences, je pense que cette leçon a tout à fait sa place ici. L'affaire du sang fournit un cas d'école illustrant le détournement d'informations scientifiques pour accréditer une falsification historique. Il s'agit là d'un type de manipulation très lourd de conséquences pour la société, et il m'a semblé important d'exposer le problème de la manière la plus détaillée et la plus claire possible, en me servant d'un grand nombre de documents dont une partie sont inédits ou très peu connus. Pour ne pas trop allonger l'exposé, je me suis focalisé sur un aspect précis : la question des tests de dépistage. Cependant, pour que cette question puisse être bien comprise du lecteur, il a été nécessaire de décrire le contexte plus large dans lequel elle s'est posée.

La « maladie des 4 H »

Le sida a été découvert aux États-Unis en juin 1981. Il a sans doute existé bien avant dans des foyers limités en Afrique, avant d'être importé en Amérique et en Europe. « Il semble bien que, dans les années soixante-dix, le sida avait déjà commencé à se répandre dans certaines contrées africaines, mais les taux d'infection n'y étaient encore que très bas, écrit Mirko Grmek dans son *Histoire du sida*, ouvrage de référence [2]. [...] Mais jusqu'à la fin de l'année 1982, on ne savait pratiquement rien de façon directe sur la situation africaine. » C'est seulement fin 1986 que l'on réalisera que l'Afrique souffre d'un « embrasement épidémique sans précédent ». Cette explosion est liée à l'émergence rapide de concentrations urbaines sur le continent, à l'expansion du tourisme et des voyages, et aussi aux conditions précaires de la médecine africaine, facteurs qui ont ouvert au virus de nouvelles voies de circulation. En 2000, la

2. Mirko GRMEK, *Histoire du sida*, Payot, Paris, 1989.

diffusion du sida en Afrique est dramatique, et les moyens de lutte contre le virus tragiquement insuffisants.

Les plus anciens sérums africains dans lesquels on ait détecté le virus remontent à 1959 et proviennent du Zaïre [3]. S'il y a eu assez tôt des cas européens, l'épidémie proprement dite a démarré aux États-Unis et s'est ensuite propagée sur le Vieux Continent. Selon Grmek, « le plus ancien malade européen avec des symptômes cliniques du sida est un marin anglais mort en 1959 à Manchester ». Ce marin, jusque-là en bonne santé, présenta fin 1958 une série de troubles : dyspnée d'effort, fatigue persistante, perte de poids, hémorroïdes [4] ainsi qu'une fistule anale – pathologie fréquente chez les homosexuels. L'ensemble des troubles évoque un diagnostic de sida, lequel a été confirmé avec certitude par la présence d'ADN du virus dans les cellules du marin anglais [5]. On a aussi trouvé des anticorps contre le virus chez un autre marin, norvégien celui-là, qui mourut en 1976, la même année que son épouse et leur plus jeune fille, née en 1967. « Avant 1966, ce marin avait fait escale dans plusieurs ports d'Europe et d'Afrique, écrit Grmek. Pendant cette période, il avait eu deux fois une infection vénérienne. [...] Les tests ELISA et Western Blot confirment la présence des anticorps anti-HIV 1 chez chacun des trois membres de cette malheureuse famille. Le père s'était donc infecté avant 1966, peut-être dans un port africain. »

Ces diagnostics posthumes ont été effectués près d'une décennie après la détection aux États-Unis de l'épidémie, ou plutôt de la pandémie actuelle. L'alerte est donnée le 5 juin 1981 par le CDC d'Atlanta. Les CDC (Centers for Disease Control) sont des agences fédérales de surveillance des maladies réparties sur tout le territoire des États-Unis. En juin-juillet 1981, le bulletin des CDC, le *MMWR*, publie deux articles décrivant un syndrome insolite. Les patients sont des hommes jeunes, presque tous homosexuels, jusque-là en bonne santé, qui souffrent d'un effondrement immunitaire [6]. Le 28 août 1981, les CDC ont enregistré cent huit cas, parmi lesquels cent homos ou bisexuels, et une seule femme. « La létalité était terrible : 40 % des malades étaient déjà décédés au moment de ce troisième communiqué et les autres s'acheminaient inexorablement vers le même sort », écrit Mirko Grmek.

---

3. Voir Bernard Seytre, *Sida : les secrets d'une polémique*, PUF, Paris, 1993.

4. Je précise que ce marin a vraiment souffert d'hémorroïdes, ce n'est pas une invention de ma part.

5. *The Lancet*, vol. 336, p. 51, 1990.

6. *MMWR* (*Morbidity and Mortality Weekly Report*), n° 30, 1981, p. 250-252 et p. 305-308.

Peu à peu s'accumulent les preuves que le nouveau syndrome, l'AIDS ou SIDA [7], ne touche pas seulement les gays mais aussi les hétérosexuels hommes et femmes, et qu'il passe aussi bien par le sang que par le sexe. En juillet 1982, on signale trente-quatre cas chez des Haïtiens vivant aux États-Unis, et trois chez des hémophiles. On parle de la « maladie des quatre H » – homosexuels, héroïnomanes, Haïtiens et hémophiles. Le 10 décembre 1982, le *MMWR* publie un cas révélateur : un nourrisson de vingt mois est mort du sida [8] ; il avait reçu une série d'exsanguinotransfusions à cause d'une incompatibilité rhésus avec sa mère ; le sang transfusé provenait de dix-neuf donneurs ; l'un d'eux, sans symptôme au moment du don, est ensuite lui aussi décédé du sida. Ce cas suggère pour la première fois que l'agent infectieux peut être transmis par le sang d'un donneur apparemment sain.

Selon Grmek, la prise de conscience du risque transfusionnel par l'ensemble de la communauté scientifique date d'un peu moins d'un an plus tard, lorsqu'on apprit qu'un homme de cinquante-trois ans, transfusé lors d'une opération du cœur à la célèbre clinique Mayo de Rochester (Minnesota) et décédé du sida, avait contracté le sida vingt-neuf mois après l'intervention [9]. « La publication de Rochester en novembre 1983 eut l'effet d'une bombe : un acte sauveur, triomphe de la médecine moderne, devenait une menace mortelle, écrit Grmek. On constata des cas semblables à Paris (transfusion faite à Haïti), à Stanford, à Tel-Aviv, à Dallas. Dans le courant de l'année 1983, les CDC d'Atlanta ont enregistré la déclaration de 396 cas d'adultes chez lesquels une transfusion faite dans les cinq années précédentes était le seul facteur susceptible d'expliquer l'apparition du sida. »

En 1982, la cause du syndrome reste énigmatique. Pendant de longs mois, on se lancera sur des fausses pistes : les poppers, drogue prisée dans les milieux gays, les crèmes à corticostéroïdes, également utilisées par les homos, ou encore l'usure du système immunitaire, la « surcharge antigénique », l'action nocive du sperme… Dans son livre autobiographique, *Chasseur de virus*, Robert Gallo mentionne une série d'hypothèses encore plus fantaisistes propagées par la presse, notamment « l'agent orange, la colère de Dieu et/ou l'œuvre du diable, un virus de la fièvre porcine africaine importé par

---

7. AIDS : *Acquired Immuno-Deficiency Syndrom* ; en français, SIDA, puis sida : syndrome immuno-déficitaire acquis. L'usage officiel du sigle débute pendant l'été 1982.

8. *MMWR*, 31, 1982, p. 652-654.

9. Jett, Kuritsky et Katzmann, « Acquired immunodeficiency syndrom associated with blood product transfusion », *Annals of Internal Medicine*, vol. 99, p. 621-624, 1983.

la CIA pour exterminer les cochons cubains, affamer les habitants de l'île et fomenter une révolution, la syphilis, la création délibérée d'un virus dans un laboratoire de l'État américain pour la guerre biologique (une version que le KGB a essayé de faire avaler pendant un moment), la fabrication accidentelle d'un virus par les Russes (celle-ci était peut-être la réponse de la CIA à la précédente), et enfin un nouveau germe né du mélange de virus animaux par des scientifiques incompétents ».

Et Gallo de poursuivre : « Nous progressions d'une collection d'idées baroques à une sorte d'état impressionniste où pratiquement toute pensée qui germait soudain sur le sida chez un expert proclamé était digne de faire l'actualité. Nous atteignîmes finalement l'apothéose de l'abstraction moderne avec la conception suggérée et promue sans relâche par Peter Duesberg, universitaire de Berkeley, selon laquelle en substance rien ne cause le sida, en tout cas rien de *spécifique*. Ce n'est qu'une question de mode de vie. La contrepartie, défendue par la même voix, semble être que pratiquement n'importe quoi peut causer le sida. Héroïne, cocaïne, antibiotiques, microbes variés (à vous de les nommer), tous sont dans le coup. »

Signalons que non seulement Duesberg a continué de soutenir contre toute évidence sa théorie stupide et dangereuse – car elle dissuade les personnes exposées au virus de s'en protéger –, mais qu'il a fait des émules. Dans un écho intitulé « La "révisionniste" du sida », le magazine *Elle* (25 septembre 2000) raconte qu'une Américaine de quarante-quatre ans, Christine Maggiore, séropositive depuis 1992, soutient la thèse loufoque selon laquelle il n'existe pas de lien entre séropositivité et sida. Christine Maggiore prétend que les traitements médicaux sont plus nocifs que bénéfiques, qu'il ne sert à rien de se faire dépister ou d'utiliser des préservatifs, et refuse de se soigner. Dans un climat « millénariste » où l'on constate une montée des réactions antiscience, de telles inepties rencontrent un public favorable.

Revenons aux premières années de l'épidémie. Les éléments épidémiologiques qui s'accumulent en 1981 et 1982 suggèrent l'action d'un virus. Le fait que des hémophiles soient touchés est significatif, car les virus sont les seuls agents infectieux assez petits pour traverser les filtres qui servent à préparer les produits antihémophiliques. La taille d'un virus est très inférieure à celle d'une bactérie, car il ne s'agit pas d'un micro-organisme autonome. Un virus ne peut se reproduire tout seul. C'est une enveloppe contenant un groupe de gènes capables de s'intégrer dans le noyau d'une cellule-hôte. Quand le virus a « squatté » son hôte, il détourne à son profit le fonctionnement de la cellule, qu'il contraint à assurer sa reproduction. En 1981, on suspectera le cytomégalovirus ou CMV, un virus du groupe herpès très répandu, d'habitude anodin chez l'adulte, et que l'on retrouve chez beaucoup d'homosexuels américains. Encore une fausse piste.

Début 1982, tandis que nombre de chercheurs pataugent, Bob Gallo a un candidat idéal : en 1978, il a isolé le HTLV-I, ou *Human T-Cell Leukemia Virus*, qui provoque une forme rare de leucémie au Japon, aux Caraïbes et en Afrique (plus tard, il a découvert un HTLV-II, apparenté au premier, mais très rare). Le HTLV s'attaque aux lymphocytes T4, une catégorie de globules blancs qui joue un rôle clé dans la défense de l'organisme. Selon Robert Gallo, c'est à la suite d'un exposé donné par James Curran, épidémiologiste aux CDC, qu'il s'est intéressé au sida. Curran était venu au NIH une première fois fin 1981, et avait expliqué que l'on constatait une forte baisse du nombre de lymphocytes T4 chez les jeunes hommes malades. « Puis Curran revint, début 1982, avec davantage de données épidémiologiques, nettement plus démonstratives, raconte Gallo. Si ma mémoire est fidèle, c'est alors que j'appris que l'on avait des raisons de penser que l'affection se déclarait chez des individus qui avaient subi des transfusions sanguines, ce qui impliquait l'existence d'un agent microbien. On disposait aussi désormais de preuves incontestables que la fonction des cellules T était atteinte, ce qui faisait tomber la maladie dans une aire de recherche proche de notre travail sur les HTLV. »

Sur la piste des HTLV

Avec Max Essex, de la Harvard School of Public Health, Gallo se lance dans une enquête serrée sur le présumé coupable. Le HTLV est un rétrovirus, ce qui signifie que son matériel génétique est fait d'ARN et non d'ADN comme dans les virus ordinaires. Les rétrovirus s'intègrent dans leur cellule-hôte grâce à une enzyme spécifique, la transcriptase inverse, découverte en 1970 par David Baltimore (que nous avons rencontré dans la leçon 5) et Howard Temin. La transcriptase inverse traduit l'ARN en ADN, mécanisme qui semblait une hérésie à l'époque où Baltimore et Temin le mirent en évidence, car l'on pensait que la transcription se faisait toujours à sens unique, de l'ADN vers l'ARN (ce fructueux renversement du dogme valut à Baltimore et Temin le prix Nobel en 1975). Depuis, l'on a identifié toute une série de rétrovirus chez les animaux, notamment chez le chat, le singe, le cheval, le mouton et le bœuf.

Le HTLV de Gallo est le premier rétrovirus humain répertorié. Il entraîne une maladie à première vue très différente du sida. Mais chez le chat, un rétrovirus cousin du HTLV, le FeLV, provoque tantôt une leucémie, tantôt un effondrement immunitaire. Pourquoi n'en serait-il pas de même chez l'homme ? Gallo et Essex inventorient les points communs entre l'agent du sida et le HTLV. Tous deux semblent originaires d'Afrique, se transmettent par le sang et les relations sexuelles, s'attaquent à la même cible cellulaire, les lymphocytes T4. Gallo applique les méthodes qu'il a développées pour isoler le HTLV. Il prélève des échantillons sur des malades et cultive les souches de virus dans des cellules T stimulées par un facteur appelé interleukine 2. Puis il détecte l'enzyme des rétrovirus, la transcriptase inverse. Selon Gallo, « entre la fin 1982 et 1983, nous obtenions une première indication de la présence de rétrovirus différents de HTLV-I et de HTLV-II dans les tissus de personnes atteintes du sida ou dans un état annonciateur de la maladie [10] ».

Seulement voilà : le HTLV « immortalise » les lymphocytes, c'est-à-dire qu'il les transforme en cellules cancéreuses qui se multiplient indéfiniment ; le virus du sida, lui, les détruit. Chez les patients, la disparition des lymphocytes entraîne la paralysie du système immunitaire, de sorte que l'organisme du patient ne se défend plus contre des infections normalement anodines. Dans le laboratoire de Gallo, les cellules cultivées, elles, meurent avant que l'on puisse isoler le virus. Fin 1983, le chercheur américain croit pourtant toucher au but : un virus proche du HTLV-I, et baptisé IB, a été identifié chez un patient sidéen. Gallo envoie un article à *Science* et s'apprête à faire une communication lors d'un symposium qui doit se tenir en février. Le journaliste scientifique Bernard Seytre raconte l'épisode dans un livre-enquête, *Sida : les secrets d'une polémique* [11]. « Peu avant le symposium, on découvrit une erreur d'étiquetage : le patient à l'origine de "IB" ne souffrait pas du sida, mais d'un cancer, écrit Seytre. Une annonce embarrassante fut évitée de justesse. L'article envoyé à *Science* fut retiré, la communication modifiée. »

Un drame épistémologique s'est noué autour du HTLV : le rapprochement entre sida et leucémie féline était fécond, à condition de ne pas s'y tenir à la lettre. Au lieu de modifier son hypothèse initiale, Gallo s'est vainement efforcé de modeler les faits sur sa théorie fausse. Pendant toute la première année, ni lui ni ses collaborateurs n'ont compris que le virus tuait les cellules, à l'inverse des Français.

10. Robert GALLO, « Le virus du sida », *Pour la science*, n° 3, 1987, p. 12-24.

11. Bernard SEYTRE, *op. cit.*

En 1985, Gallo déclarera à *Science* [12] : « C'est certainement vrai qu'à l'été ou au début de l'automne [1983], Chermann [membre du groupe de Montagnier] avait compris l'effet cytopathique de ce virus, et je ne l'avais pas fait. Quand j'y pense aujourd'hui, je pourrais me cogner la tête contre les murs pour m'être obstiné à essayer de cultiver ces cellules à long terme avec de l'interleukine 2. »

Y a-t-il un rétrovirologue dans la salle ?

Tandis que le chercheur américain s'enferre, les Français vont réussir une percée remarquable. Et inattendue. Gallo est un scientifique de réputation internationale, directeur d'un des meilleurs laboratoires [13] du NCI, lui-même l'un des plus prestigieux instituts des NIH. À l'inverse, l'équipe française est formée au départ d'un groupe de francs-tireurs au début de leur carrière, sans notoriété ni position sociale reconnue. Le « cancer gay », cette « maladie de pédés », n'intéresse guère les mandarins. Dès juillet 1981, un médecin parisien, le docteur Willy Rozenbaum, a décrit les premiers cas français. Début 1982, Rozenbaum fonde, avec l'immunologiste Jacques Leibowitch, un « groupe de travail » sur le sida [14]. Ce « petit noyau d'amis », selon l'expression de Rozenbaum, rassemble une pléiade de jeunes médecins anticonformistes, qui ont en commun une culture gauchiste et un certain rejet de l'establishment médical. Parmi eux, Jean-Baptiste Brunet, qui deviendra le « Monsieur épidémiologie du sida » ; Claude Weisselberg, futur conseiller du ministre Edmond Hervé ; Françoise Brun-Vézinet, de l'hôpital Claude-Bernard, qui développera les premiers tests avec Christine Rouzioux, virologue ; Charles Mayaud, pneumologue ; Odile Picard, dermatologue ; David Klatzmann et Jean-Claude Gluckmann, immunologistes (le second est l'un des deux seuls professeurs du groupe et, à quarante-deux ans, son doyen).

En août 1982, Jacques Leibowitch s'intéresse déjà aux rétrovirus. Il remarque un article de Gallo où il est question de HTLV et de transmission par les dons du sang. À l'automne, convaincu de l'hypothèse d'un « étrange virus venu d'ailleurs », il en parle à Paul

12. *Science*, vol. 230, p. 520, 1er novembre 1985.

13. Il s'agit du Laboratory of Tumor Cell Biology, ou LTCB.

14. Voir Jacques LEIBOWITCH, *Un virus étrange venu d'ailleurs*, Grasset, Paris, 1984 ; Willy ROZENBAUM, Didier SEUX et Annie KOUCHNER, *Sida, réalités et fantasmes*, POL, Paris, 1984.

Prunet, directeur scientifique d'Institut Pasteur Productions, branche industrielle de Pasteur. Prunet relate cette rencontre dans un texte daté de 1994 : « Avec un enthousiasme passionné, il me décrivit dans le détail sa conviction étiologique : pour lui la maladie était provoquée par un rétrovirus, et ce rétrovirus était probablement d'origine africaine... Jacques Leibowitch pensait déjà que ce rétrovirus supposé pouvait contaminer le sang et représenter un risque transfusionnel [15]. » Le 5 octobre 1982, Leibowitch donne un séminaire à l'hôpital Cochin, chez Jean-Paul Lévy, chef de service d'un laboratoire qui travaille sur les rétrovirus (et futur directeur de l'ANRS, l'Agence nationale de la recherche sur le sida). « Y a-t-il un rétrovirologue dans la salle ? », demande Leibowitch. Lévy l'aiguille sur Robert Gallo...

De son côté, Willy Rozenbaum quitte l'hôpital Claude-Bernard, où son intérêt pour le sida ne rencontre guère de soutien, et entre à la Pitié-Salpêtrière. En décembre, il donne une conférence à l'Institut Pasteur, et conclut, devant les principaux chefs de laboratoire de l'Institut, par la même question que Leibowitch : « Y a-t-il un rétrovirologue dans la salle ? » (Grmek attribue la formule à Leibowitch, Seytre à Rozenbaum ; dans le doute, je les en crédite tous deux). Rozenbaum n'obtient pas plus de réponse que Leibowitch. Quelle qu'ait été la formulation précise de la question, ce qui est sûr, c'est que ni l'un ni l'autre ne réussit, sur le moment, à intéresser un rétrovirologue français au sida. C'est finalement par l'intermédiaire de Françoise Brun-Vézinet que le groupe entre en contact avec Luc Montagnier. Elle a suivi un cours de rétrovirologie donné à Pasteur par Jean-Claude Chermann, dont le laboratoire dépend de l'unité de Montagnier. Ce dernier accepte de collaborer avec le groupe de travail, mais il est clair qu'il n'a pas d'emblée mesuré l'enjeu de la nouvelle épidémie. Pas plus que Jean-Paul Lévy ni aucun grand directeur de laboratoire français.

Malgré ces résistances, le groupe de travail progresse. Gallo a buté sur le fait que le virus détruisait ses cellules-hôtes. Les Français vont contourner l'obstacle grâce à une idée ingénieuse : chercher le virus chez un patient au début de la maladie, avant la destruction massive des lymphocytes. Dans les premiers jours de janvier 1983, Françoise Barré-Sinoussi, collaboratrice de Chermann, met en culture des cellules extraites des ganglions d'un patient de Willy Rozenbaum. Le patient, dont le nom de code est « Bru », n'est pas un malade déclaré ; il souffre de lymphadénopathie, c'est-à-dire d'un

15. Paul PRUNET, « À propos de l'hépatite B et du sida, le témoignage d'un homme de l'ombre », document à diffusion limitée, 1994.

renflement des ganglions précurseur du sida. Quelques années plus tôt, Françoise Barré-Sinoussi a séjourné dans le laboratoire de Gallo, où elle a appris les techniques de culture des lymphocytes avec l'interleukine 2. Elle applique un protocole mis au point par Montagnier et Chermann. Le 25 janvier, c'est le succès, inespéré : la transcriptase inverse est détectée ! À Pasteur, Charles Dauguet réalise les premières photos au microscope électronique du plus recherché des agents pathogènes. Elles paraissent le 20 mai 1983, dans un article de *Science* signé Barré-Sinoussi, Brun-Vézinet, Chermann, Montagnier, Rozenbaum *et al.* [16]. Dans la même livraison de la revue, quatre articles émanant des groupes de Gallo et d'Essex défendent la thèse HTLV. Le virus parisien est appelé LAV, pour Lymphadenopathy Associated Virus. Les Français le présentent comme « appartenant à la famille » des HTLV, mais « clairement distinct ». Ils le considèrent comme pouvant être impliqué dans le sida, mais n'affirment pas qu'il en est la cause.

Gallo a perdu la deuxième manche. « Si vous avez raison, je le ferai savoir », dit-il à Montagnier. À ce stade, le LAV n'est qu'un suspect : il reste à établir le lien entre sa présence et la maladie. La preuve peut être faite grâce à un test qui détecte les anticorps induits par le virus – procédé qui, industrialisé, deviendra le test de dépistage. Les premiers tests de laboratoire, mis au point par Christine Rouzioux, sont peu sensibles. Ils détectent les anticorps dans les sérums de 63 % des patients en « pré-sida » et seulement chez 17 % des patients sidéens – moins de un sur cinq. Avec de tels résultats, Luc Montagnier a du mal à convaincre la communauté scientifique qu'il tient l'agent du sida. D'autant qu'il n'en est pas convaincu lui-même. Qui plus est, il n'a pas, dans le milieu scientifique, une aussi bonne réputation que Gallo. « Ses conférences déclenchaient l'hilarité générale », résume un ancien pastorien.

En septembre 1983, Montagnier envoie deux échantillons du LAV à Mikulas Popovic, spécialiste des cultures cellulaires dans le laboratoire de Gallo. À l'époque, les relations entre les deux équipes sont bonnes. De tels échanges font partie des collaborations normales entre laboratoires travaillant sur un même virus. Montagnier apprend

---

16. « Isolation of a T-Lymphotropic virus from a patient at risk for acquired immune deficiency syndrome (AIDS) », *Science*, vol. 220, p. 868-871, 20 mai 1983. Trois des signataires, Françoise Brun-Vézinet, Christine Rouzioux et Willy Rozenbaum, ne sont pas pastoriens. En fait, la découverte doit autant au groupe de travail initial qu'à l'Institut Pasteur. Parler de la « découverte des pastoriens » ou de l'« équipe pastorienne » est donc une simplification. J'y recours pour ne pas trop alourdir les formulations, mais il faut garder en tête que le LAV n'aurait pas été découvert sans l'initiative du groupe de travail, laquelle ne devait rien à l'Institut Pasteur.

à la fin de l'année que Popovic a réussi à cultiver le LAV. Gallo affirmera ensuite que ces cultures n'ont poussé que de manière « transitoire », et n'étaient pas exploitables. Pendant les premiers mois de 1984, Montagnier ne reçoit plus aucune nouvelle du LAV.

Jusqu'au coup de théâtre du lundi 23 avril 1984 : ce jour-là, en présence de Margaret Heckler, secrétaire d'État américaine à la Santé, Robert Gallo donne une spectaculaire conférence de presse à Washington. Il annonce qu'il a identifié la cause du sida : c'est un nouveau rétrovirus, baptisé HTLV-III. La nouvelle n'est pas une surprise pour tout le monde. Dès le 12 mars, James Curran, l'épidémiologiste des CDC, est persuadé que Gallo a trouvé le virus. Le 30 mars, Gallo a soumis à *Science* quatre articles de son groupe, acceptés le 19 avril et qui seront publiés le 4 mai, un record de rapidité pour une publication scientifique [17]. Gallo a parlé de ses articles, encore sous presse, à un journaliste indépendant anglais, Martin Redfearn. En avril, la rumeur de la découverte commence à se répandre hors du cercle des initiés. Le *Washington Post* du 17 avril en parle. L'Institut national du cancer décide de convoquer une conférence de presse pour officialiser la nouvelle. Margaret Heckler ne veut pas manquer l'aubaine : Gallo travaille pour un organisme public, sa réussite témoigne que le gouvernement Reagan a bien utilisé l'argent du contribuable.

La dame se trouvant sur la côte Ouest, la conférence est retardée de quelques jours, délai que le *New York Times* met à profit pour annoncer, à la une de son édition du dimanche 22, que la cause du sida a été trouvée... à Paris ! Le quotidien new-yorkais cite le docteur James Mason, directeur des CDC : « Je crois que nous tenons la cause du sida, et c'est une découverte excitante. [...] Nous ne pouvons pas être certains que le LAV est l'agent qui cause le sida, mais son comportement dans le corps humain nous fait croire qu'il l'est. » L'épisode témoigne des rivalités entre Gallo et certains de ses collègues américains, notamment des scientifiques des CDC. En 1984, Gallo est en conflit ouvert avec Don Francis, responsable de la rétrovirologie aux CDC, qu'il a traité avec son arrogance coutumière. « En rendant publiquement et bruyamment aux Césars parisiens ce qui leur appartenait, Mason estimait sans doute faire justice, écrit Bernard Seytre. Un pied de nez au passage au NCI et à Gallo, qui les prenaient ostensiblement de haut, n'était certainement pas pour déplaire aux dirigeants des CDC. »

---

17. Robert GALLO *et al.*, *Science*, vol. 224, p. 497-500, 500-502, 503-505, et 506-508, 4 mai 1984.

Le texte du discours tenu le 23 avril par Margaret Heckler rend hommage à l'Institut Pasteur : « Comme cela est si souvent le cas dans la quête scientifique, d'autres découvertes se sont produites dans d'autres laboratoires – et même dans différents endroits du monde – qui ont finalement contribué au but que nous visons tous : la victoire sur le sida. Je veux particulièrement citer les efforts de l'Institut Pasteur en France, qui a en partie travaillé en collaboration avec l'Institut national du cancer. Ils ont précédemment identifié un virus qu'ils ont associé à des malades atteints du sida et dans les semaines qui viennent nous saurons avec certitude si ce virus est le même que celui identifié grâce au travail du NCI. Nous pensons qu'il se révélera être le même. » Selon Bernard Seytre, une extinction de voix a empêché la secrétaire d'État américaine de lire ces phrases… Mais elles figurent bien dans le texte distribué à la presse.

Quant à Robert Gallo, il relègue le LAV au second plan. Il met en vedette « son » HTLV-III, salue le laboratoire de l'Institut Pasteur et indique que le groupe français et le sien sont « amis depuis près de quinze ans ». À propos du LAV, il précise : « Si ce qu'ils ont identifié dans *Science* il y a un an est la même chose que ce dont nous avons maintenant cinquante isolats, que nous produisons en masse et que nous avons caractérisé en détail, bien sûr je le dirai, et je le dirai en collaboration avec eux. »

Cet hommage calculé sera reçu comme une gifle par les chercheurs français : dans leur esprit, Gallo s'attribue le mérite de la découverte du virus qu'ils ont isolé dès 1983. L'Américain semble d'ailleurs leur donner raison, en insistant sur la ressemblance des deux virus : « Le HTLV-III est plus que similaire, pour ne pas dire identique, à celui qu'a identifié, il y a un an, l'équipe de l'Institut Pasteur », dit-il à la chaîne de télévision CBS. Dans ses déclarations orales et écrites, Gallo ne conteste pas que le virus a d'abord été isolé à Paris. Mais il minimise le rôle des Français, non sans mauvaise foi. Lors d'un symposium à Zurich, juste avant la fameuse conférence de presse du 23 avril, il tient un discours ambigu : « Pour être honnête, ce virus a été publié pour la première fois dans *Science*, dans un article dont j'ai été *reviewer* et qui n'était pas fameux. J'ai été critiqué pour avoir accepté sa publication. […] Franchement, je n'y croyais pas beaucoup, parce que tous les rétrovirus humains sont dans cette famille [des HTLV]. » Puis Gallo émet des doutes sur le fait que les Français aient vraiment isolé le virus en 1983 : « Maintenant, que nous ont-ils envoyé avant ? Était-ce le même virus ? Je ne sais pas. […] Peut-être qu'ils ne parvenaient pas à le cultiver ? Ils disent qu'ils n'ont jamais réussi à le cultiver très bien. Alors, peut-être qu'ils n'avaient pas vraiment de virus. Ils avaient une photo, et quand il a fallu distribuer du virus, ils n'ont pas donné grand-chose. C'était peut-être ça le problème [18]. »

C'est pousser le bouchon un peu loin. L'ambivalence de Gallo sera d'autant plus mal perçue par les Français que, aux yeux du monde entier, il devient le découvreur du virus du sida. Cette victoire à l'arraché doit toutefois autant à l'administration reaganienne qu'à Gallo lui-même. En pleine campagne électorale, le parti républicain veut récupérer les dividendes politiques des dollars investis dans la lutte contre l'« ennemi public n° 1 ». Tant pis pour le *fair-play*.

« HTLV-III = LAV »

Après la conférence du 23 avril 1984, les relations entre Pasteur et le laboratoire de Bethesda vont se dégrader. Dès le 26 avril, *Le Monde* donne le coup d'envoi des hostilités dans un court article du docteur Claudine Escoffier-Lambiotte intitulé « HTLV-III = LAV ». L'article avance que « le "virus" du sida américain pourrait bien n'être qu'une redécouverte, avec un an de retard, du virus français "LAV" » et fait état d'une « polémique au sein de la communauté scientifique américaine ». Selon Escoffier-Lambiotte, les dirigeants des CDC d'Atlanta « qui ont joué un rôle essentiel dans l'identification il y a trois ans de la maladie nouvelle qu'était le sida, ont précisé que, pour eux, le virus responsable est bien celui de l'Institut Pasteur et se nomme "LAV" » (allusion à l'article du *New York Times* du 22 avril). La chroniqueuse du *Monde* souligne que ce débat d'antériorité en apparence « futile » a d'importantes implications pour les brevets relatifs au test de diagnostic « qui concernera, rien qu'en France et deux fois par an, quatre millions de donneurs de sang ». Le problème qui va plus tard empoisonner, au sens figuré, les relations scientifiques franco-américaines et, au sens propre, le sang des transfusés est déjà bien posé...

En janvier 1985, les deux camps publient les séquences génétiques de leurs champions respectifs. Ô surprise ! Les frères ennemis se ressemblent comme deux jumeaux. Une quatrième manche s'engage, beaucoup plus âpre que les précédentes. À partir de ce moment, il ne fait plus de doute, pour les pastoriens, que Gallo leur a « volé » la découverte du virus. Le 7 février, un article du magazine *New Scientist* [19] débute par ce jugement sévère : « Les preuves

18. Cité dans Bernard SEYTRE, *op. cit.*
19. Omar SATTAUR, « How Gallo got credit for Aids discovery », *New Scientist*, 7 février 1985, p. 3-4.

s'accumulent pour démontrer que Gallo a classé de manière erronée [*misclassified*] le virus qui cause le sida. Le résultat de cette mauvaise classification est que le monde a ignoré les vrais découvreurs, Luc Montagnier et ses collègues de l'Institut Pasteur à Paris, et a attribué à Gallo le crédit de la découverte. » L'article indique que les séquences des deux virus sont « virtuellement impossibles à distinguer l'une de l'autre », et cite Simon Wain-Hobson, un chercheur du groupe pastorien : « Les virus LAV et HTLV-III sont si proches que cela prouve que Montagnier avait raison et qu'il a été le premier à le découvrir [le virus]. » L'auteur de l'article met l'accent sur les dissemblances entre le virus du sida et les HTLV, et estime que le crédit de la découverte n'est revenu à Gallo que parce que cela fait une « jolie histoire », le chercheur américain ayant affirmé dès le départ que le virus appartenait à la famille des HTLV.

De fait, c'est parce que Gallo croyait avoir affaire à un HTLV qu'il a mis si longtemps à comprendre l'effet cytopathique du virus. Sa thèse est contestée dès 1984. En juillet, le Britannique Robin Weiss et ses collègues publient un article qui démontre que les HTLV-I et II se trouvent rarement chez les patients sidéens ou en « pré-sida [20] ». Leur présence occasionnelle « n'a pas de rôle étiologique dans la lymphadénopathie ou le sida », et doit être interprétée comme une infection opportuniste. Elle est donc une conséquence du déficit immunitaire, non sa cause.

En 1985, l'idée d'une proche parenté entre l'agent du sida et les HTLV devient indéfendable. Gallo s'y accroche bec et ongles, sans reculer devant les contradictions. Sa seule concession est de remplacer, dans l'appellation du HTLV-III, le terme *leukemia* par *lymphotropic* – mettant l'accent sur le tropisme du virus pour les lymphocytes. Cette astucieuse modification – qui permet de conserver le sigle HTLV – apparaît dans le titre d'un article de Gallo paru dans *Nature* du 3 octobre 1985, où le rétrovirologue énumère dix-sept similarités entre HTLV-I et HTLV-III/LAV. Entre autres : il s'agit de deux rétrovirus humains, ayant pour cible les lymphocytes T, se transmettant par voie sanguine ou sexuelle, probablement originaires d'Afrique, avec des cousins chez les singes... Mais si ces ressemblances peuvent impliquer une histoire évolutive commune, elles n'empêchent pas que le virus du sida ne fonctionne pas du tout comme un HTLV. Fin 1985, en dehors de Gallo, plus personne ne doute que le virus du sida se classe dans la famille des « lentivirus »,

---

20. R.S. TEDDER, R.A. WEISS *et al.*, « Low prevalence in the UK of HTLV-I and HTLV-II infection in subjects with aids, with extended lymphadenopathy, and at risk of aids », *The Lancet*, p. 125-130, 21 juillet 1984.

à laquelle appartiennent aussi le virus « visna » du mouton et le virus de l'anémie infectieuse des équidés. Gallo continuera à défendre son appellation HTLV avec des arguments douteux, notamment parce qu'elle permet de regrouper les deux seuls rétrovirus humains connus.

Finalement, en mai 1986, une commission de nomenclature virologique décidera d'appeler le virus HIV – pour *Human Immunodeficiency Virus* – devenu en français VIH (virus de l'immunodéficience humaine). Même après cette décision internationale, Gallo continue à faire de la résistance. Père abusif, l'Américain veut absolument que l'agent du sida soit le dernier-né de sa famille HTLV ! Et il sous-estime l'apport français, alors qu'il s'est sans doute servi du LAV beaucoup plus qu'il ne veut bien l'admettre. Tout porte à croire que sans le travail des pastoriens, il aurait mis beaucoup plus de temps à saisir que le virus était cytopathique, et à isoler le fameux HTLV-III. Mais au fait, l'a-t-il vraiment isolé ?

Robert Gallo a-t-il triché ?

Tout au long de 1985, des éléments de preuve s'accumulent qui démontrent l'antériorité pastorienne. Après la publication des séquences en janvier, la revue *Cell* [21] publie en mars un article de deux virologues, Arnold Rabson et Malcolm Martin, qui compare HTLV-III, LAV et un troisième isolat du virus, ARV (*AIDS Related Virus*, isolé par Jay Levy à San Francisco). Résultat : les deux premiers sont presque identiques, alors qu'ils présentent tous deux des différences significatives avec l'ARV, le virus de Jay Levy. En novembre, un groupe de chercheurs américains publie dans *Science* [22] une nouvelle comparaison, portant cette fois sur douze virus du sida : LAV, HTLV-III, un virus d'un patient californien, un de l'Alabama, cinq de patients new-yorkais, trois du Zaïre. Là encore, tous les isolats diffèrent, sauf LAV et HTLV-III.

Le 12 décembre 1985, Pasteur porte plainte devant une juridiction des États-Unis, la Court of Claims, pour faire reconnaître l'antériorité française. C'est le début d'une longue et coûteuse bataille de procédure qui ne sera réglée que par un accord négocié en 1987 entre Jacques Chirac et Ronald Reagan. Le litige ne porte que secondairement sur la paternité du virus : l'enjeu principal est la question des

21. *Cell*, vol. 40, p. 477.
22. Steven BENN, Rosamund RUTLEDGE *et al.*, *Science*, vol. 230, p. 949-951, 22 novembre 1985.

brevets pour les tests de dépistage. L'Institut Pasteur a déposé, le 15 septembre 1983, une demande de brevet européen en Grande-Bretagne (GB 83 24 800) ; puis, le 5 décembre 1983, l'Institut a déposé une demande d'extension de son brevet aux États-Unis (n° 555.109, devenu ensuite 4. 708 818). La demande de Gallo auprès du US Patent and Trademark Office date, elle, du 23 avril 1984. Or, elle est acceptée par l'Office des brevets américain dès le 28 mai 1985 (n° 4.520 113). Fin 1985, les Français attendent toujours. Rétrospectivement, on peut dire qu'en 1985 la vraie bataille concernait les brevets. Mais c'est la polémique scientifique qui a occupé le devant de la scène.

Dans une lettre adressée à *Nature* le 21 février, Bob Gallo propose une explication de la similarité entre HTLV-III et LAV : elle serait due au fait que les deux patients dont proviennent les virus ont été infectés à la même période et dans la même région. « La plupart de nos premiers isolats de HTLV-III venaient de spécimens obtenus fin 1982 ou début 1983 sur la côte Est des États-Unis et le LAV a été isolé sur un Français atteint de lymphadénopathie qui avait eu un contact à New York à la même période. » Mais, selon le magazine *New Scientist*[23], le patient en question (le patient « Bru ») a été à New York pour la dernière fois en 1979, deux ou trois ans avant que Gallo ne collecte ses échantillons.

En fait, l'explication de Gallo est plus qu'improbable : comme on le découvre en 1985, le virus du sida est extrêmement variable, et il n'y a aucune chance pour que deux patients aient attrapé le même « variant » à trois ans d'écart, alors qu'on trouve des différences entre des échantillons provenant de la même région. Après l'article de *Science* de novembre 1985, on peut difficilement croire que la ressemblance entre le virus de Pasteur et celui de Bethesda est due au hasard.

Quelques mois plus tard, un nouvel épisode va rendre encore plus invraisemblable le scénario de Gallo. Pour défendre ses intérêts aux États-Unis, l'Institut Pasteur a fait appel à un célèbre cabinet d'avocats new-yorkais, Townley et Updike. Or, raconte Bernard Seytre, « début 1986, un coup de téléphone anonyme, et qui prouve que Gallo ne manquait pas d'ennemis, avertit les avocats de Pasteur qu'une photo publiée avec les articles de mai 1984 était celle d'un échantillon de LAV et non de HTLV-III[24] » !

---

23. *New Scientist*, « The virus reveals the naked truth », n° 1547, p. 55-58, 12 février 1987.

24. Bernard SEYTRE, *op. cit.*

Ainsi, ce LAV, censé n'avoir été cultivé à Bethesda que « de manière transitoire », a quand même poussé assez bien pour que Matthew Gonda, un microscopiste travaillant avec Gallo, ait pu réaliser un portrait de la bête assez bon pour être confondu avec celui du HTLV-III. Qui plus est, la photo litigieuse date de fin 1983, plusieurs mois avant l'annonce de la découverte du HTLV-III. Confondu lui aussi, Gallo publie dans *Science* un rectificatif dans lequel il maintient mordicus que « la préparation de LAV a été utilisée pour infecter transitoirement des cellules T [25] ».

En fait de transit, les pastoriens digèrent mal la rhétorique de leur rival. Une rumeur s'amplifie, alimentée par des sources proches de Montagnier et de son équipe : Gallo serait coupable de fraude ! En clair, Gallo ou un de ses collaborateurs aurait tout simplement utilisé la souche LAV venue de Pasteur en la rebaptisant, ce qui expliquerait la ressemblance. Cette accusation n'est étayée par aucune preuve formelle, mais par un faisceau de présomptions, dont j'expose les grandes lignes dans *L'Événement du jeudi* du 23 janvier 1986. Cet article, l'un des premiers dans la presse grand public à évoquer une possible fraude de Robert Gallo, m'a été suggéré par des chercheurs français. Son ton reste très mesuré, et les arguments qui vont dans le sens d'une éventuelle tricherie sont présentés comme des hypothèses, en avançant à chaque fois les contre-arguments qui innocentent le chercheur américain. Gallo répondra par une lettre virulente dans laquelle il qualifie mon article de *piece of one-sided slander* et de *completely silly* (« calomnie à sens unique », « complètement stupide ») [26].

Quelques mois plus tard, sous le pseudonyme d'Éric Mason, un chercheur de l'Institut Pasteur rédige dans *Science et Vie* [27] un article intitulé « Sida : la fraude ? », encore plus virulent – et clairement *one-sided* : « R. Gallo, qu'on sait capable de s'attribuer la découverte d'un virus qui lui a été envoyé et d'en changer le nom (ce qu'on peut déjà assimiler à un vol au sens figuré), aurait-il vraiment volé le virus, au sens propre cette fois ? », demande Mason, pour qui la réponse ne semble pas faire de doute.

En réalité, les soupçons des pastoriens ont été nourris par l'attitude arrogante de Gallo. Sur le plan scientifique, les éléments qui mettent

25. Lettre à *Science*, p. 307, 18 avril 1986.

26. La lettre de Gallo, datée du 12 février 1986, sur papier à en-tête du National Cancer Institute, a été envoyée à l'adresse de *L'Événement du jeudi*, en douze exemplaires, dont l'un à mon intention et les onze autres à divers membres de la rédaction et du secrétariat de rédaction du journal.

27. *Science et Vie*, n° 824, mai 1986.

en cause l'Américain peuvent s'interpréter autrement que par une fraude. Quels sont-ils ?

1) *L'obstination de Gallo à défendre la thèse HTLV*. Cet entêtement exagéré incite à penser que Gallo est prêt à tous les sophismes pour maintenir qu'il a raison. Une attitude peu scientifique, mais que l'on ne peut cependant pas assimiler à une tricherie.

2) *L'invraisemblable ressemblance entre HTLV-III et LAV*. Attribuer cette ressemblance au hasard, comme le fait Gallo, est beaucoup moins plausible que de supposer que la souche virale envoyée par Montagnier à Popovic a contaminé les cultures du HTLV-III. Les accidents de contamination sont fréquents en virologie. Et la souche pastorienne était cultivée depuis plus longtemps que les isolats de Gallo. Peut-être était-elle plus apte à la culture ? C'est ce que suggère une lettre du microscopiste de Gallo, Matthieu Gonda, adressée à Popovic le 14 décembre 1983. Cette lettre accompagnait les fameuses photos du LAV introduites par erreur dans l'article de *Science*. Elle contient les résultats de l'analyse de trente-trois échantillons, et Gonda indique que seuls deux échantillons contenant le LAV ont permis de visualiser le virus du sida. Selon Mirko Grmek, une copie de la lettre avait été versée au dossier dès le début de l'enquête menée en vue du procès intenté par Pasteur ; mais il manquait le passage sur les deux échantillons, retrouvé ensuite par les avocats de l'Institut Pasteur. « Quels que soient les dessous de cet imbroglio, écrit Grmek, on peut tenir aujourd'hui [1989] pour établi que Gallo, Popovic et leurs collaborateurs avaient cultivé le LAV avant ou en même temps que leurs propres isolats et que, au moment de la publication de leur découverte, ils savaient que leur virus ressemblait au virus pastorien au point qu'on pouvait se méprendre en choisissant les photographies pour la publication. » Mais là encore, la méprise peut être fortuite.

3) *La technique peu orthodoxe de Popovic*. Pour cultiver un virus et développer un test, il faut disposer d'une lignée cellulaire capable de produire ce virus en quantité. On infecte la lignée avec le virus et, quand tout se passe bien, la lignée se met à produire du virus de manière continue lorsqu'un certain seuil d'infection est atteint. Si les conditions ne sont pas réunies, la production de virus décline et s'arrête. Dans le cas du sida, le problème est particulièrement complexe, parce que le virus tue les cellules. Popovic a fini par trouver une lignée cellulaire qui n'était pas tuée par le virus. Pour améliorer le résultat, il a infecté cette lignée avec un *pool* de virus obtenu en mélangeant les échantillons provenant de dix patients. Procédé inhabituel : en général, on n'utilise qu'un échantillon à la fois. À partir de cette « soupe », Popovic a obtenu une lignée

produisant le virus en continu, qu'il a appelée la lignée H9. C'est ainsi qu'il a été possible de produire le virus en quantité pour développer le test et vérifier le lien entre la maladie et l'agent pathogène. Les pastoriens ne se sont pas privés de remarquer que leur souche aurait très bien pu atterrir dans la soupe de Popovic, accidentellement ou non. Et de fait, il est pour le moins curieux qu'en mélangeant dix virus, celui qui apparaît à l'arrivée soit précisément celui qui ressemble comme un jumeau au LAV. Surtout si, comme l'affirme Gallo, les chercheurs américains ne se sont pas servis du virus français.

Aucun de ces trois points ne démontre une fraude, que Gallo a toujours niée. Il a insisté sur le fait qu'il possédait lui-même plusieurs souches de virus et qu'il n'avait pas besoin d'utiliser celle de l'Institut Pasteur. Mais il n'a pu éliminer la possibilité que les cultures de Popovic aient été contaminées par le LAV : « On ne peut pas prouver que c'est un accident de contamination et je ne peux pas non plus vous prouver que ce n'en est pas un », déclare-t-il à la revue *La Recherche* en 1986 [28]. Reste que, au moins sur un point, Gallo a triché : il a affirmé que les cultures du LAV avaient été transitoires, alors que Popovic avait fait pousser le virus parisien sur des lignées cellulaires continues. Cette entorse à la vérité sera reprochée à Gallo des années plus tard, fin 1992, à la suite d'une enquête menée par l'Office of Research Integrity (ORI), organisme chargé d'enquêter sur les problèmes de fraudes ou de « mauvaise conduite » scientifique. À cette date, le mystère de la similitude entre LAV et HTLV-III sera enfin élucidé. Mais n'anticipons pas.

La guerre des brevets

Le meilleur argument en faveur de Gallo est qu'il a démontré la relation causale entre le virus et la maladie, ce que n'avait pas réussi l'équipe de Montagnier. Ce sont les résultats de Gallo qui ont emporté la conviction de la communauté scientifique. « Causation of AIDS revealed », titre *Nature* au lendemain de la conférence de presse du 23 avril [29]. Alors que beaucoup de chercheurs ne croyaient pas au LAV, la confirmation américaine a retourné la situation, comme le souligne Christine Rouzioux, la virologue qui a développé les premiers tests français : « Ils ont été convaincus à partir du

28. Martine Barrère et Marcel Blanc, « Sida : Robert Gallo s'explique », *La Recherche*, nº 180, septembre 1986.
29. *Nature*, vol. 308, p. 769, 26 avril 1984.

moment où Gallo a publié. C'était fini. À partir de la publication de Gallo, on n'a plus eu de problème pour travailler : tout le monde voulait travailler avec nous [30]. »

La victoire de Bob Gallo a donc, par ricochet, crédibilisé le LAV et ses découvreurs. La force de l'Américain a été de comprendre qu'une découverte n'existe que si l'on réussit à la communiquer : « Je savais que si ce rétrovirus était la cause du sida – comme nous en étions désormais persuadés –, il nous faudrait convaincre le monde scientifique d'une façon aussi totale, large et rapide que possible, écrit-il dans *Chasseur de virus*. Un échec se traduirait par beaucoup de perte de temps, d'argent, d'efforts et bien sûr de vies humaines. » Il fallait frapper un grand coup, « de façon à ne laisser d'autre choix à une communauté scientifique critique et à certains secteurs d'une société de plus en plus sceptique que de conclure que le nouveau rétrovirus était la cause du sida ».

Bien entendu, cela n'a marché que parce que Gallo, outre son sens de la communication, s'appuyait sur un solide dossier scientifique. En mars, James Curran a envoyé à Bethesda des échantillons de sérum prélevés sur des patients sidéens ou atteints de lymphadénopathie ainsi que sur des homosexuels asymptomatiques. Les échantillons étaient codés et l'équipe de Gallo les a testés en aveugle. Résultat : 80 % des sidéens et 90 % des sujets souffrant de lymphadénopathie ont été trouvés séropositifs. Dans la publication *princeps* de *Science* du 4 mai 1984, le virus HTLV-III lui-même a été isolé sur plus d'un tiers des sidéens et 90 % des sujets ayant des symptômes précurseurs ; et le test a détecté 90 % des sidéens et 80 % des sujets atteints de « pré-sida [31] ». Quelques semaines plus tard, le score est de 100 % dans la première catégorie et 84 % dans la seconde [32].

Ces succès ne doivent rien au hasard. Même si Gallo s'est fourvoyé avec sa thèse HTLV, il reste le grand spécialiste mondial des rétrovirus et peut compter, avec Popovic, sur un équipier hors pair. La mise au point par ce dernier de la lignée H9 constitue, de l'avis de Gallo lui-même, le « plus important progrès technique » accompli par son laboratoire. C'est cette lignée qui va permettre de produire le virus en continu et en quantité, condition nécessaire pour développer un test de diagnostic. Le principe du test consiste, en effet, à mettre en contact un échantillon de sang prélevé sur la personne que l'on veut tester avec des protéines extraites du virus ; si le sujet est infecté, son sang contient des anticorps qui reconnaissent les

30. Propos cité par Bernard SEYTRE, *op. cit.*
31. *Science*, vol. 224, 4 mai 1984.
32. *The Lancet*, p. 1438-1440, 30 juin 1984.

protéines du virus et se fixent dessus, ce que l'on met en évidence avec un réactif coloré. Développer le test de dépistage nécessite donc de pouvoir cultiver et produire en masse le virus.

Sur ce point, l'équipe de Bethesda est très en avance sur celle de Montagnier. Dès le 2 janvier 1984, la lignée H9 de Popovic est apte à produire le virus de manière permanente, ce qui constitue une première mondiale. En février-mars, Robin Weiss, à l'Institut de recherche sur le cancer de Londres, réussira lui aussi à faire pousser le LAV en continu, sur une lignée appelée CEM. L'Institut Pasteur ne développera pas de lignée originale et ne produira pas le virus sur lignée continue avant avril-mai 1984 (nous y reviendrons).

Autre handicap technique de Pasteur : un mauvais choix des protéines virales utilisées dans le test. Les Français ne se servent pas de l'enveloppe du virus, alors que c'est elle qui suscite les plus fortes réactions des anticorps. Cela explique la faible sensibilité des premiers tests et les résultats médiocres des premiers tests de Christine Rouzioux.

Ces points faibles de la technique française – qui seront corrigés par la suite – sont l'une des raisons pour lesquelles Luc Montagnier n'a pas réussi à démontrer que le virus était la cause du sida, bien qu'il l'ait isolé un an avant Gallo. Ils affectent aussi la demande de brevet déposée par les Français aux États-Unis. Point crucial : dans les deux cas, le brevet porte sur le test et non sur la découverte du virus. Un virus est un organisme naturel qui n'est pas brevetable comme tel. On ne peut breveter qu'un procédé, ici un procédé de diagnostic (Gallo brevètera aussi la lignée H9, mais ce brevet ne donnera pas lieu à contestation). Or, s'il est postérieur à celui de Pasteur, le brevet de Gallo est plus solide. Son test détecte 78 % des patients au stade « pré-sida », contre 63 % pour le test français, des scores comparables ; en revanche, alors que le test de Bethesda repère neuf patients sidéens sur dix, son concurrent en décèle moins de un sur cinq. Les Français amélioreront ensuite la sensibilité de leur test qui, en 1984, deviendra aussi sensible que celui du laboratoire de Bethesda. Mais les données figurant dans le brevet correspondent aux premiers résultats. Sur la base de ces données, le test américain est clairement un outil de diagnostic du sida, tandis que celui de Montagnier ne dépiste efficacement que les premiers stades de la maladie [33]. Ajoutons que la mise au point du test n'est pas une

33. C'est, en substance, l'analyse que fera en 1992 le cabinet Allegretti et Witcoff, spécialiste du droit des brevets, consulté par le NIH ; le cabinet conclura que « le brevet 113 de Gallo est valide », et que « les revendications du brevet 818 de Montagnier sont, sauf pour la revendication 4 [qui concerne les sujets atteints de pré-sida], invalides ».

conséquence évidente et immédiate de la découverte du virus. Conséquence : le fait que Pasteur ait identifié le virus avant le NCI n'est pas un argument décisif pour justifier une priorité sur le brevet du test.

Si Gallo se trouve techniquement dans une position de force, il a un talon d'Achille : le virus prototype qu'il décrit dans son brevet, HTLV-IIIB, ressemble beaucoup trop à la souche LAV envoyée à Popovic. Or, cet envoi était assorti d'un engagement écrit selon lequel l'équipe de Bethesda ne devait pas utiliser le LAV à des fins commerciales. Dès lors, la stratégie des avocats de Pasteur consistera à essayer de prouver que Gallo s'est servi de la souche LAV, que son invention aurait été impossible sans l'utilisation de cette souche, et que par conséquent l'Institut français a droit, lui aussi, à un brevet et aux royalties afférentes. C'est l'objet de la plainte déposée le 12 décembre 1985 devant la Court of Claims.

On comprend mieux l'enjeu des accusations de fraude lancées contre Gallo par des chercheurs pastoriens ou proches de l'Institut. Bien entendu, on n'en serait pas arrivé là sans le protectionnisme des Américains : même si le brevet de Gallo était techniquement supérieur, cela ne justifiait pas l'attitude du Patent Office qui, à la date de la plainte, n'avait même pas commencé à examiner le dossier déposé par l'Institut Pasteur deux ans plus tôt ! On comprend aussi l'amertume des Français : après s'être fait « voler » la découverte du virus, ils se voient grugés une seconde fois par le refus américain de laisser leur test pénétrer sur le marché des États-Unis.

Un curieux épisode s'est produit au début de 1986 : il semble que Jacques Crozemarie, le président de l'ARC, ait tenté de jouer les Messieurs bons offices pour le compte de Pasteur auprès du National Cancer Institute. Dans une lettre datée du 20 janvier 1986 au professeur Pierre Joliot, conseiller scientifique auprès du Premier ministre, Crozemarie fait état d'entretiens avec Vincent DeVita et Peter Fischinger, deux sommités du NCI :

« Monsieur le Professeur,

« Faisant suite à notre sympathique dîner auquel assistait le professeur DeVita, le professeur Peter Fischinger m'a téléphoné le 14 janvier et m'a demandé de bien vouloir vous délivrer le message suivant. Il se propose :

« — de faciliter au maximum l'admission rapide sur le marché américain du test ELAVIA de Pasteur "Genetic System" [société

Le fait qu'il s'agisse d'un cabinet américain n'implique pas une partialité à l'égard de Gallo : le NIH possède ses propres experts juridiques et il a fait appel au cabinet Allegretti pour connaître un avis indépendant.

licenciée par l'Institut aux États-Unis] pour le diagnostic des sujets exposés au virus du sida. Selon le professeur Fischinger, les banques de sang américaines ont manifesté un grand intérêt pour ce test qui, s'il est vendu à un prix compétitif et confirmait sa supériorité, aurait accès au marché américain ;

« — en contrepartie, l'Institut Pasteur renoncerait à la prétention de recevoir des royalties sur la totalité des tests diagnostiques pour le sida, mis sur le marché par les sociétés américaines en 1986 (Dupont, Abbott, etc.). [...]

« Le professeur Peter Fischinger semblait désireux d'obtenir une prompte réponse téléphonique. »

Finalement, il faudra plus qu'un coup de fil pour régler la guerre des brevets. La hache de guerre sera enterrée de manière très politique, par un accord entre les NIH et l'Institut Pasteur, solennellement entériné le 31 mars 1987 par Jacques Chirac, alors Premier ministre, et Ronald Reagan. Au terme de l'accord, les deux brevets sont joints, Gallo devenant l'un des inventeurs du brevet de Montagnier et *vice versa*. Pasteur et le NIH conservent chacun 20 % des royalties versées par les sociétés qu'ils ont licenciées, le reste allant à une Fondation franco-américaine pour le sida. Cette dernière consacrera 25 % de ses fonds à soutenir la recherche dans le tiers monde ; les 75 % restant seront partagés en deux parts égales, l'une revenant à Pasteur, l'autre aux NIH. *Grosso modo*, cela revient à un partage 50/50, ce que l'Institut français demandait en 1985. Il aura fallu deux ans de bagarres juridiques et de polémiques pour en arriver là. Surtout, cette guerre des brevets a contribué à un désastre sanitaire, ce que *Le Canard enchaîné* appellera la « distribution payante du sida aux hémophiles [34] » – à laquelle s'ajoute la distribution gratuite et nettement plus large du virus aux transfusés. Cette « défaite de la santé publique [35] », pour reprendre le titre d'un important essai d'Aquilino Morelle, fait aujourd'hui apparaître dérisoires les querelles de priorité sur la découverte du virus et les brevets.

Le sida et le sang

Au printemps 1991, les Français découvrent avec stupéfaction qu'en 1985 le Centre national de transfusion sanguine (CNTS) a sciemment distribué des lots de produits antihémophiliques contaminés à 100 % par le virus du sida. Le compte rendu confidentiel

34. *Le Canard enchaîné*, 8 mai 1991.
35. Aquilino MORELLE, *La Défaite de la santé publique*, Flammarion, Paris, 1996.

d'une réunion tenue le 29 mai 1985 au CNTS le reconnaît explicitement. Ce compte rendu, révélé le 25 avril par Anne-Marie Casteret, journaliste à *L'Événement du jeudi*, est suivi d'autres documents accablants pour les dirigeants du CNTS. En 1992, le « procès du sang contaminé » aboutit le 23 octobre à la condamnation à quatre ans de prison ferme du docteur Michel Garretta, directeur du CNTS en 1985. Son collaborateur, le docteur Jean-Pierre Allain, est condamné à deux ans fermes et deux ans avec sursis ; le professeur Jacques Roux, directeur général de la santé, à deux ans avec sursis ; le docteur Robert Netter, directeur du Laboratoire national de la santé, est acquitté. Le 13 juillet 1993, la cour d'appel de Paris confirmera pour l'essentiel ce jugement. En 1999, aura lieu le procès de la Cour de justice de la République, contre les ministres Laurent Fabius, Georgina Dufoix et Edmond Hervé, qui se soldera par l'acquittement des deux premiers et la condamnation « formelle » du troisième – « exempté » de peine bien que reconnu coupable de négligence. Un quatrième procès devrait en principe se tenir en 2001, afin de juger de la question du retard du dépistage.

Cette cascade de procès semble déconcertante pour le lecteur non initié aux arcanes de l'affaire du sang. Elle a été décrite par certains comme relevant de l'acharnement judiciaire, mais il serait plus exact d'y voir le résultat d'un « saucissonnage » de l'affaire : pour un ensemble de raisons juridiques dont l'analyse sort du cadre de cette leçon, il n'a pas été possible de traiter en un seul procès l'ensemble des responsabilités impliquées dans le drame des hémophiles et des transfusés. Il faut souligner que ces deux problèmes sont étroitement liés, bien que les méandres de la procédure aient conduit à les séparer judiciairement : les produits antihémophiliques sont préparés à partir de dons de sang, de sorte que dépister les dons séropositifs permet de protéger à la fois les hémophiles et les patients recevant des transfusions.

Nous nous focaliserons ici sur la question des tests et les raisons qui ont conduit à un retard dans la mise en place en France du dépistage systématique des dons de sang. Au printemps 1985, le test américain Abbott est prêt à être commercialisé en France, mais pas celui de l'Institut Pasteur. Le dépistage systématique n'a été instauré qu'en juillet-août. On peut estimer que sans ce retard, il aurait été possible d'éviter la contamination d'un nombre de transfusés allant de plusieurs centaines à un millier, et de limiter celle des hémophiles. Il est très difficile de connaître les chiffres exacts, du fait du non-rappel des transfusés et de la manière très particulière dont le CNTS a comptabilisé les hémophiles touchés par le virus. Sur le problème spécifique des hémophiles, je renvoie le lecteur à l'enquête d'Anne-Marie Casteret, *L'Affaire du sang*, livre exemplaire de ce que peut donner le journalisme d'investigation lorsqu'il est pratiqué avec courage et perspicacité [36].

En ce qui concerne les transfusés et les receveurs de greffes, le Centre européen pour la surveillance épidémiologique du sida indique, au 31 mars 1992, un total cumulé de 1 115 cas de sida en France, 167 en Allemagne fédérale, 187 en Italie, 160 en Espagne et 78 au Royaume-Uni. D'après ces chiffres, la France compte donc en 1992 près d'un millier de contaminations de plus que les pays comparables. En 2000, le nombre total de sidas transfusionnels est évalué entre 4 000 et 6 000. Cette tragique exception française aurait pu être évitée ou fortement atténuée si l'on avait utilisé les tests plus tôt. Or, comme on va le voir, le retard des tests est en grande partie une conséquence de la guerre des brevets entre le NIH et l'Institut Pasteur. Il y a donc un lien direct, bien que mal connu, entre la polémique Gallo-Montagnier, qui a occupé le devant de la scène, et les batailles en coulisse pour la suprématie industrielle.

Il importe que je précise ici ma position. Mon propos n'est pas de juger les acteurs de l'affaire du sang, encore moins de refaire sur le papier les procès du sang. Il est d'informer, le plus exactement possible. Je suis journaliste, non procureur. Comme je l'ai déjà souligné dans ce livre, la séparation des pouvoirs est une condition de la démocratie – en particulier la distinction entre le rôle de la justice et celui des médias. Comme journaliste scientifique et comme simple citoyen, j'ai été dès le départ un témoin attentif des polémiques liées au sida et au sang contaminé. J'ai rencontré leurs protagonistes. J'ai assisté aux débats des trois procès. En quinze ans, j'ai rassemblé des milliers de pages de documents publics ou confidentiels sur le sujet et écrit des dizaines d'articles pour *L'Événement du jeudi* puis *Le Nouvel Observateur*. J'ai pu constater que le VIH, outre ses effets pathogènes, était aussi un puissant agent de désinformation et de réécriture falsifiée de l'histoire, discipline dans laquelle Robert Gallo n'est sans doute pas, pour une fois, le champion incontesté.

L'une des entreprises de désinformation les plus persistantes concernant le sang contaminé vise à accréditer l'idée qu'il n'y aurait pas eu de retard des tests, en tout cas pas de retard provoqué, et que de toute façon un dépistage plus précoce n'aurait pas changé grand-chose. L'argument central consiste à dire que le vrai problème n'était pas le dépistage, mais le fait que l'on ait pratiqué des collectes de sang auprès de donneurs à risque – notamment dans les prisons. Cette thèse a d'abord été soutenue par les avocats de Garretta, Roux,

36. Anne-Marie CASTERET, *L'Affaire du sang*, La Découverte, Paris, 1992.

Allain et Netter. Elle a ensuite été largement diffusée hors des tribunaux. Elle est notamment développée par le sociologue Michel Setbon, auteur de *Pouvoirs contre sida* [37]. Selon Setbon, « la sélection des donneurs n'a pas été pratiquée, ou l'a été de façon totalement insuffisante et inefficace », alors qu'elle était la « seule mesure technique adaptée pour réduire le risque de contamination des receveurs ».

Le même thème est repris dans un article des sociologues Patrick Champagne et Dominique Marchetti [38] publié en 1994 par la revue de Pierre Bourdieu, *Actes de la recherche en sciences sociales*. Cet article ne traite pas seulement de l'affaire elle-même, mais de sa couverture par la presse ; il suggère que le « scandale du sang » a été lancé au début de 1989 par la presse d'extrême droite, et amplifié ensuite par la « grande presse » afin de vendre du papier ou pour des raisons de concurrence. Le seul journal qui trouve grâce aux yeux de Champagne et Marchetti est *Le Monde*. Coïncidence : les deux chroniqueurs du quotidien du soir, Jean-Yves Nau et Frank Nouchi, ont lourdement insisté sur le problème du tri des donneurs et des collectes dans les prisons, dans un esprit proche du livre de Setbon et de la défense des prévenus. Après la parution de l'article de Champagne et Marchetti, une lettre ouverte collective fut adressée à Pierre Bourdieu par treize journalistes, dont Anne-Marie Casteret et moi-même. « Ce texte nous paraît si gravement contraire à la réalité que nous ne pouvons rester silencieux [39] », écrivions-nous. La lettre

37. Michel Setbon, *Pouvoirs contre sida. De la transfusion sanguine au dépistage : décisions et pratiques en France, Grande-Bretagne et Suède*, Seuil, Paris, 1993.

38. Patrick Champagne et Dominique Marchetti, « L'information médicale sous contrainte. À propos du "scandale du sang contaminé" », *Actes de la recherche en sciences sociales*, n° 101-102, p. 40-62, mars 1994.

39. Les signataires étaient : Béatrice Bantman (*Libération*), Hélène Cardin (*France-Inter*), Anne-Marie Casteret (*L'Événement du jeudi*), Corinne Denis (*L'Express*), Alain Guédé (*Le Canard enchaîné*), Annie Kouchner (*L'Express*), Hélène Molière (*Europe 1*), Jean-Luc Nothias (*Le Figaro*), Françoise Parinaud (*RTL*), Anne-Pierre Noël (*Canal Plus*), Vincent Olivier (*Le Parisien*), Michel de Pracontal (*Le Nouvel Observateur*), Jérôme Strazulla (*Le Figaro*). Seul absent de marque parmi les journaux de la presse écrite nationale : *Le Monde*. Ce n'est pas un hasard. Tout au long de l'affaire du sang, Jean-Yves Nau et Franck Nouchi, chroniqueurs médicaux du quotidien du soir, ont régulièrement publié des articles dont l'orientation revenait à atténuer la responsabilité de Garretta et consorts, ou à mettre l'accent sur des thèmes parallèles certes intéressants, mais sans grand rapport avec le cœur du sujet. Bien sûr, les choix partisans de deux de ses journalistes n'engagent pas la rédaction du *Monde* dans son ensemble, mais il est clair que, dans ce cas précis, ils ont eu un poids important : les chroniques judiciaires, rédigées par d'autres journalistes, n'étaient pas sur la même ligne, mais elles pouvaient difficilement équilibrer une information médicale orientée.

Dans l'étude de Champagne et Marchetti, les deux sociologues publiés par Bourdieu, cette orientation partisane devient le canon de l'objectivité, tandis que les articles du reste de la presse sont présentés comme la surenchère de journalistes avides de sortir des scoops rappelait que le premier article sur le sang contaminé avait été publié en décembre 1987 par *L'Express* et le premier document inédit en avril 1989 par *Le Canard enchaîné*, l'affaire n'ayant pris une ampleur médiatique importante qu'après les révélations de *L'Événement du jeudi* au printemps 1991. Pierre Bourdieu ne jugea pas utile de nous répondre.

En 1999, à la veille du procès du sang, trois livres plaidant en faveur des ministres paraissent presque simultanément : *Le Sang, la Justice, la Politique*[40], de la philosophe Blandine Kriegel ; *Le Sang contaminé*[41], du juriste Olivier Beaud ; et *La vie est une maladie sexuellement transmissible et constamment mortelle*[42], de Willy Rozenbaum. Si les deux premiers auteurs ne se sont pas distingués jusque-là par leur connaissance du dossier, Rozenbaum est, lui, un spécialiste incontesté. Tous trois, avec des variantes, soutiennent comme Michel Setbon que le débat sur le dépistage est marginal. « Près de 90 % des contaminations ont eu lieu avant [la] mise en place [du dépistage], explique Setbon, cité dans *Le Nouvel*

---

et de tailler des croupières au *Monde*. Cette thèse est erronée, et le fait que *Le Monde* ait à juste titre une réputation de crédibilité ne signifie pas que tout ce qu'il publie doive être considéré *a priori* comme le *nec plus ultra* de l'information.

Une autre analyse du rôle des médias dans l'affaire du sang est proposée par Monika Steffen, chercheuse au CNRS et au CERAT de Grenoble, dans un livre collectif américain qui compare les affaires du sang dans différents pays (*Blood Feuds, AIDS, Blood, and the Politics of Medical Disaster*, Oxford University Press, New York et Oxford, 1999). Monika Steffen écrit : « Le scandale du sang qui émergea en 1991 a été façonné [*shaped*] par une véritable guerre de la presse qui fournit les bases d'une nouvelle sorte de journalisme scientifique. [...] L'affaire offrit l'opportunité à de jeunes journalistes de s'affirmer [*to assert themselves*] dans une sphère professionnelle hautement compétitive. » Il est assez agréable de se retrouver soudain dans la peau d'un jeune loup aux dents acérées, mais très franchement, à quarante-six ans et après vingt-deux ans de métier, je pense ne plus être tout à fait un débutant, pas plus qu'Anne-Marie Casteret ou, à ma connaissance, aucun des « jeunes journalistes » qui ont sorti des scoops ou des documents inédits sur le sang contaminé. Peut-être Monika Steffen veut-elle dire que nous sommes restés très jeunes d'esprit... Ou pense-t-elle que la rédaction du *Monde* est formée de centenaires ? Il est certain que la critique sociologique des médias en France ferait des progrès si nos chercheurs connaissaient un minimum les journaux (et ceux qui les font) sur lesquels ils théorisent.

40. Blandine Kriegel, *Le Sang, la Justice, la Politique*, Plon, Paris, 1999. Dans une présentation très tendancieuse des faits, ce livre reprend l'antienne selon laquelle l'affaire du sang serait un « scandale » créé par la presse d'extrême droite, en l'occurrence *Minute*, et repris par Anne-Marie Casteret. Pour la philosophe, c'est « le déchaînement médiatique qui est au départ de la mise en accusation des responsables politiques » et c'est « *Minute*, oui *Minute*, qui est à l'origine de ce déchaînement ». Outre le mépris de la vérité dont témoigne Blandine Kriegel, on peut s'étonner, venant d'une spécialiste de l'État et du droit, du peu de cas qu'elle fait d'une procédure décidée souverainement par la justice française et non, que l'on sache, par les journalistes, fussent-ils ceux de *Minute*...

41. Olivier Beaud, *Le Sang contaminé*, PUF, Paris, 1999.

42. Willy Rozenbaum, *La vie est une maladie sexuellement transmissible et constamment mortelle*, Stock, Paris, 1999.

Observateur[43]. Parce que les acteurs de la transfusion médicale n'ont pas su, pu ou voulu sélectionner les donneurs. Ils n'ont pas pris, pas plus que l'ensemble de la profession médicale, la mesure de l'épidémie, ont surestimé la puissance de la biologie, en attendant un test qui, pensaient-ils, allait tout résoudre. Alors que le test produit seulement une amélioration de la capacité de réduction du risque, sans le supprimer totalement. Se braquer aujourd'hui sur un supposé retard du dépistage, c'est comme si après un incendie meurtrier, on jugeait les pompiers accusés de ne pas avoir agi assez vite, au lieu de s'interroger sur les incendiaires. »

Cette défense du pompier irresponsable, sinon pyromane, ne manque pas de sel. Certes, la mauvaise sélection des donneurs est la cause initiale de la présence de dons contaminés. Mais si le test permettait d'éliminer un très grand nombre de ces dons, ne pas l'utiliser était équivalent à l'attitude d'un pompier qui regarderait une maison brûler les bras croisés, sous prétexte que ce n'est pas lui qui a mis le feu !

Il est vrai que pour Setbon et ceux qui partagent ses idées, le dépistage n'aurait pas été d'un grand secours en 1985, parce que les tests n'auraient pas constitué un filtre efficace. Schématiquement, on peut décomposer en quatre points les arguments qui fondent la thèse selon laquelle le problème des tests est secondaire dans l'affaire du sang : 1) le risque transfusionnel aurait été mal évalué en 1985 ; 2) il n'y aurait pas eu d'intervention active pour retarder le dépistage ; 3) le test Abbott n'aurait pas été fiable au printemps 1985 ; 4) un dépistage plus précoce n'aurait rien changé. Ces quatre points s'articulant sur le thème constant des « incertitudes scientifiques de l'époque » : il faudrait se garder d'observer les acteurs de 1985 avec les yeux de 1990, 1995 ou 2000, le savoir sur le sida ayant tellement progressé que ce qui apparaît évident dix ou quinze ans plus tard ne l'était nullement au moment des faits.

Seulement voilà : lorsque l'on se replonge dans le contexte de l'époque, documents à l'appui, ces quatre points se révèlent autant de contre-vérités. Voyons pourquoi.

1976-1983 : le vaccin contre l'hépatite B

Pour bien comprendre dans quelles circonstances l'Institut Pasteur s'est confronté au problème des tests, revenons presque une décennie avant 1985. En mai 1976, Jacques Monod, patron de

43. *Le Nouvel Observateur*, n° 1787, 4-10 février 1999.

l'Institut Pasteur, embauche Paul Prunet à la direction scientifique d'Institut Pasteur Productions (IPP), branche industrielle de Pasteur détenue à 30 % par Sanofi, filiale d'Elf-Aquitaine. Monod charge Prunet de superviser le développement du vaccin contre l'hépatite B, récemment inventé par un médecin de Tours, Jacques Maupas. À l'époque, il y a donc une maison-mère, l'Institut Pasteur « Fondation » (IPF) et l'IPP. En 1984, la partie diagnostic de l'IPP deviendra Diagnostics Pasteur et restera avec Sanofi tandis que la partie vaccin sera rattachée à Mérieux.

Afin de définir les critères de qualité du vaccin, Paul Prunet contacte, au Laboratoire national de la santé (LNS), le docteur Robert Netter – celui-là même qui sera en 1992 l'un des prévenus du procès du sang. S'il n'est pas question de sida en 1976, la notion de risque lié à des virus contaminants est bien présente. C'est avec les virologues de Pasteur, Luc Montagnier et Jean-Claude Chermann, que Netter organise les premières réunions. Il aura une initiative « prémonitoire » : ayant entendu parler de la découverte, par un certain Robert Gallo, du premier rétrovirus humain, le HTLV, il demande que l'on vérifie dans chaque plasma l'absence de transcriptase inverse, l'enzyme spécifique des rétrovirus. Françoise Barré-Sinoussi, collaboratrice de Jean-Claude Chermann, est envoyée au laboratoire de Robert Gallo pour apprendre les techniques adéquates. En 1983, ce savoir-faire lui permettra d'isoler le premier virus du sida, le « LAV ».

« J'ai le souvenir qu'avant 1981, Jean-Claude Chermann avait trouvé deux plasmas d'origine française qui avaient donné une réponse positive à la transcriptase inverse, écrit Paul Prunet [44]. Conformément aux instructions du Laboratoire national de la santé, ces prélèvements avaient été détruits… Nous avions peut-être là les premiers prélèvements VIH-positifs [*i.e.* infectés par le virus du sida], ce qui ne serait pas surprenant car l'enquête réalisée *a posteriori* sur des sérums de Français récoltés entre 1974 et 1982 a révélé six séropositifs VIH, quatre de ces personnes ayant voyagé en Afrique. »

Paul Prunet évoque une campagne de presse lancée en juin 1983 par *Libération* et *Le Monde* mettant en question la sécurité du vaccin contre l'hépatite B de Pasteur préparé à partir de plasmas américains importés. La découverte du LAV vient d'être annoncée, et la presse met en cause un risque de transmission du sida par les plasmas étrangers… Selon Prunet, cette campagne a été « téléguidée de l'intérieur même de l'IPP », par un médecin qui se trouvait en conflit

44. Paul PRUNET, *loc. cit.*

avec l'Institut. Prunet insiste sur la « forte conviction », partagée par lui et ses collègues, que le vaccin était sûr : « Nous savions qu'en dehors de l'hépatite B, les plasmas des donneurs français et étrangers pouvaient être contaminés par d'autres virus. [...] L'apparition d'un nouveau contaminant potentiel ne changeait rien pour nous, puisque nous avions retenu l'hypothèse contaminant plausible et probable. » En d'autres termes, il estimait que l'apparition possible d'un nouveau virus avait été prise en compte.

Puis Prunet en vient au sida : « L'hépatite B nous a conduits indirectement à la technologie rétrovirale, et le virus de cette maladie partage avec le virus du sida les points communs d'une maladie sexuellement transmissible, dont l'extension est assurée et surtout aggravée par le multipartenariat sexuel, par l'usage de drogues injectables et les transfusions sanguines de produits issus du sang. On peut se demander comment le Laboratoire national de la santé (LNS) qui avait eu des initiatives prémonitoires et des exigences très fortes quant au vaccin de l'hépatite B, n'ait pas [*sic*] imposé les mêmes précautions pour les dérivés du sang, et je vois avec regret le docteur Netter mis en cause dans ce qu'il est convenu d'appeler le scandale du sang. »

Et Prunet d'enfoncer le clou : « Il ne peut être invoqué une méconnaissance de la nature et de la gravité du risque de contamination dès 1983 et d'ailleurs la campagne de presse contre le vaccin de l'hépatite B est bien une preuve de la large diffusion d'information concernant ce risque. Curieusement, aucun des journalistes qui attaquaient ainsi un produit et une organisation industrielle n'envisagea sérieusement d'enquêter sur les produits de la transfusion sanguine. »

Août 1983 : Montagnier prêche dans le désert

Le témoignage de Paul Prunet n'est pas le seul élément qui montre que le risque transfusionnel est perçu par les spécialistes français en 1983. Selon le compte rendu d'une réunion du groupe de travail du 19 mai 1983, présidée par Jean-Baptiste Brunet, l'épidémiologiste du sida, « l'identification idéale des donneurs à risque passerait bien sûr par la mise en évidence dans les produits sanguins de marqueurs spécifiques de l'AIDS », autrement dit d'un test de dépistage.

Pour sa part, le professeur Montagnier écrit, le 26 août 1983, au directeur général de la santé, Jacques Roux, ainsi qu'au Premier ministre Pierre Mauroy. Voici un extrait de la lettre à ce dernier : « Un nouveau virus a été isolé dans mon laboratoire de l'Institut Pasteur, à partir de plusieurs malades atteints de sida, en particulier d'un enfant hémophile qui avait reçu uniquement des préparations de facteurs antihémophiliques effectuées en France à partir de plasma de donneurs de sang. Ceci implique que le virus peut être transmis par le sang et ses dérivés, mais d'autres voies de transmission plus banales ne peuvent être exclues. » Montagnier ajoute : « Le problème du développement des applications médicales de ces travaux se pose dès maintenant. Nous pouvons très vite produire du virus en quantités suffisantes pour permettre la mise au point de réactifs sûrs de diagnostic et de prévention, notamment au niveau des donneurs de sang et des populations à haut risque. »

Trois jours plus tard, Montagnier écrit dans le même sens à Philippe Lazar, directeur général de l'INSERM. Extrait : « Nous avons pu mettre au point un test ELISA de détection des anticorps sériques contre ce virus, et, grâce à ce test, montré qu'une grande proportion des malades atteints de lymphadénopathies ou de sida est infectée par ce virus, alors qu'une population témoin (personnel de laboratoire) est indemne. Bien que la preuve formelle que ce virus soit impliqué dans le sida ne puisse encore être apportée, les données fragmentaires que je viens de brièvement vous résumer m'autorisent à considérer ce virus comme potentiellement dangereux pour l'homme et à alerter les autorités responsables sur l'intérêt qu'il y aurait pour la France à développer très vite des moyens de diagnostic et de prévention contre la dissémination de ce virus [45]. »

Montagnier souhaite des crédits, en particulier pour construire un laboratoire de haute sécurité dit P3 afin de développer le test. Mais le professeur prêche dans le désert. Le milieu scientifique ne le prend pas au sérieux. Les preuves du rôle causal du LAV dans le sida sont encore fragiles. Et la direction de Pasteur, comme sa filiale industrielle IPP, traînent les pieds. « Convaincu de la réalité de la découverte pastorienne, je plaidai vigoureusement leur cause auprès de la direction de [Pasteur] pour qu'elle leur donne plus de moyens [...], écrit Paul Prunet. Ce fut en vain, l'hypothèse rétrovirale pour une maladie touchant d'abord la communauté homosexuelle n'était pas prise au sérieux par le directeur de l'IPF et en fait il fallut attendre fin 1983 et surtout les publications de R. Gallo en 1984 (mars) pour que la direction de l'IPF reconnaisse cette découverte faite dans ses murs. »

Sans commentaire.

---

45. Le texte complet de cette lettre est reproduit dans le livre de Michel MASSENET, *La Transmission administrative du sida*, Albin Michel, Paris, 1992.

Juin-octobre 1984 : quatre mois perdus à Pasteur

En avril 1984, tandis que Bob Gallo amuse la galerie, une compétition discrète et sans merci s'engage entre industriels. Enjeu : l'énorme marché des tests de dépistage. Début mai, les NIH lancent un appel d'offres. Cinq sociétés sont retenues, dont le géant Abbott et la firme Organon. Côté français, le seul concurrent est l'IPP – qui devient Diagnostics Pasteur. Jusque-là, les pastoriens n'ont produit le virus que sur des cultures de cellules provenant de sang frais. Le problème de trouver une lignée continue se pose avec acuité. Jean-François Delagneau, de la direction scientifique de l'IPP, le mentionne dans une note datée du 10 avril 1984 à son supérieur hiérarchique, Christian Policard : « [Il est] primordial d'aboutir à la mise au point d'un système de production du virus, [...] la production sur leucocytes humains étant laborieuse et difficilement extrapolable aux besoins de l'industrie. [...] Montagnier [devrait] essayer de trouver une lignée continue pour la production. » Delagneau se préoccupe aussi d'une « éventuelle collaboration que pourrait établir L. Montagnier avec R. Gallo »...

Gallo remet à Montagnier la lignée H9 en mai. Le chercheur pastorien a également reçu, sans doute avant, la lignée CEM de Robin Weiss. Montagnier possède une troisième lignée, 100 % française, qu'il a fait breveter (n° 840 509). Elle n'est pas constituée de cellules T, les hôtes naturels du VIH, mais de cellules B, adaptées pour héberger le virus. Elle se révélera inutilisable.

Pasteur détient donc, à peu près en même temps qu'Abbott, deux lignées cellulaires qui peuvent avec certitude conduire au développement d'un test. Mais toutes deux posent des problèmes de propriété industrielle. Pour utiliser la lignée H9, Pasteur devrait faire affaire avec Gallo et les NIH, ce qui paraît peu envisageable après le 23 avril. Pendant quelques semaines, Montagnier et Chermann caressent l'idée de recourir à la lignée CEM de Robin Weiss. Le 15 juin, ils écrivent au chercheur britannique et lui indiquent que sa lignée est désormais utilisable pour un passage au stade industriel (« of potential use for medical and industrial application »). Ils lui proposent un accord pour un brevet commun, accord qui doit lui être soumis dans un délai d'un mois. Robin Weiss n'entendra plus parler de ce projet pendant plus d'un an...

Réflexion faite, Montagnier et l'IPP décident de travailler avec la lignée B, celle brevetée par Montagnier. Ce ne sera pas une réussite, comme le démontrent les documents internes qui retracent l'activité du « Comité technique sida » de Diagnostics Pasteur-IPP. En voici quelques extraits significatifs.

Compte rendu de la réunion du Comité technique sida du 4 juin, signé Marc Girard (direction scientifique) : « L'équipe SIDA qui travaillera au P-3 [laboratoire de haute sécurité] dépendra de M. Girard mais sera placée sous les ordres directs de M. Montagnier pour le travail quotidien... » « Monsieur Montagnier expose les avantages des diverses lignées de cultures de cellules dont il dispose... Les deux lignées les plus intéressantes seraient une lignée EVB [celle de Montagnier] et une lignée pré-T [celle de Robin Weiss]. La première est moins bonne productrice... *Le problème de la propriété industrielle de la lignée pré-T est à régler* [souligné par moi]. »

Compte rendu de la réunion du Comité technique sida du 20 juin, toujours signé Marc Girard : « Certaines incertitudes pesant sur la lignée T, il est suggéré de se concentrer sur la lignée BJAB-B95 [*i.e.* la lignée B]. »

Note (en anglais) de Jean-François Delagneau, datée du 28 septembre : « Jusqu'ici, seules les lignées de cellules B ont été minutieusement testées pour la production (clones BJAB-B95, 35,17,5). En bref, aucun des clones ne s'est révélé adéquat pour augmenter la production [*none of the clones has been proved to be convenient to scale up the production*]... Des essais sont en cours avec des lignées T (CEM, de l'ATCC, et MOLT, de Novo, au Danemark). »

Revoilà la lignée CEM, mais ce n'est plus celle de Robin Weiss. L'ATCC est un organisme américain où sont déposées les lignées cellulaires mises au point et utilisées par les biologistes. En clair, l'IPP s'est procuré un nouvel exemplaire de la lignée CEM auprès de l'ATCC pour ne pas avoir à passer par Robin Weiss...

Compte rendu du Comité technique du 9 octobre (signé Delagneau) : « Décisions : arrêt des essais sur BJAB B95 (à Marnes et au P3), mise en place de la production du LAV1 sur cellule CEM au P3... Enfin, M. Montagnier tentera d'isoler un clone "meilleur producteur" à partir de la lignée CEM d'origine. » Résumons : pendant quatre mois, entre juin et octobre 1984, l'IPP s'est en vain acharné à produire du virus avec la lignée B de Montagnier, pour finalement revenir à la lignée CEM qui était disponible dès le départ... À l'arrivée, Abbott, parti à peu près en même temps que Pasteur, sera sur le marché avec au moins trois mois d'avance sur son concurrent français. Celui-ci ne peut encore fournir qu'une quantité limitée de tests le 21 juin, date de l'enregistrement de son test par le Laboratoire national de la santé.

Pourquoi a-t-on remplacé la lignée fournie par Robin Weiss ? Selon Montagnier, elle était contaminée par des mycoplasmes. Il s'agit de bactéries très polymorphes qui ont la sale habitude de contaminer les cultures cellulaires. Pourquoi Montagnier n'a-t-il pas tout simplement demandé à Weiss de lui fournir une nouvelle culture, puisque les deux chercheurs étaient en pourparlers en vue d'un brevet commun ? Le 29 janvier 1986, un Robin Weiss assez contrarié écrit à Montagnier, en adressant une copie de sa lettre à François Jacob, prix Nobel et la plus célèbre personnalité de l'Institut Pasteur. Weiss se dit « *disturbed* » d'avoir appris que son partenaire a décidé unilatéralement de considérer leur projet d'accord comme « obsolète ». Il reproche à Montagnier d'avoir utilisé une « propriété intellectuelle sur laquelle l'Institut de recherche sur le cancer de Londres a des droits » – en clair de s'être servi de la lignée CEM en le court-circuitant. Robin Weiss laisse entendre qu'en s'alliant avec lui, Montagnier aurait pu breveter la production de virus sur lignées continues avant Gallo et le NIH [46]... Il a cette phrase assassine : « Le sida est une maladie trop épouvantable pour permettre à un chauvinisme étroit de nous guider dans notre lutte contre lui. »

No comment.

1985, l'année meurtrière

Fin 1984, l'inquiétude monte dans les centres de transfusion (CTS). À cette époque, et quelles que soient les « incertitudes scientifiques de l'époque », il est acquis que le sida se transmet par le sang, que les transfusions comportent un risque et que le test est un outil privilégié pour limiter ce risque. Parmi de nombreux autres documents, on peut citer un communiqué de presse de l'Institut Pasteur, daté du 26 novembre 1984, qui résume les conclusions d'un colloque sur le sida organisé les jours précédents par l'unité de Montagnier et Chermann, colloque qui a rassemblé des chercheurs de tous les pays de la communauté européenne ainsi que des États-Unis (CDC, NIH) :

« Un consensus des experts présents s'est dégagé sur les points suivants :

« 1) Les données épidémiologiques indiquent une progression constante des cas de sida aussi bien aux États-Unis qu'en France et en Afrique équatoriale.

46. Voici la phrase exacte de Robin Weiss : « Incidentally, we provided you with this intellectual property before the NIH in USA filed a patent claiming to cover production of HTLV-III and related viruses in established lines. »

« 2) Les virus LAV et HTLV-III sont identiques et sont considérés comme la cause primaire de la maladie.

« 3) Il existe un nombre important de porteurs sains du virus qui peuvent diffuser le virus par des transfusions ou l'utilisation de produits dérivés du sang, comme les facteurs antihémophiles. Le nombre de ces porteurs asymptomatiques peut atteindre plus de dix fois le nombre de malades. Cette situation est préoccupante et nécessite la prise urgente de mesures de santé publique permettant la détection de ces porteurs sains au niveau des centres de transfusion.

« 4) Parmi ces mesures, la mise au point d'un test de dépistage sensible et sûr des anticorps contre le virus est une des toutes premières priorités. »

Difficile d'être plus clair.

Au CTS de l'hôpital Cochin, le docteur François Pinon entreprend de dépister les dons de sang en utilisant des tests fabriqués dans le laboratoire de Jacques Leibowitch, à Garches. Leibowitch a quitté le groupe de travail en mai 1983. Il a travaillé en liaison avec Gallo et maîtrise la technique des tests. Pinon et Leibowitch testent 2 000 dons en octobre, novembre et décembre 1984. Ils relèvent dix donneurs séropositifs. Pinon, que j'ai interrogé en 1999, m'a indiqué qu'il leur avait soumis, comme aux autres, le questionnaire destiné à écarter les donneurs à risque. Or, d'après le médecin, aucun des dix sujets trouvés séropositifs n'avait déclaré appartenir à un groupe à risque… Cela prouve l'efficacité de la sélection des donneurs qui, d'après Setbon, était la seule mesure adaptée pour réduire la contamination des dons de sang.

Dix donneurs sur 2 000, cela donne une proportion de 0,5 %. Le calcul montre alors que, fin 1984, la transfusion est responsable, dans la région parisienne, d'une cinquantaine de contaminations par semaine. Étendu à la France, le chiffre serait de l'ordre de la centaine. François Pinon alerte ses collègues de Cochin. La direction générale de la santé est également prévenue. Le 12 mars 1985, Jean-Baptiste Brunet, l'épidémiologiste du sida, qui travaille au ministère de la Santé, écrit au directeur de la DGS, Jacques Roux : « Si la proportion de donneurs LAV + retrouvés dans l'enquête de Cochin est représentative de la situation parisienne (0,6 %), il est probable que tous les produits sanguins préparés à partir de pools de donneurs parisiens sont actuellement contaminés. »

Selon Olivier Beaud, « en 1985, la question de savoir s'il fallait procéder à un dépistage systématique des dons de sang n'avait pas le caractère d'évidence qu'elle a pour nous aujourd'hui ». On a vu pourtant que Montagnier et Brunet militaient en faveur du test dès 1983. Voyons maintenant ce que pensaient, en 1985, les responsables de la transfusion directement concernés. Les citations qui suivent sont extraites de documents confidentiels du CNTS. En mars, celui-ci a créé un groupe de travail « sida et transfusion », qui comprend notamment le docteur Jean-Pierre Allain et la virologue Anne-Marie Couroucé. Le groupe est divisé en trois sous-groupes ; celui d'Anne-Marie Couroucé, dont la mission est d'évaluer les trois tests existants (Abbott, Organon et Diagnostics Pasteur) est intitulé « marqueurs viraux ».

Compte rendu de la réunion du 1er avril du groupe sida et transfusion, en présence de Jean-Pierre Allain, Françoise Barré, Jean-Claude Gluckman : « Le test ELISA doit être réalisé avant chaque don, son résultat permet d'éliminer les positifs sans attendre un test de confirmation. [...] Les faux négatifs n'apparaissent pas comme un problème majeur ; il est cependant urgent d'associer à l'ELISA anti-LAV un test de détection de l'antigène viral utilisable en routine. »

Note sur la réunion précédente, datée du 2 avril 1985, communiquée à Anne-Marie Couroucé et Jean-Pierre Allain : « Le dépistage systématique d'anticorps à chaque don de sang sur le territoire français est recommandé. La performance du "filtre interrogatoire" est insuffisante : les donneurs peuvent ne pas déclarer leur appartenance à un groupe à risque. [...] La disponibilité actuelle du test engage de toute évidence la responsabilité des ETS (établissements de transfusion sanguine) en cas de sida transmis. La dimension épidémiologique du sida dans son ensemble et du sida post-transfusionnel est encore imprévisible et la DGS considère la situation comme "très sérieuse". » La note indique qu'en France on recense trois cent vingt cas de sida dont trois hémophiles et sept transfusés.

Compte rendu de la réunion du sous-groupe « marqueurs viraux », le 2 avril 1985, en présence d'Anne-Marie Couroucé, Christine Rouzioux, Jean-Claude Chermann : « À la question préliminaire : est-il opportun de rechercher les anticorps anti-LAV/HTLV-III chez tous les donneurs de sang ? La réponse a été oui à l'unanimité et l'ensemble des participants a souhaité que ceci puisse être réalisé le plus rapidement possible. »

Compte rendu des réunions du sous-groupe « marqueurs viraux », rédigé par Anne-Marie Couroucé le 25 avril : « La nécessité d'un dépistage systématique des anticorps anti-LAV chez les donneurs de sang a été manifestée par chaque participant. [...] Le groupe a organisé une étude visant à évaluer les performances des différents réactifs immuno-enzymatiques [*i.e.* tests ELISA] mis au point pour ce dépistage. *Cette évaluation devrait être terminée fin mai, mais le résultat de celle-ci n'est pas nécessaire au LNS pour l'enregistrement des dossiers donc la commercialisation des réactifs. Cette libération des trousses sur le marché devrait intervenir avant le 15 mai. Le groupe souhaite donc que le ministère de la Santé prenne une position très rapidement sur le dépistage des anticorps anti-LAV en transfusion afin que cette recherche systématique sur chaque don puisse être réalisée avant le mois de juillet* [c'est moi qui souligne]. »

Par conséquent, dès le 2 avril 1985, les experts désignés par le CNTS n'ont aucun doute sur la nécessité de réaliser un dépistage le plus rapidement possible. Si les tests ne sont pas aussitôt utilisés, ce n'est pas en raison d'une quelconque « incertitude ». Mais alors, pourquoi ?

Le 2 mars, le test Abbott est agréé par la FDA, la Food and Drug Administration, et entre sur le marché américain. Le 3 mars 1985, Jean-Baptiste Brunet rédige une note qui mentionne l'enquête de Cochin et précise que « le moment de lancer ce type de campagne [le dépistage systématique] n'est pas encore venu », que le risque transfusionnel « apparaît, pour le moment, en France, comme très faible », et il juge « un peu surprenante » l'annonce de l'autorisation d'Abbott aux États-Unis.

À partir de ce moment, et alors même que l'angoisse monte chez les transfuseurs, l'on assiste à une course de lenteur. Une constante se dégage du maquis des documents administratifs : après l'enregistrement d'Abbott, Pasteur entreprend un lobbying actif pour retarder le dépistage. Techniquement, le test peut être mis en place, au moins partiellement, dès mars ou avril 1985. Mais l'IPP est incapable de produire un nombre de trousses (baptisées ELAVIA) suffisant pour occuper une part appréciable du marché français, étape indispensable pour obtenir la crédibilité nécessaire à l'exportation du test.

Le 18 mars, Jean Weber, P-DG de Diagnostic Pasteur, écrit au secrétaire d'État à la Santé Edmond Hervé que sa firme est en mesure de livrer, à partir du 15 avril 1985, 40 000 tests par mois pour le marché français, et 80 000 à partir du 1er novembre. Un dépistage généralisé nécessiterait 70 000 tests par semaine. Diagnostics Pasteur n'est donc en mesure de répondre qu'à 14 % des besoins français à la mi-avril et à 28 % au 1er novembre. Difficile de considérer que le fabricant national est prêt. Luc Montagnier le reconnaît dans une interview à *Paris Match* le 27 avril 1985 : les Américains « ont une longueur d'avance sur nous, mais nous sommes dans la ligne droite. Disons que c'est un mauvais moment à passer pour les receveurs ». Les receveurs apprécient.

Jusqu'à juin 1985, Diagnostics Pasteur est incapable de fabriquer un produit qui satisfasse les transfuseurs, comme l'atteste une lettre inédite d'Anne-Marie Couroucé à Christian Policard, l'un des dirigeants de la firme française : « Je tenais à vous dire que tous les participants qui étaient *a priori* favorables à l'utilisation d'une trousse française se sont montrés unanimes pour ne pas retenir la trousse ELAVIA, telle qu'elle est conçue aujourd'hui, pour le dépistage de leurs donneurs. Cette trousse nécessite en effet une fois et demie à deux fois plus de temps de travail que les autres en n'offrant aucun avantage de spécificité. Je partage tout à fait l'opinion de mes collègues. » Au printemps 1985, Anne-Marie Couroucé a expertisé les tests commercialisés par Abbott [47] : dans un premier temps elle n'a trouvé aucun faux négatif (c'est-à-dire aucun échantillon infecté que le test aurait laissé passer) ; dans une étude plus poussée, elle est arrivée au taux de 0,8 %. En clair, ce test tant décrié aurait arrêté au moins 99 dons séropositifs sur 100. C'est mieux que rien. Voilà pour l'affirmation que le test Abbott n'était pas fiable !

Dès le 19 mars 1985, un document officiel affirme d'ailleurs que le test Abbott est utilisable. Émanant du Laboratoire national de la santé, il est signé par le docteur Guillem et il porte la mention « RAS, Attestation définitive ». Des manœuvres dilatoires se déploient alors sur le terrain administratif pour empêcher le Laboratoire national de la santé d'enregistrer le test américain. Le 25 avril, Robert Netter écrit à Claude Weisselberg, conseiller d'Edmond Hervé, pour lui proposer « d'accorder à l'Institut Pasteur un enregistrement immédiat, et de surseoir pour la firme Abbott jusqu'au 13 mai 1985 ». Proposition refusée.

Jean Weber, le patron de Diagnostic Pasteur – qui affirmera sous serment, au procès de 1992, que sa firme était prête –, s'emploie à retarder, non seulement le test Abbott, mais son propre produit. Extrait d'une note adressée le 26 avril 1985 à François Gros, pastorien très influent, qui est en 1985 le conseiller scientifique du Premier ministre : « Dans ces conditions, un agrément rapide des deux tests Abbott et Pasteur en France serait particulièrement dangereux pour les intérêts nationaux dans leur ensemble », notamment parce que « l'introduction d'Abbott dans les centres de transfusion lui permettrait d'enlever de l'ordre de 80 % du marché français, chassant ainsi le producteur national de son marché domestique et lui faisant perdre une référence indispensable à l'exportation ».

---

47. Anne-Marie Couroucé *et al.*, « Évaluation de trois trousses immuno-enzymatiques de dépistage des anticorps anti-LAV », *Revue française de transfusion et d'immuno-hématologie*, tome 28, n° 4, 1985. Voir aussi *Annales de l'Institut Pasteur*, 1987, vol. 138, p. 61-66.

Le 30 avril, le docteur Leblanc, du LNS, s'apprête à autoriser le test de Pasteur, ce qui est logique si l'on considère que le but est de le commercialiser. Jean Weber cherche à mobiliser le ministère au service de cette entreprise paradoxale : retarder l'autorisation de son propre test ! Il écrit à Claude Weisselberg : « J'ai parlé ce matin, longuement, au téléphone avec le Dr Leblanc au LNS qui s'apprêtait à autoriser notre test aujourd'hui. Je lui ai demandé de différer, mais une prise de position du ministère est indispensable. Comment pouvons-nous mobiliser les efforts sur la question ? »

Le 9 mai 1985, une réunion interministérielle consacrée au sida transfusionnel et au dépistage se tient sous la présidence de François Gros. François de Beaupuis, conseiller technique du ministère de l'Économie, des Finances et du Budget, y participe. Ses notes manuscrites sont significatives du message transmis par les experts – essentiellement Gros et Weisselberg. On y lit notamment : « Quatre cas de sida post-transfusion... Ne se justifie pas du point de vue santé publique... Industriellement pas d'urgence... Pasteur ne peut pas fabriquer... Plusieurs milliers de tests Abbott (11 F) gratuits... » Le compte rendu de la réunion du 9 mai exprime deux points de vue contradictoires. D'une part, il mentionne le risque des transfusions déjà évalué depuis six mois par Pinon et Leibowitch. D'autre part, le texte décrit la décision de dépister comme relevant surtout de l'opportunité industrielle et médiatique : « Autant de raisons qui expliquent qu'il sera peut-être nécessaire de procéder à terme à la généralisation du test. À ce moment-là, si l'on n'a pas pris la précaution de réserver le marché des centres de transfusion sanguine au test élaboré par Diagnostics Pasteur, on procédera à la généralisation du test américain qui est déjà bien implanté dans les centres. »

Le 22 mai doit se tenir à Bordeaux le congrès d'hématologie, en présence d'Edmond Hervé, secrétaire d'État à la Santé. Les transfuseurs, comme l'Association française des hémophiles, attendent l'annonce par Hervé de la mise en place du dépistage des dons de sang. Hervé a préparé cette communication. Au dernier moment, il reçoit un coup de fil de François Gros qui le prie de n'en rien faire. C'est seulement le 19 juin 1985 que le Premier ministre Laurent Fabius annonce, à l'Assemblée nationale, le prochain dépistage systématique des dons de sang. Sans engagement de date.

Le 27 juin 1985, dans une note à Claude Weisselberg, le docteur Robert Netter expose la situation du test Pasteur aux États-Unis, et observe : « D'après mes informations, près de 100 % des laboratoires de l'AP [Assistance publique] réclament le réactif Abbott, d'où l'intérêt de différer l'autorisation jusque vers le 4-8 juillet pour permettre à l'IP [Institut Pasteur] de prendre une part du marché à partir du 1er juillet. »

Le 5 juillet, François Gros écrit à Louis Schweitzer, directeur de cabinet de Laurent Fabius : « Le Premier ministre a souhaité que l'on veille soigneusement aux intérêts de la France en matière d'exploitation du nouveau test de dépistage du sida tant au plan de la santé publique, cela est évident, qu'à celui de la commercialisation à l'étranger par l'Institut Pasteur et la Sanofi. Or, comme j'ai déjà eu l'occasion de le souligner, la bataille des brevets vient de s'engager de façon très brutale... » François Gros explique que le NIH et Robert Gallo viennent d'obtenir leur brevet aux États-Unis tandis que la demande de Pasteur y est encore en cours d'examen, et que « si ce brevet NIH-Gallo n'est pas attaqué, [...] cela peut ruiner définitivement [...] toute exploitation du kit de dépistage » de l'Institut Pasteur. Qui plus est, « les services publics telle l'Assistance publique de Paris ont eu l'indélicatesse de commander tous leurs tests chez Abbott, geste que je trouve personnellement bien douteux ». Une annotation manuscrite de Louis Schweitzer complète le propos : « Scandaleux. Cela est corrigé, heureusement. »

Pour les décideurs de 1985, le vrai scandale était l'achat par l'Assistance publique de tests américains. Que dire de plus, sinon qu'aux États-Unis, où l'on ne disposait pas d'esprits aussi brillants que ceux de Jean-Baptiste Brunet, François Gros, Louis Schweitzer, Jean Weber ou Claude Weisselberg, on s'est contenté bêtement d'installer le test Abbott dans les banques de sang dès le 3 mars 1985, lendemain de l'agrément du test par la Food and Drug Administration ? Le résultat, démontré par des statistiques indiscutables, a été une baisse massive des contaminations transfusionnelles [48]. Le test Abbott était autorisé en Allemagne dès avril, sans que personne ne crie à la catastrophe. Un dernier argument ruine toutes les arguties tendant à occulter le retard du dépistage : la courbe des contaminations par transfusion, trimestre par trimestre, de 1980 à 1987, établie d'après les données du fonds d'indemnisation des transfusés. Cette courbe montre de manière éclatante qu'à partir de juin-juillet 1985 les contaminations ont baissé spectaculairement. Le dépistage, sitôt mis en place, a permis d'écarter l'écrasante majorité des dons contaminants. L'exception française aura consisté en ce que notre pays est le seul a avoir inventé qu'il valait mieux dépister le plus tard possible...

Pourquoi Edmond Hervé a-t-il attendu le 22 mai 1985, quand Pinon et Leibowitch dépistaient dès fin 1984 ? Pourquoi lui a-t-on

48. Voir *The New England Journal of Medicine*, 11 février 1999.

demandé de laisser Laurent Fabius faire l'annonce du dépistage, ce qui a ajouté un délai d'un mois ? Pourquoi, après la déclaration du Premier ministre, a-t-on encore attendu jusqu'au 23 juillet pour qu'un arrêté fixe la date officielle du dépistage obligatoire au 1er août ? À ces questions, les hémophiles et les transfusés contaminés entre mars et août 1985 attendent toujours la réponse. Leur nombre exact fait partie des « incertitudes scientifiques de l'époque ».

La vraie nature de HTLV-III

Le lecteur de bonne foi admettra que le dépistage a bel et bien été retardé, que ce retard n'était justifié par aucun argument scientifique et qu'un dépistage plus précoce aurait évité de nombreuses contaminations. Dès le départ, la recherche sur le virus du sida reposait sur la notion que c'était un agent transmissible par le sang. Et la mise au point du test était la suite logique de l'identification du virus. Tous les discours sur les « incertitudes scientifiques de l'époque » ne servent qu'à masquer ou à tenter de masquer le fait incontournable qu'aucun spécialiste sérieux n'ignorait l'importance du test après les publications de Robert Gallo d'avril 1984. D'ailleurs, pourquoi Montagnier et l'Institut Pasteur auraient-ils déposé un brevet dès 1983, et pourquoi auraient-ils dépensé 20 millions de francs de frais d'avocats aux États-Unis, s'ils pensaient que le test était un gadget sans avenir ?

Pour ne pas trop alourdir cette leçon déjà longue, je n'ai cité que les documents les plus significatifs. Il en existe de nombreux autres. Encore une fois, mon propos n'est pas ici de juger les acteurs. Mais la vérité historique, ou du moins la recherche honnête de cette vérité, me semble une condition *sine qua non* de la démocratie. En France, une « vérité de groupe », créée par l'ensemble des acteurs principaux du drame du sang contaminé, a longtemps obscurci ce qui s'était réellement joué autour de la découverte du VIH et des brevets sur les tests. Et cette vérité a ensuite été relayée par une partie des médias et certains intellectuels. La querelle sur la paternité du virus apparaît après coup comme une diversion, un chiffon rouge qui a évité que la grande majorité des médecins, les politiques, les journalistes, ou les simples citoyens se posent les bonnes questions. Sans le courage des hémophiles et des transfusés qui ont porté plainte, sans la curiosité de certains journalistes, sans le travail de quelques médecins qui ne se sont pas conformés à la « vérité de groupe », nous ne disposerions que d'une histoire réécrite par ceux qui l'ont manipulée.

Un dernier élément manque pour conclure l'histoire : quelle était la véritable explication de la ressemblance entre le HTLV-IIIB de Gallo et le LAV de Montagnier ? La solution ne fut découverte qu'en 1991. Une technique qui n'existait pas en 1985, la PCR – *polymerase chain reaction*, inventée par Kary Mullis, prix Nobel 1993 –, permit d'analyser en détail les séquences de toutes les souches de virus conservées à Pasteur et à Bethesda depuis 1983. Les chercheurs de Pasteur découvrirent qu'une contamination avait eu lieu dans le laboratoire de Jean-Claude Chermann, en août 1983. La souche originale « LAV-BRU » (du nom du patient Bru, celui dont venait l'échantillon qui permit d'isoler le virus) avait été envahie par une souche venant d'un autre patient, appelée « LAI ». Cette dernière avait sauté dans les éprouvettes de BRU et s'y était substituée [49]. Si BRU ne poussait pas sur lignée continue, LAI le faisait plutôt trop bien. De sorte que, après août 1983, tous les échantillons étiquetés BRU étaient en fait du LAI. « Au lieu de BRU, c'était donc LAI dont la séquence avait été publiée en janvier 1985, LAI qui avait été utilisé pour la production du test français, LAI qui avait été envoyé à des laboratoires du monde entier », résume Bernard Seytre.

Mais pourquoi HTLV-IIIB ressemblait-il tant à LAI ? Dans une lettre à *Nature*, publiée le 30 mai 1991, Gallo se décida enfin à reconnaître que son cher prototype avait été, lui aussi, contaminé par LAI. Au moins une des souches pastoriennes envoyées le 23 septembre 1983 à Gallo et Popovic contenait le prolifique LAI. Le virus américain venait donc bien de l'Institut Pasteur, mais par un trajet que personne n'avait imaginé. Et cela n'impliquait aucune fraude. On découvrit bientôt que d'autres groupes que celui de Bethesda avaient connu la même mésaventure : en tout, de 1988 à 1992, sept laboratoires avaient connu des contaminations par LAI, dont celui du Britannique Robin Weiss, l'homme qui avait failli s'associer avec Montagnier.

En 1992, Robert Gallo connut des tracas. Un journaliste du *Chicago Tribune*, John Crewdson, avait publié en 1989 une enquête de seize pages qui était un véritable réquisitoire contre le rétrovirologue. Depuis, il s'était acharné contre Gallo. Il avait repris les accusations de fraude, sans publier de véritable révélation. Et il avait attiré l'attention de l'honorable John Dingell, ce parlementaire que nous avons rencontré dans la leçon 5 et qui s'était attaqué à David Baltimore (lequel a finalement été blanchi). À l'instigation de Dingell, une enquête de près de deux ans fut menée dans le

49. Simon WAIN HOBSON *et al.*, « LAV revisited : origin of the early HIV-1 isolates from Institut Pasteur », *Science*, vol. 252, p. 961-965, 17 mai 1991.

laboratoire de Gallo par l'ORI, l'Office of Research Integrity, département de secrétariat d'État à la Santé américain. Le rapport final de l'ORI fut publié le 30 décembre 1992. Il n'accusait pas Gallo de fraude, mais le considérait coupable de « mauvaise conduite scientifique », pour avoir nié qu'il avait cultivé le LAV sur lignée cellulaire continue. Popovic était également accusé de « mauvaise conduite ».

Ce rapport n'eut pas de conséquences. Gallo et Popovic ayant entrepris une action en justice, l'ORI abandonna ses accusations. Gallo et Popovic quittèrent le NIH. À la date où j'écris ces lignes, Bob Gallo dirige un institut de virologie à Baltimore (la ville, pas David), et y a engagé son vieux collaborateur. Après avoir réactivé quelque temps son cabinet d'avocats américains dans l'intention d'augmenter sa part des royalties, l'Institut Pasteur s'en est finalement tenu, jusqu'à nouvel ordre, à l'accord de 1987. Sauf surprise improbable, la page de la controverse Gallo-Montagnier est définitivement tournée.

Qu'est-ce qu'un bon scientifique ?

Avec le recul, on peut dire que les polémiques liées au sida ont bouleversé, de manière décisive et sans doute définitive, l'image publique de la science. C'est particulièrement vrai en France, où l'on ressent plus qu'ailleurs l'influence d'une idéologie scientiste qui sacralise la vérité scientifique et sanctifie les savants. Pasteur – l'homme, pas l'Institut – a représenté l'archétype du « saint laïc » en blouse blanche. Cette icône est désormais ternie. Même dans les pays anglo-saxons, plus familiers des controverses scientifiques que le nôtre et moins enclins à mettre les chercheurs sur un piédestal, l'onde de choc du sida a eu un puissant impact. Un symptôme de ce changement est la montée d'un mouvement antiscience, qui se manifeste de nombreuses façons, notamment par le succès de théories pseudo-scientifiques comme celle de Duesberg, ou sa version vulgarisée par Christine Maggiore.

Pourtant, les erreurs et les « mauvaises conduites » des chercheurs ne justifient pas le rejet de la démarche scientifique elle-même. Ce n'est pas cette dernière qui a provoqué les errements de l'histoire du sida, mais un ensemble d'attitudes antiscientifiques. Et ces dernières n'ont pas empêché l'accomplissement d'un travail considérable. Jamais, dans l'histoire de la médecine, on n'a mis aussi peu de temps pour détecter une épidémie nouvelle, identifier son agent causal, mettre au point des outils de diagnostic et développer des traitements assez efficaces pour prolonger de manière importante l'espérance de vie des malades. Le fait que ces succès aient été remportés *malgré* un climat de rivalités et de passions nationalistes plaide, *a contrario*, en faveur de la science. Un bon scientifique n'est pas infaillible, il assume le risque de l'erreur. Celle-ci est inévitable, parce que la science est faite par des êtres humains. Il n'existe pas de science pure, pratiquée par des êtres idéaux dans un monde sans passions. « Pourtant, dit Stephen Gould, je ne m'afflige pas de voir l'ordre humain voiler toutes nos interactions avec l'univers, car le voile est translucide, aussi solide que soit sa texture [50]. »

Exercices

1. Faites l'exégèse de cette déclaration de François Gros, lors du procès des ministres, à propos de son intervention priant Edmond Hervé de ne pas annoncer le dépistage au congrès de Bordeaux du 22 mai 1985 : « Ce n'est pas moi qui ai demandé à Edmond Hervé de ne pas annoncer le dépistage systématique lors du congrès d'hématologie de Bordeaux, le 22 mai 1985. J'ai transmis le fait que le cabinet du Premier ministre n'était pas convaincu qu'il [Edmond Hervé] ne puisse pas éviter d'annoncer le dépistage. »

2. Si vous avez réussi à comprendre ce que voulait dire François Gros, posez votre candidature pour entrer dans un cabinet ministériel.

3. Si, comme tout individu normalement constitué, vous n'avez rien compris, relisez cette leçon à haute voix, devant la fenêtre, façon Flaubert dans son « gueuloir ».

---

50. Stephen Jay Gould, *Le Pouce du panda*, *op. cit.*

Leçon 7

Dieu et ses saints, tu honoreras

Adam avait-il un nombril ?

Après tout, il n'était pas né d'une femme. Pourquoi son corps aurait-il porté le vestige d'un inexistant cordon ombilical ? D'un autre côté, ne doit-on pas supposer que Dieu, dans Son infinie prévoyance, a voulu que le prototype ait en tout point le même aspect que ses successeurs ? De sorte que notre aïeul aurait été modelé dans la glaise avec l'apparence exacte d'un homme passé comme chacun de nous par tous les stades de la vie intra-utérine.

Beaucoup de chrétiens de bonne volonté ont éprouvé le vertige de l'ignorance devant cette vraie question. Elle a suscité un débat théologique dont l'enjeu dépasse de loin la futile querelle sur le sexe des anges. Sur de nombreux tableaux anciens, une vaste feuille de figuier couvre non seulement le sexe d'Adam, mais son ombilic. En l'absence de directives précises, les peintres préféraient jeter sur cet impénétrable arcane du plan divin un suaire de feuillage qui ne devait rien au souci de la décence.

Dans un de ces petits essais savoureux dont il a le secret, Stephen Jay Gould raconte comment le débat rebondit de manière inattendue au XIXe siècle, lorsque la géologie naissante apporta les preuves de l'ancienneté de la Terre [1]. Les fossiles et les strates sédimentaires étaient autant de stigmates d'un âge bien supérieur aux quelques

1. Stephen Jay GOULD, « Adam's Navel », *Granta*, n° 16, New York, été 1985. Repris dans *The Flamingo's Smile* (traduction française : *Le Sourire du flamant rose*, traduit par Dominique Teyssié avec Marcel Blanc, Seuil, Paris, 1988).

millénaires attribués par la Bible à notre planète. Mais ne fallait-il pas admettre que Dieu avait déposé fossiles et sédiments à dessein, de même qu'Il avait délibérément pourvu Adam d'un nombril ?

Notre-Seigneur n'avait pas voulu que la chaîne humaine fût interrompue. Aussi avait-Il donné au premier homme l'apparence de la préexistence. Pourquoi n'aurait-Il pas façonné un monde surgi du néant, mais portant tous les signes tangibles d'un passé illusoire ? Ainsi, les savants pouvaient déchiffrer les traces d'une harmonieuse continuité temporelle sans contredire la lettre de la Genèse.

Les canines du babiroussa

Selon Gould, l'argument a été porté à son plus haut degré d'élaboration par le naturaliste Philip Henry Gosse, contemporain de Darwin. En 1857, deux ans avant la parution de *L'Origine des espèces*, Gosse publia *Omphalos*, un traité dont le titre, qui signifie « ombilic » en grec, était une référence explicite à la vieille discussion sur le nombril d'Adam. L'auteur présentait son livre comme une « tentative pour dénouer le nœud géologique ».

La thèse centrale d'*Omphalos* est que tous les processus naturels obéissent à un cycle ininterrompu. L'œuf devient poule puis redevient œuf, la vache suit l'embryon qui suit la vache, etc. Chaque forme de vie est une ronde infinie sur le manège d'un temps circulaire, tournant de toute éternité dans la pensée de Dieu.

Mais qu'en est-il du monde réel, perceptible à nos sens ? Dans le temps matériel, il faut bien qu'à un moment donné la vache monte sur le manège. Gosse imagine que chaque organisme connaît deux types de durée : le temps prochronique, pendant lequel la créature n'est qu'une cogitation divine, et le temps diachronique, correspondant aux événements vécus par les créatures. Le nombril d'Adam est prochronique, les 930 années de sa vie terrestre diachroniques. Chaque créature surgit de la Conscience suprême tout armée des signes de son existence prochronique. Bien entendu, ce schéma exclut toute idée d'évolution : chaque espèce est créée une fois pour toutes et ne se modifie plus.

Les neuf dixièmes d'*Omphalos* – plus de trois cents pages – sont consacrés à illustrer cet argument par des exemples précis tels que la denture de l'hippopotame. Adulte, cet animal possède des canines émoussées et biseautées, conséquence de leur usage prolongé. Mais un hippopotame tout juste créé ne devrait-il pas avoir des dents aiguës et tranchantes ? Impossible, affirme Gosse. Avec des canines toutes neuves, l'hippopotame ne pourrait pas fermer la bouche. Il devrait attendre qu'elles s'usent, et mourrait de faim bien avant. Ainsi, d'après Gosse, des dents portant les signes du vieillissement n'indiquent pas forcément une longue existence antérieure sur la Terre, elles peuvent signaler un passé prochronique (ta mère).

De même, le babiroussa, sorte de sanglier asiatique, possède des canines recourbées, qui lui percent quasiment le crâne. Cette forme curviligne résulte d'une croissance longue et continue. Comment le premier babiroussa, créé en un quart d'heure – peut-être même encore plus vite que ça –, pouvait-il déjà avoir les défenses recourbées ? Simple : le Grand Dentiste avait pris soin de leur donner l'apparence de l'ancienneté.

Si le schéma cyclique s'applique bien à la biologie et à la vie organique, Gosse rencontre beaucoup plus de difficultés lorsqu'il essaie de l'étendre à la géologie et à la paléontologie. Il recourt à une analogie pour le moins téméraire : le fossile serait à l'organisme moderne ce que l'embryon est à l'adulte. Il ne fait pas de doute que la poule nécessite un œuf antérieur. Mais, si l'on refuse la théorie de l'évolution, pourquoi diable le varan de Komodo devrait-il impliquer l'ensevelissement d'une illusion de Triceratops dans les strates prochroniques ? Quel rapport peut-il y avoir entre les espèces actuelles et les vestiges de leurs ancêtres, si l'on refuse le fait que les unes descendent effectivement des autres ?

Gould souligne un aspect paradoxal de la personnalité de Philip Henry Gosse : ce n'était nullement un charlatan, mais au contraire le « meilleur naturaliste descriptif de son époque ». *Omphalos* est truffé d'observations précises, détaillées. Gosse avait dû consacrer des heures et des heures à étudier minutieusement des sédiments géologiques et des fossiles. Comment pouvait-il accepter l'idée que les objets de son attention dévouée ne fussent qu'une manifestation de l'humour très particulier du Créateur ?

Gould répond que Gosse ne voyait nulle plaisanterie dans la « mise en scène » qu'il attribuait à Notre-Seigneur. Il ne considérait pas le temps prochronique comme moins vrai, ou moins réel, que le temps diachronique. Les deux volets du plan divin méritaient le même respect. On ne pouvait y déceler la moindre contradiction. De petits malins objectèrent que l'existence d'excréments fossilisés prouvait bien que des bêtes en chair et en os avaient brouté les prairies de la préhistoire. Gosse répondit que Dieu avait très bien pu déposer des crottes pétrifiées dans les strates prochroniques.

C'était un peu trop tiré par les cheveux pour cette Angleterre pragmatique qu'Adam Smith définissait comme une « nation de boutiquiers ». La faiblesse d'*Omphalos* résidait dans l'irréalité d'un discours clos sur lui-même. Vraie ou fausse, la théorie de Philip

Gosse n'avait pas d'effet pratique : le monde aurait eu exactement la même apparence, que le passé fût prochronique ou diachronique. C'était une théorie angélique, condamnée à errer pour l'éternité dans l'éther métaphysique. Il n'existait aucun moyen de la soumettre à un test expérimental. Dans la terminologie du philosophe des sciences Karl Popper, la théorie de Gosse était « non réfutable » (voir leçon 10). Les contemporains de Gosse avaient peu de goût pour des spéculations aussi désincarnées. Du point de vue éditorial, *Omphalos* fut un cuisant échec.

Par un curieux retour des choses, le livre de Gosse rencontrerait peut-être un grand succès aujourd'hui. Au début des années quatre-vingt, les « créationnistes » ont lancé aux États-Unis une polémique visant à faire reconnaître le récit biblique de la Genèse comme une théorie scientifique (ou plutôt relancé, car il s'agit d'un débat récurrent). Les créationnistes estimaient que la Genèse et la théorie de l'évolution devaient être traitées à égalité dans l'enseignement et les manuels. Lors de sa première campagne électorale, en 1980, Ronald Reagan déclarait : « Si on se décide à enseigner [la théorie de l'évolution] dans les écoles, je pense qu'il faudrait aussi enseigner le récit biblique de la création [2]. »

Sur le modèle de Popper, la « science créationniste » prétendait « réfuter » la théorie de Darwin en arguant qu'il subsiste de nombreux débats à propos de l'évolution : quel est le rôle exact de la sélection naturelle et de l'adaptation ? Tout est-il déterminé par les gènes ? Comment apparaissent les nouvelles espèces ? Etc. Sous prétexte que les scientifiques eux-mêmes n'étaient pas d'accord sur tout, les créationnistes ont soutenu que la réalité de l'évolution n'était pas établie, mais n'était encore qu'une hypothèse à confirmer. L'argument fut repris par Ronald Reagan devant un groupe évangélique de Dallas : « [L'évolution] est seulement une théorie scientifique, et elle a été contestée au cours de ces dernières années dans le monde de la science – autrement dit la communauté scientifique ne la croit plus aussi infaillible qu'autrefois. »

Mais les scientifiques n'ont jamais dit que la théorie était infaillible. Reconnaître que les mécanismes de l'évolution ne sont pas encore entièrement compris n'implique nullement une mise en cause de l'évolution. Les théories scientifiques progressent, elles ne sont pas figées. Trouver une meilleure explication d'un fait ne signifie pas que le fait lui-même est rejeté. Comme le résume Stephen Jay Gould : « La théorie de la gravitation d'Einstein a remplacé celle de Newton, mais les pommes ne s'immobilisent pas au beau milieu de

2. Cité par K.M. Pierce, *Time*, 16 mars 1981.

leur chute en attendant que le débat soit tranché. Et les êtres humains ont évolué à partir d'ancêtres qui ressemblaient à des singes, qu'ils l'aient fait en fonction de l'explication proposée par Darwin ou d'un autre mécanisme qui reste à découvrir [3]. »

À vrai dire, le débat du créationnisme relève plus de la politique que de la science. On peut le rapprocher de la montée d'autres formes de fondamentalisme religieux dans diverses parties du monde. Toujours au début des années quatre-vingt, plusieurs États américains – Louisiane, Texas, Arkansas... – ont voté des lois favorables à l'enseignement de la « science créationniste ». De nombreux juristes dénoncèrent le caractère anticonstitutionnel de telles lois qui font fi de la séparation de la religion et de l'État – en contradiction avec le premier amendement de la Constitution américaine. Le 5 janvier 1982, le juge de district fédéral William R. Overton déclara non constitutionnelle la loi de l'Arkansas, parce qu'elle obligeait les professeurs de biologie à dispenser un enseignement religieux pendant les cours de science. Finalement, au terme d'une bataille juridique acharnée dans laquelle Stephen Jay Gould s'est engagé activement, les exigences des fondamentalistes ont été rejetées : « En juin 1987, la Cour suprême annula la dernière loi en faveur du créationnisme par sept voix contre deux, et coucha sa décision par écrit de façon si claire, si forte et si générale, que même les plus ardents fondamentalistes durent admettre la défaite de leurs manœuvres législatives contre l'évolutionnisme [4] », écrit Gould.

On peut douter que cette défaite mette un terme définitif aux tentatives des créationnistes pour imposer comme une théorie « scientifique » ce qui relève en réalité du dogme. Qui plus est, la biologie n'est pas la seule science touchée par le prurit religieux.

La résistible ascension des gourous de secours

On se souvient de la fière déclaration de Laplace, répondant à Napoléon qui lui demandait quel rôle jouait Dieu dans sa théorie du déterminisme universel : « Dieu, majesté, est une hypothèse dont je n'ai pas eu besoin. » Aujourd'hui, l'« hypothèse Dieu » semble avoir retrouvé toute sa vigueur – si tant est qu'elle l'ait jamais perdue – et pas seulement aux États-Unis. Un épisode marquant fut le « colloque

3. Stephen Jay GOULD, *Quand les poules auront des dents*, traduit par Marie-France de Paloméra, Fayard, Paris, 1984 ; nouvelle version établie par Marcel Blanc, Seuil, Paris, 1991.

4. Stephen Jay GOULD, *Le Sourire du flamant rose*, *op. cit.*

de Cordoue » organisé par France-Culture en 1979. La couverture du livre contenant les actes de ce colloque, intitulé *Science et Conscience* [5], était illustrée d'une image évocatrice : la figure d'Einstein face à celle d'un ange, sur fond de nuages galactiques. En légende, ce sous-titre : « Les deux lectures de l'univers ». Tout un programme.

Il s'agissait, en somme, de renouer le dialogue entre science et religion, entre pensée mystique et raison discursive. On avait rassemblé à cette fin des physiciens, dont le prix Nobel Brian Josephson, des neurologues, des psychiatres, des philosophes, des psychanalystes, des théologiens et des spécialistes des religions orientales.

L'aspect le plus spectaculaire du colloque de Cordoue fut la révélation des liens unissant la physique moderne et les tables tournantes. Selon le physicien Olivier Costa de Beauregard, disciple de Louis de Broglie (le créateur de la mécanique ondulatoire), la télépathie, la psychokinèse et la communication avec les esprits seraient des conséquences des équations de la théorie quantique. Nous nous pencherons dans la leçon 8 sur cette rencontre inattendue entre la particule et le paranormal. Ici, c'est plutôt sous l'angle métaphysique et philosophique que nous examinerons les nouvelles synthèses entre science et conscience cosmique.

À Cordoue, on a assisté à l'ascension, voire à la lévitation, des « gourous de secours » – à ne pas confondre avec le Secours catholique. Auteurs d'audacieuses synthèses entre les domaines les plus avancés de la science moderne et les traditions mystiques de tous horizons, ces gourous *New Age* prisent fort les religions orientales. Brian Josephson, adepte de la méditation transcendantale, compare l'état de pure conscience – *samadhi* – à « l'état fondamental de l'hélium liquide ou d'un cristal parfait de chlorure de sodium à une température donnée ». Ce qui prouve qu'il n'est pas frileux, car la température de l'hélium liquide avoisine – 269 degrés °C. Deux autres physiciens réputés, Frijtof Capra et David Bohm, participaient aussi au colloque de Cordoue. Capra, professeur de physique des particules à l'université de Berkeley, était le promoteur du « Tao de la physique ». Bohm, professeur à l'université de Londres et grand lecteur du penseur indien Krishnamurti, prônait le rapprochement entre conscience et cosmologie.

Si le colloque de Cordoue paraît un peu lointain au lecteur de l'an 2000, force est de constater que l'influence des gourous de secours

5. *Science et conscience, les deux lectures de l'univers*, actes du colloque de Cordoue, France-Culture/Stock, Paris, 1980.

ne s'est pas démentie depuis vingt ans. Le désir de jeter un pont sur le gouffre de notre ignorance est toujours aussi brûlant. Il suffit, pour s'en convaincre, d'observer la régularité quasi saisonnière avec laquelle les journaux publient des dossiers sur le thème de « Dieu et la science », et réalisent ainsi de gros chiffres de ventes. Dans un autre registre, le physicien d'origine vietnamienne Trinh Xuan Thuan a réussi un best-seller avec *La Mélodie secrète* [6], livre qui examine en détail le « face-à-face de Dieu et de la cosmologie moderne ». Paradoxalement plus européen que les sages de Cordoue, Trinh Xuan Thuan ressuscite le pari de Pascal et mise sur l'hypothèse d'un « Grand Architecte ». En précisant cependant : « Dieu ne se démontre pas scientifiquement et la religion n'a rien à dire sur des observations et expériences scientifiques. » La séparation ainsi posée n'est pas totale, puisque notre auteur affirme aussi que « les découvertes récentes de la cosmologie ont éclairé la plus fondamentale et la plus vieille des questions d'une lumière nouvelle » ; et qu'« il importe que toute réflexion sérieuse sur l'existence de Dieu en tienne compte ».

Avant de nous intéresser à la démarche toute en nuances de Trinh Xuan Thuan, commençons par nous initier à la sagesse des gourous de secours. La pensée du très suave Rupert Sheldrake fournit une excellente entrée en matière. Biologiste et britannique – ce qui n'est pas incompatible –, Sheldrake a fait ses études à Cambridge dans les années soixante. Jugeant la science orthodoxe réductrice et mécaniste, il s'est établi à Hyderabad, en Inde, où il a pu s'adonner à une biologie méditative et transcendantale. S'il n'était pas présent à Cordoue, Sheldrake mérite incontestablement de figurer aux côtés de nos gourous de secours. La vitalité de ses recherches est attestée par le succès constant de ses ouvrages et les dizaines de pages Web qui lui sont consacrées. Son « hypothèse de la causalité formative » renouvelle la discussion sur le nombril d'Adam, performance qui force l'admiration et justifie amplement l'ouverture d'une nouvelle section.

Ta ligne de hanches est une onde

Ta ligne de hanche est une onde, ainsi peut-on résumer la thèse centrale de Rupert Sheldrake, exposée dans son livre *Une nouvelle*

6. Trinh Xuan THUAN, *La Mélodie secrète. Et l'homme créa l'univers*, Arthème Fayard, Paris, 1988 ; réédition : Gallimard, Paris, 1991.

science de la vie[7]. Cette nouvelle science se propose d'expliquer ce qui détermine les formes rencontrées dans la nature. Il s'agit en quelque sorte d'une théorie du *design* de l'univers, applicable sans restriction à toutes les formes existantes. Celles des particules et des cristaux comme celles des molécules et des cellules, celles des plantes et des arbres comme celles des guéridons Louis XVI ou des top models – et même, *last but not least*, celles des hémorroïdes[8].

Selon Rupert Sheldrake, ce sont des « champs morphogénétiques » qui « sculptent » toutes ces formes immensément diverses et variées, un peu comme le champ magnétique d'un aimant ordonne la limaille de fer selon des lignes particulières. Si les formes sont stables, c'est qu'elles « résonnent », à la manière d'une corde de violon ou du circuit récepteur d'un poste de radio. Jean-Paul Belmondo pourrait donc chanter à Anna Karina, dans *Pierrot le Fou* : « Ta ligne de hanches est une onde... »

Onde mon cul, dirait Zazie. Du point de vue de la science officielle et même de la science tout court, il est douteux qu'un même type de causalité rende à la fois compte de la structure d'un cristal de chlorure de sodium, de l'aspect d'un chou-fleur ou de la douce courbure des seins de Sophie Marceau, célébrés par Julien Clerc. Sans parler de la mémoire, du comportement et des phénomènes parapsychologiques, qui entrent également dans le champ intersidéral de la « causalité formative ».

Un véritable tour de force. Sheldrake peut le faire. Il y parvient grâce à sa maîtrise de la rhétorique pseudo-scientifique. Le recours à la résonance universelle, cause unique de très nombreux effets, évoque irrésistiblement les contes fantastiques de Lyall Watson (voir leçon 1). On relève d'ailleurs de nombreuses parentés entre la pensée de Sheldrake et celle de l'auteur de l'*Histoire naturelle du surnaturel*. Sheldrake possède un sens aigu de l'imprécision, qui lui permet d'amalgamer sans crainte des notions hétérogènes comme celles de structure et de forme : « La forme, dans le sens où nous l'entendons, inclut non seulement la forme de la surface extérieure de l'unité morphique mais encore sa structure interne. »

Un « concept » aussi flou se faufile aisément entre les pauvres distinctions de la science orthodoxe. Il pourrait à la rigueur s'admettre lorsqu'il s'agit de cristaux. Un solide cristallin est constitué d'un réseau d'atomes disposés selon un motif qui se répète régulièrement, un peu comme celui d'un papier peint, sauf qu'il est

---

7. Rupert SHELDRAKE, *Une nouvelle science de la vie*, *op. cit.*

8. Sur ce dernier point, je m'avance un peu : Sheldrake ne mentionne pas *explicitement* les hémorroïdes, mais le sous-entendu est transparent.

en trois dimensions. Le motif dépend de liaisons chimiques assurées par les électrons. En ce sens, la « forme » du cristal est l'expression de sa structure. Celle-ci s'interprète en termes de chimie électronique, et son explication se situe au niveau atomique.

Il en va tout autrement pour la morphologie d'une plante ou d'un animal. Elle dépend d'interactions très complexes entre les cellules qui la ou le constituent. Si les cellules sont elles-mêmes faites d'atomes et de molécules, on ne peut pas décrire la « forme » extérieure d'un organisme à partir d'une structure atomique. L'« architecture » d'un babiroussa ne relève pas des mêmes mécanismes que la structure d'un cristal. Elle est l'aboutissement d'un processus évolutif qui ne peut pas se réduire aux seuls concepts de la physique ou de la chimie fondamentales, de même que le style d'un guéridon Louis XVI ne peut pas s'expliquer par les seules propriétés des atomes ou des molécules qui composent le bois. Cela ne veut pas dire que le babiroussa et le guéridon « échappent » aux lois de la physique ; cela signifie qu'il n'y a pas toujours de traduction entre les différents niveaux de la description scientifique. Le niveau pertinent pour rendre compte de la forme d'un organisme est celui de la cellule, de ses gènes et de ses échanges biochimiques. Qui plus est, la forme exacte de chaque babiroussa dépend des contingences de son histoire individuelle, de la manière dont s'est déroulée sa croissance, etc.

Les scientifiques ont dû accepter le fait qu'il n'est pas possible d'utiliser les mêmes concepts et les mêmes théories pour décrire avec précision tous les aspects de la réalité physique. L'explication scientifique est toujours partielle, limitée ; une théorie s'applique à une certaine échelle et à une classe précise de phénomènes. En ce sens, la science est forcément réductrice : elle ne peut embrasser la totalité, mais procède en « découpant le réel [9] ». C'est le prix de son efficacité. Soulignons que le caractère inévitablement réducteur des théories scientifiques ne doit pas être confondu avec l'« attitude réductionniste » : celle-ci consiste à étendre abusivement les conclusions d'une théorie au-delà du domaine dans lequel cette théorie s'applique. C'est ce que font, par exemple, les généticiens qui prétendent avoir identifié les gènes de la schizophrénie, de l'intelligence, de la bosse des maths, du bonheur ou même de Dieu (le « gène

9. Voir à ce propos Albert HAMON, *Les Mots du français*, Hachette, Paris, 1992. Comme le remarque Hamon, le mot « science » vient de *secare*, couper, alors que « savant » se rattache à la racine *sap* qui a donné « sapide », « insipide », « sapience », « sage » et « saveur » : « Le savant est un sage, il a du goût, du discernement, de la compréhension, du savoir (et sans doute du savoir-vivre). »

de Dieu » est en effet la dernière trouvaille de Dean Hamer, le promoteur de l'homosexualité innée que nous avons croisé dans la leçon 2, et qui s'apprête à publier un livre tout simplement intitulé *The God Gene*).

Sans entrer dans une longue discussion, on peut ici parler de réductionnisme parce qu'un gène est seulement un segment d'ADN qui code une protéine. Le talent mathématique ou la foi religieuse relèvent, eux, de comportements complexes qui font appel à de multiples aptitudes (mémoire, concentration, imagination…) et à divers aspects de la personnalité. Même à supposer que l'on sache traduire toutes ces aptitudes et traits de caractère en termes biologiques – ce qui est loin d'être le cas –, il resterait très douteux qu'ils soient étroitement liés à un gène et à sa protéine. Une maladie comme le diabète dépend déjà de toute une batterie de gènes et d'interactions avec l'environnement. Peut-on croire sérieusement que l'aptitude mathématique ou la foi religieuse seraient plus simples à traduire en termes biologiques que le diabète ?

Pour revenir au babiroussa et au cristal, il n'y a pas de continuité entre le niveau de description des constituants fondamentaux de la matière – les atomes ou les particules beaucoup plus petites dont ils sont formés – et le niveau des cellules. Il y a même un fossé gigantesque. Les particules élémentaires comme les électrons ou les protons obéissent aux lois de la théorie quantique. Elles se comportent très différemment des objets ordinaires. On ne peut les observer directement ni les isoler. On ne peut pas attraper un électron et le mettre sur la lame d'un microscope pour l'examiner, comme on le fait des globules blancs et rouges contenus dans une goutte de sang. Les cellules n'ont pas le comportement étrange des particules quantiques. Si les cellules étaient quantiques, il serait impossible d'isoler un virus, de déterminer une séquence génétique ou de fabriquer un vaccin.

Lorsqu'il prétend enfermer la morphologie des cristaux et celle des organismes vivants dans un même schéma explicatif, Sheldrake fait fi d'une notion cruciale de la science expérimentale : celle d'ordre de grandeur. En physique, une théorie, un type de description qui s'applique à une certaine échelle n'est en général pas transposable à une échelle beaucoup plus grande ou beaucoup plus petite. Les effets que l'on observe à l'échelle des électrons sont totalement différents de ceux qui se manifestent à l'échelle d'un ballon de football. Pour prendre une comparaison plus familière, une fourmi peut tomber sans dommage d'une hauteur cent fois supérieure à sa taille. Essayez donc de sauter du haut de la tour Eiffel !

Entre l'atome, la cellule et, disons, Laetitia Casta, il y a des sauts d'échelle bien plus considérables que celui qui sépare la fourmi de notre Marianne nationale. Si la fourmi mesure un demi-centimètre de long, la dimension linéaire de la Casta est environ trois cent cinquante fois supérieure. Le nombre de nos cellules se compte, lui, en centaines de milliards. Le nombre d'atomes contenus dans la totalité de nos cellules est de l'ordre du milliard de milliards de milliards. Soit, en moyenne, 10 millions de milliards d'atomes par cellule.

Sheldrake franchit ces gigantesques différences d'échelle comme s'il s'agissait de sauts de puce. Un animal est un assemblage de cellules faites de molécules, elles-mêmes faites d'atomes formés à leur tour de particules quantiques. Pour Sheldrake, tout cela s'emboîte comme des poupées russes. Un champ morphogénétique est associé à chaque degré de la hiérarchie. Mais comment les effets de tous ces champs s'harmonisent-ils à toutes les échelles où ils agissent ? C'est impossible s'ils obéissent aux lois connues de la physique. Car il faudrait, au minimum, que les « champs M » de Sheldrake obéissent à la fois à la physique classique et à la théorie quantique, ce qui est contradictoire. La science orthodoxe résout le problème grâce à la notion d'ordre de grandeur : en dessous d'une certaine dimension, il faut se servir des équations quantiques pour décrire les phénomènes, au-dessus on peut utiliser une description classique.

Sheldrake ne tient pas compte des ordres de grandeur, mais cela ne le gêne pas beaucoup, car d'après lui les « champs M » ne correspondent à rien de connu : « En plus des types de causalité énergétique connus de la physique, et en plus de la causalité due aux structures des champs physiques connus, un autre type de causalité est responsable de toutes les unités morphiques matérielles (particules atomiques, atomes, molécules, cristaux, agrégats, organes et organismes). Cette causalité [...] n'est pas énergétique en elle-même, pas plus qu'elle n'est réductible à la causalité engendrée par des champs physiques connus. »

Si quelqu'un est capable de donner une explication claire de ce galimatias, il serait gentil de l'envoyer à mon éditeur [10]. À défaut d'avoir tout compris, on retiendra que la « causalité formative » échappe par hypothèse à toute critique scientifique. La « nouvelle science de la vie » de Sheldrake n'a pas plus de conséquences pratiques que l'hypothèse du « temps prochronique », et ne peut pas davantage être testée expérimentalement. Malin, Sheldrake a prévu

10. La Découverte, 9 *bis*, rue Abel-Hovelacque, 75013 Paris. Merci de joindre un timbre pour la réponse.

l'objection et propose des expériences qui, d'après lui, permettraient de mettre à l'épreuve sa théorie (nous y reviendrons dans la leçon 10). Voyons pour l'instant en quoi le mode de raisonnement de Sheldrake rappelle étonnamment celui de Philip Gosse.

Pourquoi avons-nous le nez au milieu de la figure ?

Pourquoi avons-nous deux bras, deux jambes et le nez au milieu de la figure – du moins ceux d'entre nous qui n'ont pas abusé de la boxe ? Cette lancinante énigme a été résolue par le précepteur Pangloss, l'indécrottable optimiste du *Candide* de Voltaire : « Les choses ne peuvent pas être autrement : car tout étant fait pour une fin, tout est nécessairement pour la meilleure fin. Remarquez bien que les nez ont été faits pour porter des lunettes, aussi avons-nous des lunettes. Les jambes sont visiblement instituées pour être chaussées, et nous avons des chausses. »

Insatisfaits par la solution de Pangloss, les biologistes ont essayé de trouver des explications plus éclairantes. Comment, à partir d'une cellule indifférenciée, l'œuf fécondé, l'embryon se développe-t-il pour donner un organisme achevé ? Comment se débrouille-t-il pour orchestrer les milliards de divisions cellulaires nécessaires pour former les os, les muscles, la peau, le cerveau et les autres organes d'un oiseau, d'une souris ou d'un bébé ? Pourquoi est-ce bien la forme humaine qui surgit du protoplasme d'un œuf humain et non celle d'un babiroussa ? La biologie du développement est loin d'avoir entièrement résolu cette énigme, l'une des plus passionnantes qui s'offre à la science actuelle. Mais une étape décisive a été franchie grâce aux « gènes homéotiques », ou « gènes architectes », découverts par plusieurs chercheurs, dont l'Américain Edward Lewis (lauréat du prix Nobel en 1995) et le Suisse Walter Gehring [11]. Très schématiquement, l'idée de ces chercheurs est que la croissance de l'embryon est orchestrée par un système de « gènes architectes » qui orientent chaque cellule dans une ligne de développement précise.

Le processus peut être illustré par le modèle de la drosophile, la « mouche du vinaigre ». Le corps de cette bestiole est une construction modulaire, faite de douze segments accolés. Les gènes architectes orientent son développement par étapes : sur l'œuf initialement indifférencié, se forment d'abord des limites qui

11. Voir le livre de Walter GEHRING, *La Drosophile aux yeux rouges*, Odile Jacob, Paris, 1999.

séparent plusieurs régions ; ces régions deviennent ensuite les segments ; au début, ces segments naissants sont tous semblables ; puis ils acquièrent une individualité – certains sont équipés d'antennes, d'autres d'ailes, d'autres de pattes, etc. Le système fonctionne un peu comme une batterie de commutateurs dont chacun peut être allumé ou éteint. La morphologie d'un segment donné est déterminée par une combinaison particulière de commutateurs allumés ou éteints. Par exemple, dans le deuxième segment thoracique, qui comporte une paire d'ailes et une de pattes, tous les commutateurs sont éteints. Si le n° 1 seul est allumé, il ordonne le remplacement des ailes par des balanciers (qui servent à équilibrer le vol) et l'on obtient le troisième segment thoracique. En allumant le n° 2, ni pattes ni balanciers ne sont construits, ce qui donne le premier segment abdominal. Et ainsi de suite.

Lorsque les gènes homéotiques fonctionnent mal, on voit apparaître des mutations qui évoquent une sculpture cubiste : des pattes poussent à la place des antennes, ou des balanciers à la place des ailes, par exemple. Ce sont d'ailleurs ces « mutations cubistes » qui ont conduit à la découverte du système des gènes homéotiques. Mais ce système est-il propre à la mouche ?

Pour le savoir, Walter Gehring, le « Picasso de la drosophile », a passé au peigne fin les gènes homéotiques de l'insecte, afin de rechercher s'ils avaient une partie commune. En 1984, Gehring et son équipe ont isolé une petite séquence d'ADN, l'« homéobox » ou « homéoboîte », qui est apparue comme la « pierre de Rosette de l'embryologie ». Les biologistes ont en effet découvert que l'homéoboîte n'était pas propre à la drosophile. On l'a retrouvée chez d'autres insectes, dans les éponges, les vertébrés, les champignons et les plantes. Mais aussi chez la grenouille, le poulet, la souris et l'homme ! Nous sommes donc faits, non seulement comme des rats, mais comme des mouches, à partir de modules semblables qui se différencient au cours du développement.

« L'homéoboîte remonte au précambrien, au début de l'essor de la vie sur terre, dit Walter Gehring. Elle est présente dans tous les embranchements actuels. De la levure à l'homme, la nature utilise le même procédé pour fabriquer un organisme. L'ensemble du monde vivant actuel est issu de la même histoire. Le premier gène homéotique est apparu par hasard et il a fourni un procédé pour produire de la différenciation cellulaire. Ensuite, les espèces se sont diversifiées, mais toujours en utilisant la même recette biologique. »

Ainsi, grâce aux gènes homéotiques, on commence à comprendre ce qui se passe lorsqu'un œuf fécondé se différencie. Cette recherche est vaine aux yeux de Sheldrake, car il juge *a priori* que la démarche de la « biologie mécaniste » ne peut aboutir. Il recourt à une analogie empruntée à l'industrie du bâtiment : « Il faut disposer de briques et d'autres matériaux de construction pour bâtir une maison ; d'ouvriers également pour agencer les matériaux, et d'un plan d'architecte qui détermine la forme de la maison. Les mêmes ouvriers travaillant le même nombre d'heures et disposant de la même quantité de matériaux de construction pourraient produire une maison d'une forme totalement différente s'ils se fondaient sur un plan différent. Ainsi, le plan peut-il être considéré comme une *cause* de la forme spécifique de la maison, bien qu'il ne soit pas – c'est évident – la seule cause : la maison ne serait jamais bâtie sans les matériaux de construction et l'activité des ouvriers. De même, un champ morphogénétique est une cause de la forme spécifique adoptée par un système, bien qu'elle soit dans l'impossibilité d'agir sans les “briques fondamentales” adéquates et sans l'énergie nécessaire pour les agencer. »

Ce passage illustre la rhétorique astucieuse de Sheldrake. Sa théorie ne peut pas entrer en conflit avec les mécanismes biologiques réellement observés. En même temps, Sheldrake fait appel au bon sens : des briques ne peuvent pas décider toutes seules du plan de la maison. De même, suggère Sheldrake, les cellules ne peuvent pas diriger à elles seules le plan de l'embryon en développement. Il faut bien qu'il existe quelque part un élément organisateur : c'est le fameux « champ M ». Bien qu'il paraisse convaincant, le raisonnement de Sheldrake souffre de plusieurs défauts.

1) *La métaphore de la maison est trompeuse* : un organisme n'est pas constitué de cellules comme une maison est faite de briques et une voiture de pièces mécaniques. Un animal ou une plante n'est pas un assemblage de pièces détachées. Chaque cellule, loin d'être un matériau passif, est une entité vivante qui se nourrit, interagit avec son environnement, se reproduit. Qui plus est, chaque cellule est issue de la division d'une cellule antérieure, et en fin de compte toutes les cellules d'un organisme sont les descendantes, progressivement différenciées, d'une même cellule initiale, spécifique d'un individu précis. Bref, l'image d'une sorte de « Lego cellulaire » est fausse – même si elle est souvent employée. Ainsi, Sheldrake se montre encore plus mécaniste que les biologistes qu'il rejette. Et il a tendance à oublier que les métaphores sont faites pour suggérer, non pour être prises à la lettre (voir leçon 9).

2) *L'idée d'un plan de construction est aussi une métaphore trompeuse*, si on l'applique sans discernement aux êtres vivants. Bien sûr, une feuille de chêne n'a pas la forme d'une feuille d'acacia et un babiroussa n'a pas l'allure d'un yorkshire. Mais le

développement d'un organisme est un processus dynamique, sans équivalent dans nos constructions artificielles. Un embryon humain de six mois a tout à fait « forme humaine », même s'il est beaucoup plus petit qu'un homme adulte. On ne construit pas une maison en faisant grandir une « maisonnette-fœtus » ayant la forme de la maison achevée. Il n'existe pas à proprement parler de plan d'un organisme, ce qui ne signifie évidemment pas qu'un organisme donné se développe n'importe comment. À l'arrivée, un babiroussa ressemblera plus à un babiroussa qu'à un autre animal. On ne peut cependant pas dire que ce développement se produit selon un plan fixé d'avance ; ni même, pour reprendre une métaphore abusivement employée par les généticiens, selon un programme codé dans les gènes. Les gènes contribuent à orienter le développement, mais ils ne le déterminent pas de manière rigide. S'il faut absolument une image, les gènes peuvent être comparés à des partitions musicales que chaque cellule interprète en fonction de ses caractéristiques individuelles et de ses interactions avec son environnement. « Le développement est une symphonie », dit Walter Gehring.

Le processus est donc d'une extraordinaire complexité, et il n'est même pas sûr que la biologie du développement puisse un jour l'expliquer complètement. Ce n'est pas une raison pour se satisfaire de la théorie fausse de Sheldrake. Ajoutons que le « plan » dont parle notre biologiste n'a pas de support physique. Il faut bien qu'il soit inscrit quelque part, pour que les « ouvriers » puissent le lire. Où ? Dans la pensée du Grand Architecte ?

3) *Le raisonnement de Sheldrake tourne en boucle* : pourquoi les descendants du premier babiroussa ressemblent-ils à leur ancêtre ? Parce que le champ de l'ancêtre influence la forme de ses successeurs. Pourquoi ce « champ babiroussien » agit-il sur les babiroussas et non sur les fox-terriers à poil dur ? Parce que les babiroussas ont une forme de babiroussa et s'associent au champ babiroussien. Bref, les babiroussas se ressemblent parce qu'ils sont des babiroussas, et *vice versa*.

Qu'est-ce qui cause le premier babiroussa ? Sheldrake postule l'existence d'un « Soi conscient », d'une « source transcendante de l'univers ». Nous voici dans un système proche de celui de Philip Gosse : la forme du premier babiroussa existe dans la pensée du Soi conscient – de même que les créations prochroniques de Gosse existent dans la pensée du Créateur. Sheldrake s'appuie sur l'hypothèse Dieu en lui donnant un autre nom. C'est le seul moyen pour notre gourou de secours d'échapper à la tautologie. Le vice caché de sa logique réside dans le fait qu'il confond le but et la cause. Le plan de l'architecte n'est pas une cause, c'est une description du but que poursuivent l'architecte et les ouvriers, à savoir construire la maison. Pour Sheldrake, la maison en chantier tend vers la maison achevée, en quelque sorte de manière délibérée, comme si le système en devenir était animé d'un projet, d'une volonté orientée vers une fin. On retrouve la « volonté programmante » de Rémy Chauvin ou la « force organisatrice » de Lamarck (voir leçon 3). Sheldrake se réfère d'ailleurs à Lamarck et à la théorie des caractères acquis.

Mais on n'explique rien avec des raisonnements circulaires. Si le temps de Philip Gosse était un manège, la théorie de Sheldrake tourne en rond comme l'histoire du « petit cochonnet anglais » : le petit cochonnet anglais est un jeu essentiellement français qui se joue à trois ; le premier prend la boule et la lance ; le deuxième prend la lance et la boule ; le troisième, c'est le petit cochonnet anglais ; mais qu'est-ce que le petit cochonnet anglais ? Le petit cochonnet anglais est un jeu essentiellement français qui se joue à trois…

Le tao de la physique

Sheldrake accuse la biologie moléculaire – non sans la caricaturer – d'être mécaniste. Plus largement, les gourous de secours font à la science moderne le reproche d'être réductrice, de décomposer le réel en éléments séparés – à l'opposé de la totalité cosmique des visions mystiques traditionnelles. Il serait certainement agréable de disposer d'un savoir qui permette à la fois d'embrasser l'Univers tout entier dans une profonde unité spirituelle et d'agir sur les objets aussi efficacement que le font la science et la technologie. Mais entre la fusion avec le Grand Tout et la fusion par laser, il faut choisir. Fidèles à l'un des grands principes de l'imposture scientifique, les gourous de secours prétendent que l'on peut avoir le beurre et l'argent du beurre – pour ne pas parler du sourire de la crémière.

Plus que toute autre discipline scientifique, la physique classique – celle dont Laplace assurait qu'elle n'avait pas besoin de Dieu – est résolument mécaniste. Elle utilise des concepts de temps, d'espace, de corps matériel, de cause et d'effet qui permettent de décrire l'univers comme une gigantesque machine faite de pièces distinctes, un mécanisme d'horlogerie à l'échelle cosmique. Ce système a ses limites, mais il s'est montré assez efficace pour rendre compte d'une grande partie de nos expériences quotidiennes ou pour permettre de poser Apollo 11 sur la Lune.

Or, au début du XXᵉ siècle, la théorie de la relativité et la physique quantique ont ébranlé les bases de la conception classique, issue de Galilée, Descartes et Newton. Pour Frijtof Capra, la physique contemporaine se rapproche des traditions orientales : hindouisme, bouddhisme et surtout taoïsme. Elle partagerait avec ces traditions une vision organiciste du cosmos, perçu comme une unité globale. Voici comment Capra justifie son idée : « Contrastant avec la conception mécaniste, la vision du monde des Orientaux est de nature "organique". Pour le mystique oriental, toutes choses, tous phénomènes perçus par nos sens sont interdépendants, reliés entre eux, et ne sont que des aspects différents, ou manifestations, d'une même réalité ultime. Notre tendance à diviser le monde perçu en objets individuels, séparés, et à nous percevoir nous-mêmes comme des "ego" isolés en ce monde, est à leurs yeux une illusion engendrée par notre mentalité attachée aux mesures et aux catégories. [...] L'analyse judicieuse du processus d'observation en physique atomique montre que les particules atomiques n'ont aucun sens comme entités isolées. [...] Lorsque nous pénétrons au sein de la matière, la nature ne nous offre pas le spectacle de briques élémentaires isolées, mais se présente plutôt comme les diverses parties d'un tout unifié [12]. »

Ce que décrit Capra peut correspondre à une expérience spirituelle, pas à une expérience de physique. Dans cette dernière, il faut bien distinguer les objets auxquels se rattachent les mesures, sinon l'on ne sait plus de quoi l'on parle. Mais Capra ne s'arrête pas en si bon chemin : « En physique atomique, la nette coupure cartésienne entre l'esprit et la matière, entre le moi et le monde, n'a plus cours. » Le physicien croit voir une analogie entre la conception taoïste et le modèle du *bootstrap*, introduit dans les années soixante-dix pour décrire les interactions entre particules élémentaires (l'expression *bootstrap* a été choisie en hommage au baron de Münchhausen qui avait réussi à s'élever dans les airs en tirant sur ses bottines). Selon Capra, « la philosophie du *bootstrap* renonce non seulement à l'idée de "briques" élémentaires de la matière, mais à quelque unité fondamentale que ce soit : lois, équations ou principe. Pour elle, l'univers est un tissu dynamique d'événements interdépendants [...] et c'est la cohérence globale [...] qui détermine la structure de tout le tissu ».

Capra considère que la philosophie ainsi décrite est extrêmement proche du Tao. Il cite, à l'appui de ses dires, les travaux du grand sinologue britannique Joseph Needham. Dans *La Science chinoise et l'Occident* [13], Needham soutient que la Chine taoïste n'a jamais partagé la conception occidentale des lois de la nature. Le terme chinois le moins éloigné de l'expression « lois de la nature » serait *li*,

12. Actes du colloque de Cordoue, *op. cit.*
13. Joseph NEEDHAM, *La Science chinoise et l'Occident*, Seuil, Paris, 1973.

que Needham traduit par « modèle dynamique [14] ». Selon Capra, cette notion de *li*, ou de modèle dynamique, correspond exactement à l'idée de *bootstrap*. En fait, notre gourou de secours tire des conclusions hâtives d'une analogie formelle, dépourvue de contenu réel. Le *bootstrap* a été inventé pour rendre compte de phénomènes physiques obéissant à des lois, constitués d'entités distinctes et séparés de l'observateur qui les décrit – même si cette physique n'est pas classique. Le modèle du *bootstrap* présente peut-être une certaine analogie avec le taoïsme, mais il sert d'abord à prédire, mesurer et calculer, ce qui reste l'objectif premier de la physique, que l'on soit à l'époque de Newton ou à celle d'Einstein et de Heisenberg. Si Capra croit faire de la physique sans lois, équations ou principes, on ne saurait trop lui conseiller de garder le *li*.

Une phrase du livre de Joseph Needham semble pourtant apporter de l'eau au moulin de Capra : « Il est extrêmement intéressant de voir – dans la mesure où, depuis l'époque de Laplace, il a semblé possible et même souhaitable de se passer de l'hypothèse de Dieu comme fondement de la nature – que la science est revenue, en un certain sens, à la vision taoïste. » Cette citation ne donne pas pour autant raison à Capra, elle fait plutôt apparaître que notre physicien a oublié les trois siècles d'histoire qui séparent Descartes de la physique quantique.

À quoi sert l'« hypothèse Dieu » ?

La question centrale du livre de Needham est la suivante : pourquoi la science moderne s'est-elle développée en Europe et non en Chine ? Si la question se pose, c'est que presque toutes les grandes inventions de la Renaissance européenne sont des importations venues de la Chine : le papier, l'imprimerie, la boussole, le harnais adapté au cheval, l'étrier à pied, la poudre à canon, l'horloge mécanique, la brouette, le gouvernail à étambot, la métallurgie, la suspension Cardan, les écluses, la cartographie quantitative, etc.

Les dix, vingt ou trente inventions qui changèrent le monde sont des découvertes chinoises qui se sont transmises à l'Europe lors des

14. Plus précisément, Needham examine trois termes chinois homophones : le premier *li* désigne les bonnes coutumes, l'observance des rites ; le deuxième *li*, celui qui nous intéresse ici, désigne l'ordre et le modèle dans la nature, présent à tous les niveaux de l'univers ; c'est un « *modèle dynamique*, qui s'incarne dans l'ensemble des choses vivantes, dans les relations sociales ainsi que dans les plus hautes caleurs humaines » et qui renvoie au terme d'« organisme » ; le troisième *li*, enfin, désigne la science du calendrier, fondée sur l'observation astronomique.

croisades, ou par le monde arabe, ou encore par les missionnaires, les voyageurs et les marchands. Or voici, selon Needham, le paradoxe extraordinaire : « Alors que nombre de ces découvertes, et même la plupart, secouèrent la société occidentale comme un tremblement de terre, la société chinoise, elle, montra une étrange capacité de les assimiler et d'en rester relativement inébranlée. »

Il existe une science chinoise, bien antérieure à la science européenne. Pourtant, la science et la technologie modernes, qui ont assuré la suprématie de l'Occident, sont des créations européennes. Pourquoi la Chine a-t-elle évolué différemment ? Cela est dû à de nombreuses raisons historiques, sociologiques, culturelles, que Needham analyse très finement. Nous nous limiterons ici à l'aspect philosophique, ou épistémologique, mais il est clair qu'il n'explique pas tout.

Le point crucial, pour la présente discussion, est l'idée de lois de la nature. Cette notion, qui fonde la physique moderne, celle de Galilée et Newton, a une origine religieuse. Elle découle de la conception occidentale d'un Dieu législateur suprême, que Needham résume ainsi : « De même que les législateurs des empires terrestres ont promulgué des codes de lois positives auxquels les humains devaient obtempérer, de même la divinité créatrice, céleste et suprêmement rationnelle, a posé une série de lois auxquelles obéissent les minéraux, les cristaux, les animaux et les étoiles dans leur cours. »

Au Moyen Âge et après, il y eut d'innombrables procès d'animaux jugés pour avoir transgressé les lois naturelles – qui étaient aussi les lois de Dieu. En 1474, à Bâle, un coq fut condamné à être brûlé vif pour le crime atroce et contre nature d'avoir pondu un œuf. Dans une étape ultérieure, l'idée de loi naturelle s'est émancipée de son origine théologique et religieuse. Ce qui n'a pas été sans mal, comme en témoigne le procès de Galilée. En science, Dieu mène à tout, à condition d'en sortir.

Schématiquement, la coupure s'opère avec Galilée et Descartes. Le premier affirme la prééminence de l'observation sur le dogme, dans son *Dialogue sur les deux grands systèmes du monde* [15], un des textes fondateurs de la science moderne, publié à Florence en 1632. Avec un admirable sens didactique, Galilée présente les deux systèmes du monde en affectant de ne pas prendre parti, mais l'argumentation développée dans le dialogue taille en pièces le système géocentrique d'Aristote, qui faisait alors partie intégrante de l'enseignement de l'Église, et fait la part belle au système de Copernic. Pas

15. Galileo GALILEI, *Dialogue sur les deux grands systèmes du monde*, traduit de l'italien par René Fréreux avec François de Gandt, Seuil, Paris, 1992.

étonnant que Galilée ait eu de sérieux ennuis avec les philosophes aristotéliciens et l'Inquisition. Dans le *Discours de la méthode* (1637), Descartes consacre la séparation des pouvoirs de l'Église et de la Raison. S'il parle toujours des « lois que Dieu a posées dans la nature », le philosophe français limite le rôle du Législateur céleste à celui de garant suprême de la rationalité. Nous pouvons comprendre le monde parce que Dieu l'a rendu intelligible. Mais c'est la méthode et non le dogme qui trace le chemin de la connaissance. Le doute et la démarche analytique remplacent l'adhésion fidéiste.

Laplace consomme définitivement le divorce entre Dieu et la science. Désormais, le savant a acquis suffisamment de confiance en l'efficacité de sa démarche pour s'affranchir du Législateur céleste. Ce qu'énonce la phrase de Joseph Needham sur le taoïsme. Mais en quoi la science est-elle « revenue à la vision taoïste » ? Needham veut dire par là que la science contemporaine n'a plus besoin du Grand Juriste – bien que ce dernier ait été nécessaire à l'émergence de la conception moderne des lois de la nature. Un taoïste, selon Needham, n'aurait jamais pu adhérer à l'idée d'un Dieu suprêmement rationnel décrétant les lois de l'univers. Il l'aurait jugée naïve et simpliste. Les taoïstes se méfiaient de la raison et de la logique. L'entreprise de Galilée, Descartes et Newton leur aurait été étrangère. « Cela ne tient pas, écrit Needham, à ce que le Tao, c'est-à-dire l'ordre cosmique dans toutes choses, n'aurait pas agi avec mesure et rigueur, mais à ce que les taoïstes avaient tendance à le considérer comme *impénétrable pour l'intelligence théorique* [souligné par l'auteur]. »

Si la science occidentale rejoint le Tao en s'émancipant du Dieu-Législateur, elle s'en éloigne par son caractère d'édifice théorique, logique et rationnel, ce qui est aussi bien le cas de la physique newtonienne que de la théorie quantique. Non seulement nous ne serions pas arrivés au *bootstrap* sans passer par le Grand Horloger, mais la physique occidentale ne se serait pas développée dans un cadre taoïste. Cédant au vertige des analogies, Capra oublie les différences essentielles. Les protons et les neutrons ne sont pas une version récente du Yin et du Yang, pas plus que les expériences menées dans les accélérateurs de particules ne s'apparentent à un nouveau culte rendu aux Immortels du Ciel de la Grande Pureté (au jasmin).

Le monde comme hologramme

En s'émancipant de Dieu, la science a laissé ouvert un grand problème métaphysique : pourquoi le monde obéit-il à des lois ?

Pourquoi sommes-nous capables de le comprendre et de donner un sens à ce que nous observons ? Einstein disait en substance que le plus étonnant n'était pas que nous comprenions le monde, mais qu'il soit compréhensible. Bachelard ouvre son *Nouvel Esprit scientifique* sur cette citation de Bouty : « La science est un produit de l'esprit humain, produit conforme aux lois de notre pensée et adapté au monde extérieur. Elle offre donc deux aspects, l'un subjectif, l'autre objectif, tous deux également nécessaires, car il nous est aussi impossible de changer quoi que ce soit aux lois de notre esprit qu'à celles du Monde. »

Tant que Dieu garantissait la rationalité, les choses étaient claires : dans son infinie prévoyance, le Créateur avait pris soin que les lois de notre esprit s'accordassent à celles du monde. Dès lors que la science s'est mise à voler de ses propres ailes, l'homme et la femme modernes se trouvent confrontés à cette vertigineuse interrogation : d'où la science tire-t-elle son efficacité ? Comment les lois de la nature peuvent-elles être plus qu'une simple projection de l'imagination humaine ?

C'est incontestablement une Vraie Question, et il est bien naturel que les gourous de secours cherchent à y répondre. Capra règle l'affaire en prétendant qu'il n'y a pas de coupure entre l'esprit et la matière, le moi et le monde. C'est quand même un peu vite dit, et Capra aura du mal à en convaincre le type qui vient de se prendre une porte battante en pleine figure. Le projet des gourous de secours n'en est pas moins de reconstituer ce que les philosophes médiévaux appelaient l'*Unus Mundus*, une sorte d'unité psychophysique de l'univers dans laquelle nature et conscience forment une totalité indissociable.

Pour y parvenir, le physicien transcendantal David Bohm recourt à une stratégie plus sophistiquée que celle de Frijtof Capra. Il postule l'existence d'un « ordre impliqué » sous-jacent à la réalité ordinaire. L'ordre impliqué ne peut être observé, car il se situe en deçà du cadre spatio-temporel dans lequel nous voyons apparaître les phénomènes. Il se révèle indirectement, par exemple à travers un électron. Celui-ci, pour Bohm, n'est pas une entité réelle qui existe en elle-même, mais une manifestation de la structure profonde du réel.

Bohm résout aisément le problème des lois du monde et des lois de l'esprit, dans la mesure où la matière et la pensée plongent toutes deux leurs racines dans l'ordre impliqué. « Ils en sont des déploiements distincts dans l'ordre expliqué, mais leur fond est le même et il devient alors normal qu'il y ait adéquation entre la structure profonde de l'intelligence et celle de la matière [16]. » Pour illustrer ce propos quelque peu abstrait, Bohm recourt à la métaphore de l'hologramme. Si vous avez déjà vu une image holographique, vous avez sans doute été frappé par le fait qu'elle suscite une illusion très convaincante de l'objet réel. On a vraiment l'impression que l'objet est en trois dimensions. Si l'on s'y laisse prendre et que l'on essaie de le toucher, on est tout surpris de rencontrer le vide.

Les hologrammes ont une autre propriété étonnante. Si vous découpez en quatre morceaux une photo ordinaire, chaque morceau ne montre plus qu'un quart de l'image. Mais si vous coupez une plaque holographique en quatre, vous verrez l'image entière en éclairant n'importe lequel des morceaux. Elle sera seulement moins nette. Ce phénomène vient de ce que l'hologramme est une figure d'interférence. L'information relative à l'objet représenté dépend de la répartition des franges d'interférence, qui est la même sur l'ensemble de l'image. En un sens, chaque portion de la plaque holographique contient l'image tout entière. Bien sûr, ce n'est vrai que jusqu'à un certain point : si vous coupez la plaque en morceaux très petits, vous ne verrez plus rien.

Bohm compare l'ordre impliqué à une plaque holographique dont l'image projetée ne serait pas statique, mais en perpétuel mouvement. Cette image est celle du monde observable. De plus, la plaque peut être coupée en aussi petits morceaux que l'on veut, elle restituera toujours l'image entière. D'après Bohm, chaque région de l'espace-temps, si petite doit-elle, contient potentiellement l'univers entier. Ce qui n'est jamais qu'une reformulation élaborée du principe « tout est dans tout ».

Ce que nous considérons d'habitude comme la réalité n'est pour Bohm qu'une illusion, selon une conception qui évoque les mystiques orientaux – parenté spirituelle revendiquée par notre gourou de secours. Bohm estime aussi que les « champs de forme » de Sheldrake sont les « cousins évidents » de l'ordre impliqué : « En gros, si on essaie de comprendre comment la forme survient, on considère selon cette théorie [celle de Sheldrake] qu'il existe déjà une fin dans l'organisme, et que ce dernier tend vers celle-ci. Il y a donc dès le départ une sorte d'intention implicite, et je penserais assez facilement quant à moi que ce ne sont pas seulement les organismes vivants, mais la matière tout entière qui est ainsi organisée [17]. »

---

16. David BOHM, *in Sciences et Symboles, les voies de la connaissance*, actes du colloque de Tsukuba, Albin Michel/France-Culture, Paris, 1986.

17. *Ibid.*

Si l'univers est un hologramme, il n'y a aucune raison pour que notre conscience ne soit pas, elle aussi, holographique. Ce qui nous amène à un autre gourou de secours, l'inventeur du cerveau-hologramme, Karl Pribram (qu'il ne faut pas confondre avec l'économiste homonyme). La théorie de Pribram remonte à la fin des années soixante, mais elle reste fort appréciée par les amateurs de parapsychologie en tout genre. Elle soutient que la mémoire n'est pas localisée de manière précise dans le cerveau, mais que nos souvenirs y sont enregistrés de manière holographique : chaque souvenir s'inscrirait dans la globalité du cerveau et ne serait pas attaché à un groupe particulier de neurones. En réunissant sa théorie et celle de Pribram, David Bohm obtient des résultats stupéfiants : « L'information relative à la totalité de l'univers matériel est contenue au moins potentiellement, sinon en fait, dans chacun des moments de la conscience [18]. » Il n'y a donc rien d'étonnant à ce que, selon le récit fantastique de Patrice van Eersel (voir leçon 4), une boulangère de Prague se souvienne, avec un luxe de détails, des rituels et des arts d'une tribu tibétaine dont elle ignore l'existence. Si ça n'est pas vrai, ça ne mange pas de pain.

L'impossible unicité du savoir

L'hologramme cosmique est un mythe moderne qui réactualise la pensée holistique, vision de l'univers conçu comme un Tout harmonieux dont les parties sont interdépendantes, à l'image d'un organisme. Le taoïsme, tel que le décrit Joseph Needham, est une pensée holistique. L'*Unus Mundus* procède lui aussi d'une conception holistique, et plus généralement le holisme se retrouve, avec des variantes, dans nombre de mythologies traditionnelles, sinon toutes, car c'est la manière la plus « naturelle » de penser le cosmos, le berceau de toute cosmologie. L'époque moderne nous a arrachés à la douceur de ce berceau et nous a brutalement jetés dans un univers éclaté, où il n'existe plus de relation harmonieuse entre le tout et ses parties. Notre cosmologie est celle du Big Bang, de la grande explosion, et il n'est bien sûr pas indifférent que la période historique où nous nous trouvons ait débuté par une autre explosion, celle de Hiroshima.

Cette situation a de lourdes conséquences sur la manière dont l'homme contemporain pense son rapport à l'univers. En accroissant notre pouvoir sur la nature, la science et la technologie ont aussi

18. *Science et conscience*, *op. cit.*

rendu plus complexes nos relations avec elle. Les mythes et les religions ne permettaient pas de dompter l'énergie de l'atome, de se poser sur la Lune ou de réussir une greffe du cœur, mais ils procuraient la « paix du sens ». Aujourd'hui, l'« empire du sens » est éclaté. Il en résulte un trouble dont les gourous de secours et les imposteurs de tout poil font leurs choux gras. Mais on observe aussi des tentatives de restaurer l'*Unus Mundus*, ou en tout cas une forme d'unité du monde, qui ne sont pas de pures escroqueries intellectuelles, même si elles restent illusoires.

Je rangerais dans cette catégorie intermédiaire la conception de Teilhard de Chardin selon laquelle la dernière grande étape de l'évolution, la « noogenèse », correspondrait à une spiritualisation progressive de la matière dont l'homme serait la clé et qui convergerait vers un « point oméga ». Ou encore, l'« hypothèse Gaïa » de James Lovelock, selon laquelle la Terre est un « superorganisme », un « être vivant » macroscopique, à la vie duquel participent plantes et animaux [19] (Gaïa ou Gê est une divinité grecque qui personnifie la Terre). Dans les deux cas, il s'agit de métaphores évocatrices, non de mécanismes que l'on peut observer et vérifier expérimentalement.

L'idée de Lovelock est séduisante et donne un puissant support imaginaire pour se figurer les systèmes écologiques et leurs interrelations. Il n'est pas étonnant que cette idée connaisse une grande vogue au moment où l'on s'inquiète de l'effet de serre et du changement global du climat. Mais prendre l'hypothèse Gaïa à la lettre conduit à une représentation erronée. La Terre n'est pas un organisme au sens biologique : elle ne se reproduit pas, et elle n'a pas été « enfantée » par des organismes de la même espèce qu'elle. Par ailleurs, les différentes formes de vie ne sont pas aussi interdépendantes que le suggère la métaphore organiciste de Lovelock. Les extinctions massives qui ont jalonné l'histoire de la vie sur Terre n'ont pas empêché, à chaque fois, de nouvelles espèces de se développer dans de nouveaux systèmes écologiques. Même si toute vie disparaissait d'un coup de la surface du globe, ce dernier n'en continuerait pas moins d'exister. Et l'on pourrait même imaginer que la vie apparaisse une seconde fois, sans relation avec la première.

Bien sûr, la Terre n'est pas un simple décor dans lequel évoluent les êtres vivants. Le développement de la vie a entraîné des modifications de l'atmosphère et du climat et a en partie changé la figure de la Terre, bien avant que les activités humaines n'ajoutent leurs effets. Il n'en reste pas moins que la vie est apparue sur la planète alors que

19. James LOVELOCK, *La Terre est un être vivant. L'hypothèse Gaïa*, Flammarion, Paris, 1987 et 1993 ; *Les Âges de Gaïa*, Odile Jacob, Paris, 1990 et 1997.

celle-ci existait déjà depuis un bon milliard d'années, sans le moindre végétal ou animal. Le fait que la vie ait été possible s'explique par les conditions physico-chimiques qui régnaient alors. Et si elle s'est maintenue depuis, c'est, dirait La Palice, parce qu'elle n'a pas été détruite. Il n'est pas nécessaire de chercher une autre hypothèse sauf si, pour des raisons qui relèvent en fait de la métaphysique et de la croyance, l'on n'arrive pas à se satisfaire du caractère contingent et hasardeux de l'existence des êtres vivants.

Arrêtons-nous sur une autre démarche remarquable, celle du célèbre naturaliste américain Edward O. Wilson, père de la sociobiologie (voir leçon 3). Dans son dernier ouvrage, *L'Unicité du savoir*[20], Wilson se fait le champion d'une unification intellectuelle qui rassemblerait toutes les branches du savoir. Il l'appelle « consilience », ressuscitant un vieux terme anglais qui signifie une « sorte de saut du savoir, lié par les faits et la théorie empirique, par-dessus les différentes disciplines et visant à créer une base commune d'explication ». Peut-être échaudé par les polémiques sur la sociobiologie, Wilson commence par reculer pour mieux sauter : « Le fait de croire à la consilience par-delà les sciences et à travers les grandes branches du savoir ne relève plus de la science, écrit-il. C'est une vision métaphysique du monde, qui plus est minoritaire, partagée seulement par un petit nombre de scientifiques et de philosophes. On ne peut la démontrer par le biais de principes logiques fondamentaux ou bien en s'appuyant sur un ensemble déterminé de tests empiriques, du moins pas sur ceux dont nous disposons aujourd'hui. Pour autant, l'extrapolation des réussites passées des sciences de la nature semble confirmer cette vision. »

Ces précautions rhétoriques prises, Wilson se lance allégrement dans l'extrapolation annoncée. Convaincu que les sciences de la nature sont devenues « consilientes », il croit pouvoir annoncer la renaissance de la vieille idée de l'unité intime du savoir. D'après le naturaliste, nous allons voir surgir une nouvelle façon de comprendre la nature humaine, fondée sur les sciences du cerveau, l'écologie et la biologie en général. Pour Wilson, les comportements humains se transmettent par la culture, elle-même créée par l'esprit humain, produit de notre cerveau déterminé génétiquement. De sorte que les gènes et la culture sont indissolublement liés. Wilson croit en particulier qu'il sera possible de formuler des « règles épigénétiques » qui rendront compte d'un grand nombre de traits du comportement et

20. Edward O. Wilson, *L'Unicité du savoir. De la biologie à l'art, une même connaissance*, Robert Laffont, Paris, 2000 (titre original : *Consilience*, 1998 ; traduit de l'américain par Constant Winter).

de la culture – et qu'alors la frontière entre sciences sociales et sciences naturelles disparaîtra. Il prend comme exemple l'« effet Westermarck », du nom d'un anthropologue finlandais qui a démontré que quand deux personnes ont partagé leur intimité pendant le tout début de leur vie, une inhibition sexuelle s'installe entre elles. Wilson estime que cet effet, qu'il considère comme biologique, démontre que le tabou de l'inceste n'est pas une construction culturelle, mais un comportement inné.

« La théorie sociale orthodoxe soutient que la morale consiste en grande partie en obligations et en devoirs conventionnels construits par la mode et la coutume, écrit Wilson. La conception opposée, défendue par Westermarck dans ses écrits sur l'éthique, veut que les concepts moraux dérivent d'émotions innées. » Il est clair que c'est cette conception que partage notre auteur.

Sans reprendre l'éternel débat sur l'inné et l'acquis, remarquons que le propos de Wilson est sous-tendu par un principe métaphysique unitaire : le naturaliste rejette *a priori* l'idée qu'il puisse exister plusieurs ordres de réalité, plusieurs classes de phénomènes hétérogènes. Il n'accepte pas que les théories qui rendent compte du fonctionnement de nos organes soient sans relation directe avec les théories de la société et de la culture, de la même façon que les théories de l'atome ne nous disent rien d'intéressant à propos du style Louis XVI ou de la peinture de la Renaissance italienne. Pour conserver l'unité, Wilson préfère expliquer l'inceste à partir de l'effet Westermarck, ce qui est aussi grossier et schématique que si l'on prétendait décrire une fresque de Michel-Ange en ne parlant que des matériaux et des colorants utilisés. Wilson réduit la culture au biologique, alors même que sa démonstration est, de son propre aveu, fragile.

Le naturaliste n'effectue pas cette réduction par nécessité de méthode, mais par un acte de foi : Wilson croit, de manière quasi religieuse, à l'idée d'un savoir unifié. Il suggère d'ailleurs que « la science est la religion libérée ». Il impose ainsi à la science les œillères d'une conception globalisante qui n'accepte pas les coupures entre les branches du savoir. Il est évidemment plus confortable d'évoluer dans un univers mental où l'on est assuré que les théories sont cohérentes entre elles et où il est garanti que le monde a un sens. C'est d'ailleurs la principale motivation qui pousse les humains à recourir à l'« hypothèse Dieu », en science ou dans tout autre domaine. Mais la réalité est que nos théories sont des descriptions fragmentaires, qu'elles ne se raccordent pas toutes entre elles et que nous n'avons aucune garantie que le monde ait un sens, car c'est nous-mêmes qui produisons ce sens.

La position de Trinh Xuan Thuan, le physicien de *La Mélodie secrète*, offre une variante intéressante par rapport à celle de Wilson. Le physicien revendique sa foi en un Dieu organisateur : « La cosmologie moderne nous a appris que l'univers a été réglé avec une précision extrême pour que la conscience (fondée sur la biochimie du carbone) apparaisse, écrit-il. Ce réglage, on peut l'attribuer soit au hasard, soit à un Grand Architecte. J'ai parié sur la seconde hypothèse. » Et un peu plus loin : « Que les lois physiques diffèrent un tant soit peu de ce qu'elles sont, et nous ne serons plus là pour en parler ! Ce réglage d'une extrême précision est-il le fait du pur hasard ou résulte-t-il de la volonté d'un être suprême ? » Si notre physicien croit donc à un plan divin, il doute que nous puissions le connaître totalement : « Ne pouvant échapper à notre finitude, nous ne pourrons jamais étudier qu'une infime partie de ce vaste univers qui est entièrement interconnecté. Au prix d'efforts prodigieux d'imagination et de créativité, des hommes de génie découvriront de plus en plus de connexions et la science progressera. Mais jamais *toutes* les connexions ne seront révélées. [...] La mélodie restera à jamais secrète. »

Ainsi, à l'inverse de Wilson qui croit à la possibilité d'un savoir total, Trinh Xuan Thuan croit en un Créateur, mais doute que nous puissions accéder au savoir total. Son scepticisme s'oppose au grand rêve d'une théorie unitaire, poursuivi par Einstein et ses successeurs. Les physiciens ont appelé la « théorie de tout » cet édifice grandiose qu'ils appellent de leurs vœux. La théorie des supercordes (voir leçon 1) qui s'est développée à partir des années soixante-dix, semble un bon candidat pour réaliser cette unification. Du moins sur le papier, car aucune démonstration expérimentale n'a validé la théorie des supercordes. De plus, il faut s'entendre sur le sens du mot « tout » : le but concret des physiciens est de réunir les deux théories reines de la physique, la relativité et la théorie quantique, afin de décrire l'ensemble des phénomènes élémentaires. Mais les limitations exposées plus haut s'appliquent aussi aux supercordes : pas plus que les théories précédentes, elles ne peuvent expliquer précisément pourquoi le babiroussa a la forme d'un babiroussa ou quelles sont les raisons exactes des structures de la parenté chez les Indiens Nambikwara.

Les physiciens n'en demandent pas tant. Ils cherchent seulement à rendre la physique plus cohérente, plus synthétique. Certains, comme Trinh Xuan Thuan, croient que cette quête est sans fin. D'autres inclinent plutôt pour l'idée d'un aboutissement, d'un point culminant de la recherche théorique. Il ne semble pas que l'on puisse aujourd'hui les départager. On peut cependant affirmer que même une « théorie de tout » ne constituerait pas le savoir total dont rêve Wilson, et encore moins une nouvelle forme d'*Unus Mundus*. La pensée scientifique, fondée sur le raisonnement logique et la confrontation à l'expérience objective, ne peut opérer qu'en découpant le réel. Elle nous permet d'en saisir mieux certains aspects, à condition de renoncer à la perception intuitive et globale que nous offre le mythe. Qui plus est, nous ne savons même pas pourquoi la science marche.

L'homme est-il le but de l'Univers ?

Cette situation angoissante est difficile à accepter, même pour les scientifiques. « L'homme est perdu dans l'immensité indifférente de l'Univers d'où il a émergé par hasard », écrit Jacques Monod. Pour le physicien américain Steven Weinberg, « plus on comprend l'Univers, plus il nous apparaît vide de sens ». Trinh Xuan Thuan rapproche ces deux citations qui expriment la désillusion d'un monde sans piété, où nous devons compter sur nos propres forces sans nous en remettre à la providence divine pour donner un sens à notre vie et à notre histoire.

Il n'y a pas que des aspects négatifs dans cette situation. Elle offre à l'esprit une liberté sans précédent, mais il semble que les humains ne haïssent rien tant que la liberté. À peine la science s'est-elle émancipée de l'hypothèse Dieu et du plan du Grand Architecte, que certains chercheurs se sont efforcés de restaurer une vision finaliste. Non pas, cette fois, en recourant au Créateur, mais en faisant de l'Homme lui-même le but de l'Univers, la raison d'être de l'ordre cosmique. C'est déjà la perspective de Teilhard de Chardin. Elle a été reformulée en termes plus généraux dans le « principe anthropique » de l'astronome britannique Brandon Carter. Ce principe part du constat que « l'Univers se trouve avoir, très exactement, les propriétés requises pour engendrer un être capable de conscience et d'intelligence ». Pour Brandon Carter et les défenseurs du principe anthropique, cela ne peut pas être le fruit du hasard.

Copernic doit se retourner dans sa tombe. À quoi bon avoir montré que la Terre n'était pas le centre du monde, si c'est pour conclure que l'Univers n'existe que pour permettre cet événement microscopique à l'échelle cosmique : l'apparition d'une espèce consciente et capable de concevoir des théories aussi chapeau pointu que celle de Sheldrake ! À quoi bon renoncer au géocentrisme, si c'est pour le remplacer par l'anthropocentrisme ? Dans *La Mélodie secrète*, Trinh Xuan Thuan expose avec finesse l'« attaque concertée contre le fantôme de Copernic ». Il démontre avec brio que, si choquant que cela soit aux yeux de certains, l'univers pourrait être accidentel : « Le fait que les constantes physiques et les conditions initiales aient été à même d'engendrer la vie ne serait qu'une coïncidence heureuse, sans grand intérêt. » Un savant pourrait très bien se contenter de constater qu'il en est ainsi : « La science moderne est née du rejet systématique et catégorique de l'explication des phénomènes naturels en termes de "causes finales" ou de "projet", démarche propre aux doctrines religieuses. » Une telle attitude, logiquement correcte, évite les errements finalistes de Pangloss ou de Bernardin de Saint-Pierre pour qui « les citrouilles sont grosses parce qu'elles sont faites pour être mangées en famille ».

Mais, ajoute Trinh Xuan Thuan, « cette attitude, qui rencontre l'approbation du fantôme de Copernic, suscite le désespoir ». Pour y échapper, notre physicien retourne le problème avec une agilité digne du plus casuiste des jésuites : « Et s'il y avait, tout de même, malgré tout, un projet ? Affirmer, sans aucune preuve, qu'il n'y en a pas est une attitude aussi peu scientifique et dogmatique que de proclamer qu'il en existe un [21]. » Certes, il est impossible de prouver, d'une manière absolue, que le projet en question n'existe pas, pas plus qu'on ne peut prouver que Dieu n'existe pas. C'est ce que l'on appelle, en logique, un problème indécidable (voir leçon 10). Mais il y a une certaine mauvaise foi dans la foi inébranlable de Trinh Xuan Thuan : le fait est, et il le démontre lui-même, qu'aucune hypothèse finaliste n'est nécessaire pour construire les théories scientifiques modernes ; ces hypothèses sont même plutôt un obstacle, car elles restreignent le nombre de possibilités.

On peut ajouter que la question de savoir pourquoi l'Univers a été réglé avec une précision extrême pour que la conscience apparaisse est une question très artificielle. Elle vient de la façon dont on élabore les théories scientifiques. On a cherché comment s'étaient formés l'Univers, les étoiles, le système solaire, les planètes et la Terre ; la cosmologie a permis de l'expliquer ; on a alors réalisé que de petites variations de quelques paramètres auraient pu aboutir à un monde sans planètes. On s'est demandé ce qu'il fallait pour que la vie soit possible, et il est apparu que la présence d'eau liquide était un facteur déterminant ; or, il suffirait que la Terre soit un peu plus proche du Soleil, comme Vénus, pour qu'il n'y ait plus que de la vapeur ; ou un petit peu plus loin, comme Mars, pour qu'il n'y ait plus que de la glace. Ainsi présenté, le tableau donne l'impression d'une conjonction de coïncidences extraordinaire. Pourtant, cette

21. Trinh Xuan THUAN, *op. cit.*

impression vient surtout de ce que nous reconstruisons l'histoire après coup : il faut bien que les paramètres soient compatibles avec notre existence, sinon nous ne serions pas là pour théoriser. Cela ne prouve rien quant à l'existence d'un plan quelconque.

Si, rentrant de mon lieu de travail, je croise un ami et fais un bout de chemin avec lui, et que ce détour imprévu m'amène devant un bureau de tabac, et que je décide d'acheter un billet de Loto, et que je gagne la cagnotte, dois-je considérer qu'un mystérieux plan divin a guidé mon ami sur mes pas pour me faire acheter le bon billet ? Ou dois-je admettre, comme le suggère le simple bon sens, que j'ai acheté ce billet par hasard et que j'aurais aussi bien pu en acheter un autre et ne rien gagner du tout ?

Le paradigme du nombril

Connaissez-vous le paradoxe du menteur ? Il s'agit de savoir si le menteur ment quand il affirme que tout ce qu'il dit est faux. S'il ment tout le temps, comment pourrait-il avoir dit la vérité en affirmant qu'il ment ? Et s'il dit la vérité, il a menti en disant qu'il ment.

Ce paradoxe réside dans un énoncé qui s'autodétruit. Il y a une analogie entre le problème du menteur et le problème des lois du monde et des lois de l'esprit. On ne peut trouver aucune solution pratique, parce que ce n'est pas un problème pratique. Il vient de la manière dont nous formulons les choses. Il résulte, en quelque sorte, du fait que nous sommes capables de produire un discours logique et pertinent à propos d'un monde qui, en lui-même, n'est ni logique ni illogique. C'est un effet de sens qui vient de ce qu'un discours ne peut pas englober totalement le réel. Le paradoxe du menteur exprime la coupure entre le discours et le réel, l'autonomie des mots par rapport aux choses.

Les systèmes mythiques ou religieux qui reposent sur une vision holistique nient cette coupure. Ils n'admettent pas qu'une distance infranchissable sépare une représentation de ce qui est représenté. En termes imagés, ce qui différencie une pensée mythique d'une pensée rationnelle, c'est la coupure du cordon ombilical qui relie la parole au réel. Dans la matrice du mythe, la parole et le réel entretiennent une relation aussi fusionnelle que celle du fœtus à sa mère. Le message des gourous de secours appelle à reconstituer un monde sans coupure entre le discours et le réel, dans lequel conscience et matière forment une même totalité. Il ne peut pas plus aboutir que l'on ne peut ressouder le cordon ombilical, une fois qu'il est coupé. Les humains ont appris à penser par eux-mêmes, ils ont appris la puissance de la pensée rationnelle – fût-ce au prix de l'angoisse et de l'incertitude. Il n'est pas possible de retourner dans l'ancien monde, dans la rassurante matrice mythique.

La tentative toujours recommencée de réconcilier le mythe et le discours scientifique bute sur cette impossibilité : « Il se trouve qu'il n'y a pas de correspondance entre le récit de la Genèse et les données de la géologie, écrit Gould. Mais cela ne signifierait pas grand-chose s'il y en avait – car cela nous apprendrait seulement que des limites sont imposées aux types d'histoire que l'on peut raconter, et ne nous enseignerait rien, pas même le murmure d'une leçon, au sujet de la nature et du sens de la vie, ou de Dieu [22]. »

L'imposture des gourous de secours tient en ce qu'ils se situent à la fois de part et d'autre de la matrice mythique : ils critiquent les limites de la pensée analytique et logique à l'aide d'un discours qui est lui-même analytique et logique. Le plus souvent, il n'en résulte qu'un verbiage futile. Pour y échapper, David Bohm a eu l'idée d'inventer un langage qui refléterait sa vision de l'« ordre impliqué », d'une réalité fluide qui ne se divise pas en parties séparées. Bohm a appelé ce langage « rhéomode », du grec *rheo*, qui signifie « couler ». Dans *L'Univers miroir*, John Briggs et David Peat décrivent ainsi le rhéomode : « Bohm tente de surmonter la fragmentation sujet-verbe-objet de la plupart des langues. Prenons un exemple simple de cette fragmentation : un chat et une souris passent à côté de vous, lancés dans une course précipitée. Nous dirions : “Le chat poursuit la souris.” Toute une vision du monde se trouve enveloppée dans cette simple phrase. Elle commence par les noms “chat” et “souris” – des objets séparés de l'univers. [...] Le verbe “poursuit” est une action séparée de ces objets, impliquant, entre autres, que l'action est accomplie par le chat sur la souris. Pourtant, l'action tout entière est plus complexe. C'est une danse de vie et de mort à laquelle le chat et la souris sont voués inéluctablement. Bohm tente de vaincre ces séparations artificielles en faisant de tous les mots de son langage des variations du verbe [23]. »

Je ne suis pas sûr que la souris soit d'accord. Je suis prêt à parier qu'elle préférerait rester un objet séparé du chat plutôt que de s'unir à lui en une danse cosmique qui s'achèvera dans l'estomac du félidé. Et comment traduirait-on en rhéomode : « L'officier de la junte militaire torture le résistant » ? S'agit-il, là aussi, d'une fluide chorégraphie dans laquelle l'officier, le résistant et l'instrument de torture ne

22. Stephen Jay Gould, *Quand les poules auront des dents*, *op. cit.*

23. John Briggs et David Peat, *L'Univers miroir*, traduit de l'américain par Jacques Polanis, Robert Laffont, Paris, 1986.

sont que des manifestations illusoires d'un ordre impliqué qui nous dépasse ?

Si je force ainsi le trait, c'est pour faire ressortir le danger de ces discours sur la conscience cosmique déconnectés de la réalité, et en particulier du fait que nous vivons dans une histoire réelle, que ce sont des sujets réels qui parlent, agissent et prennent des responsabilités. Dire que le monde est une totalité d'où l'on ne peut dissocier les objets ou que chacun peut partager les souvenirs de tous revient à dire que tout est possible, que tout est vrai et que tout se vaut. Qu'ils le veuillent ou non, les gourous de secours ont une action autonome et distincte de la totalité cosmique, ne serait-ce que parce que des gens les écoutent et adhèrent aux balivernes qu'ils racontent.

Confrontés à la réalité concrète, les gourous de secours se voilent la face. Ou devrais-je écrire qu'ils se cachent le nombril ? À une époque ou Adam et Ève ont depuis longtemps abandonné leur feuille de vigne, ce genre de fausse pudeur semble bien démodé.

Exercices

1. Étudiez une variante de la théorie de Sheldrake, comportant une symétrie passé-futur : dans cette variante, non seulement la « résonance morphique » des formes passées détermine les formes futures, mais symétriquement les formes futures peuvent aussi influencer les formes passées.

a) Montrez que, dans cette théorie, le problème de l'apparition du premier babiroussa trouve une élégante solution.

b) Démontrez le théorème suivant, dit théorème de la tautologie babiroussienne : « Le babiroussa cause le babiroussa. »

Solution : a) Le problème est de savoir d'où vient la forme du premier babiroussa ; or, grâce à la résonance morphique du futur sur le passé, on peut imaginer que le premier babiroussa résulte de l'influence rétroactive d'un babiroussa n'existant pas encore. b) Qu'est-ce qui cause le premier babiroussa ? Un babiroussa futur. Mais qu'est-ce qui cause les babiroussas futurs ? Des babiroussas antérieurs, dont le premier. Donc, le babiroussa cause le babiroussa. CQFD.

2. Traduisez en rhéomode les propositions suivantes :

a) « Les hippopotames gazouillent dans le feuillage. »

b) « Pierre qui mousse ne roule pas des masses. »

c) « La morphologie des unités morphiques informées forme un champ morphogénétique de formes formidables. »

d) « Mieux vaut se taire que ne rien dire. »

Leçon 8

Esprits et démons, tu invoqueras

Personne n'a mieux illustré le pouvoir de l'esprit sur la matière qu'Eusapia Palladino, le médium le plus célèbre de la fin du XIXe siècle. Elle a suscité plus d'investigations, menées par les meilleurs enquêteurs, qu'aucun autre sujet répertorié dans les annales de la recherche métapsychique. Elle a fasciné Henri Bergson, Pierre et Marie Curie ou Camille Flammarion. Sa gloire a franchi le temps et les océans : Umberto Eco décrit dans *La Guerre du faux* un musée de cire américain, le Museum of Magic and Witchcraft, où « l'information historique donne dans le sensationnel, le vrai se mêle au légendaire, Eusapia Palladino apparaît (en cire) après Roger Bacon et le docteur Faust : le résultat final est absolument onirique [1] »...

La véritable Eusapia Palladino n'avait sans doute pas lu *Faust*. Née en 1854 à Bari, d'une famille de paysans, elle savait à peine écrire son nom. Elle s'était initiée dans les cercles médiumniques de Naples, où son don lui avait valu une grande notoriété. En 1891, le criminologue Cesare Lombroso l'étudia, avec un groupe de scientifiques, et se convainquit que ses pouvoirs étaient authentiques. Il présenta Eusapia au physiologiste français Charles Richet, le découvreur de l'anaphylaxie (phénomène lié à l'allergie), prix Nobel de médecine en 1913. Bien qu'il eût la réputation d'être crédule, Richet pensait que Lombroso et ses collègues avaient pu être abusés. Il dut se rendre à l'évidence de ses sens : rien ne se passait normalement autour d'Eusapia. Les objets, identifiés ou non, volaient au mépris de

1. Umberto ECO, *op. cit.*

la gravité, les tables lévitaient, des courants d'air froid jaillissaient de sa tête ou de son bras et elle faisait apparaître des mains baladeuses préfigurant « la Chose » de la famille Addams. Elle avait même réussi à réduire son poids instantanément, sans le moindre régime, en montant sur la balance !

Richet voulut en avoir le cœur net. En juillet 1894, il décida de refaire les expériences de Lombroso dans sa maison de l'île Roubaud, près d'Hyères, dans des conditions de contrôle sévère. Il réunit trois experts, Sir Oliver Lodge, Frederic Myers et Julijan Ochorowicz. Tous trois avaient une bonne connaissance des médiums et de leurs tours. Lodge était un physicien réputé. Myers était membre de la Société britannique de recherches métapsychiques (Society for Psychical Research, ou SPR). Ochorowicz était un psychologue polonais engagé dans les recherches métapsychiques. Les quatre hommes organisèrent une surveillance serrée. Pendant les séances, Ochorowicz montait la garde à l'extérieur, tandis que Lodge, Myers et Richet maintenaient vigoureusement Eusapia par les mains et les pieds. En dépit de ces précautions, des effets dignes du meilleur cinéma fantastique ne tardèrent pas à se manifester.

Dans un livre récent, le philosophe Bertrand Méheust en donne une description impressionnante : « Un accordéon posé sur une table voisine glisse sur le sol et égrène une vingtaine de notes ; la table en question se met à se déplacer toute seule ; un cendrier qui se trouve à l'autre bout de la pièce vole dans les airs et se retrouve dans les mains de Myers ; on entend ferrailler dans la serrure, et la clef qui sert à fermer la porte apparaît sur la table, retourne faire du bruit dans la serrure – que l'on retrouvera fermée – puis revient à travers les airs se loger dans les mains de Richet ; un fil électrique provenant d'une batterie vient s'enrouler autour des têtes d'Eusapia et de Richet, puis se retire à la demande du médium ; un fauteuil se déplace tout seul[2]. » Pendant l'une des séances, se produit une prouesse encore plus ébouriffante : une table de vingt-quatre kilos décolle du sol et se retourne complètement alors même que Myers se trouve entre Eusapia et le meuble !

Les quatre observateurs, retournés eux aussi, jugent que les phénomènes produits par Eusapia sont d'ordre surnaturel. « C'est absolument absurde mais c'est vrai », résume Richet. Pour nos experts, la lévitation de la table est inexplicable sans invoquer des

---

2. Bertrand Méheust, *Somnambulisme et médiumnité*, tome 1 : *Le défi du magnétisme*, tome 2 : *Le choc des sciences psychiques*, Institut Synthélabo pour le progrès de la connaissance, coll. « Les Empêcheurs de penser en rond », Le Plessis-Robinson, 1999.

forces inconnues. Richard Hodgson, de la SPR, conteste la nature des effets. Dix ans plus tôt, Hodgson, « incorrigible sceptique » selon Méheust, a convaincu de fraude un autre médium, Mme Blatavsky, fondatrice de la théosophie. Qui plus est, Eusapia a déjà été surprise en flagrant délit de triche. Hodgson s'acharne à démontrer que les exploits de la Palladino ne nécessitent pas d'autre force que celle du poignet.

À la fin de l'été 1895, une autre série d'expériences est menée à Cambridge, cette fois sous le contrôle de Hodgson. Déception : les pouvoirs d'Eusapia se montrent capricieux. À plusieurs reprises, elle est surprise en train de tricher. Sa ruse consiste, d'après le parapsychologue John Beloff [3], à rapprocher ses deux mains en les agitant, et à s'arranger pour que les deux contrôleurs se trouvant à ses côtés s'imaginent tenir chacun une main, alors qu'ils tiennent la même en deux endroits différents ; elle peut ainsi libérer une main et s'en servir pour produire divers phénomènes « surnaturels ». Choqué par la révélation de cette manœuvre indélicate, Myers se met à douter des observations de l'île Roubaud. Et la SPR, convaincue de la malhonnêteté d'Eusapia, ne veut plus entendre parler d'elle.

Mais Eusapia continue à susciter l'intérêt des plus éminents universitaires et savants. Des séances sont organisées avec Bergson et les Curie, entre autres célébrités. Imposture ou authentiques effets médiumniques ? Le monde scientifique est divisé. En 1908, la SPR finit par revenir sur sa position et décide de mener une nouvelle investigation. Trois enquêteurs sont désignés : Everard Feilding, Hereward Carrington et W.W. Baggally. Tous trois sont passionnés de spiritisme et sont illusionnistes amateurs, un atout censé leur éviter d'être trompés par les tours d'Eusapia. Une série de onze séances se tient à l'Hôtel Victoria de Naples. Outre les habituels coups sur la table des esprits frappeurs, Eusapia matérialise des mains, fait gonfler sa robe comme un ballon et émet un courant d'air froid par une cicatrice qu'elle a au front. Bien que quelques tricheries soient repérées de temps en temps, le comité Feilding estime qu'une partie au moins des phénomènes auxquels il a assisté est authentique. Le rapport publié en 1909 conclut qu'une « force » est en jeu, et que celle-ci « dépasse les capacités des contrôles ordinaires et les aptitudes du prestidigitateur le plus talentueux ».

---

3. Voir John BELOFF, « What is your counter-explanation ? », *in* Paul KURTZ (dir.), *A Skeptic's Handbook of Parapsychology*, Prometheus Books, Buffalo, New York, 1985. Ce livre, malheureusement non traduit, est une référence indispensable au lecteur curieux de l'histoire de la parapsychologie et des phénomènes paranormaux. Écrit en grande partie par les membres du CSICOP, groupe de « sceptiques » américains (voir note suivante), il présente aussi, avec un grand *fair-play*, le point de vue des parapsychologues.

On retrouve Eusapia aux États-Unis, où Carrington, l'enquêteur de la SPR, lui sert désormais d'impresario. Il organise une campagne qui va tourner au désastre. L'Italienne se fait piéger grâce à un moyen non utilisé jusque-là : des observateurs se cachent dans la pièce à l'insu du médium. Lors d'une série de séances tenues en 1910 à l'université Columbia, deux témoins clandestins peuvent admirer l'exceptionnelle habileté avec laquelle Eusapia accomplit des prodiges en se servant d'une main ou d'un pied. Par exemple, produire une bosse sur un rideau pour simuler l'effet du « souffle » d'un esprit, remuer une table avec une main dégagée subrepticement et jouer d'un instrument de musique avec ses orteils, après avoir libéré son pied gauche que les contrôleurs croient immobilisé… Une lettre publiée dans *Science* conclut à l'absence de preuve démontrant la réalité de phénomènes spirites *(spiritualistic)*. Carrington continue de croire en elle, mais sa carrière touche à sa fin. Pourtant, même confondue, la Palladino peut s'enorgueillir d'avoir, pendant vingt ans, fasciné les plus beaux esprits de son temps. Pierre Curie tenta même de construire un anémomètre pour détecter les courants froids émis par Eusapia…

Le savant crédule, le sceptique et l'illusionniste

La saga d'Eusapia Palladino met en scène un trio que l'on retrouvera constamment dans l'histoire de la parapsychologie : le savant plus ou moins crédule, le sceptique et le médium illusionniste. Cette configuration se différencie de l'opposition duelle entre la science rationnelle et les forces obscures, caractéristique du siècle des Lumières. L'essor du spiritisme au XIXe siècle ne se limite pas à un mouvement populaire dénigré par les savants. Comme on l'a vu, les meilleurs cerveaux de l'époque se passionnent pour les tables tournantes et les esprits frappeurs. Si certains, comme Faraday, concluent que ces phénomènes relèvent de l'auto-illusion, d'autres, comme Alfred Wallace – cofondateur, avec Darwin, de la théorie de l'évolution – ou le grand physicien William Crookes, inventeur du tube à cathode froide, resteront toute leur vie des partisans convaincus des forces mystérieuses. Et cela, en dépit des preuves matérielles qui démontrent que les médiums recourent à des trucs en les présentant comme des phénomènes surnaturels.

Un siècle plus tard, Bertrand Méheust plaide encore en faveur des pouvoirs surnaturels d'Eusapia Palladino. Son ouvrage monumental, tant par la longueur que par la documentation, est une tentative de réhabiliter le magnétisme et la médiumnité, dont Méheust considère qu'ils n'ont pas été réfutés par la science moderne. Notre auteur s'appuie sur de passionnantes références historiques, mais sa démonstration érudite pèche par sa partialité. À propos d'Eusapia, Méheust insiste lourdement sur le caractère extraordinaire des phénomènes produits, et néglige le point crucial : toutes ses prouesses pourraient être reproduites par un bon illusionniste. Méheust cite Frank Podmore, l'un des analystes les plus perspicaces du spiritisme. Il omet de signaler qu'en 1910 Podmore analyse minutieusement les prouesses d'Eusapia et conclut que presque tous ses effets s'expliquent naturellement si elle réussit à dégager une main ou un pied pendant la séance. Méheust ne relève pas non plus qu'Eusapia, dans sa prime jeunesse, a été mariée à un magicien itinérant, qui lui a enseigné ses trucs. Bien sûr, ce n'est pas parce qu'un effet X peut être obtenu par un tour de passe-passe qu'il ne peut pas aussi être produit de manière paranormale. Mais, selon le principe du rasoir d'Occam, il est de bonne méthode scientifique de ne pas invoquer, pour expliquer ce que l'on observe, plus d'hypothèses ou d'entités que nécessaire.

Pourquoi les pouvoirs spirites ne se manifestent-ils que dans les conditions bizarres exigées par le médium : obscurité ou pénombre, dispositif de la table et du « cabinet » isolé par des rideaux, immobilisation très relative du sujet, etc. ? À cette question des sceptiques, les « croyants » répondent que la lumière et le contrôle tatillon inhibent les fragiles effets paranormaux. Pourquoi le médium triche-t-il, s'il a vraiment des pouvoirs spéciaux ? Pour les « croyants », la fraude résulterait du fait que le médium ne peut pas toujours être en assez bonne forme pour obtenir ses effets ; il triche pour ne pas s'avouer vaincu. Mais, affirment les partisans du spiritisme, même dans la boue de l'imposture avérée brillent les diamants de phénomènes réels. John Beloff note à propos d'Eusapia Palladino que « la fraude peut aller main dans la main avec une authentique capacité métapsychique, de sorte qu'il est toujours risqué de généraliser à partir du fait qu'une tricherie s'est produite ». Commentaire typique du raisonnement des défenseurs du paranormal. Il n'est guère étonnant qu'aucune démonstration expérimentale n'ait pu jusqu'ici départager les deux camps, et que l'interminable controverse sur les forces mystérieuses se prolonge de nos jours.

Cette situation pose le problème de la croyance. Les sociétés traditionnelles reconnaissent l'existence d'un univers surnaturel, d'un monde des esprits. Certains personnages sont crédités de pouvoirs spéciaux et ont mission d'intercéder avec les esprits : sorciers, chamans, guérisseurs, envoûteurs, magiciens, prophètes, exorcistes, etc. Ils ne sont pas des individus séparés du reste de la communauté, mais ses médiateurs, ses représentants auprès de l'au-delà. Dès lors, dans les sociétés traditionnelles, le surnaturel ne relève pas de la croyance ; il s'intègre à part entière dans le savoir et la culture. Lors d'un voyage en Centrafrique, mon chauffeur, un Bantou élevé, d'après ses dires, dans la religion protestante, affirmait avec le plus grand sérieux que si un Pygmée pénétrait dans la forêt équatoriale, il pouvait « courir très vite » car il se transformait en panthère. L'idée ne semblait pas irrationnelle à cet homme, par ailleurs un excellent mécanicien qui ne cherchait pas à faire fonctionner son moteur par des procédés magiques.

La culture occidentale a établi une barrière entre un univers rationnel, objectivable, descriptible en termes scientifiques et un monde surnaturel rejeté dans le champ de la croyance individuelle, privée. Cette « laïcisation » du monde sensible ne s'est pas faite sans douleur, à supposer qu'elle se soit jamais vraiment faite. Magie et science se sont séparées tardivement. Paracelse qui, dans la première moitié du XVIe siècle, critique la médecine officielle et ouvre la voie à la thérapeutique chimique, est magicien et alchimiste. Tycho Brahé (1546-1601) et Kepler (1570-1630) accordent une grande importance à l'astrologie. Plus tard, Isaac Newton se passionne pour l'alchimie, entre ses premières expériences sur la dispersion de la lumière blanche par un prisme et la parution de ses *Principes mathématiques de philosophie naturelle*, en 1687. Il faut attendre l'aube de la Révolution française pour que Lavoisier énonce les lois de conservation de la masse et des éléments, tordant le cou au vitalisme et aux illusions alchimiques, avant de se faire trancher le sien par la Convention. Ajoutons que les raisons pour lesquelles les alchimistes n'avaient aucune chance de réussir à transformer le plomb en or ne deviennent vraiment claires qu'avec la classification périodique des éléments établie par Mendeleiev, en 1869.

L'idée matérialiste, selon laquelle les phénomènes observables peuvent être expliqués sans faire appel à des principes d'essence surnaturelle ou à un *Deus ex machina*, fait son chemin difficilement. En 1784, Lavoisier dirige une commission d'enquête sur le magnétisme animal, promu par Mesmer au rang de panacée. La commission déclare le mesmérisme dépourvu de base scientifique. Plus de deux siècles après, le magnétisme reste un thème majeur et indémodable des parasciences et de la magie *New Age*.

Dans la seconde moitié du XIXe siècle, l'opposition manichéenne entre science objective et forces irrationnelles est battue en brèche par la vogue du spiritisme qui passionne savants et philosophes. « Une partie de cet intérêt scientifique était motivée par un authentique désir de prouver l'existence de phénomènes paranormaux », écrit Paul Kurtz, professeur de philosophie et président du CSICOP[4], le célèbre groupe de « sceptiques » américains. « *L'Origine des espèces* de Darwin, publié en 1859, avait délogé l'espèce humaine du centre de l'univers et cela était considéré avec inquiétude comme un coup porté à la spiritualité. S'il pouvait être démontré que la nature humaine avait d'autres dimensions psychiques et spirituelles et que celles-ci transcendaient les limites imposées par la science matérialiste, quelle aubaine pour la foi religieuse. On pouvait avoir de nouveau le "droit de croire", et sur des fondements prouvés, scientifiques[5]. »

C'est donc en partie par réaction contre le matérialisme et dans la perspective de recréer une unité entre le savoir et la religion que va émerger ce que l'on appellera ensuite la « parapsychologie scientifique ». À Londres, la Society for Psychical Research (SPR) est fondée en 1882 par le philosophe Henry Sidgwick. Sa sœur américaine, l'ASPR, apparaît trois ans plus tard et l'Institut métapsychique français vers 1900. En dépit de leurs bonnes intentions, ces organismes n'ont pas vraiment contribué à élucider les mystères occultes. Contrairement à l'idée des philosophes des Lumières, le savoir pur ne suffit pas combattre les croyances irrationnelles. Et comme nous le verrons tout au long de cette leçon, le scientifique n'est généralement pas le meilleur *debunker* de phénomènes paranormaux (pour reprendre le terme anglais consacré, que l'on peut traduire par « démystificateur »). En fait, le scientifique est souvent plus facile à berner que l'homme de la rue. Habitué aux règles strictes et rigoureuses du laboratoire, il surestime l'honnêteté de ses contemporains et n'imagine pas que ses sens peuvent être abusés par les manœuvres peu scrupuleuses d'un charlatan. Il tend à sous-estimer les possibilités d'un illusionniste entraîné, lesquelles sont comparables aux meilleurs trucages du cinéma. Lorsqu'il ne comprend pas comment tel ou tel effet a pu être réalisé, il est tenté d'invoquer une cause inconnue pour un effet qui n'a rien de surnaturel, malgré les apparences.

---

4. Le CSICOP, ou Committee for the Scientific Investigation of Claims of Paranormal, a été fondé en 1976 à Buffalo, dans l'État de New York, par un groupe d'écrivains, de philosophes, de scientifiques et d'illusionnistes comprenant Isaac Asimov, Martin Gardner, Paul Kurtz, Carl Sagan et James Randi. Son objectif est d'étudier, de la manière la plus objective et la plus scientifique possible, les affirmations concernant les phénomènes paranormaux. Le groupe possède des représentants dans de nombreux pays du monde (en France, le physicien Henri Broch). Il édite un journal, *The Skeptical Inquirer* et possède un site Internet, www.csicop.org/.

5. Paul KURTZ, « Spiritualists, mediums and psychics : some evidence of fraud », *in A Skeptic's Handbook of Parapsychology*, *op. cit.*

Les croyants avancent souvent l'argument selon lequel la bonne attitude scientifique doit être ouverte et ne pas exclure l'existence d'aspects encore inexplorés de la réalité. Ils pensent que l'on doit accorder à un médium le bénéfice du doute tant que l'on n'a pas mis en évidence les procédés qu'il utilise. *A fortiori*, estiment-ils, on ne peut retenir les arguments d'un sceptique qui reconstitue *a posteriori* un phénomène auquel il n'a pas assisté. Paul Kurtz conteste ce point de vue : « Le fardeau de la preuve doit-il reposer sur le sceptique, présent ou absent de la séance ? Le sceptique doit-il rendre compte de manière détaillée et exhaustive de la manière dont un médium a triché ? Est-il exact que, à moins que le sceptique puisse reconstruire la situation historique après coup et indiquer comment la tricherie a été faite, le croyant est fondé à croire qu'un authentique effet s'est manifesté ? Je ne le pense pas [6]. »

La position des croyants peut paraître logique, mais c'est une logique contraire au sens commun. Même si ce dernier a ses limites, il ne serait pas « commun » s'il était battu en brèche toutes les cinq minutes. Croiriez-vous un type qui soutiendrait que des licornes en bikini rouge jouent au poker sur les icebergs de la côte antarctique et qui, lorsque vous lui demanderiez des preuves, vous rétorquerait que vous ne pouvez pas prouver qu'il a tort ? Il n'existe aucun moyen de prouver que les miracles n'existent pas, mais cela justifie-t-il que l'on crie au miracle chaque fois que l'on n'a pas compris un phénomène ? Plutôt que de chercher la réponse à cette Vraie Question, voyons quels avatars elle a connu depuis les exploits d'Eusapia Palladino.

Joseph Rhine et la parapsychologie scientifique

L'histoire des sciences occultes se divise en deux ères incommensurables : avant Joseph Banks Rhine et après. Avant, les spirites ne jurent que par les fantômes, les ectoplasmes, les médiums, les tables tournantes et les tasses remuantes. Dans les années 1920-1930, Rhine remplace ce folklore désuet par un corps de disciplines plus crédibles : facultés « psi », perception extrasensorielle ou PES, psychokinèse ou PK (déplacement d'objets « par la pensée »), parapsychologie. Scientifique rigoureux, il impose les règles du laboratoire à ce domaine plutôt réfractaire à la vérification. « Les activités des esprits frappeurs cessent fréquemment sitôt qu'un enquêteur arrive pour les observer », reconnaît-il avec franchise.

6. *Ibid.*

Rude tâche, donc. Mais Joseph Banks Rhine n'est pas de ceux qui reculent devant la difficulté. Homme de grande foi, il a voulu se faire pasteur, avant de passer son doctorat en physiologie végétale à l'université de Chicago, en 1925. Il n'enseignera cette discipline que deux ans. En délicatesse avec les croyances religieuses comme avec le matérialisme scientifique, il découvre sa véritable vocation lors d'une conférence sur le spiritisme donnée par Sir Arthur Conan Doyle soi-même. Dès lors, il entreprend, avec une conviction inébranlable, de démontrer scientifiquement l'occultisme. « La personnalité de Rhine combine ces deux facteurs : d'une part, la méticulosité de l'homme de laboratoire, rompu aux contre-épreuves et aux vérifications expérimentales ; d'autre part, une certitude absolue, hors du rationnel, de la réalité du psi [7] », écrit le journaliste Michel Rouzé.

D'une naïveté à toute épreuve, et même à toute contre-épreuve, Rhine se fait rouler dans la farine par des collaborateurs sans scrupules. Margery, l'un de ses premiers sujets d'étude, vomit des ectoplasmes achetés à la triperie voisine. L'épisode de Lady Wonder, la « pouliche télépathe », est encore plus révélateur de ce que Rouzé appelle l'« étrange inhibition de l'esprit critique qu'entraîne l'attitude du vouloir croire ». Lady Wonder « devine » un chiffre que Rhine a noté sur un bloc. Elle frappe avec son sabot un nombre de coups égal à la valeur du chiffre inscrit par Rhine. Impressionné, ce dernier publie une « Enquête sur un cheval lecteur de pensée ».

Rhine a constaté que Lady Wonder échoue lorsque Mrs Fonda, la maîtresse de la pouliche, se tient loin de lui ou lorsque lui-même se place derrière elle. Il ne trouve aucune explication à ce mystère. Un illusionniste professionnel, Melbourne Christopher, le résoudra en quelques instants. Christopher se rend à une démonstration de Lady Wonder, sans révéler son métier. Il comprend rapidement qu'il n'a pas affaire à un numéro de télépathie, mais à un classique tour de cirque. Le don de Lady Wonder doit tout au dressage. La pouliche réagit à un signe discret de Mrs Fonda, qui lit le chiffre en suivant les mouvements du crayon. Pas étonnant que la pouliche perde ses pouvoirs lorsque Mrs Fonda ne peut pas voir les gestes de Rhine.

Pendant près de quarante ans, de 1927 à 1965, Rhine réalisera des expériences de divination de cartes dans son laboratoire de l'université Duke, en Caroline du Nord. Ses résultats sont encore considérés comme la pierre de touche de la « parapsychologie scientifique ». Rhine n'utilise pas un jeu de cartes classique, mais celui de Zener,

---

7. Michel ROUZÉ, « La véridique histoire du "père" de la parapsychologie », *Science et Vie*, n° 755, août 1980.

composé de cinq fois cinq cartes identiques. Sur chaque carte est dessinée une figure géométrique simple : un cercle, une croix, un triangle, etc. Le sujet testé doit deviner quelle figure porte une carte. Sans regarder, bien sûr ! En s'en remettant au hasard, on a une chance sur cinq de tomber juste – dix fois plus qu'avec un jeu ordinaire de 54 cartes, mais nettement moins qu'en jouant à pile ou face. En moyenne, on peut attendre cinq bonnes réponses par paquet. Sur un tirage donné, le sujet peut deviner sept cartes, ou trois, mais pour une longue série de tirages, la probabilité que la moyenne s'écarte de cinq est faible. Le meilleur sujet de Rhine, Hubert Pearce, obtint vers 1930 le score prodigieux de huit bonnes réponses en moyenne par paquet, sur 690 tirages. La probabilité que cet exploit fût le résultat du hasard était infime. Mieux, dans un bon jour, Pearce aurait réussi, selon Rhine, à deviner vingt-cinq cartes d'affilée ! Une performance proprement miraculeuse.

Rhine tenait la preuve de son « effet psi ». Il publia son premier rapport sur la PES en 1934. Plusieurs chercheurs américains s'intéressèrent à ses expériences et tentèrent de reproduire ses résultats. En tout, 298 814 tirages de cartes de Zener furent effectués dans cinq universités américaines, dont la prestigieuse université de Princeton. Aucun des sujets testés ne fit mieux que le hasard. De mauvaises langues susurrèrent que Pearce avait triché. On ne put le prouver. Mais l'expérience de Rhine comportait un biais. Pearce devinait les cartes cinq par cinq, les regardait avec l'expérimentateur, puis les remettait dans le jeu. L'expérimentateur battait le jeu et on recommençait. Quiconque connaît les tours de cartes vous dira que Pearce augmentait ainsi ses chances de réussite : les cartes remises dans le jeu se retrouvent le plus souvent vers le haut ou vers le bas du tas. Or, ces cartes, Pearce les avait vues. Il faut ajouter que c'est lui-même qui avait suggéré cette manière de procéder…

Dans une autre expérience, Pearce se trouvait à quatre-vingt-dix mètres de l'expérimentateur. Les scores furent encore remarquables. Cette fois, il n'y avait pas de fraude possible. Du moins le crut-on, jusqu'à ce qu'un enquêteur opiniâtre, Mark Hansel, s'aperçoive que Pearce pouvait observer l'expérimentateur à son insu, à travers des portes vitrées.

Rhine prit sa retraite en 1965. Son successeur, Walter Levy, se spécialisa dans la parapsychologie animale. Il obtint des résultats fantastiques qui ne laissaient aucun doute sur le pouvoir psi des rats. Malheureusement, les assistants de Levy le surprirent en train de trafiquer un dispositif enregistreur. Rhine le renvoya immédiatement, sans toutefois remettre en cause les résultats antérieurs de Levy.

Crédulité de Rhine, fourberie de ses sujets d'expérience, perspicacité des illusionnistes : on retrouve les ingrédients de l'histoire Palladino. Rien n'a changé ? Si, une chose : malgré les efforts de leurs supporters, les facultés métapsychiques n'ont cessé de diminuer depuis le XIXe siècle, sans parler des temps reculés ou la foi déplaçait les montagnes. Qu'avons-nous fait de nos aptitudes surnaturelles ?

L'effondrement des pouvoirs psi

Le physicien Henri Broch, expert en études critiques sur le paranormal, est formel : l'intensité des effets psi diminue au cours des âges. C'est particulièrement net pour la psychokinèse, capacité de mouvoir les objets par la seule force de l'esprit : « Le "mana" est censé avoir déplacé, il y a plusieurs siècles, des objets de plusieurs tonnes, comme les statues de l'île de Pâques d'environ dix tonnes, écrit Broch dans *Le Paranormal*, manuel de référence en la matière [8]. Vers les années 1850, le *même* phénomène intervenait dans le déplacement de lourdes tables de bois massif (soit une masse cent fois plus petite) ; quelques décennies plus tard, le *même* pouvoir déplaçait des casseroles de 1 kg ; et dans les années 1970, le *même* don ne revendiquait plus que le déplacement de minuscules objets comme un petit dé ou un bout de papier, soit des masses de l'ordre de la dizaine de grammes. Le *même phénomène* a donc diminué dans un facteur de un million au fil des ans ! »

L'analyse de Broch est confirmée par les meilleures sources psi. Eusapia Palladino avait retourné une table de 24 kg. Nina Koulaguina, célèbre médium soviétique en action dans les années 1940-1950, eut tout juste la force psychique nécessaire pour séparer, en une demi-heure, le blanc du jaune d'un œuf cru cassé dans un aquarium, après avoir été ligotée à un fauteuil [9]. Cet effort épuisant fit monter son pouls à 240 battements par minutes et descendre son poids d'un kilo ! En psychokinèse, Rhine n'a guère obtenu de meilleurs résultats. Une de ses expériences faisait appel à un cornet projetant des dés de manière aléatoire. Le sujet devait se concentrer pour faire sortir le double six. Rhine obtenait, dans le meilleur des cas, une fluctuation statistique qui n'aurait certainement pas suffi à remuer une statue de l'île de Pâques.

---

8. Henri BROCH, *op. cit.* Signalons qu'Henri Broch dirige un laboratoire consacré à l'étude – sceptique – du paranormal, le « Laboratoire de zététique de l'université de Nice », qui dispose d'un site Internet, www.unice.fr./zetetique/.

9. Cf. Lyall WATSON, *op. cit.*

En France, l'ancien président de la Compagnie générale d'électricité (CGE), Ambroise Roux, s'est illustré dans les années quatre-vingt par ses compétences à propos des phénomènes psi. Il a publié *La Science et les Pouvoirs psychiques de l'homme* [10], un ouvrage décoiffant dont il a lui-même écrit neuf pages sur les deux cent quatre-vingt que comporte le livre (les autres sont l'œuvre de deux parapsychologues américains, Stanley Krippner et Gérard Solvfin, dont les noms figurent en petits caractères sur la couverture). La qualité remplaçant la quantité, le président Roux exprime l'essentiel en peu de mots : « Indiscutablement, les forces psi sont faibles. Si elles ne l'étaient pas, il y a longtemps qu'on observerait des déplacements spectaculaires d'objets. [...] Seules des expériences soviétiques ont fait état de sujets qui seraient capables de faire mouvoir à la demande les objets les plus divers. Mais les informations correspondantes ne semblent pas reposer sur des bases sérieuses. »

Quoi qu'il en soit de l'antisoviétisme primaire d'Ambroise Roux, on peut faire confiance à son jugement d'expert. Le président décrit les expériences menées dans le laboratoire d'électronique spécialisée qu'il a créé à la CGE. « J'ai pensé que la télépathie était largement démontrée et que la psychokinèse méritait au contraire qu'on s'y attarde, écrit-il. Or, de nouveaux travaux dans ce domaine étaient rendus possibles par l'apparition d'un appareil tout à fait révolutionnaire qui est le tychoscope, dont la conception de base est due à un brillant ingénieur français, Pierre Janin. »

Cette conception est fort ingénieuse. Comme les forces psi sont faibles, « elles sont difficiles à mettre en évidence sur un mobile au repos *(sic)*, puisqu'il faut d'abord vaincre les forces de frottement ; d'où l'idée d'un mobile en mouvement constant et aléatoire sur lequel les forces psi qui s'exercent modifient la trajectoire parce que les forces de frottement ont été vaincues au préalable ». En clair, au lieu de chercher à faire tourner une table par les forces métapsychiques, on cherche à faire glisser le tychoscope, lequel se balade sur la table en traçant une courbe « totalement aléatoire ». On demande au sujet « de regarder le tychoscope et de tenter de lui imprimer un mouvement, par exemple de l'attirer ».

Étymologiquement, « tychoscope » signifie à peu près « appareil à lire le destin ». Ce merveilleux bidule relève manifestement plus de la métaphysique que de la physique, et l'on ne s'étonnera pas que l'esprit agisse sur un objet qui de toute façon glisse tout seul. Pourtant, selon Ambroise Roux, seuls les sujets d'élite obtiennent des

10. Ambroise ROUX, Stanley KRIPPNER et Gerald SOLVFIN, *La Science et les Pouvoirs psychiques de l'homme*, Sand, Paris, 1986.

effets significatifs. Le président cite le cas d'une jeune femme surdouée, dont la seule présence a suffi pour que le tychoscope traverse une table de trois mètres cinquante et atterrisse sur ses genoux (ceux de la dame, pas ceux d'Ambroise Roux). « Lorsqu'on assiste à une expérience de cet ordre il est difficile de ne pas être convaincu de l'existence de la parapsychologie », estime notre auteur. Fortes paroles qui ne compensent pas la faiblesse des facultés psychokinétiques. Comment expliquer la régression des pouvoirs psychiques ?

Le rôle de l'observateur

Broch remarque que cette régression se produit « parallèlement à la sophistication accrue des moyens de contrôle ». Ce qui confirme la réflexion de Rhine selon laquelle les esprits frappeurs cessent leurs activités dès qu'on cherche à les observer. Tout se passe comme si une mystérieuse interaction entre l'observateur et le phénomène observé provoquait un effondrement du psi. Comment se fier à des phénomènes aussi susceptibles et capricieux ?

Les observateurs les plus nuisibles aux effets paranormaux sont les prestidigitateurs. Mais à magicien, magicien et demi. Eusapia Palladino avait bien réussi à berner les membres du comité Feilding, qui pourtant étaient de bons illusionnistes amateurs. Dans ce domaine comme dans d'autres, les grands professionnels sont au-dessus du lot. En un sens, les experts de la SPR ont été d'autant mieux abusés qu'ils se croyaient à l'abri de la tromperie. Cela devrait inciter les observateurs de phénomènes psi à faire confiance en l'ingéniosité des sujets doués de pouvoirs spéciaux, plutôt qu'aux phénomènes eux-mêmes.

Dans les années soixante-dix et quatre-vingt, l'illusionniste James Randi, *alias* le « Stupéfiant », est devenu le « fléau du monde psi ». À son tableau de chasse figure Uri Geller, grand tordeur de cuillers devant l'Éternel, que nous avons croisé dans l'introduction. Né en 1946 à Tel Aviv, Uri Geller a pris conscience de ses pouvoirs très tôt : dans son autobiographie [11], il raconte qu'il reçut, vers l'âge de quatre ans, la visite d'une soucoupe volante alors qu'il se trouvait seul dans un jardin voisin de sa maison ; puis, vers six-sept ans, il s'aperçut qu'il pouvait faire bouger les aiguilles de sa montre bracelet par la seule force de sa pensée. C'était assurément un effet ténu, mais même les nains ont commencé petits. Âgé d'une vingtaine

11. Uri GELLER, *My Story*, Praeger, New York, 1975.

d'années, Uri mit au point un numéro de music-hall qui rencontra rapidement un grand succès dans les théâtres et les boîtes de nuit d'Israël. Son spectacle se déroulait selon un rituel invariable. Se présentant comme un sujet doué de pouvoirs paranormaux, il expliquait au public que l'énergie mentale des spectateurs était essentielle à son succès et que les « vibrations négatives » l'empêchaient de réussir. S'étant ainsi couvert en cas d'échec, il commençait par quelques tours de divination comme deviner le nom d'une capitale étrangère choisie par un spectateur. Puis il effectuait des expériences de psychokinèse consistant à tordre des objets métalliques – rasoirs, clés, cuillers – où à faire repartir des montres arrêtées.

Tous ces exploits peuvent être réalisés par un illusionniste sans invoquer aucun phénomène paranormal. Les prestidigitateurs réalisent couramment des numéros bien plus spectaculaires que ceux d'Uri Geller, lesquels n'auraient pas grand intérêt s'ils n'étaient produits – selon leur auteur – par une mystérieuse capacité psi. Notons que cette dernière, en accord avec l'analyse d'Henri Broch, n'est pas très puissante. Si Uri Geller a été jusqu'à courber une canne de golf – pourvue il est vrai d'une charnière opportunément placée –, il ne s'est pas attaqué aux poutres du Golden Gate Bridge ou aux longerons de la tour Eiffel. Mais enfin, un effet psi, même faible, mérite qu'on s'y attarde s'il est authentique. On ne s'étonnera donc pas que des scientifiques se soient intéressés à l'« effet Geller ». En 1972-1973, le médium israélien réalisa une série d'expériences dans le laboratoire de Russel Targ et Harold Puthoff, deux physiciens passionnés de parapsychologie, au Stanford Research Institute de Menlo Park, en Californie. Son don de psychokinèse se révéla fragile, et les expériences de torsion de cuillers peu probantes.

En revanche, son aptitude télépathique convainquit Targ et Puthoff qu'ils avaient affaire à un sujet d'exception. Ils publièrent un rapport dans *Nature* considéré depuis par les tenants de la parapsychologie comme une validation scientifique de leur discipline, en dépit du fait que ce rapport était accompagné d'un éditorial très sceptique [12]. Voici un extrait significatif : « Une expérience en double aveugle a été réalisée dans laquelle un dé de 3/4 de pouce est placé dans une boîte en acier de 3 × 4 × 5 pouces. La boîte était secouée vigoureusement par l'un des expérimentateurs et placée sur la table, une technique dont les tests ont montré qu'elle produit une distribution des faces du dé qui ne diffère pas significativement du hasard. L'orientation du dé dans la boîte était inconnue des expérimentateurs à ce moment. Geller notait alors le numéro de la face se trouvant

12. *Nature*, vol. 251, 18 octobre 1974.

au-dessus. [...] L'expérience fut réalisée dix fois. Geller s'abstint de répondre deux fois et donna une réponse les huit autres fois. Pour chacune de ces huit fois, sa réponse était exacte. La distribution des réponses consistait en trois 2, un 4 et deux 6. La probabilité d'obtenir ce résultat par le simple hasard est de 1 sur 1 million. »

Cette expérience mérite assurément de figurer en bonne place dans les annales de la parapsychologie scientifique, aux côtés de l'extraordinaire série de divination de cartes de Zener réussie par Pearce dans le laboratoire de Joseph Rhine. Pourtant, malgré son apparente rigueur, l'exposé de Targ et Puthoff souffre de regrettables lacunes : « On ne nous indique pas qui a secoué la boîte, où et quand le test a été exécuté, qui a observé les essais, combien de temps Geller a mis pour faire chaque conjecture, s'il avait ou non la permission de toucher la boîte, si, avant ou après, d'autres tests avec une boîte à dé ont été effectués avec Uri, ou si l'expérience a été enregistrée visuellement [13] », observe Martin Gardner, célèbre créateur de jeux mathématiques et membre fondateur du CSICOP.

Or, une enquête menée par Randi révéla que non seulement Geller avait touché la boîte, mais que c'était lui qui la secouait pour « randomiser » le dé, qu'il la tenait pendant qu'il se concentrait et que, au moins une fois, c'est lui qui l'ouvrit pour vérifier quelle face était apparente ! D'autre part, Targ et Puthoff mirent en circulation un film montrant leurs travaux avec Uri, mais Randi découvrit ensuite que ce film ne montrait pas les essais précis décrits dans *Nature*, mais une reconstitution de l'expérience faite après coup. Au total, estime Randi, « nous ne pouvons jamais savoir ce qui s'est vraiment passé dans la mêlée générale imposée par Geller à ces deux scientifiques plutôt naïfs [14] ».

Lors d'une célèbre émission de la télévision américaine où passait Uri Geller, le « Johnny Carson show », Randi fut consulté avant la diffusion. Il donna aux responsables de l'émission des conseils afin que les tours de Geller ne puissent plus marcher, sauf s'il possédait *réellement* un pouvoir paranormal. Résultat : Uri Geller ne réussit aucun de ses habituels exploits et se confondit en excuses, invoquant une baisse de forme. Comme on l'a vu dans l'introduction, Geller a aussi été confondu, en France, sur le plateau de Michel Polac, par Gérard Majax. La seule conclusion sensée qui résulte des interventions de Randi et de Majax est que même pour un sujet de la

---

13. Martin GARDNER, *The New Age. Notes of a Fringe Watcher*, Prometheus Books, Buffalo, New York, 1988.

14. James RANDI, « The role of conjurers in psi research », *in A Skeptic's Handbook of Parapsychology*, *op. cit.*

classe de Geller, la meilleure façon de plier en deux une cuiller consiste à conjuguer force psychique et force musculaire. Le don paranormal réside dans le talent du médium-illusionniste pour détourner l'attention des spectateurs du coup de pouce qu'il donne au destin – et au métal. Pour récompenser chaque année les plus habiles à ce petit jeu, Randi a créé le « prix Uri » dont le trophée est une petite cuiller tordue reposant sur un socle de plastique.

Le projet Alpha

Le coup le plus rude porté par le Stupéfiant aux pouvoirs psi fut le « projet Alpha », sur lequel Henri Broch livre des détails croustillants. En 1979, James McDonnell, président de la société d'aéronautique McDonnell-Douglas, fit une donation d'un demi-million de dollars à l'université Washington de Saint-Louis, Missouri, afin de financer la création d'un laboratoire d'études paranormales. Peter Phillips, un professeur de physique qui s'intéressait depuis de longues années à la question, prit la direction des opérations. Randi lui proposa ses services pour l'aider à démasquer d'éventuels imposteurs. Phillips ne voulut rien entendre. Il était assez grand pour se débrouiller tout seul. Il recruta par petites annonces deux jeunes sujets psi, Steven Shaw et Michael Edwards, et entreprit de les tester.

Shaw et Edwards se révélèrent extrêmement brillants. Ils lisaient par télépathie le contenu d'une enveloppe scellée, tordaient des tiges de métal sans les toucher, faisaient sauter les plombs par la seule puissance de leur pensée. Un jour, Steven changea l'image d'une caméra vidéo par une simple imposition des mains. Une autre fois, les expérimentateurs placèrent divers objets dans un aquarium retourné, cadenassé et boulonné à une table, le tout dans une pièce fermée à clé (les aquariums semblent jouer un grand rôle dans les recherches paranormales). Phillips prit les clés du cadenas et de la pièce et les attacha autour de son cou. Le lendemain, le personnel du laboratoire découvrit les objets contenus dans l'aquarium tordus, brisés, déplacés par les forces métapsychiques. Des signes cabalistiques avaient même été tracés sur une couche de café en poudre sur laquelle reposaient certains objets !

Ce que Phillips ignorait, c'est que Shaw et Edwards étaient deux prestidigitateurs complices du perfide Randi. L'opération, baptisée « projet Alpha », avait été montée par le Stupéfiant pour démontrer que des professionnels du trucage pouvaient duper des scientifiques. Phillips et ses collègues se méfiaient si peu qu'ils facilitèrent beaucoup la tâche des agents de Randi. Convaincus de l'authenticité des phénomènes, ils négligèrent des précautions élémentaires. Les enveloppes du test de télépathie n'étaient « scellées » que par des agrafes (on a vu à la leçon 3 comment Randi avait protégé l'enveloppe contenant les résultats codés des expériences menées dans le laboratoire de Benveniste). Shaw et Edwards n'avaient qu'à retirer délicatement les agrafes pour apercevoir d'un coup d'œil le dessin contenu dans l'enveloppe. En remettant les agrafes dans les trous originaux, la manœuvre ne laissait aucune trace.

Le coup de l'aquarium était encore plus gros. Les deux compères s'étaient arrangés pour qu'une fenêtre reste ouverte. Ils pénétrèrent nuitamment dans la pièce réputée inexpugnable, ouvrirent l'aquarium cadenassé et se livrèrent à leurs facéties habituelles.

Pendant près de quatre ans, Shaw et Edwards ne cessèrent de tricher au nez et à la barbe de Phillips, qui ne s'en aperçut jamais. Randi essaya de l'alerter en laissant filtrer des rumeurs sur le projet Alpha. Il envoya même à Phillips une bande vidéo où il expliquait comment obtenir de faux effets PK. Sur une autre bande, prise au laboratoire McDonnell, Randi montra à Phillips les moments où les sujets fraudaient. Ébranlé, Phillips n'en continua pas moins les expériences. Il n'est de pire sourd que celui qui ne veut pas voir.

Randi dévoila le pot aux roses début 1983. Même alors, certains parapsychologues se rabattirent sur un argument paradoxal : Shaw et Edwards mentaient lorsqu'ils prétendaient tricher ! Phillips, pour sa part, déclara dans une lettre à Randi qu'il avait « un grand respect pour la manière dont le projet Alpha avait été mené ». Mais, plus tard, il reprocha au Stupéfiant d'avoir fait pénétrer des brebis galeuses dans son laboratoire. Aux dernières nouvelles, les recherches continuent...

Les psirites à la rescousse

L'histoire du paranormal est un éternel recommencement. Depuis Eusapia Palladino, il a été confirmé de manière constante que les effets psi ne résistaient pas à l'examen d'un observateur qualifié. Et, corrélativement, leur intensité n'a cessé de diminuer. Même un parapsychologue comme John Beloff, que l'on ne peut soupçonner de scepticisme borné, admet que le surnaturel n'est plus ce qu'il était : « La dure réalité est qu'il n'y a plus de Palladino, écrit-il. Pour ce que j'en sais, au contraire, le phénomène de matérialisation peut être éteint et ne jamais réapparaître. Excepté dans les cas de *poltergeist*, nous ne pouvons même pas être sûrs qu'il existe encore des phénomènes forts [15]. » Ce triste constat n'a pas découragé les défenseurs des parasciences, qui poursuivent leurs travaux avec une détermination inversement proportionnelle à leurs résultats.

Ces dernières années, des programmes de recherche en parapsychologie se sont développés dans divers pays, notamment dans les universités d'Édimbourg en Écosse, de Fribourg en Allemagne, de Cambridge en Angleterre, d'Amsterdam aux Pays-Bas, d'Andhra en Inde ainsi que dans plusieurs grandes universités des États-Unis. À Édimbourg, il existe même une chaire de parapsychologie occupée actuellement par le professeur Robert Morris, dont le département a été nommé Koestler Parapsychology Unit (KPU), en hommage au célèbre écrivain, qui fut aussi un éminent parapsychologue. Signalons que le visiteur du site Internet de la KPU se voit invité à participer à une expérience de psychokinèse « à distance » baptisée « WebREG », qui consiste à tenter d'agir sur un « générateur d'événements aléatoires » électronique [16]. Vous cliquez sur le bouton « Go » et l'écran vous montre une photo du générateur, avec une injonction en haut de l'écran vous demandant d'augmenter ou au contraire de diminuer l'activité de l'appareil. Vous n'avez plus alors qu'à vous concentrer en cherchant à influencer le générateur pendant trente secondes. Les résultats obtenus par votre pouvoir psi apparaissent ensuite sur l'écran. On n'arrête pas le progrès, mais la Palladino n'avait pas besoin d'Internet pour communiquer avec les esprits !

Toutefois, une importante innovation a fait rebondir la discussion sur la parapsychologie scientifique : l'introduction dans le domaine psi de la mécanique quantique, la plus déconcertante des théories de la physique moderne, celle-là même qui, d'après Patrice van Eersel, le conteur fantastique d'*Actuel*, a ouvert une « brèche béante dans l'ancienne vision du monde ». Le colloque de Cordoue de 1979 (voir leçon 7) a scellé l'alliance inattendue entre les tables tournantes et la théorie qui décrit le comportement des particules élémentaires telles que l'électron ou le photon. L'histoire est en réalité plus ancienne. Elle remonte au moins à la 23e Conférence internationale sur les fondements de la parapsychologie, organisée à Genève en 1974. Lors de cette conférence se tint, à l'initiative d'Arthur Koestler – encore lui –, une table ronde, sinon tournante, sur les liens entre la mécanique quantique et le psi. Par une troublante coïncidence – mais en est-ce vraiment une ? –, la lettre grecque psi, chère aux tordeurs de petites cuillers, est utilisée en mécanique quantique où elle désigne la fonction d'onde d'une particule. Cette fonction d'onde décrit le

15. John BELOFF, *op. cit.*
16. L'adresse du site est http://moebius.psy.ed.ac.uk/js_index.html.

comportement de la particule en termes de probabilités. Evan Harris Walker, un « paraphysicien » de l'université Johns Hopkins, avait imaginé que les médiums et les sujets doués de pouvoirs spéciaux pouvaient, par la puissance de leur don, influencer la fonction psi de la physique quantique, de manière à agir sur les particules et à obtenir les effets psi des phénomènes paranormaux !

À Genève, Charles Panati, un écrivain supporter d'Uri Geller, raconta qu'il avait été très impressionné par une expérience de Targ et Puthoff, les deux physiciens qui avaient testé le médium israélien. Dans cette expérience, un autre sujet, Ingo Swann, avait réussi à « influencer » un magnétomètre. Devant une assistance enthousiaste, Evan Walker expliqua comment sa théorie pouvait rendre compte de la prouesse d'Ingo Swann. Il fut même envisagé d'organiser une conférence internationale où Ingo Swann réitérerait son exploit et prouverait ainsi la réalité de l'« effet psi quantique ». Puis Walker fit remarquer que la démonstration risquait d'être compromise par la présence de sceptiques qui influeraient aussi sur les fonctions d'onde, mais de manière à empêcher l'expérience d'aboutir. Russel Targ conclut par une formule mémorable : « Même si Geller marchait sur l'eau de Berkeley à San Francisco, les sceptiques diraient "Oh, c'est le vieux truc de la marche sur l'eau" [17]. »

Les sceptiques n'ont cependant pas empêché la théorie de Walker de faire son chemin, et de trouver le soutien d'autres physiciens, convaincus que la télépathie et la psychokinèse se déduisent des équations de la mécanique quantique. Suivant Jean-Marc Lévy-Leblond, physicien lui aussi mais opposé à de telles extrapolations, nous appellerons « psirites » ces nouveaux émules de William Crookes et de Joseph Rhine. Cousins des gourous de secours de la leçon 7, les psirites comptent dans leurs rangs des physiciens renommés, voire des prix Nobel comme l'Américain Brian Josephson, professeur à l'université de Cambridge, couronné en 1973 par le jury de Stockholm pour ses travaux sur la supraconductivité. À Cordoue, Josephson a exposé sa conception du « corps astral » qui s'étend à travers le temps et l'espace, ce qui est très pratique pour faire de la télépathie. Depuis, il a développé dans diverses publications l'idée que la conscience peut agir sur un système quantique de manière à permettre des interactions à distance. Formulées par un prix Nobel, de telles spéculations acquièrent une crédibilité qu'elles ne méritent pas forcément.

---

17. Cité par Martin GARDNER, « Parapsychology and quantum mechanics », *in A Skeptic's Handbook of Parapsychology*, *op. cit.*

Les psirites s'appuient sur la notion d'interdépendance entre l'observateur et ce qu'il observe, comme l'explique Frijtof Capra, le physicien taoïste : « Ma décision consciente concernant la façon d'observer [...] un électron, en employant mes instruments de telle ou telle manière, déterminera jusqu'à un certain point les propriétés de l'électron. Autrement dit, l'électron ne possède pas de propriétés indépendantes de mon esprit. En physique atomique, la nette coupure cartésienne entre l'esprit et la matière, entre le moi et le monde, n'a plus cours [18]. » Puisque l'observateur modifie la réalité observée, les phénomènes paranormaux existent. Si renversante que paraisse cette conclusion, les psirites estiment, à l'instar de Walker, que l'esprit peut agir directement sur une particule comme l'électron. À première vue, cela ne constitue pas un énorme progrès du point de vue de la psychokinèse. La masse d'un électron est inférieure à 1 gramme divisé par un milliard de milliards de milliards. Voilà qui pulvérise le facteur de 1 million mis en évidence par Henri Broch ! Avec une puissance psychokinétique aussi dérisoire, les statues de l'île de Pâques peuvent dormir sur leurs deux oreilles.

Oui, mais... L'effet psi quantique, si faible soit-il, ouvre la voie à une « théorie scientifique » du paranormal. N'oublions pas que les petites cuillers, les statues de l'île de Pâques et notre propre corps sont constitués de particules. Que la force spirituelle puisse en mouvoir une seule, et rien n'exclut qu'elle en déplace plusieurs, voire un nombre aussi élevé qu'on le désire. Après tout, il n'y a que le premier pas qui coûte.

Le Danois Richard Mattuck – professeur de physique à l'université de Copenhague – a élaboré une « théorie quantique de l'interaction entre la conscience et la matière ». Mattuck considère les effets paranormaux comme fermement établis. Il a d'ailleurs mené sa propre investigation dans le domaine de la psychokinèse : « J'ai trouvé au Danemark une jeune fille qui était capable de produire un effet d'apparente PK sur un thermomètre clinique dans des conditions raisonnablement bien contrôlées, écrit-il. Elle tint l'extrémité du thermomètre *à l'opposé* de la boule de mercure entre le bout de ses doigts sans le secouer et, après vingt minutes, la colonne de mercure s'était élevée de 36 °C à 40 °C. Je l'ai observée tout le temps, d'une distance d'un mètre. Le mercure monta de 1/20 de degré supplémentaire lorsqu'elle me rendit le thermomètre, en contraste avec la légère chute qui se produit toujours après la montée du

18. Frijtof CAPRA, *in Science et Conscience*, *op. cit.* Voir aussi, du même auteur, *Le Tao de la physique*, Sand, Paris, 1975.

mercure due à la chaleur, à une secousse ou à un autre traitement physique [19]. »

On n'ose imaginer ce qu'il serait advenu si la brûlante jeune fille avait utilisé le thermomètre selon la procédure habituelle… Reste que cette expérience torride semble un peu insuffisante pour conclure à l'action de l'esprit sur la matière. D'autres chercheurs, comme David Bohm (voir leçon 7), ont également contribué à la physique psirite. Pour Bohm, il existe un niveau « subquantique » où toutes les particules sont interconnectées, ce qui explique que notre esprit puisse agir sur elles – c'est l'idée de l'« univers-hologramme ». La théorie de Bohm est tout aussi hermétique que celle des autres psirites, et tout aussi dépourvue de bases expérimentales.

De son côté, le physicien français Olivier Costa de Beauregard, qui s'est converti au psiritisme après avoir été disciple de Louis de Broglie, a inventé la « télégraphie spatio-temporelle » : l'idée est d'utiliser le psi quantique pour envoyer des signaux dans le passé ou même dans le futur ! Cette perspective vertigineuse suscite le scepticisme de Jean-Marc Lévy-Leblond, qui compare les élucubrations de Costa de Beauregard à un numéro de music-hall : « Ce déplacement d'un discours scientifique hors de son contexte me rappelle […] un numéro d'imitation d'un genre particulier : l'artiste imitait les langues étrangères, raconte Lévy-Leblond [20]. Il était capable de parler plusieurs langues sans en utiliser aucun vrai mot ; il jouait uniquement du bruit, de la mélodie, des intonations. […] Là où cela devenait vraiment impressionnant, c'est lorsqu'il parlait français, car, alors, je reconnaissais parfaitement la langue, mais je me rendais compte également qu'il ne disait rien. Eh bien, des gens comme M. Costa de Beauregard, dans leurs discussions publiques sur la parapsychologie, utilisent ce genre de procédé : ils font le même bruit que s'ils "parlaient physique", et, pour un non-physicien, c'est indiscernable d'un véritable discours scientifique. »

Les psirites seraient-ils des Uri Geller du concept ? Voilà un tour auquel Randi lui-même n'avait pas pensé ! Pour en avoir le cœur net, intéressons-nous d'un peu plus près à cette fameuse mécanique quantique, en évitant toutefois de tomber dans la « brèche béante que la physique a ouverte dans l'ancienne vision du monde » !

---

19. Richard MATTUCK, *in Science et Conscience*, *op. cit.*

20. Cité dans un dossier de Michel EBERHARDT, « Les francs-tireurs de la physique moderne », *Science et Vie*, n° 750, mars 1980.

Un grain de folie dans la physique

La mécanique quantique est, avec la théorie de la relativité, l'un des deux piliers de la physique contemporaine. La relativité, le chef-d'œuvre d'Albert Einstein, décrit l'univers à grande échelle, celle des étoiles et des galaxies. La théorie quantique s'applique à l'échelle des particules élémentaires. Elle décrit la matière et la lumière dans leur intimité. Elle rend compte de la conduction du courant électrique dans un fil de cuivre, des propriétés isolantes du verre, des phénomènes de supraconduction ou du curieux comportement de l'hélium superfluide qui, à très basse température, est capable de grimper le long des parois d'un récipient et de s'écouler au dehors. Les applications quantiques peuplent notre environnement quotidien : le transistor, le laser, la télévision, le téléphone, le micro-ordinateur, l'hologramme ou une simple ampoule électrique sont, en un sens, des « machines quantiques ».

Malgré cette omniprésence, la physique quantique conserve un caractère déroutant, difficile à comprendre. Alors que la mécanique classique et même la relativité peuvent être illustrées par des images familières [21], les objets quantiques ne ressemblent à rien de ce que l'on voit dans le monde ordinaire. Un électron ou toute autre particule subatomique peut aller d'un point à un autre en passant par deux chemins à la fois ! Il peut franchir une « barrière d'atomes » sans effort, comme si un caillou lancé contre une vitre se retrouvait de l'autre côté en laissant la vitre intacte ! Surtout, son comportement est imprévisible. Lorsque vous jouez au billard, tout l'intérêt du jeu repose sur le fait que vous pouvez prévoir assez précisément la trajectoire de la boule que vous propulsez d'un coup de queue, de même que celle de la boule avec laquelle la vôtre entre en collision (du moins, si vous êtes un bon joueur). Imaginez maintenant que vous jouiez au billard avec des électrons : la prévision des trajectoires serait impossible et le jeu deviendrait une loterie. Après une collision, un électron repartirait dans n'importe quelle direction [22]. Tout ce que vous pourriez connaître, c'est la probabilité de telle ou telle trajectoire. À l'opposé de la physique classique à laquelle Laplace a donné sa forme la plus accomplie, la mécanique quantique est non déterministe. Dans le monde déterministe de Laplace, il suffit de connaître l'état d'un système à un instant T_0 pour prédire ce qu'il

21. Pour s'en convaincre, il suffit de lire le remarquable petit livre d'Albert EINSTEIN, *La Relativité*, *op. cit.*

22. J'emprunte cette comparaison au livre de Trinh Xuan THUAN, *Le Chaos et l'Harmonie*, Arthème Fayard, Paris, 1998 (réédité en « Folio essais », Gallimard).

sera à un instant T ultérieur [23]. Dans le monde quantique, cette belle ordonnance causale disparaît, et l'on ne peut qu'indiquer les probabilités que l'état du système soit X ou Y.

Ce n'est pas de gaîté de cœur que les physiciens ont abandonné les robustes certitudes déterministes du XIXe siècle. Ni par pure malice qu'ils ont créé cet univers de particules fantomatiques et douées d'ubiquité qui fait penser à *Alice au pays des merveilles*. C'est tout simplement parce qu'ils n'ont pas eu d'autre choix : ils se sont trouvés confrontés à une réalité qui ne se laissait pas enfermer dans une description déterministe. Les ennuis ont commencé avec l'apparition de la discontinuité dans le domaine de la lumière et des ondes électromagnétiques. Au XIXe siècle, un manichéisme rigide opposait la matière au rayonnement. La matière était faite d'atomes insécables et avait une structure discontinue. La lumière et le rayonnement en général étaient continus.

Au début du XXe siècle, le physicien allemand Max Planck et surtout Albert Einstein remirent en cause cette dualité. En 1900, Planck montra que, à l'échelle microscopique, l'énergie s'échangeait par « paquets », ou *quanta*, multiples d'une minuscule quantité élémentaire notée h et appelée constante de Planck – d'où le terme de physique *quantique*. En 1905, Einstein poussa un cran plus loin : le rayonnement lui-même était discontinu. La lumière n'était pas seulement une onde, elle était constituée de « grains » d'énergie, appelés plus tard les photons. Einstein put ainsi expliquer l'effet photoélectrique, incompréhensible dans la conception classique (cet effet est à l'œuvre dans les cellules photosensibles utilisées, par exemple, pour déclencher des portes automatiques). Signalons qu'Einstein reçut le prix Nobel en 1921 pour sa contribution à l'étude de l'effet

---

23. Soulignons ici que l'œuvre de Laplace a été mal comprise. Lorsque Laplace parle de « déterminisme universel », il s'agit pour lui d'un concept purement théorique. En pratique, estime Laplace, nous ne pouvons avoir de la nature qu'une connaissance partielle, qui impose de remplacer les prédictions par des probabilités. C'est d'ailleurs dans son *Essai philosophique sur les probabilités* que Laplace introduit le déterminisme universel : « Une intelligence qui pour un instant donné connaîtrait toutes les forces dont la nature est animée et la situation respective des êtres qui la composent, si d'ailleurs elle était assez vaste pour soumettre ces données à l'analyse, embrasserait dans la même formule les mouvements des plus grands corps de l'univers et ceux du plus léger atome : rien ne serait incertain pour elle et l'avenir, comme le passé, serait présent à ses yeux » (Christian Bourgois, Paris, 1986). Laplace parle ici d'une intelligence idéale, imaginaire, qui aurait une connaissance illimitée des « êtres qui composent la nature ». Comme l'observent Alan Sokal et Jacques Bricmont, « c'est inverser totalement le sens de son texte que d'imaginer qu'il espérait, lui, arriver à une connaissance parfaite, à une prédictibilité universelle, puisque le but de son essai était justement d'expliquer comment procéder en l'absence d'une telle connaissance, comme on le fait, entre autres, en physique statistique » (A. SOKAL et J. BRICMONT, *Impostures intellectuelles*, Odile Jacob, Paris, 1997).

photoélectrique et non pour la relativité, qui était encore très controversée. Mais les implications du travail d'Einstein dépassaient de loin l'effet photoélectrique et, à certains égards, on peut considérer que le père de la relativité est aussi le créateur de la mécanique quantique [24].

La troisième étape fut l'œuvre du Danois Niels Bohr. En 1913, Bohr modifia le modèle de l'atome planétaire de Rutherford, dans lequel les électrons orbitaient autour du noyau atomique comme dans un microscopique système solaire. Dans l'atome de Bohr, les électrons ne peuvent pas tourner sur n'importe quelle orbite ; ils sont obligés de se trouver sur l'une ou l'autre d'une série d'orbites bien déterminées qui se trouvent à des distances précises du noyau. Un électron peut sauter d'une orbite à une autre, mais en restant toujours dans la gamme des orbites associées à l'atome auquel il appartient. Ces orbites correspondent à des niveaux d'énergie : lorsqu'un électron saute d'une orbite éloignée à une plus proche, il passe à un niveau d'énergie plus bas et émet un grain de lumière, un photon ; à l'inverse, lorsque l'atome absorbe un photon, celui-ci donne à un électron l'énergie suffisante pour monter d'une orbite basse à une plus élevée. Le spectre lumineux d'un atome est ainsi déterminé par la répartition de ses orbites, autrement dit des niveaux d'énergie des électrons. L'atome de Bohr permet donc de comprendre pourquoi le spectre de l'hydrogène, par exemple, possède trois raies lumineuses, une rouge, une bleu-vert et une bleue. Chaque élément possède un arrangement de ce type, formé d'un ensemble de raies spectrales qui lui sont propres.

L'atome de Bohr avait introduit la discontinuité quantique dans le rayonnement de l'atome. En 1924, le Français Louis de Broglie émit l'idée, en quelque sorte symétrique de celle des quanta de lumière, que les particules matérielles pouvaient aussi se comporter comme des ondes. Ni tout à fait onde, ni tout à fait corpuscule, l'électron apparaissait comme un « objet du troisième type ». Puis, en 1926, l'Autrichien Erwin Schrödinger donna une base mathématique rigoureuse à l'intuition de Louis de Broglie. Il formula une équation fondamentale, qui porte aujourd'hui son nom, et qui régit le comportement de tout système quantique. C'est dans l'équation de Schrödinger qu'intervient la fonction d'onde associée à l'électron ou à toute autre particule, autrement dit la fameuse fonction psi. En termes non mathématiques, l'équation de Schrödinger décrit la manière dont l'onde d'une particule varie en fonction du temps.

24. Voir Stéphane DELIGEORGES (dir.), *Le Monde quantique*, Seuil/Sciences & Avenir, Paris, 1984.

Mais en quoi consiste précisément cette onde ? Les « ondes de matière » de Louis de Broglie ne ressemblent guère à des ondes classiques, telles que des ondes sonores ou des vagues à la surface de l'eau. Si l'on projette à grande vitesse un faisceau d'électrons contre un atome, le faisceau peut être décrit comme un paquet d'ondes. D'après l'équation de Schrödinger, lors de la collision, le paquet se brise en ondelettes qui partent dans toutes les directions. Or les électrons, eux, ne se brisent pas en mille morceaux. Les « ondes de matière » ne sont donc pas vraiment matérielles. Mais alors, que sont-elles ? Le physicien allemand Max Born résolut le problème en proposant une interprétation mathématique de la fonction d'onde : selon Born, l'onde d'une particule n'est pas une onde concrète ; c'est une quantité abstraite qui représente la probabilité que la particule se trouve en tel ou tel point (cette probabilité est proportionnelle au carré de la valeur de la fonction d'onde au point considéré).

L'équation de Schrödinger et son interprétation probabiliste par Born se révélèrent d'une redoutable efficacité opératoire. Grâce à ce puissant outil mathématique, les physiciens purent calculer les niveaux d'énergie des atomes et analyser la structure des molécules, en parfait accord avec les observations. Ce fut, selon Trinh Xuan Thuan, l'« âge d'or de la mécanique quantique ». Mais, si la théorie se révélait d'une grande valeur prédictive, elle posait aussi une série de difficultés conceptuelles, liées à l'utilisation des concepts classiques d'onde et de corpuscule dans ce contexte nouveau. De plus, cette théorie échappait au déterminisme classique, ce qui était déconcertant pour beaucoup de scientifiques. En 1927, un jeune physicien allemand, Werner Heisenberg, démontra qu'il était impossible de connaître simultanément la position et la vitesse d'une particule quantique. Lorsque vous conduisez une voiture, vous pouvez facilement savoir où vous êtes et cela ne vous empêche pas de connaître en même temps votre vitesse, en jetant un coup d'œil au compteur. Mais si vous observez un électron, vous ne pouvez pas déterminer sa position avec précision sans perturber son mouvement, si bien que vous ne pouvez plus connaître sa vitesse ; à peu près comme si, en voiture, vous ne pouviez pas lire les panneaux indicateurs sans donner un coup de frein, ce qui évidemment réduit votre vitesse. De même, pour mesurer la vitesse de l'électron, vous devez faire une expérience qui vous empêchera d'avoir une notion précise de sa position. Cette impossibilité de connaître l'état exact d'une particule quantique constitue le « principe d'indétermination de Heisenberg », également appelé « principe d'incertitude ». D'après ce principe, la précision avec laquelle on peut mesurer les paramètres d'une particule quantique est limitée par une quantité fixe égale à la constante de Planck divisée par 2 π. La constante de Planck marque donc une borne absolue à la connaissance que l'on peut avoir du monde quantique.

Qui plus est, l'indétermination quantique peut conduire à des paradoxes. Ainsi, considérons un électron qui évolue dans une région de l'espace. Sa fonction d'onde indique, pour chaque point, la probabilité que l'électron se trouve en ce point. Elle est « étalée » dans tout l'espace. Mais si l'on arrête l'électron sur un détecteur, c'est en un lieu précis qu'on le détectera. L'instant précédant l'observation, l'électron occupait virtuellement l'espace entier. Brusquement, il s'est réduit à un point. La fonction d'onde s'est « écroulée » : c'est ce que les physiciens appellent la « réduction du paquet d'ondes », tandis que les psirites parlent de « collapse du psi ».

Qu'est-ce qui provoque ce « collapse » ? Pour les psirites, le seul fait d'observer l'électron modifie son comportement : l'esprit de l'observateur agirait sur les propriétés des particules quantiques, et cet effet, maîtrisé par un sujet doué, pourrait plier à volonté les milliards de paquets d'ondes des particules qui constituent une petite cuiller…

N'y a-t-il d'autre choix que d'admettre cette interprétation plutôt chapeau pointu ? Même en physique classique, l'observation d'un phénomène peut influer sur son évolution : si je place un thermomètre très froid dans un verre d'eau, l'échange thermique entre l'appareil et l'eau prend un peu de chaleur au liquide, de sorte que la température indiquée sera un peu plus basse que ce que j'aurais dû trouver. Cela ne signifie pas que mon esprit agisse directement sur la température de l'eau ! Qui plus est, je peux concevoir un thermomètre qui provoque une perturbation négligeable. En physique quantique, l'affaire se corse, puisque même le meilleur appareil de mesure introduit une perturbation non négligeable, à cause du principe de Heisenberg. Doit-on pour autant accepter l'interprétation psirite ? La mécanique quantique est-elle la voie royale de la parapsychologie scientifique ?

Requiem pour un matou

Pour l'immense majorité des physiciens, les spéculations des psirites sont dépourvues du moindre fondement scientifique. L'idée d'une influence directe exercée par la pensée de l'expérimentateur sur les cadrans des instruments de mesure ne semble rien d'autre qu'une version modernisée de la table tournante du XIXe siècle. Du point de vue de l'homme de laboratoire, ce qui compte, c'est que les prédictions de la théorie soient en accord avec l'observation. Le reste relève de l'imaginaire.

Ce pragmatisme étroit heurte le sens commun, et le heurtait encore plus à l'époque des pionniers de la mécanique quantique. La physique classique donnait de la réalité une description abstraite, mais traduisible en termes intuitifs et transposable dans l'univers de l'expérience quotidienne. La théorie de la relativité, même si elle fut mal comprise au début, était un prolongement de la physique de Newton. Avec la mécanique quantique, les scientifiques s'étaient dotés d'un outil capable de décrire des objets inaccessibles aux sens et à l'intuition. Un peu comme si le calcul avait prolongé la pensée, de même que la lunette de Galilée avait prolongé le regard. Si une partie des physiciens s'enthousiasmait des succès de la nouvelle théorie, d'autres, comme Einstein, jugeaient que la physique avait pour objectif premier de rendre le monde compréhensible. Elle ne pouvait se limiter à des calculs, fussent-ils efficaces.

En 1927, se tint à Bruxelles le 5e « congrès Solvay », qui rassembla tous les physiciens importants du moment [25]. Niels Bohr présenta une conception appelée depuis l'« interprétation de Copenhague de la mécanique quantique », laquelle fut adoptée par la majorité de la communauté scientifique. Selon l'interprétation de Copenhague, il est vain de s'interroger sur ce qu'est la réalité en elle-même, indépendamment de l'observation : « Il n'y a pas de monde quantique, il n'y a qu'une description quantique abstraite, dit Bohr. Il est erroné de penser que l'objet de la physique est de montrer comment la nature *est*. La physique se rapporte à ce que nous pouvons *dire* à propos de la nature [26]. »

Albert Einstein et Erwin Schrödinger ne se satisfaisaient pas d'une telle vision. Pour eux, l'interprétation de Copenhague réduisait la physique à un ensemble de recettes mathématiques permettant de calculer les chances qu'un système quantique se trouve dans un état donné. Cette description probabiliste leur semblait insuffisante. Et elle entraînait des situations étranges, comme Schrödinger l'illustra avec son célèbre paradoxe du chat. Schrödinger imagina une « expérience de pensée » assez cruelle. Supposez que l'on enferme un chat dans une boîte étanche où se trouve une fiole remplie d'un poison volatil et mortel. Un marteau peut briser la fiole. Le marteau est commandé par un « interrupteur quantique » qui consiste en un système de leviers qui peut être déclenché par un atome radioactif

25. *Ibid.*

26. Cité par Max JAMMER, « Le paradoxe d'Einstein-Podolsky-Rosen », *La Recherche*, nº 111, mai 1980.

Lorsque l'atome émet un électron, l'interrupteur se déclenche et actionne le marteau qui casse la fiole, et le chat meurt empoisonné.

Le chat conserve d'appréciables chances de survie : l'émission peut se produire dans une seconde ou dans cent sept ans. Il n'y a aucun moyen de prédire le moment où elle aura lieu. On sait seulement que chaque valeur possible du délai d'émission possède une probabilité donnée par la fonction d'onde du système.

Vous caressez le chat, vous l'installez dans la boîte, vous fermez et vous allez faire un tour, en espérant que Brigitte Bardot ne soit pas au courant. Quand vous revenez une heure plus tard, qu'est-il advenu de l'animal ? La physique classique, comme le bon sens, suggèrent qu'il est soit mort, soit vif, selon que l'électron a ou non été émis pendant votre absence. D'un point de vue quantique, les choses sont beaucoup moins simples. Tant que vous n'avez pas ouvert la boîte, vous ne connaissez que la fonction d'onde, qui décrit un éventail de probabilités selon lesquelles l'émission a ou n'a pas eu lieu. Rien ne vous permet de trancher. Vous pouvez seulement dire que la boîte contient une superposition d'états chat vivant-chat mort. Bizarre, bizarre…

Mais si vous ouvrez la boîte, vous trouvez un chat ordinaire, mort ou vif. Comment est-on revenu de la mixture fantomatique décrite par la fonction d'onde à un matou plus conforme à la réalité quotidienne ? Selon l'interprétation de Copenhague, le fait d'ouvrir la boîte à réduit le paquet d'ondes ; quant au chat dans la boîte avant l'ouverture, il n'y a pas à s'en préoccuper. C'est un peu fort de café, mais « physiquement correct ». Il faut souligner aussi que l'interprétation de Copenhague ne prétend pas que l'observateur agit à volonté sur la réalité observée, mais seulement que l'on ne peut pas parler de réalité en dehors de la situation expérimentale. Dans la version psirite, l'observateur décide du sort du chat. Qui plus est, sa conscience agit directement sur les paramètres quantiques. Richard Mattuck affirme que « c'est l'interaction du système matériel et de la conscience qui provoque l'effondrement de la fonction d'onde [27] ». Par « système matériel », Mattuck entend l'ensemble formé par le chat, la boîte, la fiole de poison, le marteau et le dispositif déclencheur.

Problème : imaginez que l'on installe des caméras et une horloge dans la boîte. Le chat est filmé en permanence et l'on connaît l'heure exacte de chaque plan. Cette fois, vous laissez au chat une bonne ration d'eau et de nourriture et vous partez en vacances pour une semaine. Quand vous revenez, vous trouvez le chat mort. Le film

27. Richard MATTUCK, *in Science et Conscience*, *op. cit.*

indique que le décès de l'animal s'est produit 48 heures et 22 minutes avant l'ouverture de la boîte. Donc, si votre conscience et intervenue, elle n'a pu le faire qu'*après* le collapse du psi. Comment avez-vous pu agir sur le passé ? Mattuck et Costa de Beauregard répondent que l'interaction entre votre conscience et la fonction d'onde remonte dans le temps : une observation faite aujourd'hui à 10 heures provoque le collapse du psi deux jours plus tôt ! De plus en plus fort...

Einstein critique la théorie quantique

Comme de nombreux paradoxes, celui du chat de Schrödinger réside pour l'essentiel dans sa formulation. Le problème vient de ce que l'on cherche à établir un lien entre la description quantique et une représentation issue du sens commun. Un objet quantique ne peut tout simplement pas s'appréhender comme un objet ordinaire. Si l'on s'en tient à l'interprétation de Copenhague, même dans la version filmée, il n'y a pas à invoquer un quelconque effet de l'esprit sur la fonction d'onde. On peut résumer l'histoire en disant que le chat est victime d'une sorte de roulette russe. Sauf que le joueur de roulette russe peut savoir avant de tirer quel compartiment du barillet se trouve en face du percuteur. Le chat, lui, ne peut pas regarder le barillet quantique, et le comportement de ce dernier est par essence aléatoire (dans la roulette russe ordinaire, c'est la main du joueur qui détermine son sort en plaçant l'un des compartiments du barillet devant le percuteur).

Pour Einstein, le fait que la description quantique de l'univers soit probabiliste ne reflétait pas une propriété intrinsèque de la nature, mais un stade provisoire de la théorie. Il pensait que si l'on ne pouvait pas définir exactement l'état d'un électron, c'était parce que la théorie était incomplète. En 1931, il écrivit à Niels Bohr : « Je continue de croire que l'on en reviendra un jour à une description causale des phénomènes physiques – et ce, malgré toute l'admiration que j'ai pour les performances de la théorie statistique [28]. » En 1935, Einstein résuma ses critiques dans un article qui prolongeait l'histoire du chat de Schrödinger, et qu'il rédigea avec ses amis Boris Podolsky et Nathan Rosen. L'argument développé dans cet article est connu sous le nom de « paradoxe EPR », d'après les initiales des auteurs.

28. Albert EINSTEIN, *Œuvres choisies*, tome 1, *Quanta*, Seuil/CNRS, Paris, 1989.

Einstein considère un système formé de deux particules quantiques, A et B, qui se trouvent en interaction jusqu'à un instant T, à partir duquel elles se séparent et n'ont plus aucun lien entre elles. Une telle situation se produit lorsqu'un atome est « excité » par l'absorption de rayonnement, ce qui se traduit par le fait qu'un électron est passé d'un niveau d'énergie à un niveau supérieur ; le retour à l'état stable peut se faire en deux étapes, c'est-à-dire que l'électron revient à son niveau d'énergie initial en passant par un niveau intermédiaire ; l'atome émet alors une paire de photons « en cascade ». Ces photons « jumeaux » sont liés au départ, puis ils se séparent et partent chacun dans une direction. Une fonction d'onde unique leur est associée. L'état de chaque particule peut être caractérisé par sa position et sa vitesse ou un autre paramètre appelé le « moment » de la particule. Le moment est lié à la vitesse et, comme elle, ne peut être déterminé en même temps que la position, en vertu du principe de Heisenberg.

Supposons que, à un instant T' postérieur à T, on mesure le moment de A. Sans faire aucune autre mesure, la fonction d'onde permet d'en déduire le moment de B. De même, si l'on mesure la position de A, la fonction d'onde permet de prédire la position de B. Pour Einstein, cela signifie que le moment et la position de B correspondent à deux grandeurs physiques réelles. En effet, écrivent Einstein, Podolsky et Rosen, « *si, sans perturber le système en aucune façon, nous pouvons prédire avec certitude [...] la valeur d'une grandeur physique, alors il existe un élément de la réalité physique correspondant à cette grandeur physique*[29] ». Comme la particule B n'a pas été perturbée par les mesures faites sur A, il doit exister un élément de réalité physique correspondant à sa position et un autre à son moment. Mais, d'après le principe de Heisenberg, ces deux grandeurs ne peuvent pas avoir de réalité simultanée. Or, selon nos auteurs, pour que l'on puisse parler de théorie complète, « *chaque élément de la réalité physique doit avoir un correspondant dans la théorie physique* ». Conclusion : « La description de la réalité physique donnée par une fonction d'onde n'est pas complète. »

L'argument réside essentiellement dans le sens qu'Einstein attribue au mot « réalité » en physique. Le point de vue de Bohr est opposé. Pour lui, raisonner sur des grandeurs que l'on ne peut mesurer ne relève pas de la physique, mais de la métaphysique. Pourtant, la position d'Einstein se rapproche plus du sens commun que celle de Bohr. Si un arbre tombe dans la forêt, il fait du bruit, même si personne n'est là pour l'entendre. C'est ainsi que raisonne Einstein.

---

29. *Ibid.* (souligné par les auteurs).

Bohr soutient, lui, qu'on ne peut parler que de bruits qui ont été écoutés. Cela paraît farfelu, mais le monde quantique est farfelu. Il rompt avec le sens commun. Einstein a toujours répugné à cette rupture. Pour lui, l'interprétation de Copenhague est une construction *ad hoc*, qui recouvre d'un voile rhétorique notre imparfaite connaissance de la réalité. C'est ce qu'exprime sa célèbre boutade : « Dieu ne joue pas aux dés. » Pourtant, il ne semble pas que l'histoire ait donné raison à Einstein. Jusqu'à nouvel ordre, la description probabiliste des phénomènes quantiques est correcte et ne peut être transformée en une description déterministe.

Certains physiciens, comme Louis de Broglie et à sa suite Jean-Pierre Vigier, ou dans un autre registre David Bohm, ont considéré comme Einstein que la théorie quantique était incomplète. Louis de Broglie a introduit l'idée de « variables cachées » qui détermineraient entièrement l'état d'une particule quantique, mais qui seraient inaccessibles à l'expérience. Einstein ne fut jamais très favorable à l'hypothèse de ces variables fantômes, qu'il jugeait naïve. Comme on ne pouvait les détecter, la communauté scientifique s'en désintéressa. Avec ou sans variables cachées, le comportement d'une particule aurait été le même. Dès lors, à quoi bon s'en préoccuper ?

Puis, en 1964, un physicien irlandais, John Bell, démontra que, dans certaines conditions expérimentales, les résultats observés ne seraient pas les mêmes selon que les variables cachées existaient ou non…

La télépathie des photons jumeaux

À la suite des travaux de Bell, plusieurs expériences ont été menées pour tester l'hypothèse des variables cachées. La plus sophistiquée et la plus célèbre a été réalisée entre 1975 et 1981 par le Français Alain Aspect, de l'Institut d'optique d'Orsay. Nous en donnons ici une description schématique [30]. Toutefois, comme ce passage n'est pas indispensable à la compréhension du raisonnement d'ensemble, le lecteur peu friand de détails techniques peut se reporter directement à la section suivante.

Au cœur du dispositif d'Alain Aspect se trouve un cylindre où l'on a fait le vide. On y injecte des atomes de calcium. Excités par des faisceaux laser, les atomes émettent des paires de photons jumeaux, corrélés au départ, comme dans le paradoxe EPR. Les photons sont

30. Pour en savoir plus, voir Sven ORTOLI et Jean-Pierre PHARABOD, *Le Cantique des quantiques*, La Découverte, Paris, 1984.

émis dans toutes les directions, mais les deux jumeaux d'une même paire partent toujours en sens opposés. De part et d'autre du cylindre sont disposés deux tubes conduisant à des polariseurs, appareils qui, comme leur nom l'indique, mesurent la polarisation des photons. Il y a quatre polariseurs, deux au bout de chaque tube. Sur la myriade de paires de photons émis, un certain nombre s'engagent dans les tubes et parviennent à l'un ou l'autre des polariseurs, selon une répartition complètement aléatoire.

Chaque fois qu'un photon aboutit à un polariseur, le résultat de la mesure est enregistré. La polarisation peut être mesurée le long de trois axes, que nous appelons A, B et C. Elle peut être positive ou négative. Si un photon a une polarisation positive le long d'un axe, son jumeau a obligatoirement une polarisation négative sur le même axe. Par exemple, si un photon donne la mesure A_+, son jumeau donne A_-. Les polariseurs sont réglés de telle manière que les deux qui se trouvent au bout d'un des tubes, disons le tube de gauche, ne détectent que les photons A_+ ou B_+. Les polariseurs qui se trouvent au bout du tube de droite détectent, eux, les photons B_- ou C_-. L'expérience consiste alors à comptabiliser les résultats des paires de photons jumeaux qui aboutissent aux polariseurs, en utilisant le fait que les polarisations de deux jumeaux sont opposées. Ainsi, si un photon arrive sur le polariseur A_+ et que son jumeau arrive sur le polariseur B_-, on sait que le premier photon est $A_+ B_+$ et le second $A_- B_-$.

Le point crucial est que, d'après Bell, s'il existe des variables cachées, cela impose qu'une certaine relation soit vérifiée entre les différentes mesures. Plus précisément, une inégalité doit être vérifiée : le nombre de paires $A_+ B_+$ doit être plus petit que le nombre de paires $A_+ C_+$ additionné du nombre de paires $B_+ C_+$. Cela se note : $n(A_+ B_+) \leqslant n(A_+ C_+) + n(B_+ C_+)$. Cette relation s'appelle l'inégalité de Bell.

Cela peut paraître un peu compliqué. Mais il suffit, pour suivre le raisonnement, de retenir que s'il y a des variables cachées, l'inégalité de Bell doit être respectée. Or, la mécanique quantique prédit que dans certaines conditions, l'inégalité sera violée. Et c'est aussi ce qu'a vérifié Alain Aspect, en accord avec les expériences du même type précédemment réalisées. Par conséquent, il n'y a pas de variables cachées. Du moins si l'on admet, comme dans le paradoxe EPR, que les photons jumeaux, une fois séparés, n'ont plus de relation entre eux.

La version psirite de l'histoire postule, elle, que les photons communiquent entre eux après leur séparation : le photon qui parvient sur un polariseur est « sensible » à ce qui arrive à son jumeau, et peut ainsi « ajuster » sa polarisation ; et les ajustements opérés aboutissent à violer l'inégalité de Bell. Mais comment les photons communiquent-ils ? Il faut supposer qu'ils peuvent échanger un signal transportant de l'information. L'ennui, c'est que les deux tubes d'Aspect sont distants de plusieurs mètres. Ce n'est pas énorme mais, en l'occurrence, c'est comme s'ils étaient aussi éloignés que Paris et New York. De plus, Aspect a introduit dans son dispositif une astuce supplémentaire : au bout de chaque tube, à l'endroit où le photon est aiguillé vers l'un ou l'autre des deux polariseurs, se trouve l'équivalent d'un aiguillage, lequel fonctionne de manière aléatoire ; c'est-à-dire que, en une infime fraction de seconde et de manière totalement imprévisible, le photon est envoyé sur l'un ou l'autre polariseur. Dès lors, pour que le photon puisse « prévenir » son jumeau de ce qui lui arrive, et le faire en temps utile, il devrait envoyer un signal circulant à une vitesse supérieure à celle de la lumière. Or, en physique, aucun signal transportant de l'information ne peut aller plus vite que la lumière. Abandonner ce principe reviendrait à jeter par-dessus bord la relativité et la théorie quantique, et l'on peut alors aussi bien laisser tomber toute la discussion. Par conséquent, dans le dispositif d'Aspect, aucune « télépathie » entre photons jumeaux ne peut « sauver » les variables cachées. Force est de conclure que les photons ne communiquent pas et que les prédictions de la théorie quantique sont correctes.

Alain Aspect, un nouveau Tex Avery ?

L'expérience d'Aspect a donc démontré que, bien qu'il n'existe pas de variables cachées, certaines caractéristiques des photons jumeaux sont « corrélées » entre elles, et cela quelle que soit la distance qui sépare ces photons. Cela signifie que les phénomènes quantiques sont, dans une certaine mesure, « non locaux » : les photons jumeaux ne se comportent pas comme s'ils étaient vraiment séparés. Cela ne signifie pas pour autant qu'une mystérieuse influence se propage de l'un à l'autre, mais qu'on ne peut pas se les représenter comme deux objets distincts dont l'un se trouverait à Paris et l'autre à New York. Ils forment un ensemble « non séparable ». Cette « non-séparabilité » est troublante, si l'on assimile les photons aux objets de notre monde quotidien. La seule manière de sortir du trouble consiste à admettre une fois pour toutes que le monde quantique a ses règles propres et qu'il est vain de chercher à les interpréter en termes conformes au sens commun et à l'intuition courante. Un photon ou un électron ne sont pas de minuscules boules de billard. Ils sont *autre chose*.

Les psirites ne se résignent pas à cette limitation de la pensée. Ainsi, la théorie de l'« ordre impliqué » de David Bohm tente de résoudre les paradoxes de la non-séparabilité en expliquant qu'un mystérieux milieu relie les particules à un niveau « subquantique ». Mais cette explication ne fait qu'embrouiller la situation. L'ordre impliqué ne peut être testé expérimentalement ; il relève, comme d'autres spéculations sur la nature profonde des électrons et des protons, de la métaphysique, voire de la pataphysique. Mais il attire les partisans du paranormal, comme le soulignent John Briggs et David Peat dans *L'Univers miroir*, un livre rafraîchissant par son absence délibérée du moindre souci d'exactitude scientifique : « Bien que Bohm demeure plus ou moins en désaccord avec ses collègues, écrivent nos auteurs, sa théorie a donné une impulsion considérable à une certaine branche de la recherche : le paranormal. [...] Le concept d'un ordre implicite non local [...] semble fait sur mesure pour l'étude des réalités métapsychiques et de la perception extrasensorielle [31]. » Selon Briggs et Peat, David Bohm aurait participé à des expériences avec Uri Geller, mais affirmerait que ce genre de manip court un « risque d'auto-illusion ». On ne saurait mieux dire.

Quant à la théorie psirite d'Olivier Costa de Beauregard, elle affirme que l'on peut « télégraphier indirectement dans l'ailleurs en prenant un relais soit dans le passé soit dans le futur [32] ». Ce zig-zag spatio-temporel évoque les *cartoons* de Tex Avery, où l'on voit deux personnages se poursuivre à toute vitesse, dépasser le panneau « fin », et « rentrer dans le dessin » en freinant des quatre fers.

Si l'on intègre l'observateur et la réduction du paquet d'ondes, on obtient des scénarios encore plus échevelés. La conscience de l'observateur provoque le collapse du psi ? C'est comme si vous étiez en train de regarder sur l'écran le lapin de Tex Avery, et que vous vous retrouviez soudain à l'intérieur du dessin, poursuivi par un ours furieux. Avec l'expérience d'Aspect, qui met en jeu deux mesures et donc deux observateurs, ça se corse encore davantage : un ours projeté à Londres vous poursuit dans un cinéma parisien, tandis que le lapin discute tranquillement avec le projectionniste du film londonien. Mais le monde réel est-il fait comme un dessin de Tex Avery ?

---

31. John BRIGGS et David PEAT, *op. cit.*
32. Olivier COSTA DE BEAUREGARD, *in Science et Conscience*, *op. cit.*

À la poursuite de l'écureuil fou

Dans l'un de ses meilleurs *cartoons*, Tex Avery met en scène un écureuil fou poursuivi par un chien « attrapeur d'écureuils fous ». Jusque-là, rien que de normal, mais voici que l'écureuil, sur le point d'être attrapé, se dédouble en deux écureuils identiques qui partent chacun dans une direction. Le chien a un moment de stupeur, puis se dédouble à son tour, de sorte que l'on a maintenant deux chiens poursuivant deux écureuils. À la fin, les deux branches se rejoignent et tout s'arrange.

On pourrait aussi imaginer que les branches ne se rejoignent pas : c'est la théorie des univers parallèles, la plus audacieuse des solutions échafaudées pour résoudre les paradoxes de la mécanique quantique. Les promoteurs de cette théorie, les physiciens américains Everett, Graham, Wheeler et DeWitt, imaginent qu'il n'y a tout simplement pas de réduction du paquet d'ondes : lorsque vous ouvrez la boîte du chat de Schrödinger, l'univers se scinde en deux branches. Dans l'une, le chat est mort ; dans l'autre, il ronronne paisiblement. À partir de la bifurcation, chaque branche poursuit son déroulement, sans interférer avec l'autre.

Bien que cette idée paraisse plus démente que toutes les autres réunies, elle offre des avantages. Elle est compatible avec la théorie quantique. Et elle ne nécessite pas de pratiquer la restriction mentale imposée par l'interprétation de Copenhague. Selon cette dernière, l'observateur est en quelque sorte obligé de choisir la branche temporelle où le chat est mort. « C'est une sorte de tricherie pour éviter la branche où le chat est vivant, estime le physicien Marcel Froissart. L'observateur ne peut pas être transcendant. Il faut bien qu'il fasse partie de la réalité qu'il observe. Si le chat est mort, cela veut dire que l'observateur est dans la branche de temps où le chat est mort. »

Cette conception n'implique ni voyage dans le temps ni effets paranormaux. Notre perception est structurée de telle manière que nous ne pouvons vivre qu'une histoire. La mémoire ne se souvient que de son passé. Nous avançons sur l'axe temporel comme un train sur ses rails. Le train peut changer de voie en franchissant un aiguillage, mais le même train ne peut circuler sur deux voies. Vous ne pouvez pas retourner soixante ans en arrière pour tuer votre grand-père avant qu'il ait conçu votre père… Cela reviendrait à scier la branche de temps sur laquelle vous êtes assis.

La théorie de l'univers en branches a le mérite de nous débarrasser de quelques paradoxes gênants. Sa principale limite est qu'elle ne peut être testée, puisque aucun observateur ne peut se trouver simultanément sur deux branches temporelles. Qui plus est, elle ouvre des perspectives inquiétantes. À l'heure actuelle, il existe peut-être un autre univers où Rika Zaraï a reçu le prix Nobel de médecine pour avoir découvert le remède miracle contre les hémorroïdes [33]. Tout compte fait, je préfère m'en tenir à un seul univers, même si cela pose quelques difficultés conceptuelles.

Hasard, causalité et magie

L'une de ces difficultés est le caractère probabiliste de la théorie quantique. Beaucoup de gens, physiciens ou non, ont du mal à accepter qu'un événement soit le pur produit du hasard. « Il n'y a pas de hasard », aimons-nous à répéter. Et pour les partisans du paranormal, la plus innocente coïncidence est interprétée comme le signe qu'une force mystérieuse est à l'œuvre. Si ce mode de pensée est si tenace, ce n'est pas seulement parce que les gens sont prêts à croire n'importe quoi. C'est parce que la pensée humaine tend spontanément à rechercher des causes et des explications. Albert Einstein lui-même jugeait que la meilleure théorie statistique ne valait pas une explication causale. Cela dit, Einstein n'aurait pas fait l'erreur de substituer une fausse explication causale à une théorie probabiliste correcte.

C'est ce que font les psirites. À leur manière, ils réhabilitent la vieille pensée magique des sociétés traditionnelles. On croit souvent que la science explique plus de phénomènes que les systèmes de pensée magique qui l'ont précédée. Mais ce n'est vrai que dans les domaines soigneusement délimités où il existe une explication scientifique. À l'inverse, considérée globalement, la science aurait plutôt tendance à se montrer plus parcimonieuse en explications que la pensée magique. Le progrès scientifique consiste souvent, non pas à démontrer qu'un phénomène A est la cause d'un phénomène B, mais à établir qu'il n'y a pas de lien causal entre A et B. Dans *La Pensée sauvage*, Claude Lévi-Strauss observe que les peuples traditionnels manifestent une volonté d'inventorier systématiquement tous les rapports possibles entre les phénomènes observés, et le font parfois avec succès, comme dans l'exemple des Indiens Blackfoot « qui diagnostiquaient l'approche du printemps d'après l'état de développement des fœtus de bison extraits du ventre des femelles tuées à la chasse [34] ».

33. *No comment.*
34. Claude LÉVI-STRAUSS, *La Pensée sauvage*, Plon, Paris, 1962.

Pourquoi de telles réussites coexistent-elles avec des rapprochements que la science juge illusoires, telle cette pratique iakoute consistant à soigner les maux de dents par des attouchements avec un bec de pic ? N'est-ce pas, interroge Lévi-Strauss, que « la pensée magique, cette "gigantesque variation sur le principe de causalité", [...] se distingue moins de la science par l'ignorance ou le dédain du déterminisme que par une exigence de déterminisme encore plus impérieuse et plus intransigeante, et que la science peut, tout au plus, juger déraisonnable et précipitée » ? Pour Lévi-Strauss, la pensée scientifique serait, en quelque sorte, une pensée magique disciplinée : « Entre magie et science, la différence première serait donc, de ce point de vue, que l'une postule un déterminisme global et intégral, tandis que l'autre opère en distinguant des niveaux dont certains, seulement, admettent des formes de déterminisme tenues pour inapplicables à d'autres niveaux, écrit notre auteur. Mais ne pourrait-on aller plus loin, et considérer la rigueur et la précision dont témoignent la pensée magique et les pratiques rituelles, comme traduisant une appréhension inconsciente de la *vérité du déterminisme* en tant que mode d'existence des phénomènes scientifiques, de sorte que le déterminisme serait globalement *soupçonné et joué*, avant d'être *connu* et *respecté* ? Les rites et les croyances apparaîtraient alors comme autant d'expressions d'un acte de foi en une science encore à naître. »

En suivant l'idée de Lévi-Strauss, on pourrait dire que la physique classique a installé ce déterminisme « connu et respecté », dont Laplace a proclamé l'apothéose. Mais, si puissant que soit le déterminisme laplacien, il opère les distinctions de niveaux dont parle Lévi-Strauss : tout ne peut pas agir sur tout ; on n'est plus dans un système holiste. L'étape suivante, celle de la physique probabiliste des quanta, ne jette pas le déterminisme aux orties, elle lui impose des contraintes encore plus sévères que celles de la physique classique : les états des particules ne sont pas déterminés, mais les fonctions d'onde, elles, le sont. Le déterminisme quantique s'exerce, en quelque sorte, au second degré, non sur les objets eux-mêmes, mais sur la fonction mathématique abstraite qui décrit leur comportement.

Le progrès des sciences a donc procédé par degrés d'abstraction successifs, du déterminisme « boulimique » de la pensée magique au « déterminisme maigre » de la physique quantique. Le gain, à chaque étape, est une théorie qui « prolonge le regard de la pensée » au-delà de l'intuition et du sens commun. Ce progrès permet de saisir des aspects de la réalité de plus en plus éloignés de la perception sensible, grâce à l'emploi d'outils conceptuels sophistiqués. La puissance ainsi acquise ne l'a été qu'en abandonnant les explications causales simples de la pensée magique. En ce sens, la démarche scientifique exige une ascèse de l'esprit qui nous éloigne de nos schémas mentaux familiers, ceux que nous utilisons pour décrire notre univers quotidien. Même si cette dichotomie est inconfortable, il est impossible de l'éviter, sauf à renoncer à la science elle-même. Notre esprit aura toujours une préférence pour les formes de pensée qu'il appréhende le plus aisément. Mais la justesse d'une idée ne se mesure pas au nombre de personnes qui la jugent séduisante.

Retour à la Terre plate

La principale illusion des psirites est de croire que leur recherche peut déboucher sur une nouveauté. Capra, Costa de Beauregard, Josephson ou Mattuck ne font que recouvrir de vieilles lubies d'un habillage d'apparence scientifique, comme l'illustre ce jugement de Martin Gardner sur Evan Walker : « Pour des lecteurs non familiers avec la mécanique quantique, les articles de Walker semblent très impressionnants parce qu'ils fourmillent d'équations et de jargon scientifique que seul un physicien comprend, écrit-il. Mais quand on le traduit et que l'on découvre exactement ce qu'il dit, sa "théorie" se révèle une collection de vœux pieux. *Si* notre esprit opère par sauts quantiques, *si* toutes les parties de l'univers sont connectées à un niveau subquantique, *si* la volonté humaine peut modifier les paquets d'ondes d'objets distants, et *si* nous pouvons modifier les paquets pour produire les états désirés, alors nous avons une "explication" de comment Uri Geller peut tordre une cuiller. Ceci n'est pas une théorie ; c'est une caricature de théorie [35]. »

Nul besoin d'invoquer la fonction d'onde pour expliquer les torsions de petites cuillers ou les tours de Nina Koulaguina, la femme qui séparait le jaune d'œuf du blanc par la force de son mental. Et ce n'est pas parce que les photons jumeaux sont « non séparables » que nous pouvons, nous, télégraphier à Charlemagne ! Ou que nous avons conservé les souvenirs de l'homme de Cro-Magnon.

Les étrangetés quantiques, si déconcertantes soient-elles, ne sont pas perceptibles de manière immédiate. Elles sont très difficiles à mettre en évidence. L'humanité a vécu jusqu'au XXe siècle sans réaliser que la lumière était discontinue et que les photons pouvaient former des paires « non locales ». Il est naïf de croire que ces propriétés subtiles peuvent être mises en évidence par des expériences aussi bébêtes que celles des spécialistes du paranormal ou par

35. Martin GARDNER, *op. cit.*

les pitreries d'Uri Geller. Comme le souligne Marcel Froissart, « il faut se lever de très bonne heure pour mettre en évidence la non-séparabilité et la violation des inégalités de Bell ».

En physique, tout est affaire de mesure. Un promeneur qui marche dans la Beauce peut admettre que la Terre est plate. En toute rigueur, elle est ronde. Mais il serait absurde de tenir compte de la rotondité de la planète pour choisir le meilleur itinéraire entre Chartres et Lucé. Pourtant, à une autre échelle, l'astronaute en orbite qui contemple notre globe ne peut ignorer sa courbure.

Le petit grain de folie introduit dans la physique par la constante de Planck n'affecte pas notre existence quotidienne. Le jour où le lapin de Tex Avery sortira de son dessin pour venir nous serrer la pince, on pourra prendre au sérieux les psirites. En attendant, il est plus sage de faire, dans la vie de tous les jours, comme si la Terre était plate et comme si la constante de Planck était égale à zéro.

Exercices

1. Inventez une machine permettant d'accroître la constante de Planck de manière à ce que les phénomènes se déroulant à notre échelle obéissent aux lois facétieuses de la mécanique quantique (la vraie constante est égale à $6{,}626 \times 10^{-27}$).
Remarque : cette idée fournit la trame d'un très amusant roman de science-fiction, *Maître de l'espace et du temps*, de Rudy Rucker [36].

2. Si vous ne savez pas comment réaliser cette machine, utilisez le télégraphe spatio-temporel de Costa de Beauregard. Envoyez un message dans le futur, à une époque où la machine est *déjà* construite ; cherchez l'adresse du constructeur, trouvez un complice et demandez-lui de vous envoyer les plans par le même canal. Ensuite, brevetez la machine et faites-la construire.
Remarque : cet exercice est un casse-tête juridique. *A priori*, vous n'avez pas le droit de breveter une machine dont vous n'êtes pas l'inventeur ; d'un autre côté, votre brevet serait forcément déposé avant celui des vrais inventeurs, ce qui vous donne la priorité ; maintenant, que se passe-t-il si un tiers larron essaie de vous devancer ? Bref, comment protéger un brevet sur une invention qui *n'est pas encore faite* ? Rassurez-vous, il y a sûrement un avocat américain qui connaît la solution.

3. Ce type de paradoxe temporel peut-il se produire dans la théorie de l'univers en branches de Graham et DeWitt ? Si vous avez répondu oui, relisez cette leçon.

36. Rudy RUCKER, *Maître de l'espace et du temps*, Denoël, Paris, 1986.

Leçon 9

Des pièges du langage, tu abuseras

« Groucho n'était pas sorti de l'enfance qu'il était déjà le professeur de ses frères ; et il n'était pas encore très fort sur l'orthographe, qu'il réussissait déjà à aborder la géographie de façon originale.

« Lorsqu'il demanda à Harpo quelle était la forme de la Terre, Harpo (qui ne s'était pas encore tourné exclusivement vers la pantomime) lui répondit avec candeur qu'il ne savait pas. Sur quoi Groucho essaya de lui suggérer la réponse : “Voyons, lui demanda-t-il, quelle est la forme de mes boutons de manchettes ?

« — Carrée, dit Harpo.

« — Je veux dire les boutons de manchettes que je porte le dimanche, pas ceux de tous les jours ? Hein ? Alors, quelle est la forme de la Terre ?

« — Ronde le dimanche, carrée les jours de semaine”, répondit Harpo qui, peu de temps après, se vouait professionnellement au silence [1]. »

L'épistémologie selon Harpo

Cette anecdote est extraite de l'introduction rédigée par Arthur Sheekman à la *Correspondance de Groucho Marx*, ouvrage de haute tenue morale et philosophique que l'on peut recommander à tout être

1. *Correspondance de Groucho Marx*, Simon & Schuster, New York, 1967 ; traduit de l'américain par Claude PORTAIL avec Harry MATHEWS, Champ libre, Paris, 1971.

humain digne de ce nom, et même aux autres. Sheekman a l'air de sous-entendre qu'après avoir proféré une telle perle, Harpo n'avait rien de mieux à faire que de la fermer une fois pour toutes. C'est très injuste. En vérité, Harpo mériterait le titre de docteur *honoris causa* de l'université internationale des cancres, voire le prix Nobel d'épistémologie, pour avoir mis en évidence ce problème capital : la plus élémentaire des notions scientifiques ne peut être acquise sans un processus d'abstraction, sans une rupture avec la connaissance intuitive, immédiate. Cette rupture doit s'effectuer à la fois sur le plan de la représentation mentale, du concept, et sur celui du langage, des mots et des symboles utilisés pour exprimer le concept. Les deux aspects sont liés mais distincts, comme l'illustre l'erreur particulièrement riche de Harpo. D'abord, il ne sait vraiment pas à quoi peut bien ressembler cette fichue planète. Mais il ne sait pas non plus qu'on ne traite pas les planètes comme les mots, que notre globe ne change pas de forme comme Groucho change de boutons de manchettes.

Pourtant, Harpo n'est pas réduit au silence. Sommé de répondre, il produit un énoncé signifiant, bien que manifestement faux. Le sens réside ici dans la cohérence du discours, non dans la concordance entre le discours et la réalité. Pour faire sens, une phrase de la langue ordinaire n'a pas besoin d'être en adéquation avec la réalité, en l'occurrence avec les contraintes de la géophysique. La langue n'a d'autre obligation que d'être intelligible. Or, le discours de Harpo est parfaitement intelligible, même s'il est fantaisiste. On pourrait imaginer un conte qui commencerait par « Il était une fois une planète qu'on appelait la Terre, qui était carrée pendant la semaine, et devenait ronde tous les dimanches matin »…

Bien sûr, s'il s'agit de décrire de manière réaliste la géométrie de notre planète, cela devient une autre paire de manchettes. D'abord, il faut préciser de quel point de vue l'on se place. Comme on l'a souligné dans la leçon précédente, le promeneur qui marche dans la Beauce peut considérer, en pratique, que la Terre est plate. Le navigateur qui se trouve dans le Pacifique, par temps calme et sous un ciel dégagé, voit l'océan comme un immense disque bleu encerclé par l'horizon. Pendant des millénaires, on s'est représenté la surface de notre planète comme un plan ou une figure plane, ce qui n'a pas empêché les humains de voyager aux quatre coins du monde.

Pour le physicien américain Banesh Hoffmann, passer de la Terre plate à la Terre ronde nécessite un saut conceptuel aussi important que passer de la physique classique à la quantique : « Quand [les hommes] proclamèrent pour la première fois que la Terre n'était pas plate, ne proposèrent-ils pas par là un paradoxe aussi diabolique que n'importe lequel de ceux que nous avons rencontrés dans notre histoire des quanta ? Cette conception dut sembler au départ absolument fantastique à la plupart des gens ; cette conception qui est maintenant si facilement et si aveuglément admise par les enfants, contre la claire évidence de leurs sens immédiats, qu'ils ont tôt fait de tourner en ridicule le maniaque isolé qui s'obstine à déclarer que la Terre est plate ; leur seul souci, s'ils en ont un, a pour objet le bien-être des pauvres gens des antipodes qui – suivant leur raisonnement si vivant – sont voués à passer leur vie entière à marcher sur la tête [2]. »

Conceptualiser la rotondité de la Terre suppose un système de représentation qui rompt avec la « claire évidence des sens immédiats ». Le souci pour les gens des antipodes montre bien que la rupture ne s'opère pas aisément. Si les enfants ridiculisent le partisan isolé de la Terre plate, c'est davantage en raison de son isolement que parce qu'ils ont vraiment compris en quoi il se trompe. Comme le dit justement Banesh Hoffmann, c'est « aveuglément » qu'ils admettent cette conception. L'échec pédagogique de Groucho ne vient pas tant d'une métaphore maladroite : aucune métaphore du langage courant ne peut suffire à « construire » une représentation adéquate de la sphéricité de la Terre. Même si Groucho savait de quoi il parle – rien n'est moins sûr –, le meilleur résultat qu'il pourrait obtenir, c'est que Harpo lui réponde : « La Terre est ronde. »

Or, cette « bonne réponse » – au sens des jeux radiophoniques – ne nous dit pas grand-chose de la géométrie de notre planète. Si la Terre est ronde, pourquoi cela ne saute-t-il pas aux yeux ? Pourquoi ne percevons-nous pas la courbure du globe ? L'acrobate qui marche sur un ballon de cirque ne se rend-il pas compte, lui, que le ballon est rond ? Devant cette question, on peut supposer que Harpo reste vraiment sans voix. Essayons de l'aider : le ballon est à l'échelle humaine, alors que la Terre, elle, a plus de 6 000 kilomètres de rayon ; cela explique que notre regard ne puisse en embrasser qu'une petite partie, et que nous ne puissions pas voir la sphère entière. Mais pourquoi la partie que nous voyons nous paraît-elle plate – du moins dans une région de plaine non accidentée ?

L'affaire se corse, comme on dit à Bastia. En termes géométriques, si je me trouve en un point donné du globe terrestre, disons sur le parvis de la cathédrale de Chartres, je peux assimiler la petite région qui m'entoure à une portion de plan. Pourquoi ? Parce que la courbure du globe est faible à mon échelle, contrairement à celle du ballon de cirque. Si je marque deux points sur le ballon et que je trace l'arc de cercle qui les joint, je peux voir à l'œil nu que cet arc est plus

2. Banesh HOFFMANN, *L'Étrange Histoire des quanta*, Seuil, Paris, 1981.

long que la corde qui relie les deux points (et qu'on pourrait figurer avec une longue aiguille qui entrerait dans le ballon par un des points et sortirait par l'autre). Si maintenant je considère un ballon de 40 000 kilomètres de tour, soit à peu près la taille de la Terre, et que je choisis deux points éloignés d'un kilomètre à la surface de ce grand ballon, il n'y a quasiment pas de différence entre la corde et l'arc de cercle qui correspondent aux deux points (ma calculette indique que l'écart est inférieur au millimètre). Autrement dit, je ne fais qu'une toute petite erreur en considérant qu'autour de moi la Terre est *localement* plate. Le même raisonnement s'applique à un observateur situé à Auckland, aux antipodes. Le Néo-Zélandais, comme moi, assimile son environnement proche à une portion de plan.

À ce stade, on n'a encore fait qu'effleurer le problème. Si la sphère terrestre est localement assimilable à une petite zone plane, que se passe-t-il au bord de cette zone ? Si je prolonge la zone plane sur une grande échelle, j'obtiendrai un plan, pas une sphère. En fait, à l'échelle du globe, je dois considérer que la sphère est formée de « facettes » planes, un peu comme un œil de mouche. Mais la forme ainsi obtenue n'est pas une vraie sphère, c'est un polyèdre. Puis-je affirmer que la sphère est approximativement égale à la surface polyédrique ? Oui, parce que l'on peut démontrer qu'une surface sphérique est la limite d'une surface polyédrique inscrite dans la sphère, lorsque l'aire de chaque face du polyèdre tend vers zéro [3]. Autrement dit, si l'on prend des facettes de plus en plus petites, le polyèdre devient aussi proche que l'on veut d'une sphère parfaite. La démonstration rigoureuse de ce résultat fait appel à des méthodes de calcul intégral, dont on peut douter qu'elles aient jamais appartenu au bagage conceptuel du marxisme tendance Groucho.

Pour l'instant, nous n'avons résolu que l'aspect géométrique du problème. Nous n'avons pas vraiment expliqué pourquoi les Néo-Zélandais, dont le pays est aux antipodes de la France, ne marchent pas sur la tête. C'est que la notion de « haut » et de « bas » est relative à l'observateur : ce qui est en bas, c'est ce qu'on a sous les pieds. En fait, le « bas », c'est la direction du centre de la Terre. Le problème possède une « symétrie sphérique », ce qui est en haut pour moi est en bas pour les gens des antipodes. Et nous sommes tous attirés vers le centre de la Terre. Pourquoi ? La réponse fait intervenir la force de pesanteur et la théorie de la gravitation. Mais comment se fait-il que nous percevions la gravitation, de sorte que nous avons une sensation

3. Voir, par exemple, l'article « Sphère » du *Dictionnaire de mathématiques élémentaires* de Stella BARUK, Seuil, Paris, 1992.

immédiate du poids de notre corps, du haut, du bas et de la verticalité ? Là, entrent en jeu les organes sensoriels de l'équilibre, logés dans l'oreille interne. Les Néo-Zélandais ne marchent pas sur la tête, parce qu'ils ressentent eux aussi la gravitation grâce à leur appareil vestibulaire, et que les directions de la force de pesanteur à Auckland et à Paris sont opposées.

J'espère vous avoir convaincu, cher lecteur, que le problème de la rotondité de la Terre est loin d'être simple (et j'ai sûrement oublié quelque chose). Quant à la bourde de Harpo, si elle nous fait rire, elle n'en est pas moins extrêmement instructive.

Les agents doubles du langage

C'est entendu, Harpo ne comprend pas ce que veut lui dire Groucho (qui ne le sait sans doute pas lui-même). Mais attention : Harpo comprend quand même quelque chose, puisqu'il répond. La métaphore des boutons de manchettes a beau être trompeuse, cela ne l'empêche pas d'être « parlante ». Les mots ont le pouvoir fantastique de produire du sens, même si ce dernier n'est pas le même pour tous les interlocuteurs. Les « langues naturelles », comme l'anglais, le français ou le swahili, sont un moyen de communication d'une formidable efficacité. On peut contester l'appellation de « langue naturelle », utilisée par les linguistes, car la langue n'a rien de naturel, c'est une invention humaine, transmise par la culture. Mais l'expression traduit bien le rapport immédiat et familier que nous entretenons avec notre langue, qui nous est si proche qu'elle fait partie de nous-même.

Malgré leur efficacité, les langues naturelles sont ambiguës et imprécises. Elles produisent des énoncés aux sens multiples. La polysémie d'un grand nombre de mots permet les images, les métaphores, les calembours et autres jeux de langage. Nous nous servons du flou sémantique pour faire de l'humour ou pour exprimer des sentiments et des émotions complexes. Mais ce qui est un atout dans la communication courante devient un obstacle lorsque l'on cherche à définir un objet ou un concept de manière précise et sans équivoque, ce qui est le cas en mathématiques, en physique ou en philosophie. De plus, les mots du langage courant ne permettent pas d'exprimer des notions abstraites comme celles de « nombre réel » ou de « fonction analytique ». C'est pourquoi les scientifiques ont inventé des langages « artificiels », formalisés. Ces langages n'ont pas l'ambiguïté des langues naturelles. Une équation de mécanique telle que $F = m\gamma$, une fois défini ce que représentent les trois lettres, ne peut se comprendre que d'une seule façon. Mais, pour la comprendre, il faut avoir d'abord assimilé les notions de force, d'accélération et de dérivée, un apprentissage qui n'est pas du même ordre que celui du français ou de l'anglais.

Il existe donc une coupure entre langues naturelles et langages artificiels. Cette coupure ne serait pas trop gênante si les deux systèmes étaient complètement séparés. Après tout, on peut vivre sans connaître les lois de Kepler ou les principes de la relativité. N'y a-t-il pas des spécialistes payés pour s'occuper de ces formules ésotériques ? Chacun son métier. Laissons les équations à ceux qui ont la bosse des maths, les citations de Chateaubriand aux littéraires, les carreaux aux vitriers, et les vaches seront bien gardées…

Sauf que cette division n'a rien d'anodin, aussi bien pour la répartition du travail dans la société qu'en ce qui concerne le problème du sens. Elle joue un rôle crucial dans la réussite des imposteurs scientifiques, qui exploitent sans vergogne le fait que le savoir n'est pas partagé par tous. La situation se complique du fait que si tout le monde ne maîtrise pas les mathématiques, tout le monde peut comprendre *quelque chose* d'un énoncé mathématique – de même que Harpo comprend quelque chose de ce que dit Groucho. Beaucoup de gens formulent des affirmations telles que : « Pour moi, les maths c'est du chinois. » Or, une telle affirmation est en général fausse – du moins quand elle n'est pas émise par un natif de Pékin. En effet, les mathématiques utilisent, outre des signes cabalistiques tels que Σ, , $\Re$, $\iiint$, $\notin$, ϕ, $\exists$, ∞, etc., de nombreux mots de la langue courante. Ainsi, les mathématiciens français se servent de mots du français, mais « détournés » de leur sens ordinaire. Et cela a des conséquences redoutables.

Pour ma part, je ne connais pas un mot de chinois, ni un seul caractère de l'écriture chinoise. Devant une édition non traduite du *Quotidien du peuple*, je me sens aussi désarmé qu'un phoque qui aurait trouvé une bicyclette. On peut admettre que l'effet est à peu près le même pour un cancre qui se trouve en présence de l'identité, supposée remarquable, « $(a + b)^2 = a^2 + 2ab + b^2$ ». Dans ce cas de figure, il n'y a pas de perméabilité entre le langage « savant » des mathématiques et celui de tous les jours.

Mais considérez la phrase suivante : « La condition nécessaire et suffisante pour qu'un machin donné quelconque puisse être défini (à un isomorphisme près) par une machination est évidemment que ce machin possède un système fini de générateurs [4]. » Cette phrase n'est

4. J.-L. Destouches, « Théorie des fonctions récursives et applications », *Séminaire de logique mathématique*, 1959.

pas extraite d'un sketch de Raymond Devos, c'est une proposition élémentaire de la théorie des fonctions récursives, sur laquelle je ne m'étendrai pas. À peu près tous les mots de la proposition ont un sens dans la langue française ordinaire. Avec un peu d'imagination, on peut comprendre quelque chose même sans rien connaître aux fonctions récursives. La machination et les générateurs suggèrent quelque obscur complot mené par un groupe d'électriciens terroristes… Bien sûr, le sens mathématique de « machin » et de « machination » n'a rien à voir avec le sens ordinaire ni avec des élucubrations sur le complot des électriciens. Il n'empêche que la situation diffère de celle du Français non sinologue face à un texte chinois : l'énoncé n'est pas dépourvu de toute signification, il risque même de susciter, chez le non-initié, des interprétations fausses, fantaisistes ou délirantes.

Les mathématiciens, les physiciens, les chimistes ou les biologistes ne sont pas des extraterrestres. Pour fabriquer leurs langages artificiels, ils empruntent beaucoup de mots à la langue commune. Les maths fourmillent de « tribus », « clans », « groupes », « corps », « anneaux », etc. La physique des particules est riche en « couleurs », « saveurs », « charme » et « beauté ». La chimie contient des « radicaux » qui n'ont rien de socialiste. En biologie moléculaire, on parle de « code dégénéré », de « ségrégation », de « fardeau génétique », ou encore de « dérive génétique ». Tous ces mots ont un sens précis en science, mais ils ont aussi un sens ordinaire que tout le monde connaît. Si bien que, malgré le caractère hermétique des équations différentielles et des intégrales triples, il subsiste des passerelles entre le langage scientifique et celui de tous les jours. Mais ces passerelles sont des planches savonneuses. Elles favorisent les glissements de sens et les dérapages sémantiques incontrôlés.

Le fameux « principe d'incertitude » de Heisenberg (voir leçon 8) en fournit un bel exemple : en physique, l'incertitude définit la marge d'erreur, l'intervalle à l'intérieur duquel se situe la valeur d'une grandeur que l'on ne peut mesurer exactement ; cela n'a donc rien à voir avec l'idée de doute ou d'inquiétude qui se rattache au sens ordinaire du mot « incertitude » (c'est pourquoi il vaudrait mieux parler de « principe d'indétermination » de Heisenberg). L'ambiguïté du terme explique que selon une certaine conception mondaine de la physique quantique, le principe de Heisenberg soit censé traduire un sentiment des physiciens face à l'univers, au lieu d'exprimer l'incertitude mathématique sur les mesures [5].

---

5. Citons aussi cette devinette issue de la tradition orale des étudiants en physique : pourquoi Heisenberg n'a-t-il pas eu d'enfant ? À cause du principe d'incertitude : quand il

Une équation différentielle ne trompe pas son monde : comme un caractère chinois, on sait la lire ou on ne sait pas (bien sûr, un Chinois pourrait dire la même chose d'une lettre de l'alphabet latin). En revanche, le vocabulaire d'emprunt des scientifiques constitue une véritable pépinière d'« agents doubles du sens », dont la duplicité trompe celui qui ne maîtrise pas le contexte. Le physicien Jean-Marc Lévy-Leblond l'illustre avec humour : « Essayez donc d'expliquer à un manœuvre que, s'il monte un sac de ciment au cinquième étage et qu'il le redescend, il n'aura effectué aucun travail contre la pesanteur. [...] Il vous regardera d'un drôle d'œil ! Toute tentative de transposer à l'extérieur une idée intérieure à la physique, en jouant sur l'ambivalence d'un mot qui désigne, d'une part, un concept de la théorie physique et, d'autre part, une réalité de la vie courante, peut conduire aux pires égarements [6]. »

Le seul moyen d'éviter ces égarements est de connaître le contexte précis dans lequel les physiciens utilisent le terme « travail ». Ce qui passe par l'apprentissage de la physique, de même que la compréhension de la « machination » évoquée plus haut nécessite une compétence mathématique. Les ambiguïtés introduites par les agents doubles du langage constituent une aubaine pour les imposteurs. Avec la complicité de mots qui n'ont pas choisi leur camp, ils tissent leurs contes des Mille et Une Nuits sémantiques. La « valeur de vérité » associée à la science rend crédibles des discours qui ne veulent rien dire mais qui ont une apparence scientifique.

Dans notre pays, le problème est aggravé par la persistance de l'idéologie scientiste et par un système scolaire dans lequel la réussite scolaire dépend beaucoup de l'aptitude mathématique. La sélection sociale valorise un modèle de scientifique qui tire sa puissance de la maîtrise des concepts et des formalismes abstraits, loin de la démarche expérimentale et de l'empirisme anglo-saxons. L'image d'Épinal du savant, c'est un Pasteur qui a « vu » le microbe avant tout le monde, un Cosinus polytechnicien et lunatique qui couvre le tableau noir d'équations hermétiques, un Einstein qui enferme l'univers dans la formule sacrée « $E = mc^2$ ». Bref, une représentation idéalisée du pouvoir de l'esprit, inculquée aux enfants dès l'école primaire, qui contribue à faire des Français, réputés cartésiens, des cibles idéales pour les joueurs de pipeau en tout genre.

---

avait la position, il n'avait pas la vitesse, et quand il avait le temps, il n'avait pas l'énergie...

6. Cité dans *Science et Vie*, n° 750, mars 1980.

Quel est l'âge du capitaine ?

La sélection par les maths crée une situation de violence qui interdit de fait à une partie importante de la société française l'accès à une véritable culture scientifique. Une fois estampillé « nul en maths », on a tendance à considérer tout discours scientifique ou réputé tel comme parole d'Évangile. Ou, ce qui ne vaut guère mieux, à le rejeter sans le prendre au sérieux. Qui plus est, l'enseignement mathématique introduit, dès les petites classes, des confusions dues aux agents doubles du langage. Comme la question du sens n'est quasiment jamais prise en compte dans l'enseignement scolaire des mathématiques, beaucoup de jeunes cerveaux restent de longues années, sinon toute leur vie, marqués par ce brouillard sémantique que très peu de professeurs se préoccupent de dissiper.

Depuis plus de trois décennies, une prof de maths, Stella Baruk, lutte contre cette violence faite à l'esprit de nos enfants. Elle a consacré de nombreux livres à démonter les mécanismes de ce matraquage de l'intelligence. « L'enfant qui échoue en maths est un enfant à qui on fait échec », dit Stella Baruk. Dans *L'Âge du capitaine*, elle met l'accent sur deux thèmes principaux [7].

1) *La stigmatisation de l'erreur assimilée à l'horreur*. Quel parent n'a pas frémi devant la copie de maths de son chérubin marquée au rouge d'expressions infamantes ? Parmi les exemples authentiques relevés par Stella Baruk : « Absurde », « Aucun sens », « Il faudrait réfléchir avant d'écrire autant d'âneries », « Réfléchissez », « Ouvrez vos yeux », « C'est de la magie », ou encore : « Idiot ! Utilisez donc le théorème »... Ces appréciations soulignent *a contrario* que la question du sens, en mathématiques, est cruciale. Mais il semble que les professeurs aient du mal à l'expliquer sans perdre leur sang-froid – du moins c'était le cas jusqu'à une période récente. Les adeptes d'une pédagogie plus « moderne » montrent plus d'indulgence, mais sans se poser vraiment la question de ce qui provoque l'incompréhension de leurs élèves. En gros, et quelle que soit la méthode pédagogique utilisée, l'enseignement des maths dans notre pays consiste en une forme de dressage, qui récompense la bonne réponse et sanctionne la faute. Même si ce dressage peut être assez doux, il passe à côté de l'essentiel : si l'enfant se trompe, c'est qu'il n'a pas compris ce qu'on lui demandait ; or, en classe de maths, il est rarement question de comprendre.

L'erreur est l'expression naturelle d'un esprit vivant. Avant de marcher, on tombe. Prendre l'erreur au sérieux, élucider ses modes

7. Stella BARUK, *L'Âge du capitaine*, Seuil, Paris, 1985.

de fonctionnement, constitue le meilleur antidote contre l'échec en maths. Bien sûr, la généralisation d'une telle attitude risquerait d'avoir deux conséquences gênantes : elle ferait apparaître l'échec comme le résultat d'une pédagogie inadaptée, et elle ferait disparaître l'écrasante majorité des « impotents mathématiques », privant du même coup le système d'un puissant outil de sélection. Qui plus est, une société débarrassée du mythe de la bosse des maths serait moins sensible au pouvoir hallucinatoire des discours pseudo-scientifiques.

Il est intéressant de remarquer que le thème de l'« horreur de l'erreur » se retrouve constamment, parfois sous une forme caricaturale, dans les impostures scientifiques. Erreur non reconnue, non assumée, impossible à corriger, l'imposture se cristallise en discours « sacré », au sens d'« intouchable ». Dans le cas extrême, l'imposteur met toutes les ressources de sa rhétorique au service d'une négation quasi psychotique du réel, plutôt que d'admettre qu'il se trompe. Toute critique le renforce dans une attitude paranoïaque : qui ne m'approuve pas est contre moi, fait partie d'un complot contre la vérité, etc.

2) *La désagrégation du sens.* L'un des premiers facteurs à prendre en compte, pour une pédagogie de l'erreur en maths, c'est le fait que la terminologie mathématique utilise beaucoup d'agents doubles du langage. L'on n'explique pas assez aux enfants que ces mots du vocabulaire quotidien prennent, en maths, une nouvelle casquette sémantique, qu'il faut distinguer soigneusement de la signification ordinaire. Pour l'enfant qui s'initie aux ensembles, images, relations et racines carrées, ces mots ont *déjà* un sens dans la langue naturelle. Or, l'enfant est un sémanticien hypersensible, *il a besoin que ça veuille dire quelque chose*. Devant une expression qui lui paraît dépourvue de sens, il rétablit le sien, qu'il puise dans ses connaissances pré-mathématiques. Demandez à un mouflet ce que signifie « ensemble ». Il vous répondra quelque chose comme : « Ça veut dire qu'on est ensemble. » Oui, mais pas pour Cantor, ni pour le prof de maths.

Comment se débrouiller avec des ensembles qui vont chacun de son côté, voire des ensembles vides ? Combien de pieds possède la table de multiplication ? Dans quelle terre planter des racines carrées ? D'ailleurs, depuis quand les racines sont-elles « carrées » ? Pourquoi « (a + b) au cube » n'a-t-il pas la forme d'un cube ? Et finalement, pourquoi entretenir avec cet univers mathématique des « relations binaires » qui n'ont manifestement rien d'amical ?

L'intelligence enfantine n'est cependant pas désarmée face au problème du sens mathématique, comme l'illustre l'une des histoires préférées de Stella Baruk, celle de Jeannette, huit ans, à qui l'on demande ce que vaut le double de 5, et qui répond 6. « Étonnée, la personne qui questionne réitère avec le double de 10 : 11, répond Jeannette. Pas de doute, cet enfant *confond* double et suivant. Quand même intriguée par cette erreur pas banale, la personne en question songe à poser à Jeannette une question sur ses réponses : "*Pourquoi* tu as dit que le double de 5 c'est 6 ?" Alors là, Jeannette, de placide qu'elle était, répond avec volubilité, et joignant le geste à la parole : "J'ai dit 6, parce que le 6, tu comprends, il *double* le 5, il lui passe juste devant [8]." »

Le mot est joli, il est aussi révélateur. « Que double soit au moins à double sens, sinon à double tranchant, ne donne qu'une petite idée de la duplicité des mots. On ne peut pas dire que l'erreur de Jeannette soit due à un entendement qui ne fonctionne pas, au contraire, écrit Stella Baruk. Elle est le pur petit produit d'une civilisation qui est celle [...] de la voiture, pour beaucoup. Bien sûr, la langue enseigne qu'on double un camion, mais qu'on prend le double *de* cinq. Seulement quand on dit "Je l'ai doublé", c'est aussi bien du camion que du cinq qu'il peut s'agir, sans compter ce qui peut aussi être un cap, un gilet, un acteur, un gangster, et j'en oublie sûrement [9]. »

Bref, on ne peut empêcher un enfant de comprendre, sauf que lorsqu'on ne le prévient pas qu'on a changé de langue, il continue d'entendre dans sa langue à lui, de mettre en relation des signes et des significations, qui ne sont pas celles attendues par le professeur de mathématiques. À un stade ultérieur, à force de s'entendre répéter qu'il confond tout et que ce qu'il croit avoir compris est absurde, l'enfant peut aussi aboutir à la conclusion qu'en mathématiques les énoncés ne veulent rien dire. Il se transforme, selon l'expression de Stella Baruk, en « automathe ». Il renonce à exercer son intelligence sur des propositions mathématiques qui lui semblent d'emblée inintelligibles. Et il finit par considérer un énoncé dément comme aussi recevable qu'un propos sensé.

Un jour de l'année 1980, un professeur de Grenoble a eu l'idée de proposer à des élèves de CE1 et CE2 – sept-huit ans – le problème suivant, dont l'énoncé initial est dû à Gustave Flaubert : « Sur un bateau, il y a 26 moutons et 10 chèvres. Quel est l'âge du capitaine ? » Sur les 97 enfants interrogés, 76 ont donné une réponse obtenue en combinant les nombres de l'énoncé. « Des enfants qui sont comme vous et moi, c'est-à-dire comme ceux que nous avons

8. *Ibid.*
9. *Ibid.*

été ou comme ceux qui sont les nôtres, des petits Français du dernier quart du XXe siècle qui ne sont ni en IMP ni en IMPP, ni en hôpital de jour ni en hôpital psychiatrique, des enfants donc “normaux” et destinés à devenir les citoyens de l'an 2000, pour obtenir l'âge du capitaine ont accouplé des moutons et des chèvres », commente Stella Baruk [10].

Comment fait-on rentrer dans l'ordre ces relations contre nature ? En noyant le poisson. « Le sens est là, espace tangible et rassurant, et on peut toujours espérer qu'avec des exhortations à travailler, de la patience, des qualités de bon pédagogue et de la conscience professionnelle, on finira par y faire accéder tous ceux qui le méritent, poursuit Stella Baruk. Quant aux autres, ceux qui restent en dehors du sens, malgré toute la bonne volonté et tous les efforts qu'on aura déployés pour les y faire rentrer, eh bien, que voulez-vous : tout le monde ne peut pas devenir polytechnicien, il y a des destins, des fatalités ; [...] il faut bien qu'il y ait des travailleurs manuels, il n'y a pas de sot métier. »

Mais les poissons noyés remontent toujours à la surface. La revanche du cancre, c'est le triomphe de Rika Zaraï ou des gourous de secours (même si ceux-ci sont souvent loin d'être des cancres). L'« automathisme » catalyse l'imposture. À force de nier l'intelligence, l'école récolte ce qu'elle a semé. Après avoir passé son enfance à additionner des carottes et des navets, et à les multiplier par des mètres cubes de non-sens, on a l'estomac solide. La Terre peut bien changer de forme pendant le week-end, les boulangères de Prague se transformer en ours des Carpates et les basses fréquences nous catapulter dans la septième dimension. Rien n'est trop dur à avaler, si c'est la science qui le dit, cette science dont on a appris à la fois qu'elle dit toujours vrai et que ses énoncés ne veulent rien dire, en tout cas rien d'intelligible.

On objectera, à juste titre, que l'imposture scientifique ne fleurit pas seulement au pays de Descartes. Le système pédagogique français ne peut à lui seul rendre compte d'un phénomène culturel qui s'épanouit aux États-Unis comme en Grande-Bretagne, en ex-Union soviétique comme en Italie ou en Belgique. Une analyse plus large révélerait des défauts spécifiques dans les systèmes scolaires américains ou ceux des pays européens. Il y a gros à parier que le problème du sens en mathématiques, et dans les disciplines scientifiques en général, n'est guère mieux traité ailleurs que chez nous. Qui plus est, le terreau fertile aux balivernes ne se nourrit pas seulement des carences de l'école, c'est l'ensemble de la culture qui

10. *Ibid.*

est en cause. Les particularités françaises méritent cependant d'être soulignées : il est frappant que la patrie des philosophes des Lumières et du positivisme d'Auguste Comte soit aussi touchée par le succès des parasciences que des pays qui, à première vue, semblent moins armés idéologiquement contre l'irrationnel.

Mais la question du sens est bien sûr universelle. Et l'art de le manipuler n'a pas de frontières. Des élucubrations psirites aux fantasmagories du *New Age*, les découvertes sensationnelles et les machines merveilleuses brillent de l'éclat que leur confère la plus puissante des magies : celle du langage, faite de jargon cabalistique, de calembours amphigouriques, de métaphores paraboliques et d'analogies hyperboliques.

Comment bâtir une théorie sur un calembour

C'est spontanément, en toute innocence, que la petite Jeannette joue sur la duplicité du langage pour réinventer l'arithmétique. Avec méthode et persévérance, un imposteur talentueux peut se servir des agents doubles du langage pour devenir le créateur admiré d'une théorie pseudo-scientifique indémodable. Cet exploit, Jean Charon l'a réalisé. Physicien « mondialement connu », si l'on en croit le journaliste de Radio-Canada Jacques Languirand, qui l'a interviewé dans son émission « Par quatre chemins », Charon est l'auteur d'une « théorie de la relativité complexe », qu'il a diffusée pendant plus de quarante ans. Ayant pris sa retraite de ce bas monde après une carrière prolifique, Jean Charon nous a laissé quelques titres mémorables, dont *Mort, voici ta défaite, Le Monde éternel des éons* et *J'ai vécu quinze milliards d'années* [11]. Dans ce dernier ouvrage, l'auteur s'exprime, d'après Languirand, « au nom des particules qui le composent et qui sont en fait l'être, l'esprit, et le verbe »…

Autrement dit, l'esprit se trouverait à l'intérieur des particules élémentaires, que Charon appelle les « éons ». Est-ce pour cela que l'intelligence est si difficile à trouver ? Notre physicien ne se prononce pas sur la question. Dans son « testament spirituel », *Et le divin dans tout ça ?*, il cite une phrase de Teilhard de Chardin : « Je suis logiquement amené à conjecturer, dans tout corpuscule, l'existence rudimentaire (à l'état d'infiniment petit, c'est-à-dire

---

11. Jean E. CHARON, *Mort, voici ta défaite*, Albin Michel, Paris, 1979 ; *Le Monde éternel des éons*, Stock, Paris, 1980 ; *J'ai vécu quinze milliards d'années*, Albin Michel, Paris, 1983 ; *Les Lumières de l'invisible*, Albin Michel, Paris, 1985 ; *Et le divin dans tout ça ?*, entretiens avec Erik PIGANI, Albin Michel, Paris, 1998.

d'infiniment diffus), de quelque psyché. » Jean Charon prétend expliquer cette psyché à l'échelle microscopique « par un formalisme rigoureux ». Ce qui nous ramène aux agents doubles du langage. La théorie de Charon, la « relativité complexe », repose en effet sur une forme originale, et plutôt ésotérique, de jeu de mots : le calembour mathématique.

De quoi s'agit-il ? En mathématiques, on appelle « nombres complexes » certains nombres composés d'une partie « réelle » et d'une partie « imaginaire ». Ces dénominations ont une origine historique et ne doivent pas être prises à la lettre. On trouvera d'intéressantes explications sur cette histoire dans le *Dictionnaire de mathématiques élémentaires* de Stella Baruk [12]. Disons seulement que Descartes fut le premier à utiliser le mot « imaginaire » pour qualifier des solutions d'équations qui ne correspondaient à rien dans la « réalité » – en particulier les racines carrées de nombres négatifs. Dans la terminologie actuelle, l'ensemble des nombres « réels » comprend les entiers, positifs ou négatifs, les rationnels (c'est-à-dire les fractions), les nombres algébriques comme 2, et les nombres « transcendants » comme π (dont la spécificité est qu'ils ne peuvent s'écrire comme la solution d'une équation algébrique). Les réels forment un ensemble topologiquement équivalent à une droite ; ils ne sont pas dénombrables, c'est-à-dire qu'on ne peut pas les compter un par un, ce que l'on peut faire avec les entiers, les rationnels et même les nombres algébriques. On dit que l'ensemble des réels a la « puissance du continu », notion qui n'a été définie qu'à la fin du XIXe siècle, par Cantor et Dedekind.

Le carré d'un nombre réel est toujours positif, parce que + par + ou – par – donnent également +. En termes algébriques, il est pourtant possible d'« imaginer » un carré négatif, mais l'idée a d'abord paru si saugrenue que les mathématiciens ont rejeté les carrés négatifs dans les limbes de l'imaginaire. La racine carrée de – 1 se note i, l'initiale, justement, d'« imaginaire ». Un nombre complexe s'écrit sous la forme $a + ib$, où a et b sont des nombres réels. On dit que a est la partie réelle et ib la partie imaginaire ; par exemple $-3 + 2i$ est un nombre complexe dont la partie réelle est – 3 et la partie imaginaire $2i$. Mais encore une fois, ces dénominations ne sont plus, aujourd'hui, qu'une convention de langage.

Sauf pour Charon, qui en a tiré la formule magique de sa relativité complexe : UNIVERS = RÉALITÉ + IMAGINAIRE. Dans sa théorie, il utilise des variables complexes dans lesquelles la partie réelle correspond à l'univers matériel et la partie imaginaire à la

12. Stella BARUK, *Dictionnaire de mathématiques élémentaires*, *op. cit.*

psyché qui, selon Teilhard, se niche dans le plus petit corpuscule. Ainsi, les particules matérielles peuvent posséder imagination, mémoire et intuition. Avec *Les Lumières de l'invisible*, son opus le plus décoiffant, Charon nous entraîne dans un « voyage sur le dos de la psychomatière » qui nous démontre, si besoin en était, que les objets inanimés ont une âme (mais très petite).

L'idée de Teilhard, selon laquelle il existe une forme de psyché dans tout composant de la matière, peut être rattachée à certaines traditions mystiques, à une forme de panthéisme. « L'originalité de Charon, toutefois, vient de ce qu'il réinterprète ces idées "mystiques" dans un cadre qui est expressément présenté comme scientifique, observe l'historien des sciences Pierre Thuillier [13]. L'espace-temps a un "dehors" et un "dedans" : les protons et les neutrons sont situés au-dehors, tandis que les électrons, eux, sont situés au-dedans. Or le "dedans" est le domaine de l'Esprit, ce qui explique que les électrons soient sans volume et possèdent une nature elle-même spirituelle. » Quant à l'esprit de l'homme, il est pratiquement immortel, vu qu'il est constitué de l'Esprit d'électrons dont l'âge atteint quinze milliards d'années environ, l'âge estimé de l'univers.

Tout cela est très poétique. Reste que, en termes scientifiques, additionner le réel à l'imaginaire, c'est un peu comme additionner des carottes et des navets. Une opération relativement complexe dont le résultat est, au mieux, une soupe conceptuelle.

Comment filer la métaphore

Le discours des joueurs de pipeau fourmille de métaphores et d'images suggestives. Frank Hatem, l'auteur de *La Réincarnation, certitude scientifique* (voir leçon 1), compare la passion amoureuse à l'attraction entre des pôles magnétiques opposés. Lyall Watson et Patrice van Eersel assimilent le cerveau à une sorte d'oscillateur capable de résonner avec des ondes venues de tous les points de l'espace-temps. Jacques Benveniste parle de la « mémoire de l'eau » à propos de l'hypothétique trace que laisserait une molécule dans le liquide. Rupert Sheldrake compare son « champ morphogénétique » au plan d'une maison. David Bohm décrit l'univers comme un hologramme. Etc.

Les auteurs de théories pseudo-scientifiques n'expliquent pas, ils illustrent. « Imaginer qu'une explication scientifique puisse être

13. Pierre THUILLIER, *Les Savoirs ventriloques*, Seuil, Paris, 1983.

métaphorique, c'est prendre les théories scientifiques pour des paraboles bibliques », écrit le physicien et philosophe argentin Mario Bunge [14]. Cette affirmation peut surprendre, car la science est une grande productrice de métaphores. Rutherford décrit l'atome comme un minuscule système solaire. Les manuels de physique, ou les professeurs, recourent à la métaphore de la petite bille pour décrire un électron, ou à celle de la vague pour expliquer ce qu'est une onde. Et l'on pourrait multiplier les exemples.

Pourtant, il existe une différence cruciale entre l'usage scientifique des métaphores et celui qu'en font les joueurs de pipeau. Pour les scientifiques, la métaphore est un procédé pédagogique qui permet de se familiariser avec un objet inhabituel et abstrait, d'en rendre sensibles certains aspects. Elle joue un peu le même rôle qu'une figure. En mathématiques, les figures « patatoïdes » utilisées pour décrire les notions élémentaires de la théorie des ensembles ne sont pas elles-mêmes des ensembles. Ce sont des dessins qui aident à comprendre les propriétés de l'union, ou de l'intersection. Les mathématiciens savent bien qu'une figure n'est qu'une sorte de métaphore et qu'il ne faut pas trop s'y fier. Si je dessine un triangle équilatéral et ses trois médianes, chacune d'entre elles est aussi une hauteur et une médiatrice. Or, cette propriété n'est pas vraie pour un triangle quelconque. La figure peut donc m'inciter à prendre un cas particulier pour le cas général.

De même, en physique, toutes les ondes ne se comportent pas comme une vague à la surface d'un lac : celle-ci est une onde transversale, comme les ondes lumineuses ; mais il existe aussi des ondes longitudinales, par exemple les ondes sonores.

Lorsqu'un scientifique se sert d'une métaphore, il se garde bien de la prendre à la lettre. Il sait que la métaphore ne peut pas rendre compte de ce qu'elle est censée représenter, suggérer, ou figurer. Reprenons l'exemple de la Terre sphérique : nous avons comparé la surface du globe à un polyèdre dont les facettes peuvent être rendues aussi petites que l'on veut ; le polyèdre tend vers la surface sphérique quand l'aire de chaque face tend vers zéro. Mais le passage à la limite ne peut pas être visualisé, car il faudrait pour cela tracer une infinité de dessins avec des polyèdres dont les faces seraient de plus en plus petites. Le passage à la limite peut seulement être démontré mathématiquement, et il n'y a pas de traduction complète de la démonstration dans le langage courant.

14. Mario Bunge, *Philosophie de la physique*, traduit de l'anglais par Françoise Balibar, Seuil, Paris, 1975.

Autre exemple : l'électron, d'après la mécanique quantique, se comporte tantôt comme une onde, tantôt comme une particule. On a vu (leçon 8) que cette caractéristique entraînait de nombreuses difficultés conceptuelles et des extrapolations hasardeuses. Mais si l'on écrit l'équation de Schrödinger pour un électron, il n'y a plus d'images antagonistes d'onde et de corpuscule. Il ne reste qu'une relation mathématique dont on peut contrôler, par des expériences, qu'elle se vérifie. En dernière analyse, les métaphores ne font pas partie du langage scientifique ; c'est seulement un support pour l'imagination, qui a beaucoup de mal à fonctionner sans se « figurer » les choses. Comme le dit Philippe Roqueplo : « À la limite, les mots [du langage scientifique] ne réfèrent "à rien" ; ils n'ont pas de "contenu" : ils désignent leur insertion opératoire au sein d'un contexte que la pratique vérifie dans sa globalité. Or ceci est intolérable ; quelle qu'en soit la raison, nous avons besoin que les mots désignent "quelque chose" [15]. »

On ne peut pas « comprendre » une théorie physique comme on comprend l'histoire du Petit Chaperon rouge. On ne peut que vérifier la théorie, la confronter aux observations, éprouver son pouvoir prédictif. Les métaphores relèvent de l'interprétation. Elles nous aident à donner du sens. Elles mettent de la chair sur le squelette logique du langage scientifique. Les métaphores ne sont pas indispensables à la théorie, elles sont surtout utiles au fonctionnement de notre esprit. Il est difficile, sinon impossible, de penser en termes strictement opératoires, sans le soutien intuitif d'images, de représentations plus ou moins familières. Même les mathématiciens qui travaillent dans l'abstraction la plus pure utilisent des images (toutefois, ce ne sont pas des images tirées du quotidien ; cela peut consister, par exemple, à se représenter une structure complexe à l'aide d'une structure plus simple que l'on connaît mieux).

Les théories naissantes produisent plus de métaphores que celles qui sont parvenues à maturité. L'exemple de la mécanique quantique en témoigne de manière éloquente. Aujourd'hui, la grande discussion sur l'interprétation de la théorie quantique est virtuellement éteinte, et la controverse entre Bohr et Einstein intéresse surtout les historiens des sciences (et les psirites). Une théorie débutante garde un caractère spéculatif, et l'on ignore encore si elle se révélera féconde. Ensuite, on accumule les faits, et on jette les métaphores à la poubelle. Ces déchets ne sont pas perdus pour tout le monde. Les imposteurs s'en saisissent et en tirent des théories

15. Philippe Roqueplo, *Le Partage du savoir*, Seuil, Paris, 1974.

pseudo-scientifiques, des « contes de la science vague », pour pasticher le titre du célèbre film de Mizoguchi.

Pour un scientifique, « prendre au sérieux » une métaphore, c'est tomber dans le piège des boutons de manchettes de Groucho. Les imposteurs se jettent dans ce piège. Ils suivent l'effet d'entraînement du langage, sans chercher à bâtir un édifice logique rigoureux. Les contes de la science vague exploitent des métaphores dépassées ou hors contexte, mais évocatrices.

La théorie des trois cerveaux, vulgarisée par Arthur Koestler, est un bon exemple. Selon cette théorie, nous possédons trois grandes structures cérébrales : un cerveau reptilien hérité de la préhistoire et dont les serpents se contentent ; un rhinencéphale ou système limbique, « cerveau de l'émotion » ; et un néo-cortex, « cerveau de l'intelligence et du raisonnement », spécifique des mammifères supérieurs. Ce schéma correspond à un découpage anatomique qui reflète les grandes étapes de l'évolution. Selon Arthur Koestler, notre cerveau aurait grossi si vite que le néo-cortex, siège de la rationalité et de l'intelligence, aurait perdu le contrôle des centres émotifs limbiques. De sorte que la bestialité primitive tapie dans nos circonvolutions serait toujours prête à resurgir pour nous conduire au meurtre, au suicide, à la guerre et à toutes les formes de violence.

L'homme serait donc un reptile au sous-sol, un mammifère instinctif au rez-de-chaussée et un animal doué de raison au premier étage. La théorie de Koestler fait de notre cerveau l'analogue d'un empilement de couches géologiques, de « sédiments » abandonnés par l'évolution. Mais l'évolution des organismes n'est pas un processus géologique. Nous ne sommes pas l'addition de toutes les espèces dont nous descendons. Certes, on observe souvent chez un animal évolué des structures héritées d'ancêtres plus primitifs. Mais elles sont à chaque fois récupérées, transformées pour s'adapter au nouvel organisme qui les héberge. Le « rhinencéphale », étymologiquement le « cerveau du nez », était au départ étroitement associé à l'olfaction. Chez l'homme, il a acquis d'autres fonctions. Et son rôle n'est pas le même dans notre espèce, qui possède un néo-cortex, que chez les animaux où il constitue la structure dominante. Comme l'écrit le biologiste Jean-Didier Vincent, « il est trop simple de penser que les cerveaux reptiliens partent en guerre tandis que les cerveaux néo-mammaliens prononcent des discours de paix [16] ». Le cerveau est un tout.

La métaphore des trois cerveaux n'éclaire pas vraiment ce qu'est le cerveau humain. Elle fournit seulement à Koestler la trame d'un

---

16. Jean-Didier VINCENT, *Biologie des passions*, Odile Jacob-Seuil, Paris, 1986.

discours pseudo-scientifique qui prétend donner une explication biologique du problème du mal. La représentation d'un cerveau découpé en couches ne traduit pas une connaissance scientifique. Et sa transposition socio-historique est une interprétation métaphorique abusive. En biologie comme en histoire, Koestler était parfois plus proche du zéro que de l'infini.

À vrai dire, le cerveau a suscité une floraison de métaphores : on l'a comparé à une horloge, à un central téléphonique, à un ordinateur. Beaucoup de neurobiologistes comme de spécialistes des robots et de l'intelligence artificielle continuent d'assimiler le cerveau à une machine, en dépit de nombreuses données qui contredisent cette idée. Karl Pribram, lui, a inventé le cerveau holographique. Pourtant, il n'existe aucun processus se déroulant effectivement dans le cerveau qui ressemble, de près ou de loin, à l'holographie. Mais une fois cette métaphore plaquée sur un cerveau imaginaire, il devient possible de développer tout un discours sur les prétendues propriétés holographiques de la mémoire. Du point de vue de l'imposteur, ce procédé ne manque pas d'avantages. Il évite de se demander ce qu'est *vraiment* le cerveau, question difficile entre toutes. Il permet de raconter à peu près ce qu'on veut, en s'appuyant sur une image évocatrice. Et finalement, il donne l'impression de comprendre ce qu'est le cerveau. Raison de plus pour s'en méfier : Harpo n'a-t-il pas l'impression de comprendre ce que lui dit Groucho ?

Comment pousser l'analogie

Le raisonnement analogique est un excellent catalyseur des découvertes scientifiques. Lorsque Louis de Broglie associe une fonction d'onde à l'électron, sa démarche est analogique : puisque les ondes lumineuses ont un aspect corpusculaire, pourquoi les particules matérielles n'auraient-elles pas un aspect ondulatoire ?

Mais en science, l'analogie, comme la métaphore, se jette après usage. Et l'usage doit être modéré par le contexte de la théorie. Pratiqué sans garde-fous, le raisonnement analogique conduit à des raisonnements absurdes, comme le montre l'exemple fictif de la « théorie du géotropisme ».

Pourquoi les pierres tombent-elles ? Parce qu'elles sont attirées par la Terre. Pourquoi sont-elles attirées ? Parce qu'elles possèdent un caractère particulier, le « géotropisme », qui consiste en une attirance pour notre planète. Toutes les pierres ne possèdent pas ce caractère. Mais les pierres « non géotropes » partent dans l'espace.

Celles qui tombent ont été sélectionnées par le géotropisme. Et voilà comment la sélection naturelle explique l'attraction terrestre.

Le raisonnement est formellement cohérent, mais il fait un usage hors de propos du concept de sélection naturelle. La sélection porte sur des caractères transmis par l'hérédité. Pour qu'elle s'exerce sur le géotropisme, il faudrait que les pierres soient des êtres vivants. L'exemple est caricatural, mais guère plus que le raisonnement analogique par lequel Sheldrake définit ses champs morphogénétiques : de même que la masse d'un corps détermine son champ gravitationnel, ou qu'une charge électrique immobile détermine un champ électrostatique, la forme d'un « germe morphogénétique » détermine son champ.

L'argument est purement formel, c'est le cas de le dire. Et l'analogie ne fonctionne que parce qu'elle est formulée dans la langue ordinaire. Une masse est une grandeur physique qui se définit dans un cadre théorique précis. En physique newtonienne, le champ gravitationnel d'un corps A n'est pas seulement un mot pour faire joli. Il possède des propriétés mathématiques particulières. La force attractive exercée par A sur un autre corps B est proportionnelle aux masses de A et de B, et elle est inversement proportionnelle au carré de la distance entre A et B. Cela se traduit par une équation : $F = Gmm'/d^2$, où G est la constante de gravitation, m et m' les masses de A et B, et d la distance.

Cette relation mathématique n'a pas d'équivalent pour les champs de Sheldrake. Comment un champ pourrait-il être proportionnel à une forme ? Sheldrake a raison de dire que ses « champs M » ne correspondent à aucun des champs physiques connus, mais il pourrait ajouter qu'ils ne correspondent à rien du tout. Si ce n'est à une projection du champ de conscience de leur inventeur…

Une autre manière d'abuser de l'analogie consiste à plaquer une véritable théorie scientifique sur un domaine où elle ne s'applique pas. Une bonne illustration de ce procédé très fréquent est donnée par l'utilisation tous azimuts de la « théorie des catastrophes » du mathématicien français René Thom. En 1958, Thom a reçu la médaille Fields – équivalent pour les mathématiques du prix Nobel, qui n'existe pas dans cette discipline – pour des travaux sur les variétés différentiables, objets tout à fait respectables, bien que peu prisés du commun de mortels. Thom a développé ce qui allait devenir la théorie des catastrophes, en termes techniques une théorie des « singularités » de certaines équations différentielles.

En simplifiant beaucoup, les catastrophes de Thom peuvent être comparées à des changements de forme, comme par exemple un pli dans un tissu. Si la « forme » considérée est définie dans l'espace-temps à quatre dimensions, une singularité peut s'interpréter comme un changement brutal dans le déroulement d'un processus, une rupture d'équilibre, bref une catastrophe. Thom a démontré que dans l'espace à quatre dimensions, il n'y a que sept types de singularités possibles, auxquels il a donné des noms poétiques : le pli, la fronce, la queue d'aronde, le papillon…

Le résultat de Thom est remarquable, mais il s'applique à un contexte bien délimité : pour qu'un processus entre dans le cadre de sa théorie, il faut qu'il puisse être décrit par une équation différentielle à quatre variables – trois d'espace et une de temps – et que cette équation réponde à des critères mathématiques bien précis. Le sens ordinaire du mot « catastrophe » est beaucoup plus vague que celui que lui attribue le mathématicien : c'est un événement soudain qui bouleverse le cours des choses. Or, des vulgarisateurs trop enthousiastes ont mis la théorie des catastrophes à toutes les sauces. Il faut dire que René Thom lui-même leur a ouvert la voie, en appliquant sa théorie – à mon sens abusivement – à la description de la naissance ou à l'évolution des formes biologiques. Sur cette lancée, on a vu des fronces et des queues d'aronde dans toute situation caractérisée par un changement brutal, qu'il s'agisse d'émeutes dans les prisons, de crises économiques, de l'éclosion d'une fleur ou, pourquoi pas, de la passion amoureuse : « Même la rencontre entre un homme et une femme reste un modèle simple de bascule : si le saut est immédiat, on parle de coup de foudre, écrit René de la Taille. Le reste du temps, le point d'équilibre se promène encore sur une fronce, les deux variables de contrôle étant la trajectoire approcher-éviter propre à chacun des partenaires [17]. »

Certes, la passion est rarement loin de la catastrophe, mais en matière d'analogie comme pour le reste, il ne faut pas trop pousser.

Comment nourrir le fumeux du discours

Dans un petit livre fort drôle, encore qu'assez injuste, *Le Roland Barthes sans peine*, Michel-Antoine Burnier et Patrick Rambaud ironisent avec cruauté sur les préciosités de style de l'auteur des *Mythologies* et surtout de ses imitateurs. L'un des procédés que moquent Burnier et Rambaud est celui qu'ils appellent la « surponctuation ». Elle consiste en un « afflux de ponctuation décorative et de

17. Renaud DE LA TAILLE, « Les sept catastrophes du monde », *Science et Vie*, n° 701, février 1976.

fioritures : italiques, guillemets, parenthèses, barre, guillemets, points d'interrogation, capitales, etc. [18] ».

Prenons un passage du roman de H.G. Wells, *Les Premiers Hommes dans la Lune* : « Une masse de fumée et de cendres et un carré de substance bleuâtre et brillante se précipitèrent vers le zénith. » Surponctué, ça devient : « Une *masse* de fumée (et de cendres ?) et un "carré de substance" bleu-âtre (et/ou) brillante se pré (cipi) tèrent, *vers le zénith.* »

À quoi sert la surponctuation ? D'abord, ça fait joli, ensuite cela jette un brouillard sur une phrase trop simple : « La surponctuation orne et brouille les phrases du système barthésien : elle nourrit le *fumeux* du Texte. » Le recours à ce procédé est fréquent dans une certaine littérature psychanalytique ou en sciences humaines, où la surponctuation sert à « enrichir » des textes qui en ont souvent bien besoin. Elle intimide le lecteur et donne l'impression que l'auteur a vraiment quelque chose d'original à dire. Dans le discours pseudo-scientifique, la surponctuation n'est pas très utilisée, mais il existe d'autres moyens – assez proches dans leur intention – de « nourrir le fumeux du texte ». Le plus courant consiste à abuser du jargon, de termes ésotériques, voire de formules mathématiques qui ne sont là que pour donner l'impression que l'on dit vraiment quelque chose.

À titre d'échantillon, voici un passage de Rupert Sheldrake particulièrement bien nourri : « Considérons par exemple le champ moteur de l'alimentation. Ce processus – la capture et l'ingestion de nourritures – est en fait un type spécial de morphogenèse par agrégation (cf. section 4.1). L'animal affamé est la structure du germe et il entre en résonance morphique avec les formes finales précédentes de ce champ moteur, c'est-à-dire les animaux antérieurs similaires, y compris avec lui-même dans un bon état nutritionnel. Dans le cas d'un prédateur, l'acquisition de cette forme finale dépend de la capture et de l'ingestion de la proie (cf. fig. 11). Cette forme virtuelle est achevée quand une entité correspondante suffisamment proche d'elle approche du prédateur : la proie est reconnue et la chréode de capture induite. Sur un plan théorique, le champ moteur affecte des événements probabilistes dans n'importe lequel des systèmes qu'il comprend, y compris les organes sensoriels, les muscles, la proie. Mais dans la plupart des cas, son influence ne semble susceptible de ne concerner que la modification d'événements probabilistes dans le système nerveux central, en dirigeant les mouvements de l'animal

18. Michel-Antoine BURNIER et Patrick RAMBAUD, *Le Roland Barthes sans peine*, Balland, Paris, 1978.

vers l'actualisation de la forme finale, dans le cas de la capture de la proie [19]. »

Quelque part au niveau du vécu profond, que veut nous dire Sheldrake ? Ceci : 1) quand un animal a faim, il doit manger ; 2) si cet animal est un prédateur, il cherche une proie ; 3) pour manger la proie, il faut d'abord la capturer ; 4) après avoir mangé, ça va mieux qu'avant.

Je laisse ouverte la question de savoir s'il était vraiment nécessaire d'écrire un livre entier pour aligner de tels truismes. Ce qui est sûr, c'est qu'une fois habillées de champs moteurs, de chréodes et d'événements probabilistes, les platitudes de Sheldrake prennent l'allure d'énoncés scientifiques. La première fonction du jargon n'est pas ici de signifier, mais d'établir une distance par rapport au langage quotidien, de marquer l'écart entre la « théorie » sheldrakienne et le sens commun. Dans un véritable énoncé scientifique, cet écart est réel. Sheldrake, lui, sert de termes et de tournures de phrase obscurs pour nimber son propos d'un brouillard qui en masque la banalité.

La distance induite par le galimatias sheldrakien n'est pas seulement de l'ordre du savoir, ou du savoir simulé. Le « fumeux du texte » a aussi une dimension sociale, celle que met en évidence Roland Barthes dès les premières lignes du *Degré zéro de l'écriture* : « Hébert ne commençait jamais un numéro du *Père Duchêne* sans y mettre quelques “foutres” et quelques “bougres”. Ces grossièretés ne signifiaient rien, mais elles signalaient. Quoi ? Toute une situation révolutionnaire. Voilà donc l'exemple d'une écriture dont la fonction n'est plus seulement de communiquer ou d'exprimer, mais d'imposer un au-delà du langage qui est à la fois l'Histoire et le parti qu'on y prend [20]. »

Dans une situation très différente, le jargon pseudo-scientifique signale, lui aussi, un « au-delà du langage », constitué par les positions respectives que sont censés occuper, vis-à-vis du savoir, l'imposteur et son public (au passage, Barthes avait compris le rôle de la surponctuation et des procédés analogues bien avant Burnier et Rambaud). L'imposteur manie un langage ésotérique, car il détient, ou prétend détenir, une connaissance que n'a pas l'homme de la rue. Certes, à l'opposé d'Hébert qui est un authentique révolutionnaire, l'imposteur travaille dans le simulacre. Mais ce simulacre reproduit une réalité : la distance sociale qui sépare les savants du « citoyen ordinaire ». On peut même dire que les imposteurs se réfèrent à un

19. Rupert SHELDRAKE, *Une nouvelle science de la vie*, *op. cit.*
20. Roland BARTHES, *Le Degré zéro de l'écriture*, Seuil, Paris, 1953 et 1972.

modèle social dans lequel les détenteurs du savoir occupent une position dominante. Précisément le modèle induit par la sélection scolaire qui, dès les débuts de la scolarité, tend à séparer ceux qui réussiront des autres, l'élite du tout-venant. En ce sens, les imposteurs ne sont assurément pas de grands révolutionnaires.

L'herméneutique de la gravitation quantique

Le charabia des imposteurs marque donc la frontière entre les savoirs évolués et la connaissance commune, en même temps qu'il signale la distance sociale entre ceux qui savent et les autres. Cette double fonction a été illustrée par une « imposture expérimentale » due à Alan Sokal, professeur de physique à l'université de New York. Au printemps 1996, une revue américaine respectée, *Social Text*, a publié un article de Sokal au titre étrange : « Transgresser les frontières : vers une herméneutique transformative de la gravitation quantique [21]. » Peu après, Sokal révélait que son article était un canular, une parodie des textes qui prolifèrent dans les revues culturelles à la mode.

L'article est bourré d'absurdités et d'illogismes, étayés par un habile montage de citations, toutes authentiques, d'intellectuels français prestigieux, comme Gilles Deleuze, Jacques Derrida, Félix Guattari, Jacques Lacan, Bruno Latour, Edgar Morin, Paul Virilio, etc. Il est difficile de résumer ce texte foisonnant et ébouriffant, mais l'idée centrale se rapproche de celle des psirites de la leçon 8 (Bohm, Capra et Sheldrake figurent d'ailleurs en bonne place parmi les auteurs cités). En substance, Sokal affirme que la réalité objective est une convention sociale ; il tourne en dérision le « dogme » dépassé selon lequel « il existe un monde extérieur à notre conscience, dont les propriétés sont indépendantes de tout individu et même de l'humanité tout entière » ; il affirme à l'inverse que « la "réalité" physique, tout autant que la "réalité" sociale, est fondamentalement une construction linguistique et sociale ».

Bref, il n'y a pas vraiment de réalité. Par un enchaînement logique échevelé, Sokal en arrive à la conclusion que la « distinction entre l'observateur et l'observé » est en passe de disparaître, de sorte que « le π d'Euclide et le G de Newton, qu'on croyait jadis constants et

21. Alan SOKAL, « Transgressing the boundaries : toward a transformative hermeneutics of quantum gravity », *Social Text*, vol. 46-47, printemps-été 1996, p. 217-252. Je reprends ici la traduction donnée par Alan Sokal et Jean Bricmont dans le livre cité ci-après.

universels, sont maintenant perçus dans leur inéluctable historicité ». Le nombre π ne serait donc pas, comme nous l'avons appris en classe, le rapport invariable de la circonférence d'un cercle à son diamètre, dont la série des décimales – ou plutôt le début de cette série – orne une salle du Palais de la Découverte, et dont une valeur approchée est 3,14. Ce nombre « utile aux sages [22] », ce nombre mythique, ne serait en fait qu'une contingence historique dépendant de l'époque, du lieu, du régime politique, voire, pourquoi pas, de l'âge du capitaine ! Nullement ébranlé par cette perspective – qu'il a l'habileté de ne pas souligner de manière trop voyante –, Sokal démontre ensuite que le champ morphogénétique de Sheldrake est la « contrepartie quantique du champ gravitationnel d'Einstein ».

Ça ne veut strictement rien dire, mais ça continue pendant des dizaines de pages, toujours selon le même procédé : des citations hors contexte, assez obscures, et très discutables, enchâssées dans un discours qui juxtapose les concepts les plus hermétiques pour en tirer des propositions dont l'énormité est tempérée par la formulation ésotérique. Pour qui le lit attentivement, non seulement le texte ne tient pas debout, mais il est parsemé de plaisanteries qui ne laissent pas de doute sur son caractère parodique. Dans un passage ou Sokal souligne que les spécialistes de la physique des hautes énergies n'aiment pas que les biologistes « marchent sur leurs plates-bandes », il indique en note : « Pour un autre exemple de l'effet "plates-bandes", voir Chomsky (1977, p. 35-36). » Ce qui est d'autant plus savoureux que le texte de Chomsky existe bien, mais dit le contraire de ce que suggère la parodie (en fait, toutes les références sont rigoureusement exactes, à deux clins d'œil près : un texte est censé être « édité » par Jacques Toubon et un autre par des nationalistes catalans).

Ailleurs, Sokal observe que « la *topologie du sujet* de Lacan a été appliquée fructueusement à la critique cinématographique et à la psychanalyse du sida », et ajoute que, « en termes mathématiques, Lacan fait remarquer ici que le premier groupe d'homologie de la sphère est trivial, alors que ceux des autres surfaces sont profonds ». On ne voit pas vraiment le rapport mais, là encore, les références sont exactes.

---

22. Les trente et un premiers chiffres de π, soit 3,1415926535897932384626433832795, peuvent se mémoriser grâce au quatrain suivant, dont le nombre de lettres de chaque mot correspond aux chiffres successifs :

Que j'aime à faire apprendre ce nombre utile aux sages
Immortel Archimède, artiste, ingénieur
Qui de ton jugement peut briser la valeur ?
Pour moi, ton problème eut de pareils avantages.

Sokal s'amuse aussi à commenter une citation dans laquelle l'historien Robert Markley met dans le même sac la théorie des nombres complexes et celle du chaos, apparemment sans réaliser que la première remonte au début du XIXe siècle alors que la seconde date des années 1970. Dans une note ironique, Sokal écrit que la théorie des nombres complexes « est une branche nouvelle et encore spéculative de la physique mathématique », ce qui est évidemment faux. Dans une autre note, Sokal pastiche les sociologues des sciences tendance postmoderne, à propos d'un livre du mathématicien Laurent Schwartz intitulé *Les Mesures de Radon* : « Bien que techniquement fort intéressant, ce livre est marqué, comme le montre clairement son titre, par la vision du monde favorable à l'énergie nucléaire qui a caractérisé la gauche française des années soixante. » Sokal donne là un indice supplémentaire du caractère parodique de son article. En effet, le livre n'a rien à voir avec l'énergie nucléaire. Les « mesures » dont il est question sont un concept de mathématiques pures, et Radon est le nom d'un mathématicien.

En résumé, il était impossible à un lecteur ayant une honnête culture scientifique de lire l'article sans se rendre compte que c'était un canular. Et pourtant, il a été accepté et publié ! Qui plus est, dans un numéro spécial de la revue qui avait pour objectif de répondre aux critiques de certains scientifiques contre le « postmodernisme ». Ce courant intellectuel en vogue est caractérisé par un rejet de la tradition rationaliste des Lumières et un relativisme extrême – en gros l'idée que les théories scientifiques sont des « constructions sociales », sans objectivité hors du groupe qui les produit. Sokal, qui conteste le courant postmoderne, a écrit son article parodique pour tourner ces idées en dérision. Or, *Social Text* a publié l'article parce qu'il semblait défendre l'opinion de la revue, alors que c'était un canular destiné à la ridiculiser. « Il était difficile, pour les éditeurs de *Social Text*, de se livrer à une autoréfutation pratique plus radicale qu'en publiant cet article, et dans ce numéro spécial ! », écrit Sokal[23].

Le plus étonnant est que le canular ait marché. Comment l'expliquer ? Les nombreuses citations d'auteurs respectés crédibilisent l'article. Son style obscur le rend difficilement discutable : si certaines propositions sont à l'évidence absurdes, d'autres sont formulées de telle manière qu'il est impossible de savoir ce qu'elles signifient exactement. Même peu claire, l'orientation générale va dans le sens attendu par les éditeurs. L'article s'ouvre par un éloge appuyé des analyses « postmodernes » de la physique et de la

23. Alan SOKAL et Jean BRICMONT, *Impostures intellectuelles*, Odile Jacob, Paris, 1997.

critique de la « métaphysique cartésiano-newtonienne ». Le propos se rapproche de celui d'un Patrice van Eersel, mais il est formulé dans un style universitaire et accompagné de citations d'un des éditeurs de *Social Text* et d'auteurs proches des idées de la revue. Sokal multiplie les références en forme de révérences et prend soin de mentionner tous les clichés postmodernes sur les sciences de la nature, tels que le rôle du « climat culturel », la perte de l'« objectivité », les « implications politiques » de l'espace-temps, l'importance de la pensée « non linéaire » et le « sexisme » des mathématiques. Ayant déclaré son allégeance à ceux qu'il veut séduire, Alan Sokal peut se livrer à toutes sortes de facéties sans heurter l'intelligence des éditeurs, ce qui en dit long sur la fatuité d'un certain milieu académique. Manifestement, les sources citées importent plus que le contenu du texte et même que son exactitude factuelle, comme l'illustrent les exemples de Radon ou des nombres complexes (il y en a d'autres).

En résumé, « tout le texte illustre ce que David Lodge appelle une "loi de la vie académique : il est impossible d'exagérer lorsqu'on flatte ses pairs" [24] ».

De l'organe érectile en mathématiques

Dans la foulée de son article canular, Alan Sokal a écrit, avec Jean Bricmont, *Impostures intellectuelles*, un livre tonique et décapant qui épingle l'abus réitéré de termes provenant des sciences physico-mathématiques pratiqué par des auteurs comme Jean Baudrillard, Gilles Deleuze, Félix Guattari, Julia Kristeva, Jacques Lacan ou Paul Virilio [25]. Tous figurent parmi les « intellectuels français les plus renommés de notre époque » et leur œuvre « a été un important produit d'exportation, surtout vers les États-Unis ». On reste confondu de constater que ces sommités se servent de termes scientifiques sophistiqués pour raconter à peu près n'importe quoi, atteignant, selon Sokal et Bricmont, le « niveau de l'imposture ». Tout y passe : la théorie des catastrophes, celle du chaos et celle de la complexité (que Markstein confond avec les nombres complexes), la relativité, la topologie, l'axiome du choix, le théorème de Gödel…

---

24. *Ibid.*

25. Notons que la critique de ces abus n'est qu'un des objectifs poursuivis par Sokal et Bricmont : ils se livrent également à une attaque en règle de la nouvelle sociologie des sciences, représentée notamment par Bruno Latour. Une attaque plus discutable et qui a d'ailleurs donné lieu à un autre livre en réponse : Baudouin JURDANT (dir.), *Impostures scientifiques. Les malentendus de l'affaire Sokal*, La Découverte, Paris, 1998.

Les procédés rhétoriques employés sont les mêmes que ceux des psirites ou de Sheldrake : sortis de leur contexte, les mots du langage scientifique sont enrôlés au service d'un discours qui joue sur les doubles sens, les calembours, les métaphores et les analogies. Même lorsqu'il est possible d'attribuer un sens à ce discours, il n'a de toute façon aucun rapport avec les concepts sur lesquels il prétend s'appuyer.

Prenons, par exemple, un passage où Julia Kristeva affirme que le langage poétique, qu'elle appelle « lp », est un système formel qui relève de la théorie des ensembles : « Le lp ne peut pas être, par conséquent, un sous-code. Il est le code infini ordonné, un système complémentaire de codes dont on peut isoler (par abstraction opératoire et en guise de démonstration d'un théorème) un langage usuel, un métalangage scientifique et tous les systèmes artificiels de signes – qui, tous, ne sont que des sous-ensembles de cet infini, extériorisant les règles de son ordre sur un espace restreint (leur puissance est moindre par rapport à celle du lp qui leur est surjecté) [26]. »

Ce paragraphe ne veut strictement rien dire, ce qui lui évite d'être erroné. Un peu plus loin, Kristeva cite un théorème de la théorie des ensembles de Gödel-Bernays, développée entre 1937 et 1940, et enchaîne : « Lautréamont était un des premiers à pratiquer consciemment ce théorème. »

« La notion de constructibilité qu'implique l'axiome du choix associé à tout ce que nous venons de poser pour le langage poétique, explique l'impossibilité d'établir une contradiction dans l'espace du langage poétique. Cette constatation est proche de la constatation de Gödel concernant l'impossibilité d'établir la contradiction d'un système par des moyens formalisés dans ce système. »

Notons que Lautréamont est mort en 1870, plus de soixante ans avant que soit formulé le théorème cité par Kristeva. Par ailleurs, l'« axiome du choix » n'implique aucune notion de constructibilité : il dit que si l'on a une collection d'ensembles, dont chacun contient au moins un élément, alors il existe un ensemble, appelons-le C, qui contient un élément de chacun des ensembles de départ. L'axiome du choix affirme qu'un tel ensemble C existe même si l'on ne sait pas comment le construire : le contraire de ce qu'écrit Kristeva. Quant à Gödel, il a démontré que toute théorie mathématique au moins aussi complexe que l'arithmétique contient des propositions « indécidables », c'est-à-dire qui ne peuvent être démontrées à partir des axiomes de la théorie. On ne peut pas démontrer que ces propositions indécidables *ne contredisent pas* les axiomes de la théorie : c'est la

26. Julia KRISTEVA, *Σημειωτική : recherches pour une sémanalyse*, Seuil, Paris, 1969.

non-contradiction qui ne peut pas être établie, non la contradiction, soit encore une fois le contraire de ce qu'écrit Kristeva (le maniement de la double négation est un piège logique redoutable, le lecteur n'est pas sans l'ignorer...).

L'essai de Julia Kristeva visé par Sokal et Bricmont contient beaucoup d'autres bourdes. Pour être juste, il faut ajouter que Kristeva a abandonné depuis longtemps son approche mathématique du langage poétique. Peut-être ne s'agissait-il que d'une erreur de jeunesse. Cependant, le théorème de Gödel et la théorie des ensembles restent une source inépuisable d'abus intellectuels. Avant d'y revenir, arrêtons-nous sur les élucubrations mathématiques de Jacques Lacan, qui constituent une performance sans doute inégalée dans le domaine de la fumisterie intellectuelle. En voici deux échantillons particulièrement savoureux.

Le premier est extrait d'un séminaire de 1959 : « Si vous me permettez d'utiliser l'une des formules qui me viennent quand j'écris mes notes, la vie humaine pourrait être définie comme un calcul dans lequel le zéro serait irrationnel. Cette formule n'est qu'une image, une métaphore mathématique. Quand je dis "irrationnel", je ne me réfère pas à quelque état émotionnel insondable, mais précisément à ce qu'on appelle un nombre imaginaire. La racine carrée de moins un ne correspond à rien qui soit sujet de notre intuition, rien de réel – au sens mathématique du mot –, et néanmoins, il doit être conservé, avec toute sa fonction. » Ici, le célèbre psychanalyste confond les nombres irrationnels et les nombres imaginaires, tout en prétendant être précis. La racine carrée de 2 est un nombre irrationnel, celle de – 1 un nombre imaginaire. Zéro n'est ni l'un ni l'autre et si quelqu'un est capable d'expliquer ce que veut dire Lacan, la maison lui offre le champagne.

Dans le second passage, tiré d'un séminaire tenu en 1960, notre auteur découvre un sens inattendu à la racine carrée de – 1 : « C'est ainsi que l'organe érectile vient à symboliser la place de la jouissance, non pas en tant que lui-même, ni même en tant qu'image, mais en tant que partie manquante à l'image désirée : c'est pourquoi il est égalable au $\sqrt{-1}$ de la signification plus haute produite, de la jouissance qu'il restitue par le coefficient de son énoncé à la fonction de manque de signifiant : (– 1). » Commentaire de Sokal et Bricmont : « Là, nous reconnaissons qu'il est préoccupant de voir notre organe érectile identifié à $\sqrt{-1}$. Cela nous fait penser à Woody Allen qui, dans *Woody et les robots*, s'oppose à la reprogrammation de son cerveau : "Vous ne pouvez pas toucher à mon cerveau, c'est mon deuxième organe préféré !" ».

Au-delà de l'aspect comique, Lacan pousse à un degré caricatural les travers du mandarinat à la française. Ses formules abracadabrantesques sont de purs jeux de langage. Elles ne signifient rien, sauf ceci : « Je suis le maître et vous êtes les disciples, et en tant que maître je dis ce qui me passe par la tête. » La vénération quasi religieuse des disciples de Lacan pour la pensée du maître a eu de lourdes conséquences sur la psychanalyse, mais c'est une autre histoire.

Venons-en à un auteur plus récent, Paul Virilio, penseur de la technique, de la communication et de la vitesse. Dans *L'Espace critique* (1984), il définit « l'*espace dromosphérique*, l'espace-vitesse », lequel est « physiquement décrit par ce qu'on appelle l'"équation logistique", résultat du produit de la masse déplacée par la vitesse de son déplacement (M × V) ». Seul problème : l'équation logistique, utilisée notamment en théorie des populations, n'a rien à voir avec M × V, qui représente la « quantité de mouvement » en mécanique classique… Ailleurs vient l'inévitable allusion au théorème de Gödel : « Avec cette dérive des figures et des figurations géométrales, l'effraction des dimensions et les mathématiques transcendantales, nous atteignons des sommets "surréalistes" de la théorie scientifique, sommets qui culminent, me semble-t-il, avec le théorème de Kurt Gödel : *la preuve existentielle*, méthode qui prouve mathématiquement l'existence d'un objet sans le produire. »

Or, justement, tout l'intérêt du théorème de Gödel est qu'il construit explicitement une proposition qui ne peut être ni démontrée ni infirmée dans le système où elle est formulée : c'est en quelque sorte l'inverse de la situation de l'axiome du choix, lequel affirme que l'ensemble C existe bien que l'on ne sache pas forcément le construire. Gödel est constructiviste, l'axiome du choix ne l'est pas. Kristeva et Virilio ont tout inversé. Décidément, nos intellectuels n'ont pas de chance avec les mathématiques…

La science est-elle soluble dans le langage ?

Avant que le lecteur ne soit tenté de me taxer de francophobie galopante, je voudrais préciser que si je m'arrête sur le livre de Sokal et Bricmont, ce n'est pas parce que leurs principales cibles sont françaises, mais parce que ces intellectuels français ont une notoriété mondiale. En particulier, ils sont considérés comme des références aux États-Unis, notamment par le courant postmoderne qui s'est largement appuyé sur leurs écrits (bien que ces auteurs français ne soient pas tous postmodernes). De ce fait, leur influence prend un caractère exemplaire dans la perspective qui nous intéresse, celle de l'élucidation des discours pseudo-scientifiques. On peut en partie attribuer cette influence à des facteurs socioculturels comme le mandarinat, la persistance d'un scientisme « religieux » ou les carences de l'enseignement. Mais le succès transatlantique de nos intellectuels tient aussi à ce que la manière dont ils traitent – ou maltraitent – les sciences crédibilise les idées postmodernes.

Pour s'en convaincre, il suffit de lire cette citation de Robert Markley : « La physique quantique, la théorie du bootstrap hadronique, la théorie des nombres complexes et la théorie du chaos ont en commun l'hypothèse de base selon laquelle la réalité ne peut être décrite en termes linéaires, que des équations non linéaires – et insolubles – sont le seul moyen possible pour décrire une réalité complexe, chaotique et non déterministe. Ces théories postmodernes sont toutes – et ceci est significatif – métacritiques en ce sens qu'elles se présentent comme métaphores plutôt que comme descriptions "fidèles" de la réalité [27]. »

Passons sur le fait que la théorie du chaos n'est nullement incompatible avec le déterminisme : elle a été élaborée à partir de considérations sur les phénomènes météorologiques, qui sont parfaitement déterministes, même si on ne peut les prévoir (parce qu'il est impossible de connaître avec assez de précision l'état initial d'un système météorologique). Le plus intéressant est que pour Markley les sciences « postmodernes » sont des *métaphores*. Nous voilà ramenés aux boutons de manchettes de Groucho Marx.

Bien sûr, si la science est faite de métaphores, on est fondé à estimer qu'elle appartient au champ du langage ordinaire, de la parole, du récit. Rien n'interdit, dès lors, de traiter les concepts scientifiques comme des mots de la langue courante, et de sortir toutes sortes de lapins sémantiques du chapeau rhétorique. On voit ici apparaître une convergence entre le discours pseudo-scientifique et les postmodernes, dont les propos pédants ne sont qu'une reformulation au goût du jour d'airs de pipeau connus de longue date.

À titre d'illustration, considérons un montage de citations extraites de *L'Univers miroir*, le livre déjà cité de John Briggs et David Peat : « La science et sa sœur, la technologie, sont pleines de surprises – tant qu'il devient difficile d'être encore surpris. Trous noirs, ingénierie génétique, puces d'ordinateur microscopiques – et ensuite ? Nous sommes prêts à tout. Les théories et les produits de la science se sont depuis longtemps fermement établis dans notre

27. Cité dans Alan SOKAL et Jean BRICMONT, *op. cit.*

paysage, proliférants et changeants comme le profil d'une cité sous le ciel. […]

« Mais ces derniers temps, faiblement, le sol a grondé, la lumière a changé : signes mystérieux. D'étranges témoignages nous parviennent de gens qui travaillent dans le sous-sol, dans les structures les plus profondes de la cité, annonçant qu'ils ont peut-être découvert quelque chose, mis en branle des processus qui pourraient changer radicalement la cité et tous ceux qui l'habitent. Ces théoriciens qui nous apportent des témoignages, nous les appelons les hommes de la science du miroir. […] [Leur message] est en fait assez simple : l'univers fluide et tourbillonnant est un miroir. […]

« Nous nous glissons par la fissure ouverte dans la vision traditionnelle de la science jusqu'à un étroit tunnel, et nous avançons la tête dans un paysage enveloppé de brume – miroitant, infiniment subtil, et nouveau. »

Dans ce paysage brumeux, « observateur et observé semblent s'influencer mutuellement, l'homme de science pareil à un tourbillon essayant d'étudier l'écoulement de l'eau. Ici, nous avons laissé derrière nous […] un univers où l'observateur *observe* l'observé, pour entrer dans un miroir, un univers où, d'une certaine façon (c'est une région que nous ne distinguons que très confusément), *l'observateur est l'observé*. […]

« En découvrant cet univers, Bohm a également découvert une surprenante relation entre carte et terrain. Pour le miroir, il ne peut y avoir de carte définitive, car nos cartes *sont* le miroir. Notre cartographie change le terrain même, et le terrain à son tour change notre carte. Cartes, cartographies et terrains tournoient l'un autour de l'autre comme le tourbillon dans une rivière qui exprime le tout. »

Car, dans le monde du miroir, « tout est cause de tout le reste. Ce qui se passe n'importe où affecte ce qui se passe partout ». L'observateur fait des expériences, mais « il est également ces expériences. Il est aussi l'observé, le visage dans le miroir ».

Le ton de Briggs et Peat est assez différent de celui de Markley et des postmodernes. Il évoque plutôt le « réalisme fantastique » de Bergier et Pauwels, accommodé à la sauce *New Age* et épicé d'un zeste de prophétisme (des « signes mystérieux » annoncent un changement radical). Ajoutons que Briggs et Peat ne craignent pas le choc des métaphores : faire tourbillonner un miroir est pour le moins risqué ; et si l'observateur est le visage dans le miroir, comment fait-il pour ne pas se cogner le nez sur la glace ? Quant à l'homme de science « tourbillon essayant d'étudier l'écoulement de l'eau », l'idée n'est peut-être pas si nouvelle que ça : l'initiation mathématique des écoliers ne passait-elle pas autrefois par des problèmes de robinets ?

En fait, Briggs et Peat enchaînent les métaphores sans le moindre souci de logique. Ainsi la carte est le miroir, et l'univers aussi est le miroir ; donc la carte est l'univers. Mais alors, qui a dressé cette carte ? Qui la lit ? Un observateur transcendant, situé en dehors de l'univers ? Impossible, puisque l'observateur est ce qu'il observe. Bien sûr, ce texte est d'une confusion extrême. Pourtant, les idées principales sont les mêmes, encore que formulées de manière caricaturale, que celles des postmodernes : l'observateur ne se distingue pas de ce qu'il observe, il n'y a pas de réalité objective, et la science fonctionne comme une métaphore.

Mais pourquoi l'explication scientifique n'est-elle pas une métaphore ? Pourquoi doit-on distinguer le langage scientifique de la langue courante ? Pourquoi l'ordre des mots n'est-il pas le même que celui du monde ?

La carte n'est pas le terrain

Briggs et Peat, comme les postmodernes, décrivent un monde d'images, un univers de métaphores structuré comme un langage, à l'instar de l'inconscient selon Lacan. Cet univers n'est pas celui de la science, mais celui du mythe. Une théorie scientifique n'est pas un récit ou une fable. La mécanique quantique ne raconte pas l'histoire de l'électron. Elle décrit le comportement de l'électron dans un certain cadre. L'électron est lui-même un concept abstrait qui décrit une classe d'objets identifiables expérimentalement, comme par exemple le concept de « chêne » ne désigne pas un chêne précis mais tous les chênes possibles. La théorie scientifique est une carte qui nous permet de lire un certain ordre dans l'univers. Pour dresser la carte, il faut d'abord repérer le terrain, le décrire, puis transposer cette description sous forme d'une représentation plane. La « carte » scientifique est donc une description au second degré, la description d'une description. Elle nécessite, pour être dressée, un échafaudage logique, mathématique et expérimental. Le langage scientifique décrit la carte, non le monde lui-même.

Rabattre le second degré sur le premier, c'est confondre la carte et le terrain, le réel avec ce que la théorie nous permet de connaître du réel. Dans le système de Briggs et Peat, la carte *est* le terrain. Mais alors, autant dire que le réel est fait de mots. « Et pourquoi le réel ne serait-il pas fait de mots ? », pourraient répondre Briggs et Peat. Difficile de prendre en défaut un discours si parfaitement refermé sur ses propres paradoxes qu'il décourage toute analyse rationnelle. On objectera que la science est censée être rationnelle. Seulement voilà, nos auteurs prophétisent la « fin de la science rationnelle ». N'y a-t-il plus qu'à tirer l'échelle ? Pas tout à fait.

D'après Briggs et Peat, l'un des indices qui annoncent la fin de la science rationnelle date de 1931. Cette année-là, le logicien Kurt Gödel démontrait le fameux théorème dont il a été question plus haut. Comme il a été déjà indiqué, le théorème de Gödel énonce que l'arithmétique – et toute théorie mathématique au moins aussi complexe que l'arithmétique – contient des propositions « indécidables », dont on ne peut pas dire si elles sont vraies ou fausses. Mathématiquement, « indécidable » signifie : « Qui ne peut être démontré à partir des axiomes de la théorie. » Le théorème de Gödel entraîne qu'il existe des énoncés d'arithmétique qui paraissent intuitivement vrais mais qu'on ne peut démontrer. En particulier, l'un de ces énoncés est celui qui affirme que l'arithmétique ne se contredit pas elle-même. Autrement dit, on ne peut pas démontrer « de l'intérieur de l'arithmétique » que l'arithmétique ne se contredit pas. Pour démontrer la non-contradiction de l'arithmétique, il faut établir que ses axiomes sont consistants entre eux, et cela ne peut se faire qu'en se plaçant dans une « théorie de l'arithmétique », une « méta-arithmétique » qui « transcende » l'arithmétique.

Cela peut sembler un peu abstrait, mais on peut illustrer le problème à l'aide d'un paradoxe du langage courant comme celui du menteur qui dit : « Je mens. » Si le menteur ment tout le temps, il ne peut pas avoir dit la vérité en affirmant qu'il ment ; et s'il dit la vérité, ce n'est pas un menteur. L'affirmation du menteur est « indécidable ». On ne peut dire si elle est vraie ou fausse en restant à l'intérieur du système où elle est formulée. De la même façon, tout énoncé autoréférent, c'est-à-dire qui fait allusion à lui-même, produit des effets paradoxaux, comme celui-ci : « Cette phrase n'est pas celle que vous êtes en train de lire. » Ou encore : « La phrase que vous êtes en train de lire n'est pas la dernière de son paragraphe. »

Dans un langage mathématique formalisé, on peut introduire des règles pour éliminer ce genre de paradoxes. Dans le langage ordinaire, ils produisent du sens, même si ce sens est contradictoire. Le langage naturel permet la contradiction, alors que les mathématiques reposent sur la non-contradiction. C'est pourquoi, lorsque Gödel a démontré qu'on ne pouvait pas prouver la non-contradiction de l'arithmétique – du moins à l'aide des axiomes de l'arithmétique –, ce résultat a eu un impact profond sur les mathématiciens et sur leur discipline. Mais l'édifice mathématique ne s'est pas pour autant écroulé. Au contraire, les travaux de Gödel et d'autres ont renforcé les fondements logiques des mathématiques.

Dans la rhétorique démente de Briggs et Peat, le théorème de Gödel devient un procédé surréaliste pour élever des lapins : « Pour l'homme de science ou le mathématicien dotés d'une formation classique, [le théorème de Gödel] revenait à dire que si on mettait un couple de lapins dans un enclos isolé et qu'on les laissait se reproduire, il pourrait y avoir plusieurs générations de lapereaux qui seraient frères et sœurs d'autres lapins de l'enclos, mais n'auraient aucun lien de parenté avec le couple original. Certains de ceux qui ont médité la preuve de Gödel sont convaincus qu'il s'agit là d'un des nombreux faits annonçant la fin de la science rationnelle. »

Comment Briggs et Peat en arrivent-ils à cette conclusion ? Dans leur métaphore, le couple de lapins initial représente les axiomes d'une théorie ; les descendants sont les théorèmes et propositions que l'on peut déduire de ces axiomes ; et les lapereaux sans lien de parenté avec le couple initial, les propositions indécidables. On voit tout de suite ce qui cloche : si la naissance d'un lapereau est équivalente à la démonstration d'un théorème, ce lapereau est forcément issu du couple initial ou de ses descendants ; les « lapereaux indécidables » ne peuvent pas avoir été engendrés par le même processus, et ils ne peuvent pas être les frères et sœurs d'autres lapins de l'enclos. Ils viennent forcément d'un autre enclos. Ou alors, ils ne sont pas encore nés. Évidemment, à propos de ce qui n'existe pas, on peut dire n'importe quoi. Bref, Briggs et Peat nous fournissent un nouvel exemple d'abus de métaphore, mais ils ne nous montrent pas en quoi le théorème de Gödel marque la fin de la raison.

Si l'on veut absolument donner une interprétation intuitive du théorème de Gödel, elle irait plutôt dans le sens de la rationalité. Que nous dit Gödel ? Qu'un système formel, logique, ne peut pas tout démontrer. Il a une limite, un « dehors » et un « dedans ». Cette limitation constitue le meilleur des garde-fous. Une logique folle, c'est une logique qui ne connaît aucune limite, qui ne renvoie qu'à elle-même, qui tourne à vide dans le vertige de l'autoréférence. Le théorème de Gödel constitue une sorte d'antidote logique aux délires hallucinatoires et « totalisants » de la pseudo-science.

La « leçon » du théorème de Gödel, ce serait plutôt qu'il ne peut y avoir de discours « global », de théorie qui explique le réel de A à Z. Toute théorie est incomplète. Elle ne peut se décrire elle-même ni prouver sa propre vérité. Il n'y a que dans le langage ordinaire que l'on peut répondre au Vraies Questions et transgresser les paradoxes logiques. Mais ce n'est pas ainsi que l'on construit des théories scientifiques.

Voilà, aussi, pourquoi la carte n'est pas le terrain : la carte renvoie à un lecteur qui la « transcende ». La glose sur la fin de la division cartésienne entre l'observateur et l'observé se heurte à un butoir logique : dans toute expérience de physique, qu'elle soit classique ou quantique, il y a un sujet qui manipule les instruments, note les résultats, les interprète. Un sujet capable d'analyser l'expérience, d'en faire le compte rendu, de la raconter. Aucune facétie des photons jumeaux ne transformera jamais le physicien Alain Aspect en un tourbillon évoluant « dans une rivière qui exprime le tout ».

Les rivières n'expriment rien, elles coulent. C'est le langage qui exprime le sens créé par notre pensée. Mais exprimer n'est pas agir. Dans l'empire du sens, les miroirs peuvent tourbillonner sans se briser et les lapins surgir par génération spontanée. Pas dans la réalité. Les mots ont tous les pouvoirs, sauf celui d'être ce qu'ils désignent. Comme le dit Alfred Korzybski : « Le mot chien ne mord pas. »

Exercices

1. *a)* J'ai 4 sucettes dans ma poche droite et 9 caramels dans ma poche gauche. Quel est l'âge de mon papa ?
b) Dans une bergerie, il y a 125 moutons et 5 chiens. Quel est l'âge du berger ?
c) Un berger a 360 moutons et 10 chiens. Quel est l'âge du berger ?
d) Dans une classe, il y a 12 filles et 13 garçons. Quel est l'âge de la maîtresse ?
e) Dans un bateau, il y a 36 moutons. 10 tombent à l'eau. Quel est l'âge du capitaine ?
f) Il y a 7 rangées de 4 tables dans la classe. Quel est l'âge de la maîtresse ?
Remarque : ces exercices ont été proposés par écrit aux élèves de sept classes de cours élémentaire et de six classes de cours moyen, assortis de la question : que penses-tu de ce problème ? Selon Stella Baruk, sur 171 élèves de cours élémentaire, 20 disent qu'on ne peut pas répondre, et sur 118 de cours moyen, 74.

2. Transcrivez le passage de Sheldrake sur le « champ moteur de l'alimentation » (p. 298) en remplaçant systématiquement le terme « forme » par « hémorroïde ». Le texte devient-il plus ou moins signifiant que dans sa version initiale ?

Leçon 10

Réfutable, point ne seras

« “Venez donc le voir !”, s’écrièrent les deux frères en prenant, chacun par une main, Alice, pour la mener là où le Roi dormait.

“N’est-il pas *adorable ?*”, demanda Twideuldeume.

En toute honnêteté, Alice ne pouvait dire qu’elle trouvât qu’il le fut. Il avait, sur la tête, un grand bonnet de nuit rouge orné d’un gland et il gisait ratatiné en une sorte de tas malpropre. En outre, il ronflait bruyamment : “À s’en faire sauter le cabochon !”, comme le fit remarquer Twideuldeume.

“J’ai peur qu’il ne prenne froid, à rester ainsi couché sur l’herbe humide”, dit Alice, qui était une petite fille très prévenante.

“Il est présentement en train de rêver, dit Twideuldie ; et de quoi croyez-vous qu’il rêve ?”

“Nul ne peut deviner cela”, répondit Alice.

“Allons donc, il rêve de *vous* !”, s’exclama Twideuldeume en battant des mains d’un air triomphant. “Et s’il cessait de rêver de vous, où croyez-vous donc que vous seriez ?”

“Où je me trouve à présent, bien entendu”, dit Alice.

“Jamais de la vie !”, répliqua d’un air de profond mépris Twideuldie. “Vous ne seriez nulle part. Vous n’êtes qu’une espèce d’objet figurant dans son rêve !”

“Si le Roi ici présent venait à se réveiller”, ajouta Twideuldeume, “vous vous trouveriez soufflée – pfutt ! – tout comme une chandelle !”

"Ce n'est pas vrai !", s'exclama avec indignation Alice. "Du reste, si, *moi*, je ne suis qu'une espèce d'objet dans son rêve, j'aimerais savoir ce que vous, vous êtes."

"Dito", fit Twideuldeume.

"Dito, dito !", répéta Twideuldie.

Il cria si fort qu'Alice ne put s'empêcher de dire : "Chut ! vous allez le réveiller, je le crains, si vous faites tant de bruit."

"Allons donc, comment pouvez-vous parler de le réveiller", répartit Twideuldeume, "alors que vous n'êtes qu'un des objets figurant dans son rêve. Vous savez fort bien que vous n'êtes pas réelle."

"Bien sûr que si, que je suis réelle !", protesta Alice en se mettant à pleurer.

"Ce n'est pas en pleurant que vous vous rendrez plus réelle", fit remarquer Twideuldie ; "et il n'y a pas là de quoi pleurer."

"Si je n'étais pas réelle", dit Alice – en riant à demi à travers ses larmes, tant tout cela lui semblait ridicule – "je ne serais pas capable de pleurer."

"J'espère que vous ne prenez pas ce qui coule de vos yeux pour de vraies larmes ?", demanda Twideuldeume sur le ton du plus parfait mépris [1]. »

Le paradoxe du rêveur

Comme c'est souvent le cas chez Lewis Carroll, les facéties de Twideuldeume et Twideuldie, qu'Alice rencontre *De l'autre côté du miroir*, illustrent, sous la forme d'un conte amusant, un paradoxe logique, en l'occurrence le problème du rêveur qui cherche à sortir d'un mauvais rêve. Le problème vient de ce que tout ce que dit ou fait le rêveur se trouve « à l'intérieur » du rêve. Twideuldeume et Twideuldie enferment Alice dans un cadre sur lequel elle n'a pas prise. Elle a beau savoir qu'elle est réelle, elle n'a aucun moyen d'en convaincre les deux frères infernaux. À l'opposé, ce sont eux qui sèment le doute dans son esprit, au point qu'elle en vient à redouter que le Roi rouge ne se réveille. Imaginons même que le Roi finisse par se réveiller, sans pour autant qu'Alice ni les deux frères ne disparaissent. Elle pourrait alors affirmer triomphalement qu'elle est bien réelle, puisqu'elle n'a nullement été soufflée comme une chandelle par le réveil du Roi. Mais on devine ce que répondraient les deux

1. Lewis CARROLL, *Tout Alice*, traduction Henri Parisot, Garnier-Flammarion, Paris, 1979 (les noms des deux lutins, Tweedledum et Tweedledee, sont francisés dans la traduction).

lutins : ce « réveil » n'en est pas vraiment un, il fait partie du rêve, comme les larmes d'Alice. Suivant leur raisonnement vicieux, ils ajouteraient qu'Alice ne peut pas voir le vrai réveil du Roi car, à la seconde où s'interrompt le songe royal, elle cesse d'exister.

En d'autres termes, Twideuldeume et Twideuldie construisent un système qui ne peut être contredit par les faits, même si aux yeux d'Alice il existe des éléments bien réels qui détruisent la « théorie » des deux lutins. Remarquons la similarité entre cette « théorie » et celle de Philip Gosse, le naturaliste qui affirmait que les fossiles et les strates géologiques n'étaient qu'un décor mis en place par le Créateur (voir leçon 7). Un paléontologue qui engagerait une discussion avec Gosse se heurterait au même mur d'incompréhension qu'Alice avec les deux frères. Les fossiles et les sédiments démontrent que la Terre ne peut avoir été créée en sept jours ? Non, répond Gosse, car leur apparente ancienneté vient uniquement de ce qu'ils ont existé dans le temps « prochronique », c'est-à-dire dans la pensée de Dieu. Les canines du babiroussa n'ont pu acquérir leur forme recourbée qu'au terme d'une croissance longue et continue ? Cette croissance ne s'est pas produite dans le temps diachronique, celui du monde visible, mais dans l'Esprit du Créateur, objecte Gosse. Les crottes pétrifiées retrouvées dans les sédiments prouvent bien que des animaux réels ont existé au cours de la préhistoire ? Non, elles ont été déposées par Dieu pour parfaire sa « mise en scène ».

Les arguties de Philip Gosse peuvent faire sourire, mais une logique similaire, encore que formulée de manière moins comique, se retrouve dans les écrits des créationnistes actuels. Considérons, par exemple, un passage de Duane Gish, tête pensante du créationnisme si l'on en croit Stephen Jay Gould. Ce passage est extrait d'un livre qui conteste que les fossiles soient une preuve de l'évolution : « Par création, nous entendons l'apparition due à un Créateur surnaturel des espèces élémentaires de plantes et d'animaux, au moyen d'une création soudaine, d'un *fiat*. Nous ne savons pas comment le Créateur a créé, quelles méthodes Il a utilisé, *car Il a utilisé des méthodes qui n'opèrent plus à l'heure actuelle où que ce soit dans l'univers naturel* [italiques de l'auteur]. C'est pourquoi nous disons de la création qu'elle est spéciale. Nous ne pouvons découvrir par la recherche scientifique les méthodes créatrices qu'a utilisées le Créateur [2]. »

Aucun fait paléontologique ne peut infirmer la théorie de Gish, puisque par définition les méthodes divines échappent à

2. Extrait de *Evolution ? The Fossiles say no !*, cité dans Stephen Jay GOULD, *Quand les poules auront des dents, op. cit.*

l'investigation scientifique. Ce qui n'empêche pas les partisans de Gish de soutenir que le créationnisme est une théorie scientifique qui mérite qu'on lui accorde autant de temps que l'évolution dans le programme de biologie de fin d'études secondaires. Or, il manque au créationnisme, pour prétendre au statut de théorie scientifique, de satisfaire à une condition fondamentale : la théorie doit pouvoir être testée, confrontée à la réalité à travers des observations et des expériences, de telle manière que l'on puisse vérifier si ses affirmations sont conformes aux faits. En d'autres termes, la théorie doit être « réfutable ».

La science selon Karl Popper

Le discours de Twideuldeume et Twideuldie, la théorie de Philip Gosse ou celle des créationnistes ont en commun de décourager toute objection : on ne peut pas plus les contredire que le rêveur ne peut sortir de son rêve – du moins tant qu'il ne se réveille pas. La situation est différente pour une théorie physique comme la mécanique newtonienne. Cette théorie permet, notamment, de calculer les orbites des planètes du système solaire grâce à la loi de la gravitation de Newton et aux lois de Kepler. D'après ces lois, les orbites des planètes sont des ellipses dont on peut déterminer les dimensions précises (du moins jusqu'à un certain degré de précision). Si l'on peut envoyer une fusée sur la Lune ou une sonde sur Mars, c'est parce que les calculs de la mécanique céleste permettent de prédire les positions de la Lune et de Mars par rapport à la Terre, à un moment donné. Si l'on avait fait tous les calculs correctement et que la fusée était passée à 100 000 kilomètres de la Lune, on aurait conclu que la mécanique newtonienne était erronée

Cette possibilité de pouvoir être infirmée par l'expérience constitue l'un des principales propriétés qui caractérisent une théorie scientifique. On dit que la théorie est « réfutable », selon la terminologie introduite par l'Autrichien Karl Popper, l'un des maîtres de la philosophie des sciences contemporaines. Popper se posait la question de savoir comment distinguer les théories scientifiques des autres. Quel critère permettait d'établir le statut scientifique d'une théorie ?

Popper s'était attelé à ce problème dès l'automne 1919. Il allait y consacrer la majeure partie de son œuvre, notamment deux ouvrages d'une importance capitale, *La Logique de la découverte scientifique* et *Conjectures et Réfutations* [3]. Dans ce dernier, d'où sont extraites les citations qui suivent, il précise l'objet de sa recherche : « Ce qui me préoccupait à l'époque n'était pas le problème de savoir "quand une théorie est vraie", ni même "quand celle-ci est recevable". La question que je me posais était autre. Je voulais distinguer *science et pseudo-science*, tout en sachant pertinemment que souvent la science est dans l'erreur, tandis que la pseudo-science peut rencontrer inopinément la vérité. »

Popper remarque que le critère classique, selon lequel la science repose sur l'observation et l'expérience, ne suffit pas : « Au contraire, j'avais affirmé à maintes reprises que le problème consistait pour moi à distinguer entre méthode authentiquement empirique et méthode non empirique, voire pseudo-empirique – c'est-à-dire qui ne répond pas aux critères de la scientificité bien qu'elle en appelle à l'observation et à l'expérimentation. Cette seconde méthode est à l'œuvre, par exemple, dans l'astrologie, avec son étonnant corpus de preuves empiriques fondées sur l'observation – horoscopes et biographies. »

Quelle est la différence entre preuve scientifique et une « preuve » de l'astrologie ? La première est non seulement une preuve, mais une véritable *mise à l'épreuve* de la théorie. Ainsi, la relativité générale prévoit qu'un champ de gravitation induit une courbure de la lumière : un rayon lumineux qui passe en rasant un corps céleste est dévié vers ce dernier. Cette déviation peut être détectée en photographiant les étoiles lors d'une éclipse totale de soleil.

La prédiction de la théorie d'Einstein, formulée en 1916, était-elle conforme à la réalité ? Pour le vérifier, la Société astronomique royale de Londres organisa en 1919 deux expéditions comprenant les meilleurs astronomes britanniques, dont Arthur Eddington. Le 29 mai 1919, pendant une éclipse totale de soleil observée à partir de deux points (Sobral, au Brésil et l'île Principe, en Afrique occidentale), Eddington et ses collègues prirent des photographies d'une extraordinaire précision qui mirent en évidence la courbure prévue par Einstein. Ce résultat n'était pas acquis d'avance. Si les astronomes britanniques n'avaient pas observé la déviation des rayons lumineux, la théorie d'Einstein aurait été réfutée. À moins que l'on ne parvienne à la conclusion que les mesures étaient incorrectes, il aurait fallu considérer que la prédiction d'Einstein était fausse.

---

3. Karl POPPER, *La Logique de la découverte scientifique*, traduit de l'anglais par Nicole Thyssen Rutten et Philippe Devaux, Payot, Paris, 1978 ; *Conjectures et Réfutations. La croissance du savoir scientifique*, traduit de l'anglais par Michelle-Irène et Marc B. de Launay, Payot, Paris, 1985.

L'important, selon Popper, « c'est le *risque* assumé par une prédiction de ce type ». En revanche, les prédictions des astrologues sont à l'abri de tout risque : elles sont formulées en termes assez vagues pour s'adapter à toutes les interprétations et aux impondérables du destin. Si une astrologue prophétise à la fin 2000 que la vie politique française va connaître de grands changements en 2001, elle ne risque guère de se tromper. Si cette astrologue annonce que les finances des natifs des Gémeaux vont s'améliorer, elle ne s'expose guère plus à être démentie : parmi les nombreux Gémeaux, il y en aura forcément un certain nombre pour qui la prévision se révélera juste. Bien sûr, si elle annonçait que tous les Gémeaux ascendant Lion vont souffrir d'une violente crise d'hémorroïdes [4] le 22 février, ce serait plus risqué. Mais les astrologues ne font pas ce genre de prédiction. Comme les lecteurs d'horoscopes ont tendance à retenir les prédictions qui se réalisent et à oublier les autres, l'impression générale qu'ils conservent est que les horoscopes sont assez fiables, en tout cas guère moins que la météo…

Mais surtout, les astrologues ne considèrent pas qu'une prédiction fausse suffit à invalider l'astrologie. Il y a forcément une raison quelconque pour laquelle la prédiction ne s'est pas réalisée, on n'avait pas tenu compte de l'opposition de Saturne, on a oublié la conjonction du Bélier et du Triangle de Vénus, ou bien la prédiction a été mal interprétée, et puis, de toute façon, les prédictions astrologiques ne vous donnent qu'une indication, à vous de saisir vos chances… Bref, l'astrologie ne se trouve jamais dans la situation de la relativité générale face aux observations d'Eddington. Aucune expérience ne peut la réfuter, mais toute prédiction qui, par hasard, se sera trouvée vérifiée est considérée comme une confirmation de l'astrologie. À l'inverse, les confirmations éventuelles d'une théorie scientifique sont, nous dit Popper, le « résultat de *prédictions qui assument* un certain risque ». Autrement dit, et toujours selon Popper, « *le critère de scientificité d'une théorie réside dans la possibilité de l'invalider, de la réfuter ou encore de la tester* ».

Karl Popper renverse la perspective de la philosophie des sciences traditionnelle. Au XIXe siècle, les scientifiques avaient l'impression de découvrir la vérité. Tout au plus cette conviction était-elle tempérée par l'idée qu'il ne s'agissait que d'une vérité approchée. La philosophie de Popper met l'accent sur le fait qu'il y a seulement des « champs de vérité ». Le problème n'est plus de départager le vrai du

4. Maintenant je peux le dire : j'avais parié avec un camarade que je pouvais caser le mot « hémorroïde » dans chaque leçon, sans que cela paraisse trop artificiel. Pari tenu.

faux, mais de savoir dans quel cadre l'on peut parler de la vérité d'un énoncé.

Le critère de réfutabilité de Popper constitue l'une des principales règles du jeu scientifique. Si une théorie est réfutable, elle ne peut fonctionner comme les discours de Twideuldeume et Twideuldie ou ceux des créationnistes. « L'expression "créationnisme scientifique" est une absurdité qui recèle une contradiction dans les termes, du fait même que ce système ne peut être réfuté, écrit Stephen Jay Gould. Je peux imaginer des observations et des expériences qui battent en brèche toutes les théories de l'évolution que je connais, mais je ne vois absolument pas quelles données pourraient amener les créationnistes à renoncer à leurs certitudes. Les systèmes imbattables sont des dogmes, pas de la science [5]. »

Rupert Sheldrake est-il réfutable ?

Si la science progresse, les imposteurs ne restent pas non plus les deux pieds dans le même sabot. Depuis Popper, certains d'entre eux se sont avisés que le critère de réfutabilité pouvait être exploité pour accréditer une théorie pseudo-scientifique. C'est ainsi que Sheldrake prétend que sa théorie de la causalité formative peut être soumise au critère de Popper ! Voilà qui mérite examen.

Rappelons l'hypothèse de Sheldrake : les formes se reproduisent par résonance avec des formes antérieures. Étant donné le sens extrêmement vague que Sheldrake attribue au mot « forme », la résonance morphique s'applique également à des schémas de comportement ou à l'apprentissage d'une technique particulière. « Ainsi, par exemple, à l'heure actuelle, il devrait être devenu progressivement plus facile d'apprendre à monter à bicyclette, à conduire une automobile, à jouer du piano, ou à utiliser une machine à écrire, compte tenu de la résonance morphique cumulative d'un grand nombre de personnes ayant déjà acquis ces talents [6] », écrit notre auteur.

On ne contestera pas qu'il soit plus facile de conduire une automobile aujourd'hui qu'à l'époque de Ben Hur (ce qui explique le regrettable accident dont est victime Messala, à la fin du récit). Mais pour la bicyclette ou le piano, le doute est permis. Lorsque j'ai moi-même entrepris d'apprendre le vélo à mon fils âgé de cinq ans, j'ai été au regret de constater que, résonance morphique ou pas, il se cassait la

5 Stephen Jay GOULD, *Quand les poules auront des dents, op. cit.*
6. Rupert SHELDRAKE, *Une nouvelle science de la vie, op. cit.*

gueule avec la même obstination que celle que j'avais manifestée au même âge (il a fait de gros progrès depuis). Si la théorie de Sheldrake était exacte, on s'attendrait à voir surgir des générations de pianistes encore plus précoces que Mozart, ce qui ne semble pas s'être produit.

Néanmoins, puisque nous disposons du critère de Popper, pourquoi ne pas soumettre l'hypothèse de la résonance morphique à ce critère ? Pour tout dire, la chose a été tentée. En 1986, un concours fut organisé à Tarrytown, dans l'État de New York, afin de désigner le meilleur test expérimental de la théorie de Sheldrake. Un prix de 10 000 dollars fut partagé entre trois vainqueurs. Le premier, Gary Schwartz, un psychologue de Yale, réalisa une expérience consistant à montrer des mots formés de trois lettres hébraïques à des étudiants ne connaissant pas l'hébreu. La moitié des trios de lettres étaient de vrais mots et l'autre moitié des assemblages dépourvus de sens. Selon Schwartz, les étudiants reconnurent les vrais mots avec un taux de réussite inexplicable par le hasard. La deuxième expérience, due à un chercheur anglais, Alan Pickering, reposait sur le même principe mais avec des mots persans. La troisième, menée par un psychologue du Wisconsin, Arden Mahlberg, était encore sur le même modèle, mais en code Morse.

D'après Sheldrake lui-même, l'ensemble des résultats est « peu concluant ». En fait, quelle que soit l'issue de telles expériences, il serait difficile d'en conclure quoi que ce soit à propos de la théorie de Sheldrake. En effet, celle-ci ne précise pas l'intensité de l'effet qui doit être détecté. Admettons qu'une expérience rigoureusement contrôlée montre que les vrais mots d'hébreu ont été reconnus par 60 % des sujets, ce qui semble un bon score. Est-il favorable à la théorie de Sheldrake ? Oui, si la théorie prédit que plus de la moitié des sujets doivent identifier les vrais mots ; non, si la prédiction est que 90 % de sujets feront les identifications correctes. Dans le second cas, la prédiction est infirmée, même si le résultat de l'expérience semble supporter l'hypothèse.

Lorsque Eddington a photographié l'éclipse de 1919, il a observé une déviation des rayons lumineux, mais ce n'était pas n'importe quelle déviation. L'observation se faisait en deux temps : on photographiait des étoiles pendant l'éclipse et à un autre moment, alors que le soleil occupait une position différente dans le ciel. D'après la théorie d'Einstein, sur la photo prise pendant l'éclipse, l'image d'une étoile devait être déplacée radialement d'une quantité précise par rapport à la photo de comparaison. Ce qu'a vérifié Eddington, ce n'est pas seulement que les écarts existaient, mais surtout qu'ils étaient très proches de ce que prédisait la relativité.

Comme Sheldrake ne fournit aucune donnée quantitative, il est illusoire d'imaginer qu'une expérience puisse réfuter sa théorie. S'il nous disait qu'à chaque génération le temps moyen nécessaire pour apprendre le piano diminue de 10 %, nous pourrions en déduire que, au bout de sept générations, ce temps moyen a été réduit de plus de la moitié. Nous pourrions calculer le nombre de générations au bout duquel les enfants devraient savoir jouer à la naissance, avant même de pouvoir contrôler les mouvements de leurs doigts. Nous pourrions confronter cette prédiction à la réalité, et conclure que Sheldrake ne sait pas compter. D'un autre côté, si la résonance morphique cumulative est tellement lente qu'il faut attendre dix milliards d'années pour observer une différence significative sur la durée d'apprentissage du piano, Sheldrake ne risque pas d'être pris en défaut.

À la limite, même si l'on constatait que les enfants apprennent le piano *moins vite* en 2000 qu'en 1980, Sheldrake pourrait encore s'en sortir : sa théorie ne dit pas si la résonance morphique cumulative agit avec la même intensité sur tous les sujets. Comme il n'est pas possible de comparer la totalité des enfants qui pianotaient en 1980 à la totalité correspondante en 2000, il faut se limiter à des échantillons de la population. Supposez que vous ayez comparé un échantillon de 1 000 enfants de 1980 à un groupe similaire en 2000, mais que, pour une raison quelconque, ceux de 1980 aient été plus exposés à la résonance que ceux de 2000 : les premiers apprendraient plus vite, bien que la tendance générale soit inverse.

Le système de Sheldrake n'est pas réfutable, parce qu'il n'a pas de cadre défini. On ne peut pas savoir dans quelles conditions précises il s'applique, ni ce qu'il prédit exactement. Pour illustrer la différence avec une véritable théorie scientifique, reprenons l'exemple de la mécanique classique. Supposons qu'un TGV circule sur une voie ferrée à 250 km/h, et qu'un passager marche dans le train, dans le sens de la marche, à 4 km/h. Quelle est la vitesse du passager par rapport au bord de la voie ? D'après la mécanique classique, c'est simplement la somme des deux vitesses, soit 254 km/h. Imaginons que le passager dispose d'un système qui lui permet de mesurer sa vitesse par rapport au quai pendant que le train passe dans une gare sans s'arrêter : il trouvera 254 km/h.

Pourtant, d'après la théorie de la relativité, la vitesse du passager est en réalité de 254 km/h diminué d'un petit quelque chose. Ce quelque chose vient de ce que la loi de composition des vitesses, en relativité, n'est pas une simple addition. En effet, l'une des hypothèses de base de la relativité est que la vitesse de la lumière est constante, quel que soit le système de référence choisi. Si les vitesses s'ajoutaient simplement, la lumière émise par les phares du train progresserait plus vite que celle d'un projecteur installé sur le quai (en supposant que les deux faisceaux soient parallèles et orientés dans le sens de la marche du train). Mais d'après la théorie d'Einstein, les deux faisceaux ont exactement la même vitesse. Cela n'est possible que parce que la loi de composition des vitesses, selon la relativité, n'est pas une addition mais une opération plus complexe, la transformation de Lorentz, qui laisse la vitesse de la lumière invariante.

D'après la transformation de Lorentz, la vitesse de notre passager n'est pas 254 km/h mais un tout petit peu moins. La différence étant inférieure au millionième de millimètre par heure, le passager ne s'en aperçoit pas. Même si un appareil de mesure extraordinairement précis la détectait, cela ne changerait rien en pratique. Les vitesses du train et du passager sont tellement petites par rapport à celle de la lumière qu'il n'y a pas d'effets relativistes sensibles. Dans le cadre des « petites vitesses », les lois de la mécanique classique fournissent une approximation suffisante. En d'autres termes, on ne peut pas réfuter la mécanique classique avec des expériences sur des trains.

Imaginons maintenant – c'est une expérience de pensée – que le train circule à la moitié de la vitesse de la lumière, et le passager à un quart de cette vitesse. Quelle est la vitesse du passager par rapport au quai ? D'après la mécanique classique, elle est égale à la somme des deux vitesses, soit trois quarts de la vitesse de la lumière, ou encore 225 000 kilomètres par seconde [7]. Mais si l'on applique la transformation de Lorentz, la vitesse du passager est seulement de 200 000 km/s. Cette fois, les prédictions de la relativité diffèrent significativement de celle de la mécanique classique. Bien sûr, aucun train ne circule à 150 000 kilomètres par seconde. Mais les électrons, neutrons ou autres composants élémentaires de la matière lancés dans un accélérateur de particules peuvent atteindre des vitesses auxquelles les effets relativistes deviennent importants. On peut réaliser dans ces accélérateurs des expériences qui réfutent la mécanique classique et vérifient les prédictions de la relativité. Cela ne veut pas dire que la mécanique classique est fausse, mais que son domaine de validité est limité. Celui de la relativité est plus large, mais il a aussi ses limites. Ainsi, la relativité ne s'applique pas aux toutes petites échelles, par exemple si l'on cherche à décrire les interactions entre les quarks, qui sont les constituants des électrons ou des protons.

---

7. La vitesse de la lumière est ici supposée égale à 300 000 kilomètres par seconde (à un poil près), ce qui en toute rigueur n'est vrai que dans le vide ; mais l'argument principal ne changerait pas si l'on considérait la vitesse de la lumière dans l'air.

Une théorie qui vérifie le critère de Popper possède un « dehors » et un « dedans ». Ce n'est pas le cas de la théorie de Sheldrake, ni en général des théories pseudo-scientifiques. Ces théories sont supposées s'appliquer dans un champ qui ne connaît d'autres bornes que celles de l'imagination. Comme le remarquait fort justement un grand penseur, quand les bornes sont dépassées, il n'y a plus de limites.

Toutes les théories scientifiques sont-elles réfutables ?

La question peut surprendre, puisque depuis le début de cette leçon il a été souligné que la réfutabilité permettait de distinguer la science de la pseudo-science. Cependant, le critère de Popper a, lui aussi, ses limites. Prenons l'exemple de la dernière née des théories fondamentales de la physique, la théorie des supercordes. Cette théorie a pour ambition de réaliser la synthèse que les physiciens attendent depuis près de soixante-dix ans entre la relativité et la physique quantique. L'idée de base consiste à remplacer les particules élémentaires ponctuelles par des « cordes ». C'est-à-dire qu'au-delà des atomes et des particules qui les constituent, le plus petit objet qui puisse exister est une minuscule corde qui vibre. Les modes vibratoires déterminent les caractéristiques des particules. Les cordes ne sont pas ponctuelles, mais ont une certaine extension dans l'espace. Elles sont quand même très courtes : elles mesurent la « longueur de Planck », un milliardième de milliardième de milliardième de millionième de centimètre !

Cette théorie, d'un niveau de complexité très élevé, est aussi d'une grande élégance mathématique [8]. Elle pourrait constituer l'édifice unitaire dont rêvait Einstein, qui a consacré les trente dernières années de sa vie à chercher une théorie du champ unifié. Seulement, elle n'est pour l'instant qu'un système d'équations au tableau noir : aucune expérience ne l'a confirmée, et cela n'arrivera peut-être pas de sitôt, même si certains physiciens sont persuadés que les premières vérifications expérimentales surviendront d'ici 2010. En physique, l'esthétique n'est pas tout. L'essentiel, c'est l'accord avec le réel. Là réside le point faible de la théorie des cordes. On pourrait la comparer à une très belle jeune fille encore vierge, dont tous admirent la beauté, mais que personne n'a étreinte…

Dans son état actuel, la théorie des supercordes n'est pas réfutable, parce que pour tester ses prédictions, il faudrait construire des

---

8. *Cf.* Brian GREENE, *L'Univers élégant*, *op. cit.*

accélérateurs de particules beaucoup plus puissants que ceux qui existent aujourd'hui. Pourtant, aucun scientifique ne prétendrait que cette toute jeune théorie doive être écartée, du fait qu'on n'a pas encore de moyen de la confronter à la réalité. La raison de cette « indulgence » est que la non-réfutabilité de la théorie des supercordes ne correspond pas à une impossibilité de principe. On peut concevoir une expérience pour tester la théorie – et même plusieurs types d'expériences – et il n'y a aucune raison de penser que ces expériences ne seront pas réalisées un jour. À l'inverse, on ne peut pas imaginer d'expérience pour tester le créationnisme de Duane Gish, puisque par hypothèse la création n'est pas un objet d'enquête scientifique.

Beaucoup de théories scientifiques n'auraient jamais vu le jour si l'on avait exigé dès le départ que leurs prédictions soient testables. Einstein a construit la relativité à partir d'idées théoriques, qui n'ont été testées qu'ensuite. Einstein n'est pas un empiriste qui déduit la théorie de faits observés. C'est un « spéculatif », c'est-à-dire que « la théorie est pour lui une construction abstraite qui ne sort pas logiquement des faits, qui est inventée par la pensée, et seulement ensuite confrontée aux faits [9] », comme l'écrit le physicien Michel Paty. Une caractéristique constante des travaux d'Einstein est la prédiction d'effets qui ne seront vérifiés que longtemps après, comme dans le cas des observations d'Eddington.

Cette approche théoricienne, spéculative, est cependant ouverte à la réfutation. Einstein se fixe un « programme scientifique », fondé sur des idées précises, et cherche à pousser jusqu'au bout les conséquences théoriques et expérimentales de ces idées. Si une idée entraîne des conséquences démenties par l'expérience, Einstein la modifie. C'est ce qu'il a fait après avoir postulé que l'univers était statique, et non pas en expansion ; il a reconnu ensuite s'être trompé, et a même qualifié cette erreur de « plus grosse bêtise » de sa carrière. Même si Einstein produit des théories qui ne sont pas au départ réfutables, il garde toujours à l'esprit que la construction théorique doit être en accord avec la réalité.

À l'opposé, la démarche pseudo-scientifique part d'une idée vague, et la maintient contre vents et marées par les contorsions rhétoriques les plus abracadabrantes, au mépris du réel.

9. Michel PATY, « Einstein dans la tempête », *in Le Monde quantique*, *op. cit.*

« Pile je gagne, face tu perds »

D'une certaine manière, il existe une parenté entre la notion de réfutabilité d'une théorie et le théorème de Gödel : si une théorie peut être réfutée, c'est que l'on ne peut pas démontrer de manière absolue qu'elle ne peut pas être mise en contradiction avec la réalité. De même, le théorème de Gödel énonce que l'on ne peut pas démontrer qu'une théorie mathématique ne se contredit pas. La « contradiction avec la réalité » joue ici, pour les théories physiques, un rôle équivalent à la contradiction logique pour une théorie mathématique. Une expérience non conforme avec les prédictions théoriques infirme la théorie physique ; une contradiction logique détruit la théorie mathématique.

Les théories non réfutables des pseudo-sciences sont régies par une logique qui n'intègre pas la limitation posée par le théorème de Gödel. Ce sont des théories globalisantes dont on ne peut s'échapper. Quoi que dise le critique, il se voit opposer une réponse qui disqualifie son objection. « Pile je gagne, face tu perds » : cette formule résume l'alternative illusoire dans laquelle Sheldrake place ses interlocuteurs. « Ou j'ai raison, ou vous avez tort » : si l'expérience marche, elle confirme ma théorie ; si elle échoue, la théorie est maintenue. Ce schéma est caractéristique de la rhétorique pseudo-scientifique. Il apparaît aussi dans certains modes de communication pathologiques qui ont été étudiés par les psychologues américains de l'école de Palo Alto, dont le chef de file est Paul Watzlawick. L'originalité du groupe de Palo Alto est d'avoir introduit des concepts et des idées venus de la logique mathématique pour modéliser la communication humaine. Bon nombre de conflits psychologiques se traduisent par des erreurs de logique, des confusions entre niveaux, des contradictions ou des paradoxes comme celui du menteur. La démarche de Watzlawick et de ses collègues vise à modifier des situations pathologiques en amenant leurs patients à se rendre compte de ces fonctionnements illogiques, et à rétablir un mode plus rationnel.

Il y a pas mal de ressemblances entre la communication des imposteurs scientifiques et les communications pathologiques étudiées par le groupe de Palo Alto. Comme on l'a souligné plus haut, le dialogue de sourds entre Philip Gosse et ses contradicteurs évoque celui d'Alice avec les deux méchants lutins : ce dialogue ne mène à rien, parce que Gosse est incapable de sortir de sa logique, de considérer son système « de l'extérieur ». On retrouve le paradoxe du rêveur, que Watzlawick, Beavin et Jackson analysent comme suit : « Aucun énoncé, formulé à l'intérieur d'un cadre de référence donné, ne peut en même temps "sortir", si l'on peut dire, de ce cadre, et se nier lui-même. C'est le dilemme du rêveur qui se débat dans son cauchemar : ce qu'il s'efforce de faire dans son rêve ne peut être suivi d'effet. Pour échapper à son cauchemar, il faut qu'il se réveille, c'est-à-dire qu'il sorte du cadre fixé par le rêve. Mais le réveil ne fait pas partie du rêve, c'est un cadre d'un tout autre ordre, un "non-rêve", si l'on peut dire [10]. »

À l'intérieur d'un tel cadre, tout choix est illusoire parce qu'il reste pris dans le système défini par le cadre. Paul Watzlawick souligne que l'alternative illusoire apparaît également dans la communication en régime totalitaire. Ainsi, lors d'une campagne de propagande, les nazis avaient placardé sur de grandes affiches ce slogan arrogant : « Le national-socialisme ou le chaos bolchevique ? », sous-entendant qu'il n'existait pas d'autre possibilité. « *Erdäpfel oder Kartoffel ?* » – « Patates ou pommes de terre ? » répondait une petite bande de papier qu'un groupe d'opposants clandestins colla sur des centaines d'affiches, suscitant la colère de la Gestapo.

« La réaction de la Gestapo ne visait pas seulement l'insolence avec laquelle cette perle de la raison d'État totalitaire avait été tournée en dérision, observe Watzlawick. Elle était dirigée contre le "crime de la pensée" qui consiste à prendre conscience de l'*existence d'une méta-alternative* et à s'évader du cadre imposé [11]. » L'expression « crime de la pensée » est une allusion au *1984* d'Orwell, dans lequel on peut lire ceci : « La liberté, c'est la liberté de dire que deux et deux font quatre. Lorsque cela est accordé, le reste suit. »

Il n'est guère surprenant que la folie lyssenkiste se soit développée dans un régime totalitaire. Cela dit, il serait évidemment tout à fait faux de considérer l'imposture scientifique comme une forme de totalitarisme. Mais ces rhétoriques qui se cantonnent obstinément dans un discours perçu comme une totalité autosuffisante souffrent, toutes proportions gardées, de la même carence logique : l'impossibilité de penser le métasystème, l'alternative réelle qui permet de sortir du cadre.

La philosophie de Popper fournit beaucoup plus qu'une recette pour séparer le bon grain scientifique de l'ivraie de l'imposture. L'idée de réfutabilité fournit un garde-fou à la fois contre les délires pseudo-scientifiques et contre les abus d'une raison trop sûre d'elle-même. Admettre le critère de Popper, c'est accepter implicitement que tout système de pensée peut être dépassé, c'est-à-dire pensé dans un cadre plus large. Comme le dit, encore, Einstein : « Il ne saurait y

10. *Ibid.*
11. Voir Paul WATZLAWICK, *Le Langage du changement*, *op. cit.*

avoir de plus beau destin pour une théorie [...] que d'ouvrir la voie à une théorie plus englobante au sein de laquelle elle continue d'exister comme cas particulier. » C'est le cas de la mécanique classique, qui est en quelque sorte un cas particulier de mécanique relativiste, dans lequel les vitesses sont petites par rapport à celle de la lumière.

La mise à l'épreuve d'une théorie est aussi un processus de communication, un moyen de confronter et de partager des visions du monde. La réfutabilité introduit la *dimension sociale de la preuve*. L'expérience qui confirme ou réfute n'est pas un exercice solitaire. Si son résultat est validé, c'est parce qu'une communauté scientifique peut en éprouver la portée, la reproduire, évaluer ses conséquences. Vérifier signifie, non seulement rendre vrai, mais rendre partageable, socialiser. Le discours non réfutable est un discours solitaire, qui s'autocontemple dans le miroir de sa solitude.

Pourquoi la science marche ?

En somme, le critère de Popper est une sorte de juge de paix. Il permet d'éliminer les théories pseudo-scientifiques, de « faire le ménage ». Mais on ne peut pas compter sur lui pour faire jaillir de nouvelles idées théoriques, de nouvelles conceptions. Là, entre en jeu la créativité des scientifiques, leur aptitude à comprendre comment s'agencent les phénomènes, leur capacité de « se mettre dans la peau des choses » – une qualité qu'Einstein possédait au plus haut degré.

Une théorie scientifique ne se limite pas à décrire des phénomènes et à classer des observations. Elle fait des prédictions, décrit un certain ordre dans les phénomènes. Cette description est ensuite confrontée au réel, selon le critère de réfutabilité. Mais une question se pose ici : pourquoi les théories scientifiques, qui sont des créations de l'esprit humain, sont-elles en accord avec l'univers – du moins dans leur domaine de validité ? Pourquoi fonctionnent-elles ?

Cette Vraie Question se rapproche de celle du sens de l'univers, abordée dans la leçon 7. Pourquoi le monde obéit-il à des lois ? Pourquoi n'est-il pas simplement un chaos dans lequel on ne saurait discerner la moindre ébauche d'ordre ?

Le problème est formulé avec une grande clarté dans un passage du livre d'Umberto Eco, *Le Nom de la rose*, qui est autant un traité d'épistémologie qu'un roman. Le livre narre l'enquête menée par Guillaume de Baskerville, un ex-inquisiteur, et son secrétaire Adso, afin d'élucider une série de meurtres survenus dans une abbaye bénédictine. En même temps que Guillaume et Adso – le tandem Holmes-Watson transposé au Moyen Âge – recherchent un énigmatique assassin, ils se livrent à une passionnante investigation sur les rapports entre le langage et la réalité, les signes et le sens, les mots et les choses.

Le passage concerné se situe au moment où, ayant perdu ses lunettes, Guillaume de Baskerville les a remplacées en appliquant une théorie qu'il met lui-même en doute :

« — Comment puis-je découvrir le lien universel qui met de l'ordre dans les choses, si je ne puis bouger le petit doigt sans créer une infinité de nouveaux états, puisque avec un tel mouvement toutes les relations de position entre mon doigt et tous les autres objets changent ? Les relations sont les manières dont mon esprit perçoit le rapport entre états singuliers, mais quelle garantie puis-je avoir que cette manière est universelle et stable ?

« — Vous savez pourtant qu'à une certaine épaisseur de verre correspond une certaine puissance de vision, et c'est parce que vous le savez que vous pouvez fabriquer à présent des verres pareils à ceux que vous avez perdus, sinon comment le pourriez-vous ?

« — Réponse pénétrante, Adso. J'ai en effet élaboré cette proposition, qu'à épaisseur égale doit correspondre une égale puissance de vision. Je l'ai émise parce que d'autres fois j'ai eu des intuitions individuelles du même type. [...] Attention, je parle de propositions sur les choses, non pas de choses. La science a affaire avec les propositions et ses termes, et les termes désignent des choses singulières. Tu comprends, Adso, je dois croire que ma proposition fonctionne, parce que je l'ai apprise en me fondant sur l'expérience, mais pour le croire je devrais supposer qu'il existe des lois universelles, et pourtant je ne peux en parler, car le concept même qu'il existe des lois universelles, et un ordre donné des choses, impliquerait que Dieu en fût prisonnier, tandis que Dieu est chose si absolument libre que, s'il le voulait, par un seul acte de sa volonté, le monde serait autrement.

« — Or donc, si je comprends bien, vous savez que vous faites, et vous savez pourquoi vous faites, mais vous ne savez pas pourquoi vous savez que vous savez ce que vous faites ? »

La phrase d'Adso est moins alambiquée qu'il n'y paraît. Elle reste juste, que l'on admette ou non l'hypothèse d'un Dieu souverainement libre. Elle dit en substance la même chose qu'Albert Einstein, qui considérait que le plus mystérieux n'était pas que nous comprenions l'univers, mais qu'il fût compréhensible. De quelque manière qu'on envisage les choses, il reste énigmatique que la nature se plie aux lois formulées par notre esprit. Il n'y a pas de solution au paradoxe posé par Adso : « Je ne sais pas pourquoi je sais que je sais ce que je fais. » Ce paradoxe constitue un horizon indépassable pour toute pensée rationnelle : notre raison peut le formuler, mais elle ne peut y répondre. Accepter que la raison n'ait pas réponse à tout est la seule manière de s'en servir sainement. Nous ne pouvons pas savoir pourquoi « ça marche », et savoir pourquoi la science fonctionne n'est pas nécessaire à ce fonctionnement.

Cette situation peut sembler inconfortable, elle n'est pas absurde. Elle traduit la coupure entre le domaine du sens, de la pensée et de l'action et celui des objets et de l'action. Une pensée sans coupure est une pensée folle. « Seul un schizophrène est susceptible de manger la carte à la place du repas, et de se plaindre qu'elle a mauvais goût [12]. »

Existe-t-il des sciences « non poppériennes » ?

En dehors de théories jeunes, il existe d'autres domaines de la science, ou en tout cas du savoir, qui ne répondent pas au critère de Popper. L'histoire, par exemple, n'est pas régie par des lois prédictives qui permettraient d'anticiper de manière sûre tel ou tel événement. Et comment pourrait-on tester, de manière expérimentale, l'exactitude d'une prédiction historique ?

Karl Popper voyait dans la psychanalyse freudienne l'exemple même d'une théorie non réfutable. Les biologistes réductionnistes reprochent à la théorie de Freud son manque d'objectivité scientifique, ses échafaudages conceptuels invérifiables de manière rigoureuse. Quelle que soit la manière dont on considère la théorie freudienne, on ne voit guère comment la tester par une procédure calquée sur le modèle de la réfutabilité des théories physiques. Quelle expérience « objective » permettrait, par exemple, de tester l'existence de l'inconscient au sens freudien ?

On oublie souvent que Freud lui-même avait conscience du problème. D'abord médecin et anatomiste, il a inventé une technique pour isoler les cellules nerveuses et a passé de longues heures à étudier au microscope les ganglions et la moelle épinière du pétromyzon, poisson voisin de l'anguille [13]. Son ambition initiale était de comprendre les bases physiologiques du psychisme, comme le tentent les chercheurs d'aujourd'hui, dont il est en un sens le

12. Voir Paul WATZLAWICK, Janet HELMICK BEAVIN, Don D. JACKSON, *Une logique de la communication*, Seuil, Paris, 1972.

13. Voir Pierre BABIN, *Sigmund Freud, un « tragique à l'âge de la science »*, Gallimard, coll. « Découvertes », Paris, 1990.

prédécesseur. L'impossibilité de mener à bien cette tâche avec les moyens disponibles à la fin du XIXe siècle, en même temps que des raisons personnelles, le conduisent à abandonner ses travaux de laboratoire en 1885.

Que la psychanalyse ne soit pas une théorie scientifique comme la physique quantique ou la relativité ne signifie pas qu'elle n'ait aucune utilité pour comprendre le cerveau, au contraire. La neurobiologie contemporaine travaille avec une efficacité indiscutable sur des systèmes très limités : tel type de neurones, tel neurotransmetteur, tel canal ionique, etc. Ces systèmes ne disent pas grand-chose du paysage d'ensemble. Or, il ne semble pas que l'on puisse comprendre la conscience ou le cerveau si l'on ne resitue pas les systèmes locaux dans leur paysage global. Savoir, par exemple, que la dépression s'accompagne d'une baisse de la sérotonine ne dit pas grand-chose du sujet déprimé.

Sans approfondir davantage cette discussion, je voudrais souligner que le modèle des sciences de la nature ne s'applique pas à toutes les formes de connaissances et de théories. On peut soutenir que la théorie psychanalytique est une théorie interprétative, qui permet de donner du sens à des comportements subjectifs. L'expérience montre que trouver un sens aux événements de sa vie peut aider à vivre mieux, ou moins mal. Elle valide ainsi, d'une certaine manière, les théories de Freud. Mais il s'agit ici d'expérience clinique, subjective, non d'expérience scientifique dans le sens des sciences physiques. Ce que l'on peut attendre de la psychanalyse n'est pas du même ordre que ce que l'on apprend de la physique, de la chimie ou de la biologie.

Au demeurant, il est révélateur d'observer que l'opposition entre neurobiologie et psychanalyse semble peu à peu passer de mode. Des chercheurs comme Oliver Sachs, Jean-Didier Vincent ou Antonio Damasio réhabilitent l'étude des émotions, des passions ou de la personnalité dans son ensemble, que le réductionnisme dominant avait rejetée comme peu susceptible d'investigation scientifique. Le grand intérêt de la pensée freudienne dans l'univers actuel des sciences de l'esprit est peut-être de montrer que l'on n'expliquera pas le tout de l'homme avec un seul type de théorie. Que les actions, les comportements, les événements qui affectent un sujet et auxquels il prend part ne se réduisent pas à une série de mécanismes. La psychanalyse n'est pas « objective », et l'histoire ne l'est que partiellement. Mais les humains ne sont pas des objets.

Une « autre science » est-elle possible ?

Cette question traverse de part en part la problématique de l'imposture scientifique. Dans la rhétorique de la pseudo-science, l'alternative illusoire est constamment présentée comme une alternative effective. Il existerait *vraiment* une autre dimension, une réalité parallèle, un univers insoupçonné de phénomènes paranormaux, une « supernature », un ordre invisible au-delà du visible. Et cet autre monde appelle une « autre science », un nouveau mode de pensée, un langage différent.

Cet « ailleurs » de la science qui se voudrait quand même scientifique renvoie à la solitude de l'imposteur de fond. C'est lui qui est « ailleurs » et, pour paraphraser Groucho Marx, ne voudrait pour rien au monde faire partie d'un club scientifique qui serait disposé à l'accepter comme membre. À travers la problématique d'une « autre science », d'une « science alternative », le joueur de pipeau exprime sa relation d'exclusion – d'auto-exclusion – vis-à-vis de la science « normale ».

Sur ce point, la situation de l'imposteur qui produit un discours pseudo-scientifique se rapproche de celle du scientifique fraudeur. Bien que ce dernier se situe au départ dans la société de la science normale, il s'en exclut par sa tricherie. Il désire un lieu impossible, qui serait à la fois dans la loi et hors la loi, où il serait possible de peindre en blanc des souris noires et de proclamer ensuite qu'elles sont nées blanches.

Malgré tout, pourrait-il exister une science qui ne soit pas une imposture et qui soit radicalement différente de celle que nous connaissons ? Cette idée semble accréditée par l'image d'Épinal qui présente l'histoire des sciences comme une série de révolutions – de Galilée à Newton, de Newton à Einstein, d'Einstein à Bohr, Heisenberg et Dirac. Faut-il s'attendre à une révolution encore plus profonde que toutes les autres, qui bouleverserait non seulement le contenu des idées scientifiques, mais notre rapport à la science et au monde ?

Ne disposant pas d'une boule de cristal, je me contenterai d'une réponse de Normand. Si l'on considère la place de la science dans la société et le rôle qu'elle joue, il ne fait pas de doute que l'Occident a déjà vécu plusieurs révolutions. En schématisant à l'extrême, depuis la fin de la Renaissance, on peut distinguer trois phases pendant lesquelles le statut de la science se transforme de manière décisive. La première commence avec Galilée (1564-1642) et se poursuit avec Descartes (1596-1650) et Newton (1642-1727). C'est le moment où la vision scientifique s'émancipe de l'hégémonie religieuse et de la philosophie aristotélicienne ; c'est aussi, initié par Galilée mais davantage par un Christiaan Huygens (1629-1695), le début de la méthode expérimentale ; Huygens, à qui l'on doit, entre autres, la théorie du pendule et la définition de la force centrifuge, « est le premier vrai représentant de l'esprit scientifique moderne [14] ».

La deuxième phase survient en concomitance avec la révolution industrielle du XIXe siècle. Carnot (1796-1832) invente la thermodynamique ; la machine à vapeur prend le relais de la force humaine, en attendant l'électricité, dont Ampère (1775-1836), Faraday (1791-1867) et Maxwell (1831-1879) construisent la théorie, tandis qu'Edison (1847-1931) en invente l'usage. Darwin (1809-1882) détrône notre espèce de sa place centrale dans l'Univers et Freud (1856-1939) fait du rêve et de l'appareil psychique un objet d'étude scientifique. La science du XIXe siècle est audacieuse, arrogante optimiste, elle ne doute pas de sa capacité à maîtriser la nature et à élucider tous les aspects de la réalité : « L'univers est désormais sans mystère », proclame le chimiste Marcelin Berthelot à la fin du XIXe siècle.

La troisième phase s'ouvre avec l'explosion de Hiroshima, qui marque l'avènement d'une science collective, intégrée aux structures étatiques, militaires et industrielles. Cette science ubiquitaire, indissociable de la technique, imprègne l'environnement contemporain. Elle est porteuse du meilleur et du pire, de la destruction nucléaire et de l'espoir de vaincre le cancer. Elle est plus opératoire, moins conceptuelle et philosophique que la science du XIXe siècle. Malgré sa puissance, elle est trop complexe et multiple pour dessiner le portrait d'un univers « sans mystère », même si ses moyens d'agir sur le monde sont considérablement supérieurs à ceux des époques antérieures.

Une analyse précise devrait distinguer de nombreuses autres étapes, mais on aperçoit déjà, à travers les trois moments esquissés ci-dessus, que le rôle de la science s'est profondément transformé depuis le début de l'ère moderne. Or, et cela semble contradictoire, si l'on considère non plus la place de la science dans la société, mais l'histoire des idées en science, il n'est pas évident que le concept de révolution scientifique soit plus qu'une métaphore. Gerald Holton, professeur d'histoire des sciences à l'université de Harvard, a montré, si surprenant qu'il y paraisse, que les scientifiques eux-mêmes ne sont pas convaincus de la pertinence de la notion de révolution scientifique.

---

14. *Inventeurs et Scientifiques, dictionnaire de biographies*, Larousse, Paris, 1994.

« Alors que certains scientifiques peuvent accorder une acceptation indifférente aux remarques sur la nature "révolutionnaire" des réalisations passées qui se sont intégrées dans le corpus établi, ainsi qu'il en va de la théorie de la relativité, ils désavouent pourtant le modèle révolutionnaire en faveur d'un modèle évolutif quand leur attention passe des anciens textes de science à leur propre travail ou à celui de leurs contemporains [15] », déclare Holton.

À l'appui, Holton cite cette phrase du physicien américain Steven Weinberg : « L'élément essentiel du progrès a été de se rendre compte, encore et encore, qu'une révolution n'est pas nécessaire. » Jugement d'autant plus intéressant que Weinberg a partagé le Nobel 1979 avec son compatriote Sheldon Glashow et le Pakistanais Abdus Salam pour des travaux habituellement considérés comme révolutionnaires. Ces trois physiciens sont les principaux artisans de la théorie électrofaible, qui constitue un pas important vers le grand rêve d'Einstein d'une théorie unifiée des phénomènes physiques.

Toujours selon Holton, Einstein lui-même « a constamment maintenu que la théorie de la relativité n'était qu'une "modification" de la théorie déjà existante de l'espace et du temps, et qu'elle ne "différait pas radicalement" de ce qui avait été construit en leur temps par Galilée, Newton et Maxwell ».

Révolution ou changement dans la continuité ? On pourrait dire que la découverte scientifique consiste souvent, plutôt qu'à introduire une idée « révolutionnaire », à penser autrement les concepts existants. Pour Holton, « la pente principale a toujours consisté et continuera sans aucun doute à consister dans l'avenir dans la persistance des idées essentielles ». Même si l'on juge cette formulation un peu excessive, elle l'est beaucoup moins que les prophéties apocalyptiques qui annoncent régulièrement la crise de la raison et la fin du savoir objectif. Quant aux révolutions, elles affectent une société dans son ensemble. La science est une composante de la société, importante, de plus en plus importante, même, mais d'autres composantes entrent en jeu pour produire une révolution. Et nous sommes plus menacés par la bombe, les usages abusifs de la génétique ou la cybernétisation de la société que par l'implosion de la rationalité. « Le processus de l'invention scientifique n'est pas en danger, dit Holton. L'humanité, elle, l'est. »

Cela ramène à de plus justes proportions les fantasmes et les spéculations farfelues qui nous ont occupés tout au long de ce livre. Bien sûr, on ne doit pas exclure *a priori* la possibilité de phénomènes

---

15. Gérald HOLTON, « Sur les processus de l'invention scientifique dans les percées "révolutionnaires" », *in Sciences et Symboles, les voies de la connaissance*, *op. cit.*

mystérieux, et il reste certainement des mondes inconnus à découvrir. N'empêche qu'un grand nombre de miracles s'expliquent par des causes banales. Tout bien pesé je serais enclin à suivre le conseil que le physicien Anatole Abragam avait fait afficher dans son laboratoire : « Avant de mettre à la poubelle la mécanique quantique, vérifions une dernière fois les fusibles. »

Exercices

1. Construisez quatre triangles équilatéraux avec six allumettes, de telle façon que chaque côté de n'importe lequel des triangles coïncide avec une allumette. Il est évidemment interdit de fendre les allumettes en deux, ou toute autre manœuvre de ce genre.
Indication : c'est un problème typique de « sortie du cadre imposé ». D'habitude, ceux qui s'attaquent pour la première fois à ce problème commencent à disposer les allumettes sur la table et à les déplacer dans tous les sens, jusqu'à se rendre à l'évidence qu'il n'y en a pas assez. Et pourtant…

Réponse : il faut construire un tétraèdre, une pyramide formée de quatre faces triangulaires identiques.

2. Un Bédouin vient de mourir, laissant le testament suivant : « Je lègue la moitié de mes chameaux à mon premier fils, le tiers à mon deuxième fils et le neuvième à mon troisième et dernier fils. » Sachant que le troupeau comprend dix-sept chameaux, comment réaliser le partage sans couper les bêtes en morceaux ?

Réponse : il s'agit encore d'un problème de sortie du cadre imposé, grâce à un ingénieux artifice. Les trois frères doivent emprunter un chameau supplémentaire à leur oncle. Il y a maintenant dix-huit chameaux, nombre divisible par 2, 3 et 9. Le partage fait, les fils peuvent restituer le chameau emprunté (9 + 6 + 2 = 17).

Table

Composition Facompo, Lisieux. Achevé d'imprimer sur Cameron
à Saint-Amand-Montrond (Cher) en juin 2001.
Dépôt légal du premier tirage : 1er trimestre 2001.
N° d'impression : 012971/1. *Imprimé en France*

BUSSIERE CAMEDAN IMPRIMERIES
GROUPE CPI